U0182633

高等职业教育机电类专业新形态教材

机械工业出版社精品教材

机 械 基 础

第 3 版

主 编 陈长生

参 编 霍振生 叶红朝 鹿国庆

于兴芝 唐汉坤

主 审 胡家秀

机 械 工 业 出 版 社

本书是在第 2 版的基础上，参照高职机械基础课程教学的基本要求，并吸取多年教学实践经验修订而成的。全书共分十四章，包括绪论，构件的静力分析，零件的变形及强度计算，机械工程材料及其选用，公差与配合，常用机构，圆柱齿轮传动，其他齿轮传动，齿轮系，带传动，链传动，联接，支承零部件，机械的润滑和密封，机械基础综合训练等。与本书配套的《机械基础综合实训》通过知识方法、教学范例、拓展提高三个方面的教学，为课程实训教学提供了方便。

全书各章节有对应的阅读问题和课后自测题与习题，有助于教师开展"学中做，做中学"的教学活动；还配有电子课件可供教学参考，凡使用本书作为教材的教师，可登录机械工业出版社教育服务网（http://www.cmpedu.com），注册后免费下载。咨询电话：010-88379375。另外书中配有二维码，供读者扫描后观看。

本书特别适用于高职本专科机电结合的应用技术类专业及管理类专业的教学，可以满足 60~110 课时的教学需要。也可供其他相关专业师生及工程技术人员选用和参考。

图书在版编目（CIP）数据

机械基础/陈长生主编. —3 版. —北京：机械工业出版社，2021.3
（2025.1 重印）
高等职业教育机电类专业新形态教材　机械工业出版社精品教材
ISBN 978-7-111-67716-1

Ⅰ.①机… Ⅱ.①陈… Ⅲ.①机械学-高等职业教育-教材 Ⅳ.①TH11

中国版本图书馆 CIP 数据核字（2021）第 041695 号

机械工业出版社（北京市百万庄大街 22 号　邮政编码 100037）
策划编辑：王英杰　责任编辑：王英杰　陈　宾
责任校对：王明欣　封面设计：陈　沛
责任印制：任维东
三河市骏杰印刷有限公司印刷
2025 年 1 月第 3 版第 10 次印刷
184mm×260mm·20.75 印张·512 千字
标准书号：ISBN 978-7-111-67716-1
定价：54.00 元

电话服务　　　　　　　　　网络服务
客服电话：010-88361066　　机　工　官　网：www.cmpbook.com
　　　　　010-88379833　　机　工　官　博：weibo.com/cmp1952
　　　　　010-68326294　　金　书　网：www.golden-book.com
封底无防伪标均为盗版　机工教育服务网：www.cmpedu.com

第3版前言

本书第2版自2010年出版以来，继续受到了广大师生和读者的热情支持与鼓励。教材在多所高职院校得到使用，至今发行量已达10万册，取得了较好的社会效益。能成为机械工业出版社的精品材，源于教材较好地处理了综合性与系统性的关系，妥善地把握了课程内容的深度与教材编排方式的关系，并能及时地将现行国家标准体现在教材中。

党的二十大报告指出，"培养什么人、怎样培养人、为谁培养人是教育的根本问题。育人的根本在于立德。"当前，在开展高水平高等职业学校建设的过程中，我们更应重视落实立德树人根本任务。《机械基础》作为技术基础课，需要总结近年来课程改革所取得的成果，加强学生自主学习能力的培养。同时还应把思想教育融入到课堂中，激发学生积极向上、报效祖国的学习热情。基于这一背景，我们在本次教材的修订中特别关注了以下几点：

1. 保持原教材被广泛认同的优点、特色和风格。教材内容在满足机电类专业基本要求的同时，也给各类不同专业留有充分的自主选择余地。

2. 更正了前版教材中所发现的疏漏和错误。考虑课程结构的合理性，对部分章节做了重写、充实和更新，并采用现行的标准与数据。

3. 在教材各章节增补了阅读问题，充实了自测题与习题，增加了插图动画链接以满足助学助教的教学需求；在教材相关章节中引入了对应技术领域我国取得的重要成果，把课程学习与国家建设有机地联系起来，提高学习自觉性。教师可结合学生的情况和自身的体验进行发挥与变换，切实提高课程教学效果。

本书另配有教材《机械基础综合实训》，以机械传动装置的设计过程为主线，通过知识方法、教学范例、拓展提高三个方面的学习，有效开展课程实训。

本书由陈长生任主编并统稿。浙江机电职业技术学院胡家秀任主审。参加本次修订工作的有浙江机电职业技术学院陈长生（绪论、第一、二、三、四、十一、十四章、全书阅读问题、自测题与习题）、河南工业职业技术学院于兴芝（第五章）、深圳信息职业技术学院鹿国庆（第六、八章）、包头职业技术学院霍振生（第七章）、浙江机电职业技术学院叶红朝（第九、十、十三章）、广西机电职业技术学院唐汉坤（第十二章）。

为了使本书能更好地适应工学结合的职业教育特色要求，特邀请了杭州汽车发动机有限公司高级工程师倪根林，杭州前进齿轮箱集团有限公司高级工程师潘晓东等企业专家参与修订工作，他们对全书进行了全面的评估并提出了调整与充实的建议，编者在此表示衷心的感谢。

限于编者水平，虽经多次修订，书中可能仍有误漏和不妥之处，恳请使用本书的教师和读者批评指正。

编　者

第 2 版前言

本书第 1 版自 2003 年出版以来，受到了广大师生和读者的热情支持与鼓励。教材在解决高等职业教育中机械基础课程设置的综合性和课程内容的系统性方面取得了成效，在机械基础课程内容的深度把握和教材的编排方式上得到认可，使其成为机械工业出版社的精品教材。为了更好地适应机械基础课程教学的改革和发展，我们对第 1 版教材进行了修订。第 2 版特点如下：

1) 继承和保持原有版本经使用实践被广泛认同的优点、特色和风格。教材内容涵盖机械类专业所涉及的工程力学、工程材料、公差与配合、机械原理、机械零件等课程的主要知识。力求保证机械基础基本知识的系统学习及相关基本技能的有效培养。

2) 与标准更新相适应，修订编写过程中，重新编写了几何公差、表面粗糙度等内容，使新标准内容在教材中得以体现。全书对第 1 版所列标准、规范和设计资料进行了多处更新，尽量采用最新颁布的较成熟的数据。

3) 更正了第 1 版中文字、图表及计算中的疏漏和错误。结合科技发展现状和课程结构的合理性，对部分内容做了充实和更新。

4) 另行编写了配套教材《机械基础综合实训》。以机械传动装置设计过程为主线，通过知识方法、教学范例、拓展提高三个方面内容的介绍，给课程实训指导提供了方便。

本书由陈长生任主编并统稿，霍振生任副主编，浙江机电职业技术学院胡家秀任主审。参加本次修订工作的有：包头职业技术学院霍振生（绪论、第七章）、浙江机电职业技术学院陈长生（第一、二、三、四、十四章）、河南工业职业技术学院于兴芝（第五章）、深圳信息职业技术学院鹿国庆（第六、八章）、浙江机电职业技术学院叶红朝（第九、十、十一、十三章）、广西机电职业技术学院唐汉坤（第十二章）。

本书出版以来受到了高职院校许多同行的热情支持并提出使用中的意见；此次修订过程中，主审也提出了很多建设性的意见；浙江机电职业技术学院的薛玮珠、孙毅老师给予了很多帮助，编者在此一并致以衷心的感谢。

由于编者水平有限，书中难免存在误漏和不妥之处，殷切期望专家和读者批评指正。

编　者

第1版前言

在高等职业教育中，由于社会需求的职业岗位与岗位群的多样化，导致专业的多元化，因此必须进行课程综合化与模块化的教学改革。《机械基础》就是在这样的背景下诞生的，它涵盖原机械类专业所涉的工程材料、公差配合与技术测量、工程力学、机械原理、机械零件等课程的主要知识，并按机械设计这条主线对各课程的内容进行了重组，使其有机地串联起来，成为一门完整系统的综合课程。本书中带＊的内容，可根据需要作为选修内容。

本书由机械职业教育基础课教学指导委员会机械设计学科组组织编写，是其"十五"教材规划中的教材之一。它不仅适用于机械类、近机械类专业，而且特别适用于机、电结合的诸多应用技术类专业及管理类专业。

参加本书编写的有：包头职业技术学院霍振生（绪论、第七章）、成都航空职业技术学院武智慧（第一、二章）、浙江机电职业技术学院陈长生（第三、十四章）、薛玮珠（第四章）、河南工业职业技术学院于兴芝（第五章）、深圳市工业学校鹿国庆（第六、八章）、浙江机电职业技术学院叶红朝（第九、十章）、金华职业技术学院柳欣（第十一、十三章）、广西机电职业技术学院唐汉坤（第十二章）。全书由陈长生、霍振生主编，胡家秀主审。

由于编者水平有限，缺点在所难免，恳请读者批评指正。

编　者

二维码索引

（续）

（续）

（续）

页码	名称	图形	页码	名称	图形
292	59.调心轴承		298	61.剖分式滑动轴承	
297	60.整体式径向滑动轴承		298	62.自动调心式径向滑动轴承	

目 录

绪　　论

第一节　机械概述

阅读问题：
1. 机器与机构、构件与零件有哪些区别？
2. 根据功能分析，机器的基本组成部分有哪些？
3. 根据用途的不同，机械可分为哪些类型？
试一试：自行车共有几个构件？它是机器吗？

在人们的生产实践和日常生活中，会接触到各种各样的机械，如自行车、缝纫机、空调机、电梯、汽车、机床等。使用并发挥机械的有效作用已是提高生产效率、降低劳动强度、改善生活水平的重要因素。即使是信息技术和人工智能急速发展的今天，机械化程度的高低仍然是衡量社会发展的重要标志之一。

机械这个词源自于希腊语 Mechine 及拉丁文 Machina，古罗马人根据作用效果及力量的大小对机械有了初步的认识；英国人威利斯（R. Willis）在 1841 年对机械有了描述："任何机械（machine）都是由用各种不同方式连接起来的一组构件组成，使其一个构件运动，其余构件将发生一定的运动，这些构件与最初运动之构件的相对运动关系取决于它们之间连接的性质。"

中文"机械"由"机"与"械"两个汉字组成。"机"原指局部的关键机件；"械"在古代指某整体器械或器具等实物。这两字连在一起便组成"机械"一词，"机械是能用力甚寡而见功多的器械"。我国在战国时期就形成了与现代"机械"含义较相近的概念。

中华民族在机械领域创造出了巨大的成就，特别是进入新时代以来，在现代机械领域（如高铁、航母、飞船等领域）都有了突飞猛进的发展，受到了全世界的关注。

那么在现代科学技术中，什么是"机械"呢？机械是机器和机构的统称。

一、机器和机构

图 0-1 所示为起重用的卷扬机，它是由钢索卷筒、联轴器、减速器、电动机等组成的。以电动机为动力，通过减速器的传动使卷筒转动，从而实现钢索提升物料的功能。

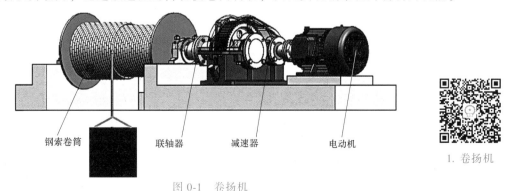

钢索卷筒　　　　联轴器　　　减速器　　　电动机

1. 卷扬机

图 0-1　卷扬机

以上仅为机器实例之一。尽管机器品种繁多，形式多样，用途各异，但都具有如下特征：

① 某些实物的人为组合；

② 各实物间具有确定的相对运动；

③ 能转换机械能，完成有用功或处理信息，以代替或减轻人的劳动。

凡具备上述三个特征的实物组合体称为机器。

所谓机构，是指具有确定相对运动的某些实物的组合，主要用来传递和变换运动。机构符合机器的前两个特征。图 0-1 所示减速器中的齿轮机构，把电动机输出的高速运动降速后再传递给卷筒，以满足提升重物时对速度和力矩的需要。

机器由机构组成，简单的机器可以只含有一个机构，复杂一些的机器可以有多个机构。机器通过对机构的运用，得到所需要的运动（形式、速度），进而去完成变换能量、做有用功或处理信息等。

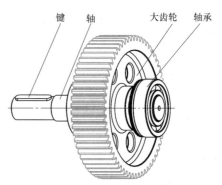

图 0-2　从动齿轮组件（构件）

二、构件与零件

构件是组成机构的基本运动单元。它可以是一个零件，也可以是由若干个零件固定联接而成的。图 0-2 所示为减速器中的从动齿轮组件，由键、轴、大齿轮和轴承等零件组成。由于在机器工作时这些零件是作为一个整体而运动的，所以整个组件是齿轮机构中的一个构件。

零件是组成机械的最小制造单元。它是根据制造工艺的要求而确定的。各种机械中经常要用到的零件称为通用零件，如螺钉、螺母、轴、齿轮、弹簧等。在特定的机械中用到的零件称为专用零件。如汽轮机中的叶片、起重机的吊钩、内燃机中的曲轴、连杆、活塞等。

三、机器的组成

从功能的角度分析，机器可由以下几部分组成：

（1）动力部分　是机器的动力来源（原动机）。常用的有电动机、内燃机及液压机等属于原动机，其功能是把其他形式的能量转化成机械能，以驱动机器各部件运动，如图 0-1 所示卷扬机中的电动机。

（2）执行部分　是直接实现机器功能的部分（工作机）。处于整个机械传动路线终端，按照工艺要求完成确定的运动，其结构形式取决于机器的用途。如机械能变换成为电能，改变物料的位置、形状等。图 0-1 中的钢索卷筒就是起到改变物料高度的作用，是卷扬机的执行部分。

（3）传动部分　介于动力部分与执行部分之间，其功能是把原动机的运动和动力转换并传递给执行部分。为了满足执行装置的各种需要，大量的机构被用作传动装置，以完成运动速度和运动形式的转换。图 0-1 所示减速器中的齿轮机构起到了减速的作用。但也有一些机器是原动机直接带动执行装置的，此时两者已能很好匹配，中间不再需要传动部分，如鼓风机。

以上三部分是机器的基本组成部分。对于复杂一些的机器，还会有控制部分，如传感器、控制器、离合器等，其作用是显示和反映机器的运行位置和状态，控制机器的正常运行和工作；还有辅助部分，实现冷却、润滑、照明等。

四、机械的类型

机械种类较多，根据用途不同，可分为：

（1）动力机械　如电动机、内燃机、液压机、空气压缩机等，主要用来完成机械能与其他形式能量之间的转换。

（2）加工机械　如金属加工机床、制面机、包装机等，主要用来改变物料的结构形状、尺寸大小、性质及状态等。

（3）运输机械　如汽车、飞机、轮船、起重机等，主要用来改变人或物料的空间位置。

（4）信息机械　如复印机、打印机、绘图仪等，主要用来获取或处理各种信息。

第二节　本课程的性质、内容和任务

党的二十大报告指出"青年强，则国家强。当代中国青年生逢其时，施展才干的舞台无比广阔，实现梦想的前景无比光明。"我们每一个在校学生都应该不负时代，要把自己的全部精力都投入到学习中去，全面提升自己。只有这样才能为实现中国式现代化，全面推进中华民族的伟大复兴做出自己最大的贡献。

机械基础是高等职业技术院校的技术基础课。具有很强的理论性和实践性，是工科机类及近机类专业的一门必修课程。课程围绕机械工程技术中的基本知识、基本理论、基本方法开展教学，着力帮助学生提高运用机械基础相关知识和方法解决工程技术问题的能力。为进一步学习后续专业课程及今后从事实际工作打下必要的基础。它是学生迈向专业岗位的通行证、是步入社会的奠基石。

课程具体内容包括：

（1）工程力学　构件的典型约束及受力图，静力平衡的基本原理及未知力的求解方法；基本变形形式下求零件内力和应力的方法，零件工作的强度条件及其具体应用。

（2）机械工程材料　机械工程材料的种类、牌号、性能和用途，钢的常用热处理方法，以及选择机械工程材料的基本方法。

（3）公差与配合　机械零件几何精度、互换性、标准化及有关公差与配合的基本知识，学习国家标准的相关内容。

（4）机械原理与零件　机械中的常用机构和通用零件的工作原理、运动特性、结构特点和设计方法等，同时简要介绍国家标准及标准零部件的选用方法。

本课程的任务是：

1）能运用静力平衡条件求解简单力系的平衡问题；初步掌握零部件的受力分析和强度计算方法。

2）了解常用工程材料的种类、性能、牌号、应用及钢的热处理知识；能合理选用典型零件的工程材料。

3）掌握有关公差标准的基本内容和主要规定；正确理解技术图样上常见的公差配合标注，具有选用公差与配合的初步能力。

4）熟悉通用零件的工作原理、特点、应用及其结构和标准，掌握通用零件的选用和设计的基本原理及方法。

5）能运用标准、手册、图册等技术资料，具有分析、设计和使用通用零件和简单机械传动装置的初步能力。

第三节　本课程的教学建议

教学过程的复杂性决定了教学方法的多样性，本课程同样也没有一种教学法能解决教学中所有的问题，但是通过对课程知识特点的分析，有助于我们更好地开展实践和探索。

一、本课程的知识类型分析

根据信息加工心理学的分析，应用型知识按属性的不同可分为涉及事实、概念、原理方面的"陈述性知识"和涉及经验、策略的"程序性知识"。陈述性知识是显性的，是可以编码且可用正式语言进行传递的一类知识，比如书本文字、图表、公式等；而程序性知识是隐性的，是难用语言完整传达的，是一种主观的、基于经验积累的知识，比如经验、技艺、直觉、预见性、心智模式等，且多专属于个人，是一种"只可意会不可言传"的知识。

下面以课程中的带传动为例来分析这两类知识。带传动的教学内容见表0-1。

表 0-1　带传动的教学内容

章　　节	基 本 内 容
第一节　概述	带传动的组成、类型(平带、V带、多楔带、圆带、同步带、齿形带)、特点、应用
第二节　普通V带及其带轮	传动带：结构、标准、截面尺寸、型号、基准长度 带轮：材料、结构、轮槽尺寸
第三节　带传动的工作能力分析	受力分析：初拉力、紧边、松边、有效拉力计算、打滑失效 应力分析：拉力、离心力、弯曲变形产生应力及计算、带长方向的应力分布、疲劳失效 弹性滑动：现象及原因、滑动系数及计算、传动比计算
第四节　普通V带传动的设计	计算准则：基本额定功率、功率增量、带长修正、包角修正 设计计算方法：确定计算功率、选择带型号、确定基准直径、确定中心距和带长、确定带的根数、确定压轴力、确定带轮结构和轮槽尺寸
第五节　带传动的使用维护	带传动张紧、安装和维护规范

由表0-1可见，带传动这一章涉及大量的名词、事实、概念、方法，这些内容都属于陈述性知识。那么程序性知识在哪儿体现呢？实际上程序性知识是隐藏于陈述性知识之中的。比如，在学过了Y、Z、A、B、C、D、E七种传动带型号，并知道了带的型号、计算功率和小轮转速之间的内在关系后，再尝试着开展选择传动带型号的实际活动时，才能在脑子里形成一种思维模式，以指导人们查阅选型图并确定具体型号。这种思维模式如多次被运用强化，就能达到自动改变行为的效果。此时，学习者就拥有了选择传动带型号方面的程序性知识。所以程序性知识是以陈述性知识为基础，把相关的概念、事实连接起来，形成一种条件与结果间的思维关系，并在具体的实践中自觉应用的一种智慧技能。

所以程序性知识本质上是陈述性知识在解决现实问题中的行为再现。没有足够的陈述性知识积累，也不可能有效地开展解决问题的程序活动；反过来，只有陈述性的知识而不开展程序性的活动，就无法完成知识向智慧的转化。

二、本课程的教学建议

1."阅读+讨论"式的陈述性知识教学

当前，高职各专业中机械基础课的课时都有减少，而本课程的知识内容又十分丰富。为了完成教学任务，不少教师将主要时间都花在了讲授上，虽然辛苦忙碌，但学生始终不能将知识消化吸收。"阅读+讨论"是一种值得借鉴的方法。每次上课先让学生带着问题阅读教材上的相关内容，再围绕问题开展提问与讨论。如前述带传动第二节的教学，课前先给出阅读问题（见表0-2），让学生阅读教材的相关内容，然后随机提问，让学生用自己的语言来回答问题，其他同学进行补充，教师及时做好提示与帮助。

表 0-2 带传动第二节的阅读问题与随堂练习

阅读问题：

1. 普通 V 带的结构组成是什么？截面型号有哪些？

2. b_p、d_d、L_d 是指什么？分别是怎么定义的？

3. V 带带轮的结构、材料有哪些？轮缘尺寸是怎么确定的？

试一试：某 V 带传动，采用 3 根 A 型带，$d_{d1} = 100mm$，请画出带轮轮缘截面图。

从学生方面分析，阅读、提问、交流三个过程较好地贯彻了认知心理学有关复述、精加工、组织等策略的应用，把原来讲授教学中的"听一遍"变成了现在的"学多遍"；从教师方面分析，不再需要一刻不停的讲授，而是在讨论交流中进行针对性的引导与补充。最后设置"试一试"的"学中做"活动，及时获得实践体验，以强化对知识的理解与掌握。实践表明，"阅读+讨论"的方法让学生的课堂参与度和学习效果都有了提高；教学效率也提高了，教师有更多时间深入到学生中去，整个课堂氛围可以有明显的改进。

2. 注意变式练习的运用，促进知识转化

变式练习被认为是知识转化的关键环节。由于现实问题往往需要在不同情境中对概念和规则进行灵活运用，要适应这种变化，就需要开展变式练习的训练。机械基础课练习中的"变"主要体现在用同一条原理解决不同条件的问题。如学习了"带传动的工作能力分析"的内容后，可以先练习某条件下带传动的工作能力校核，再改变带的根数、带轮直径或中心距后分析工作能力的变化，最后在给定工况条件下设计带传动等。通过在多种不同情境下的反复练习，不断地运用相关概念、规则，逐步熟练，最终转化为办事的智慧。

3. "学中做""做中学"的灵活运用

项目化教学在高职院校的专业课教学中得到了广泛的应用，也取得了较好的效果。由于技术基础课是将专业技术活动中诸多共性问题归类整合后形成的课程，如果仅从形式上强调项目化或者设计单一的项目开展教学，难免会出现挂一漏万的结果。项目化教学的本质就是让课程形成"学练做一体化"的教学氛围。"学中做""做中学"是一种科学合理的教学方法，应注意灵活运用。"学中做"着眼于在学的过程中开展练习活动，其中心任务是"学"，"做"的目的是通过解决小任务、小问题来强化与促进"学"。通过开展"学中做"的教学，可以让学生对所学概念的理解更深刻，对规则的运用更准确，最终把知识转变为智慧。"做中学"则围绕项目任务的完成来开展，以最终"做出"需要的产品（服务）为目标。通过"做"对已学的概念、规则进行强化和补充。"学中做"较适用于简单规则的边学边练，或者叙述性强、概念多时的互动教学；"做中学"适合于已经学习了多项规则，借助"做"将其紧密联系起来并开展综合运用，对跨课程的知识进行整合，把已经形成的、用于简单事物处理的经验集合成用于复杂的、综合性事物的经验系统，提高能力层次。

本课程考核可以通过平时考核+课程考试的形式进行。平时考核包括作业成绩、课堂练习和课程实验。课程考试内容应体现知识及技术应用的特点，既要考事实、概念等"陈述性知识"的掌握，更应考策略、行动等"程序性知识"的能力。对在学习和应用上有创新的学生应予特别鼓励。

自测题与习题

1. 下列产品中，属于机器的是＿＿＿＿＿＿。

   A. 台虎钳和钻床　　　B. 钻床和发动机　　　C. 扳手和发动机　　　D. 发动机和机械闹钟

2. 机械中的运动单元是＿＿＿＿＿＿。

   A. 机构　　　　　　　B. 部件　　　　　　　C. 零件　　　　　　　D. 构件

3. 自行车上的轮轴、电风扇上的螺母、起重机上的吊钩、发动机上的曲轴、减速器中的齿轮，以上零件中有＿＿＿＿＿＿是通用零件。

   A. 2　　　　　　　　　B. 5　　　　　　　　　C. 4　　　　　　　　　D. 3

4. 以下有关机械组成的叙述中，错误的是＿＿＿＿＿＿。

   A. 手动的机械可以没有原动机

   B. 动力部分、执行部分和传动部分是机器的基本组成部分

   C. 原动机、工作机、传动部分和控制部分对任何机器都是必不可少的

   D. 简单的机器可以没有冷却润滑部分

第一章 构件的静力分析

中国的桥梁技术已经享誉世界，港珠澳大桥的建成更是彰显了中国人无穷的智慧与力量。主桥的通航孔桥净空宽度达 318 米，通航吨级达万吨。由多条超高强度的巨型斜拉索张拉约 7000 吨重的梁面，每一根斜拉索的确定都需要工程师们精细的受力分析和严格的承载设计。本章和第二章我们将学习构件的受力分析和零件的强度计算。

机器的运行是由于力的作用引起的，构件的受力情况直接影响机器的工作能力。因此，在设计或使用机器时需要对构件进行受力分析。机器平稳工作时，许多构件的运动处于相对静止或匀速运动的状态，即平衡状态。静力学是研究物体处于平衡状态时所受各力之间关系的一门学科。

力是物体间的相互作用。力的作用有两种效应：使物体的运动状态发生变化或使物体的形状发生改变，前者称为运动效应，后者称为变形效应。力系是指作用于被研究物体上的一组力。若物体处于平衡状态，则作用于物体上的力系会满足一定的条件，这些条件称为力系的平衡条件。物体平衡时的力系也称为平衡力系。为使问题简化，静力分析中通常将物体视为刚体。所谓刚体就是指在力系作用下不会变形的物体。因为微小变形对研究平衡问题不起主要作用，可以略去不计。

第一节 静力分析基础

阅读问题：

1. 哪些要素影响力的作用效应？力线图可表达哪些信息？
2. 二力构件的受力特点是什么？
3. 为什么作用在刚体上的力沿作用线移动时不会影响作用效果？
4. 为什么平面上不平行的三个力平衡时必定是汇交的？
5. 为什么作用力与反作用力不能说成是一对平衡力？
6. 工程中常见的约束有哪些？它们的约束反力方向怎么确定？
7. 请解释下列名词：约束、主动力、约束反力、受力图、分离体。

试一试：图 1-1 中所画物体的受力图是否有错？如有，请改正。

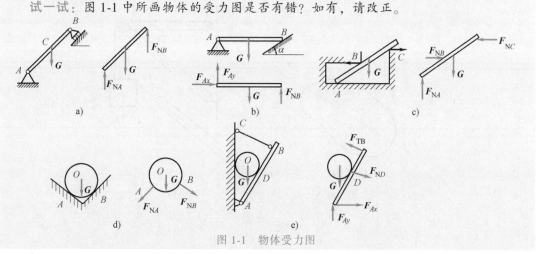

图 1-1 物体受力图

一、力的三要素

力既然是物体与物体之间相互的机械作用，所以，力不能脱离周围物体而存在。实践证明，力对物体的作用效应，决定于力的大小、方向和作用点。这三个因素通常称为力的三要素，当这三个要素中任何一个改变时，力的作用效应就会改变。

由物理学可知，机器的功率 P、运行速度 v 和力 F 之间存在关系 $P = Fv\cos\alpha$（α 为力 F 的方向与速度 v 方向之间的夹角）。可见，当机器功率一定时，力和速度成反比。

力是矢量，可用一带箭头的有向线段表示。如图 1-2 中的有向线段 $\overrightarrow{AB}$，按一定的比例尺所作的线段长度 $\overline{AB}$ 表示力的大小（$F = 60\text{N}$）；箭头的指向表示力的方向；线段的起点（或终点）表示力的作用点；通过力的作用点沿力的方向的直线称为力的作用线。

力的矢量常用黑体字母表示，而力的大小用明体字母表示。力的单位采用牛（N）或千牛（kN）。

二、静力学公理

静力学公理是人类经过长期经验积累和实践验证总结出来的最基本的力学规律性。它们是静力学的基础。

1. 二力平衡公理

刚体仅受两力作用而保持平衡的充分必要条件是：两力大小相等、方向相反，且作用在同一直线上。如图 1-3a 所示，即

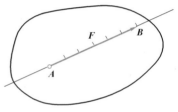

$$F_1 = -F_2$$

这个公理总结了作用于刚体上最简单的力系平衡时所必须满足的条件。对刚体来说这个条件既必要又充分。但

图 1-2　力的表示

对非刚体来说，这个条件是不充分的。例如：软绳受两个等值、反向且共线的拉力时可以平衡，但受两个等值、反向且共线的压力时就不能平衡了。

在两个力作用下处于平衡的刚体，称为二力构件。如果该构件为杆件，又称其为二力杆（见图 1-3b）。二力构件受力的特点是两个力的作用线必定是沿其作用点的连线，且等值、反向。

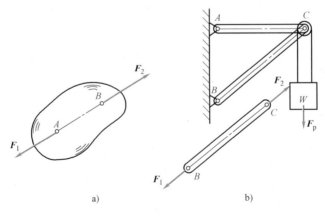

图 1-3　二力平衡及二力杆

a）二力平衡　b）二力杆

2. 加减平衡力系公理

在任意一个已知力系上加上或减去任意的平衡力系，并不会改变原力系对刚体的作用效应。

这一公理对于研究力系的简化问题很重要。由这个公理可以导出力的可传性推理：作用在刚体上的力，沿其作用线移到刚体上任意一点，不会改变它对刚体的作用效应。

如图 1-4 所示，图 1-4a 为原力系，图 1-4b 在原力系上加了一个 $F_1 = -F_2$ 的平衡力系，设 $F = F_1$，显然 F 与 F_2 也构成一平衡力系，可以减去，于是变为图 1-4c 的情况，力在刚体上成功地实现了平移。

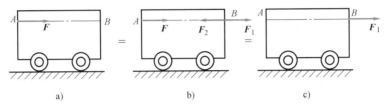

图 1-4 力的可传性证明

3. 平行四边形公理

作用于物体上某一点的两个力，可以合成为一个合力，其作用点也在该点，合力的大小和方向由两已知力为边所构成的平行四边形的对角线确定。此公理也称为平行四边形法则。如图 1-5a 所示。力的合成法则可写成矢量式

$$F = F_1 + F_2$$

即合力等于两个分力的矢量和。合力 F 的大小不仅与两分力大小有关，而且还与二分力方向有关。

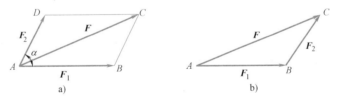

图 1-5 力的平行四边形法则

运用前面的公理，还可以得出三力平衡汇交定理：若刚体受到同一平面内互不平行的三个力作用而平衡时，则该三力的作用线必汇交于一点。如图 1-6 所示，刚体受到三个互不平行的力 F_1、F_2 和 F_3 作用，当刚体处于平衡时，三力的作用线必汇交于 O 点，读者可自己给出证明。

4. 作用力与反作用力公理

两物体之间的作用力与反作用力，总是同时存在，且两力等值、反向、共线，分别作用在这两个物体上。

这个公理说明，力总是成对出现的，物体间的作用总是相互的，有作用力就有反作用力，两者永远是同时存在，又同时消失。例如，图 1-7 车刀在切削工件，车刀作用在工件上的切削力为 F_p，与此同时，工件必有一反作用力 F_p' 作用在车刀上。这两个力 F_p、F_p' 总是等值、反向、共线的。必须注意，由于作用力与反作用力分别作用在两个物体上，因此不能

说成是一对平衡力。

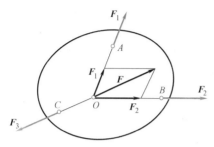

图 1-6　三力平衡汇交的证明

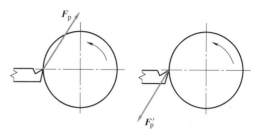

图 1-7　作用力与反作用力公理

三、约束与约束反力

在工程中，构件总是以一定的形式与周围其他构件相互联接的，例如转轴受到轴承的限制，使其只能产生绕轴线的转动；汽车受到路面的限制，使其只能沿路面运动等。这种限制物体运动的周围物体，称为约束。上面的轴承就是转轴的约束，路面是汽车的约束。

物体的受力可分为两类：主动力和约束反力。主动力是指使物体产生运动或运动趋势的力，如物体的重力、零件的载荷等。而约束对物体运动起限制作用的力称为约束反力。由于约束的作用是限制物体的运动，所以约束反力的方向总与所限制的运动方向相反，其作用点在约束与被约束物体相互联接或接触之处。

工程中约束的种类很多，下面介绍几种典型的约束模型。

1. 柔性约束

由线绳、链条或胶带等非刚性体所形成的约束。它们只能受拉不能受压，约束反力的方向沿着中心线而背离被约束物体。约束反力通常用符号 F_T 来表示。如图 1-8 中线绳上的约束反力 F_{T1} 和 F_{T2}。

2. 光滑面约束

物体与光滑面成点、线、面刚性接触（摩擦力很小，可忽略不计）所形成的约束。其约束反力的方向沿接触表面的公法线并指向被约束物体。这种约束反力也称为法向反力，通常用符号 F_N 来表示，如图 1-9 中的 F_N。

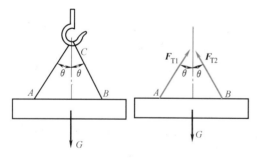

图 1-8　柔性约束

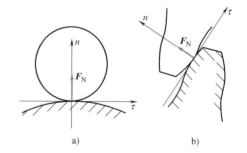

图 1-9　光滑面约束

a）固定约束　b）活动约束

3. 光滑铰链约束

物体经圆柱铰链联接所形成的约束。如图 1-10a 所示，圆柱形铰链是由两个端部带圆孔的杆件，用一个销轴联接而成的。此时，受约束的两个物体都只能绕销钉轴线转动。由于销钉与物体的圆孔表面都是光滑的，两者之间总有缝隙，物体受主动力后形成线接触点 K，根据光滑面约束反力的特点，销钉对物体的约束反力应沿接触点 K 处的公法线通过物体圆孔中心（即铰链中心）。但因为主动力的方向不能预先确定，接触点不能确定，所以约束反力 F_R 的方向也不能预先确定。画约束反力 F_R 时，通常用两个通过铰链中心的互相垂直的分力 F_x 和 F_y 来表示，如图 1-10b 所示。

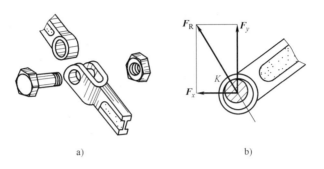

图 1-10　光滑圆柱铰链约束

a）结构　b）受力

根据被联接物体的形状、位置及作用，光滑圆柱铰链约束又可分为：中间铰链约束（图 1-11a）、固定铰链支座约束（图 1-11b）和活动铰链支座约束（图 1-11c）。由于活动铰链支座约束只能限制物体沿支承面法线方向的运动，因此其约束反力 F_N 的作用线通过销钉中心且垂直于支承面。

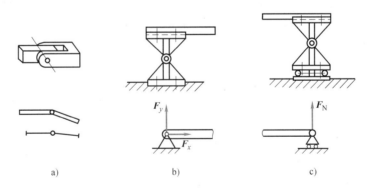

图 1-11　光滑圆柱铰链约束的类型

a）中间铰链约束　b）固定铰链支座约束　c）活动铰链支座约束

4. 固定端约束

物体的一部分固嵌于另一物体所构成的约束，称为固定端约束。如车床刀架上的刀具（图 1-12a）、卡盘上的工件（图 1-12b）等都属于这种约束。

固定端约束的构件可以用一端插入刚体内的悬臂梁来表示（图 1-13a），这种约束限制物体沿任何方向的移动和转动，其约束作用包括限制移动的两个正交约束反力 F_{Ax}、F_{Ay} 和限制转动的约束反力偶 M_A（见图 1-13c）。

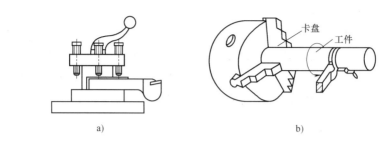

图 1-12　固定端约束

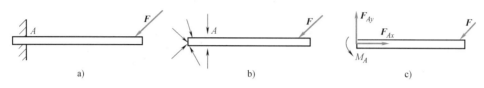

图 1-13　固定端约束反力

四、受力图

在对物体进行受力分析时，为了清楚地表示物体的受力情况，需将研究对象从周围的物体中分离出来，即解除全部约束，成为分离体。为了使分离体的受力情况与原来的受力情况一致，必须在分离体上画出所有主动力，在解除约束的地方画出相应的约束反力。这样所得到的画有分离体及其全部主动力和约束反力的简图称为受力图。

受力图是解决工程力学问题的关键，掌握受力图的画法对于静力分析非常重要。下面举例说明受力图的画法。

例 1-1　重力为 G 的均质圆球 O，由杆 AB、绳索 BC 与墙壁来支持，如图 1-14a 所示。各处摩擦与杆重不计，试分别画出球 O 和杆 AB 的受力图。

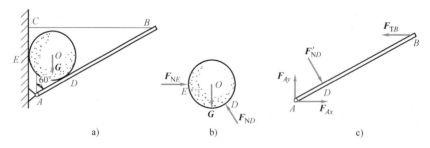

图 1-14　受力图画法实例一

解

（1）以球为研究对象

1）解除杆和墙的约束，画出其分离体图。

2）画出主动力：球受重力 G。

3）画出全部约束反力：杆对球的约束反力 F_{ND} 和墙对球的约束反力 F_{NE}（D、E 两处均为光滑面约束）。球 O 的受力图如图 1-14b 所示。

（2）以 AB 杆为研究对象

1）解除绳子 BC、球 O 和固定铰支座 A 的约束，画出其分离体图。

2）*A* 处为固定铰支座约束，画上约束反力 F_{Ax}、F_{Ay}。

3）*B* 处受绳索约束，画上拉力 F_{TB}。

4）*D* 处为光滑面约束，画上法向反力 F'_{ND}，它与 F_{ND} 是作用与反作用的关系。*AB* 杆的受力图如图 1-14c 所示。

例 1-2 图 1-15a 所示的结构，由杆 *AC*、*CD* 与滑轮 *B* 铰接组成。物重力为 *G*、用绳子挂在滑轮上。杆、滑轮及绳子的自重不计，并忽略各处的摩擦，试分别画出滑轮 *B*、重物、杆 *AC*、*CD* 及整体的受力图。

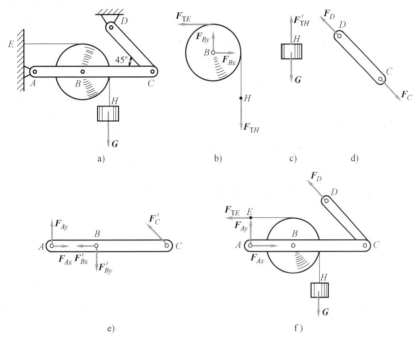

图 1-15 受力图画法实例二

解

1）以滑轮及绳索为研究对象。解除 *B*、*E*、*H* 三处约束，画出其分离体图。在 *B* 处为光滑铰链约束，画出销钉对轮孔的约束反力 F_{Bx}、F_{By}；在 *E*、*H* 处有绳索的拉力 F_{TE}、F_{TH}；其受力图如图 1-15b 所示。

2）以重物为研究对象。解除 *H* 处约束，画出其分离体图。画出主动力重力 *G*；在 *H* 处有绳索的拉力 F'_{TH}，它与 F_{TH} 是作用与反作用的关系；其受力图如图 1-15c 所示。

3）以二力杆 *CD* 为研究对象（在系统问题中，先找出二力杆将有助于确定某些未知力的方位）。解除 *C*、*D* 两处约束，画出其分离体图。由于 *CD* 杆受拉（当受力指向不明时，可先假设一方向），在 *C*、*D* 处画上拉力 F_C 与 F_D，且 $F_C = -F_D$，其受力图如图 1-15d 所示。

4）以 *AC* 杆为研究对象。解除 *A*、*B*、*C* 三处约束，画出其分离体图。在 *A* 处为固定铰支座，故画上约束反力 F_{Ax}、F_{Ay}；在 *B* 处画上 F'_{Bx}、F'_{By}，它们分别与 F_{Bx}、F_{By} 互为作用力与反作用力；在 *C* 处画上 F'_C，它与 F_C 是作用与反作用的关系，即 $F'_C = -F_C$；其受力图如图 1-15e 所示。

5）以整体为研究对象。解除 *A*、*E*、*D* 处约束，画出其分离体图。画出主动力重力 *G*；

画出约束反力 F_{Ax}；F_{Ay}；画出约束反力 F_D 和 F_{TE}；其受力图如图 1-15f 所示（对整个系统来说，B、C、H 三处受的均是内力作用，在整体受力图上不必画出）。

第二节 平面汇交力系

阅读问题：

1. 运用几何法（多边形法则）求合力时，合力的大小、方向和作用点分别是怎么确定的？

2. 力在坐标轴上的投影怎么表达？投影为正或负各为何意？

3. 用解析法求汇交力系的合力时，合力的大小、方向和作用点是怎么确定的？

4. 平面汇交力系平衡时，其平衡方程怎么表达？

5. 平面汇交力系应用静力平衡解题的基本步骤是什么？

试一试：如图 1-16 所示的支架受力，在铰链 C 处用绳子吊着重 $G = 20\text{kN}$ 的重物。不计杆件的自重，试求各杆所受的力。

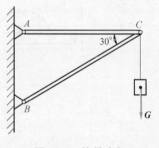

图 1-16 简易支架

静力分析的主要问题是力系的合成与平衡。力系有各种不同的类型，其合成结果和平衡条件也各不相同。按照力系中各力是否作用在同一平面，可将力系分为平面力系和空间力系两类；按照力系中各力是否相交或平行，力系又可分为汇交力系、平行力系和任意力系。本节主要研究平面汇交力系的合成与平衡问题。分析平面汇交力系一般有两种方法：几何法与解析法。

一、平面汇交力系合成的几何法

1. 力的三角形法则

设有 F_1 和 F_2 两力作用于某刚体上的点 A，则其合力 F 可由平行四边形法则确定（图 1-5a）。不难看出，在求合力时可不画出整个平行四边形。如图 1-5b 所示，从点 A 作一矢量 $\overline{AB} = F_1$，过点 B 再画矢量 $\overline{BC} = F_2$，连接 F_1 的起点 A 与 F_2 的终点 C，矢量 $\overline{AC}$ 就是力 F_1、F_2 的合力 F。这种通过画三角形求合力的方法称为力的三角形法则。

三角形法则实质上是力的四边形法则的另一种表达方式，它应用起来更加方便，不仅可用于力的合成，也常用于力的分解。

2. 力的多边形法则

设刚体上作用有一平面汇交力系 F_1、F_2 和 F_3，如图 1-17a 所示，求其合力。

根据力的可传性原理，首先将各力沿其作用线移到 A 点，然后连续应用力的三角形法则，先将 F_1 和 F_2 合成为 F_{12}（见图 1-17b 中的虚线），再将 F_{12} 与 F_3 合成，即得 F_1、F_2 和 F_3 的合力 F，如图 1-17b 所示。

实际作图时，虚线 F_{12} 不必画出，只要把各分力矢量首尾相接，得到一开口的多边形 $ABCD$，然后将第一个力矢量 F_1 的起点 A 和最后一个力矢量 F_3 的终点 D 相连，作为多边形的封闭边，所得矢量就代表该力系合力 **F** 的大小和方向。这种用力多边形求合力的方法称为力多边形法则。运用力多边形求合力时，可以任意变换各分力矢量的次序，得到不同形状的力多边形，但求得的合力 **F** 不变，如图 1-17c 所示。

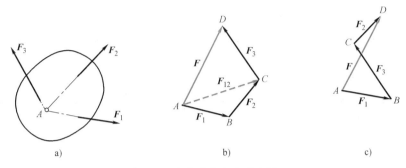

图 1-17　力合成的多边形法则

显然，无论汇交力系中力的数目有多少，均可用此法来求出其合力。用矢量式表示为

$$F = F_1 + F_2 + \cdots + F_n = \sum F_i \tag{1-1}$$

二、平面汇交力系合成的解析法

解析法的基础是力在坐标轴上的投影，它是利用平面汇交力系在直角坐标轴上的投影来求力系合力的一种方法。

1. 力在直角坐标轴上的投影

设刚体的某点 A 作用一力 **F**，在 **F** 的平面内取直角坐标系 xOy。从力 **F** 的两端 A 和 B 分别向 x、y 轴作垂线，得线段 ab 和 a_1b_1，如图 1-18a 所示。线段 ab 和 a_1b_1 分别为力 **F** 在 x、y 轴上投影的大小，分别以 F_x 与 F_y 来表示。

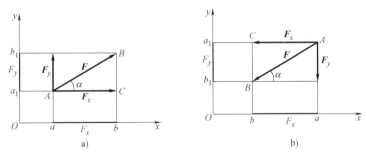

图 1-18　力在直角坐标轴上的投影

力的投影是代数量，其正负规定如下：若从 a 到 b（或 a_1 到 b_1）的指向与坐标轴正向一致时，投影值为正，反之为负。如图 1-18a 中的 F_x 与 F_y 均为正值，图 1-18b 中的 F_x 与 F_y 均为负值。

若已知力 **F** 的大小为 F，它与 x 轴所夹锐角为 α，则由图 1-18 可知

$$\left.\begin{array}{l} F_x = \pm F\cos\alpha \\ F_y = \pm F\sin\alpha \end{array}\right\} \tag{1-2}$$

反之，若已知力 **F** 在 x、y 轴上投影 F_x 与 F_y，则由图 1-18 中的几何关系，可得

$$F = \sqrt{F_x^2 + F_y^2} \\ \tan\alpha = |F_y / F_x|$$

（1-3）

力 $\boldsymbol{F}$ 的指向由 F_x 与 F_y 的正负号确定。

如果把力 $\boldsymbol{F}$ 沿两直角坐标轴分解，可得到两正交分力 $\boldsymbol{F}_x$ 和 $\boldsymbol{F}_y$，其大小与力 $\boldsymbol{F}$ 在相应坐标轴上的投影的绝对值相等，如图 1-18a 所示。必须注意，力的投影与分力是不同的，投影是代数量，而分力是矢量，两者不可混淆。

2. 合力投影定理

设在刚体上有一平面汇交力系 $\boldsymbol{F}_1$、$\boldsymbol{F}_2$、$\boldsymbol{F}_3$，用力多边形法则可知其合力为 $\boldsymbol{F}$，如图 1-19 所示。取坐标系 xOy，将合力 $\boldsymbol{F}$ 及力系中的各力 $\boldsymbol{F}_1$、$\boldsymbol{F}_2$、$\boldsymbol{F}_3$ 向 x 轴投影，由图 1-19b 可得

$$ad = ab + bc - cd$$

即

$$F_x = F_{1x} + F_{2x} + F_{3x}$$

同理有

$$F_y = F_{1y} + F_{2y} + F_{3y}$$

显然，上述关系可以推广到由 n 个力 $\boldsymbol{F}_1$，$\boldsymbol{F}_2$，$\cdots$，$\boldsymbol{F}_n$ 组成的平面汇交力系，从而得出

$$F_x = F_{1x} + F_{2x} + \cdots + F_{nx} = \Sigma F_{ix} \\ F_y = F_{1y} + F_{2y} + \cdots + F_{ny} = \Sigma F_{iy}$$

（1-4）

即合力在某一轴上的投影，等于各分力在同一轴上投影的代数和，这一关系称为合力投影定理。

应用式（1-4）算出合力 $\boldsymbol{F}$ 的投影后，即可按式（1-3）求出合力 $\boldsymbol{F}$ 的大小与方向：

$$\boldsymbol{F} = \sqrt{(\Sigma F_{ix})^2 + (\Sigma F_{iy})^2} \\ \tan\alpha = |F_y / F_x| = |\Sigma F_{iy} / \Sigma F_{ix}|$$

（1-5）

式中，α 是合力 $\boldsymbol{F}$ 与 x 轴间所夹的锐角。合力 $\boldsymbol{F}$ 的指向由 F_x 和 F_y 的正负号判定。

三、平面汇交力系的平衡条件

由上可知，平面汇交力系合成的结果是一个合力。即平面汇交力系可用其合力来代替。显然，如果物体处于平衡，此合力应等于零，反之亦然。所以，平面汇交力系平衡的充要条件是力系的合力等于零。即

$$\boldsymbol{F} = \Sigma \boldsymbol{F}_i = 0$$

（1-6）

由此可得平面汇交力系平衡的几何条件和解析条件如下：

1. 平面汇交力系平衡的几何条件

从力多边形图形上看，当合力 $\boldsymbol{F} = 0$ 时，合力封闭边变为一点，即第一个矢量的起点与最后一个力矢量的终点重合，构成了一个自行封闭的力多边形，如图 1-20 所示。

因此，平面汇交力系平衡的几何条件是：力系中各力组成的力多边形自行封闭。

2. 平面汇交力系平衡的解析条件

平面汇交力系平衡时，由式（1-5）应有

$$\boldsymbol{F} = \sqrt{(\Sigma F_x)^2 + (\Sigma F_y)^2} = 0$$

也即

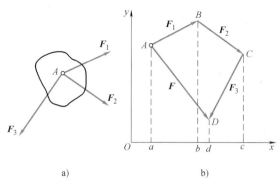

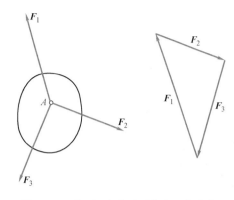

图 1-19　合力投影　　　　　　　　　　图 1-20　平面汇交力系平衡的几何条件

$$\left.\begin{array}{c} \Sigma F_x = 0 \\ \Sigma F_y = 0 \end{array}\right\} \tag{1-7}$$

因此，平面汇交力系平衡的解析条件是各力在 x 轴和 y 轴上投影的代数和分别等于零。式（1-7）称为平面汇交力系的平衡方程。

用解析法求解平衡问题时，未知力的指向可先假设，若计算结果为正值，则表示所假设力的指向与实际相同；若为负值，表示所假设力的指向与实际指向相反。

下面举例说明平面汇交力系平衡条件的应用。

例 1-3　刚架的尺寸如图 1-21a 所示，在 B 处受一水平力 $F_P = 20\text{kN}$，刚架自重不计，试分别用几何法与解析法求解刚架在固定铰链 A 和活动铰链 D 处的约束反力。

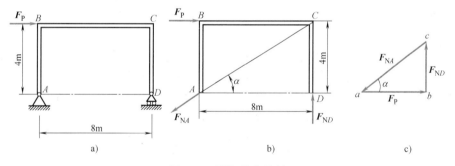

图 1-21　刚架受力分析

解　（1）几何法　以刚架为研究对象，取出分离体。

画出主动力 F_P 和约束反力 F_{ND}（垂直于支承面，沿 DC 方向），F_P 与 F_{ND} 相交于 C 点；根据三力平衡汇交定理，F_{NA} 的作用线必通过 C 点，如图 1-21b 所示。最后作力多边形求未知力 F_{ND} 和 F_{NA}。

选力比例尺 1cm = 10kN，任取一点 a，从 a 作 F_P 的平行线段 ab，并取 $ab = F_P$，再从 a 和 b 分别作 F_{NA} 和 F_{ND} 的平行线相交于 c，于是得到封闭的力三角形 abc，如图 1-21c 所示。

根据力多边形法则，按各力矢量首尾相接的顺序，得出 F_{NA} 和 F_{ND} 的指向。量出 F_{NA} 和 F_{ND} 的长度经比例尺换算得 $F_{NA} = 22.4\text{kN}$，$F_{ND} = 10\text{kN}$。

（2）解析法　以刚架为研究对象，画出受力图如图 1-21b 所示。

选坐标系 xAy。列平衡方程

$$\Sigma F_x = 0, \quad F_P - F_{NA}\cos\alpha = 0 \tag{1-8}$$

$$\Sigma F_y = 0, \quad F_{ND} - F_{NA}\sin\alpha = 0 \tag{1-9}$$

由式 (1-8) 得 $\qquad\qquad\qquad F_{NA} = 22.4\text{kN}$

由式 (1-9) 得 $\qquad\qquad\qquad F_{ND} = 10\text{kN}$

F_{NA} 和 F_{ND} 均为正值，表示所假设的方向与实际指向相同。

例 1-4　增力机构如图 1-22a 所示，已知活塞 D 上受到液压力 $F_P = 300\text{N}$，通过连杆 BC 压紧工件。当压紧平衡时，杆 AB、BC 与水平线的夹角均为 $\alpha = 8°$。不计各杆自重和接触处的摩擦，试求工件受到的压力。

解　根据作用力与反作用力定律，工件所受的压力可通过求工件对压块的反力 F_Q 而得到，因已知力 F_P 作用在活塞上，而活塞杆与压块间有一根二力杆相联系，所以必须分别研究活塞 BD 和压块 C 的平衡才能解决问题。

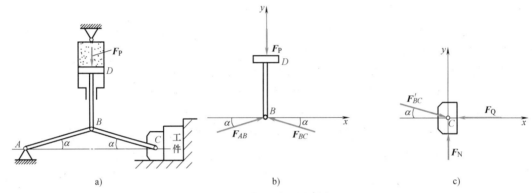

图 1-22　增力机构受力分析

（1）取活塞杆 BD 为研究对象　作用在活塞上的力有液压力 F_P 和二力杆 AB、BC 的约束反力 F_{AB}、F_{BC}。F_{AB}、F_{BC} 沿着各自杆的中心线，其指向假设如图 1-22b 所示。显然，这是一个平面汇交力系。取直角坐标系 xBy（见图 1-22b），列出平面汇交力系的平衡方程：

$$\Sigma F_x = 0, \quad F_{AB}\cos\alpha - F_{BC}\cos\alpha = 0 \tag{1-10}$$

$$\Sigma F_y = 0, \quad F_{AB}\sin\alpha + F_{BC}\sin\alpha - F_P = 0 \tag{1-11}$$

由式 (1-10) 可得 $F_{AB} = F_{BC}$，代入式 (1-11)，解得

$$F_{AB} = F_{BC} = \frac{F_P}{2\sin\alpha}$$

（2）再取压块 C 为研究对象　作用在压块上的力有支承面的反力 F_N 和工件的反力 F_Q 以及二力杆 BC 的反力 F'_{BC}。由作用与反作用定律和二力杆的受力特点可知，F'_{BC} 与 F_{BC} 等值、反向、共线。压块 C 的受力图如图 1-22c 所示，以 C 点为原点取直角坐标系 xCy，这也是一平面汇交力系，列出平衡方程

$$\Sigma F_x = 0, \quad F'_{BC}\cos\alpha - F_Q = 0$$

将 $F'_{BC} = F_{BC} = F_P/2\sin\alpha$ 代入上式，可得

$$F_Q = \frac{F_P}{2}\cot\alpha = \frac{300\text{N}}{2}\cot 8° = 1067\text{N}$$

由作用与反作用定律可知，工件受到的压力与 F_Q 等值、反向。

第三节 力矩与平面力偶系

阅读问题:

1. 力对点之矩与哪些因素有关?力臂的大小是如何确定的?力矩的正负如何规定?

2. 当汇交力系的合力对某点的矩为零时,合力等于零吗?

3. 力偶的转动效应与什么有关?

4. 合力偶的作用平面和方向是怎么确定的?

试一试:计算图1-23所示各种情况下力 F 对 O 点之矩。

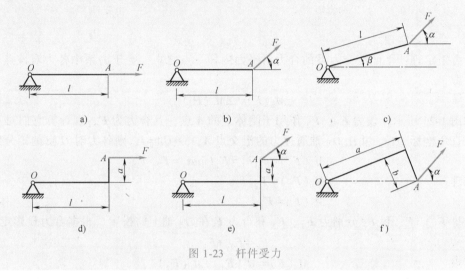

图 1-23 杆件受力

一、力对点之矩

力对物体除了具有移动效应外,有时还会产生转动效应。如图1-24所示,当用扳手转动螺母时,作用于扳手一端的力 F 能使扳手及螺母绕 O 点转动,由经验可知,拧动螺母的作用不仅与力 F 的大小有关,而且与转动中心(O 点)到力的作用线的垂直距离 d 有关。因此,力 F 使物体绕 O 点转动的效应用两者的乘积 Fd 来度量,称为力 F 对 O 点之矩,简称力矩,以符号 $M_o(F)$ 表示,即

$$M_o(F) = \pm Fd \tag{1-12}$$

O 点称为力矩中心,简称矩心;O 点到力 F 作用线的垂直距离 d 称为力臂。力矩是一个代数量,其正负用来说明力矩的转动方向。一般规定:力使物体绕矩心作逆时针方向转动时,力矩取正号;反之为负。力矩的单位为 N·m。

例1-5 如图1-25所示,电线杆 OA 上端两根钢丝绳的拉力为 $F_1 = 120\text{N}$,$F_2 = 100\text{N}$。试求 F_1 与 F_2 对电线杆下端 O 点之矩。

解 从矩心向力 F_1 与 F_2 的作用线分别作垂线,得 F_1 与 F_2 的力臂 Oa 和 Ob。由式(1-12)得

$$M_o(F_1) = F_1 \times Oa = F_1 \times OA\sin30° = 120\text{N} \times 8\text{m} \times 0.5 = 480\text{N·m}$$

$$M_o(F_2) = -F_2 \times Ob = -F_2 \times OA\sin\theta = -100\text{N} \times 8\text{m} \times 3/5 = -480\text{N·m}$$

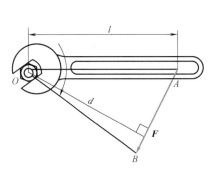

图 1-24　扳手的力矩

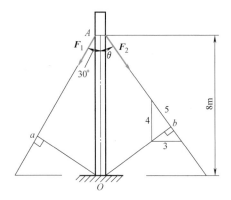

图 1-25　电线杆上的力矩

二、合力矩定理

合力矩定理：平面汇交力系的合力对平面内任一点之矩，等于力系中各力对该点矩的代数和。即

$$M_o(\boldsymbol{F}) = \sum M_o(\boldsymbol{F}_i) \tag{1-13}$$

如图 1-26 所示，设力 $\boldsymbol{F}_1$、$\boldsymbol{F}_2$ 作用于刚体上的 A 点，其合力为 $\boldsymbol{F}$，现计算它们对 O 点的矩。取直角坐标 xOy，并让 Ox 轴通过力的汇交点 A，令 $OA = l$，则各力对 O 点的矩分别为

$$M_o(\boldsymbol{F}_1) = F_1 h_1 = F_1 l \sin\alpha_1 = \boldsymbol{F}_{1y}\, l$$

同理

$$M_o(\boldsymbol{F}_2) = \boldsymbol{F}_{2y}\, l$$

$$M_o(\boldsymbol{F}) = \boldsymbol{F}_y\, l$$

这里 $\boldsymbol{F}_{1y}$、$\boldsymbol{F}_{2y}$ 和 $\boldsymbol{F}_y$ 分别为 $\boldsymbol{F}_1$、$\boldsymbol{F}_2$ 和合力 $\boldsymbol{F}$ 在 Oy 轴上的投影，根据合力投影定理有

$$\boldsymbol{F}_y = \boldsymbol{F}_{1y} + \boldsymbol{F}_{2y}$$

所以

$$M_o(\boldsymbol{F}) = M_o(\boldsymbol{F}_1) + M_o(\boldsymbol{F}_2)$$

若在 A 点有一平面汇交力系 $\boldsymbol{F}_1$，$\boldsymbol{F}_2$，$\cdots$，$\boldsymbol{F}_n$ 作用，则多次重复使用上述方法可得式（1-13）。

在力矩的计算中，有时力臂不易确定，力矩很难直接求出。但如果将力进行适当分解，各分力力矩的计算就非常容易，所以应用合力矩定理可以简化力矩的计算。

例 1-6　圆柱直齿轮传动中，轮齿啮合面间的作用力为 $\boldsymbol{F}_n$，如图 1-27 所示。已知 $\boldsymbol{F}_n$ = 500N，$\alpha = 20°$，节圆半径 $r = D/2 = 150$mm。试计算齿轮的传动力矩。

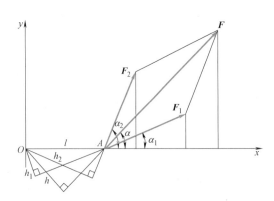

图 1-26　合力矩定理的证明

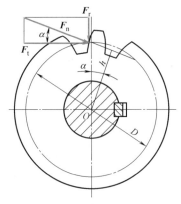

图 1-27　齿轮上的力矩

解 应用合力矩定理

$$\Sigma M_o(\boldsymbol{F}_n) = \Sigma M_o(\boldsymbol{F}_t) + \Sigma M_o(\boldsymbol{F}_r)$$

$$= -F_n\cos\alpha \cdot r + 0 = -500\text{N} \times \cos20° \times 0.15\text{m}$$

$$= -70.48\text{N} \cdot \text{m}$$

三、力偶和力偶矩

人们用两个手指旋转钥匙开门、拧动水龙头；司机用两手转动方向盘等，这时在钥匙、水龙头和方向盘上都作用着一对等值、反向、作用线不在一条直线上的平行力，都能使物体产生转动。力学上把作用在同一物体上的等值、反向、不共线的两个平行力称为力偶，以符号 $(\boldsymbol{F}, \boldsymbol{F}')$ 表示。

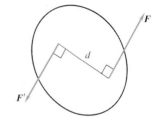

图 1-28 平面力偶

力偶中两力所在的平面称为力偶作用面，两力作用线间的垂直距离称为力偶臂，以 d 表示，如图 1-28 所示。

由经验可知，力偶使物体产生转动的效应，不仅与力偶中力的大小成正比，而且还与力偶臂 d 的大小成正比。因此，力学中用 F 与 d 的乘积来度量力偶，称为力偶矩，并以符号 $M(\boldsymbol{F}, \boldsymbol{F}')$ 表示，简写为 M 即

$$M(\boldsymbol{F}, \boldsymbol{F}') = M = \pm Fd \qquad (1-14)$$

力偶矩的正负号、单位规定与力矩相同：力偶使物体作逆时针方向转动时，力偶矩取正号；反之取负号。力偶矩的单位为 N·m。

力偶具有如下性质：

1）力偶无合力，力偶不能用一个力来代替 由于组成力偶的两个力等值反向，它们在任一坐标轴上投影的代数和恒等于零，因此，力偶对物体只有转动效应而无移动效应。力偶不能合成为一个力，它不能用一个力来平衡而只能和力偶平衡。力偶和力是组成力系的两个基本物理量。

2）力偶对其作用面上任意点之矩恒等于力偶矩，而与矩心的位置无关，这说明力偶使刚体对其作用平面内任一点的转动效应是相同的。

3）同平面内的两个力偶，如果力偶矩大小相等，力偶转向相同，则两力偶等效。根据力偶的等效性，可以得出两个推论：

① 力偶在其作用面内可以任意移转，而不改变它对刚体的转动效应。即力偶对刚体的转动效应与它在作用面内的位置无关。

② 在保持力偶矩大小和力偶转向不变的情况下，可任意改变力偶中力的大小和力偶臂的长短，而不改变它对物体的转动效应。

因此，力偶可用力和力偶臂来表示，也可直接用力偶矩来表示，即用带箭头的弧线表示，并将力偶矩值标注出来，箭头的转向表示力偶的转向，如图 1-29 所示。

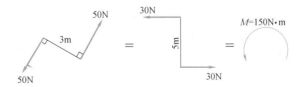

图 1-29 力偶的不同表示

由物理学可知，机器的功率 $P(\mathrm{kW})$、转速 $n(\mathrm{r/min})$ 和转动力偶矩 $M(\mathrm{N \cdot m})$ 之间存在下列关系：

$$M = 9550 \frac{P}{n}$$

可见机器功率一定时，转动力偶矩与转速成反比。

四、平面力偶系的合成

在同一平面内，由若干个力偶所组成的力偶系称为平面力偶系。

设在一物体的同一平面内有两个力偶，(F_1, F_1') 和 (F_2, F_2')，力偶臂分别为 d_1 和 d_2，力偶矩分别为 M_1、M_2，如图 1-30a 所示。于是有

$$M_1 = F_1 d_1, \quad M_2 = F_2 d_2$$

现求其合成结果。在力偶作用面内任取一线段 $AB = d$，根据力偶的等效性推论，在不改变力偶矩 M_1 和 M_2 的条件下，将它们的力偶臂都改为 d，于是得到与原力偶等效的两个力偶 (F_{P1}, F_{P1}') 和 (F_{P2}, F_{P2}')。F_{P1} 和 F_{P2} 的大小可由下列等式算出：

$$M_1 = F_{P1} d, \quad M_2 = F_{P2} d$$

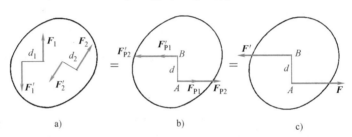

图 1-30   力偶的合成

再根据力偶的可移性，将 M_1 和 M_2 在力偶作用面内移转，将它们的力偶臂与 AB 重合，如图 1-30b 所示。于是，在 A 和 B 点各得一组共线力系，其合力为 F 和 F'，如图 1-30c 所示，其大小为

$$F = F' = F_{P1} + F_{P2}$$

F 和 F' 等值、反向、相互平行，因此，力 F 和 F' 组成一个新力偶 (F, F')，它就是两个已知力偶的合力偶，其力偶矩为

$$M = Fd = (F_{P1} + F_{P2}) d = F_{P1} d + F_{P2} d = M_1 + M_2$$

同样地，若作用在同一平面内有 n 个力偶，则其合力偶矩应为

$$M = M_1 + M_2 + \cdots + M_n$$

或 $$M = \Sigma M_i \tag{1-15}$$

即平面力偶系可以合成为一个合力偶，合力偶矩等于各分力偶矩的代数和。

五、平面力偶系的平衡

既然平面力偶系的合成结果是一个合力偶，那么要使力偶系平衡，则合力偶矩必须等于零，即

$$\Sigma M_i = 0 \tag{1-16}$$

可见，平面力偶系平衡的充要条件是：力偶系中各力偶矩的代数和等于零。

例 1-7　图 1-31 所示的电动机轴通过联轴器与工作轴相联接，联轴器上四个螺栓 A、B、C、D 的孔心均匀分布在一直径为 0.15m 的圆周上，电动机传给联轴器的力偶矩 M 为 2.5kN·m，试求每个螺栓所受的力的大小？

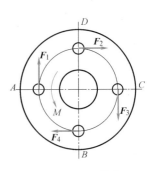

图 1-31　联轴器

解　取联轴器为研究对象。作用于联轴器上的力有 M 和四个螺栓的约束反力，方向如图 1-31 所示。现假设四个螺栓孔受力均匀，即 $F_1 = F_2 = F_3 = F_4 = F$，则它们组成两个力偶（$F_1$，$F_3$）和（$F_2$，$F_4$）并与 M 平衡。

由式（1-12）有

$$\sum M_i = 0, \quad M - F \times AC - F \times BD = 0$$

而　　　　　　　　　　　　$AC = BD = 0.15\text{m}$

所以　　　　　　　$F = M/(2AC) = 2.5\text{kN·m}/0.3\text{m} = 8.33\text{kN}$

第四节　平面任意力系

阅读问题：

1. 平面任意力系简化后所得到的主矢与主矩与简化中心有关吗？

2. 平面任意力系各平衡方程所表达的含义是什么？

3. 平面力系问题的解题步骤及平衡方程的选用思路是什么？

试一试：图 1-32 中，已知杆重 $G = 2\text{kN}$，求拉绳和支点 A 处的约束反力。

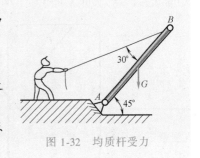

图 1-32　均质杆受力

各力的作用线在同一平面内，既不汇交于一点，也不平行的力系，称为平面任意力系。平面任意力系是工程实际中最常见的一种力系，平面汇交力系和平面力偶系是平面任意力系的特殊情况。因此，研究平面任意力系具有普遍意义。

一、力的平移定理

作用于刚体上的力 F 可以平行移动到任一点，但必须同时附加一个力偶，其力偶矩 M_f 等于原来的力 F 对新作用点之矩。

证明：图 1-33a 中力 F 作用于刚体的 A 点，在刚体上任取一点 O，并在 O 点加上等值、反向的力 F' 和 F''，使它们与力 F 平行，且 $F' = F'' = F$，如图 1-33b 所示。显然，三个力 F、F'、F'' 组成的新力系与原来的一个力 F 等效，但这三个力可看作是一个作用点在 O 的力 F' 和一个力偶（F，F''）。这样，原来作用在 A 点的力 F，就被一个作用在 O 点的力 F' 和一个力偶（F、F''）等效替换。这就是说，可以把作用于 A 点上的力 F 平行移到另一点 O，但必须同时附加一个力偶（见图 1-33c）。显然，附加力偶的力偶矩为

$$M_f = Fd$$

其中 d 为附加力偶的力偶臂。由图可见，d 就是 O 点到力 F 作用线的垂直距离。因此，

Fd 也等于力 F 对 O 点的矩，即

$$M_o(\boldsymbol{F}) = Fd$$

因此证得

$$M_f = M_o(\boldsymbol{F})$$

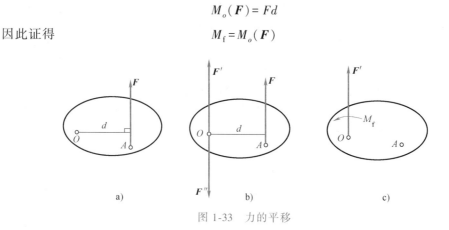

图 1-33　力的平移

二、平面任意力系的简化

设在刚体上作用有平面任意力系 $(\boldsymbol{F}_1, \boldsymbol{F}_2, \cdots, \boldsymbol{F}_n)$，如图 1-34a 所示。在力系平面内任取一点 O，称为简化中心。根据力的平移定理可将各力都向 O 点平移，得到一个平面汇交力系 $(\boldsymbol{F}_1', \boldsymbol{F}_2', \cdots, \boldsymbol{F}_n')$ 和一个附加平面力偶系 $(M_1, M_2, \cdots, M_n)$，如图 1-34b 所示。

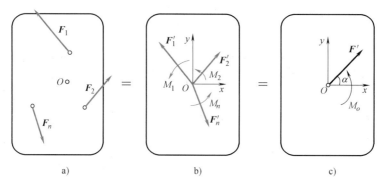

图 1-34　平面任意力系的简化

所得的平面汇交力系 $(\boldsymbol{F}_1', \boldsymbol{F}_2', \cdots, \boldsymbol{F}_n')$ 可以合成为一个作用于 O 点的合矢量 $\boldsymbol{F}'$

$$\boldsymbol{F}' = \Sigma \boldsymbol{F}_i' = \Sigma \boldsymbol{F}_i \tag{1-17}$$

合矢量 $\boldsymbol{F}'$ 称为原力系的主矢。取坐标系 xOy，如图 1-34b 所示，由式（1-5）可得出主矢 $\boldsymbol{F}'$ 的大小和方向分别为

$$\left.\begin{array}{l} F' = \sqrt{(\Sigma F_x)^2 + (\Sigma F_y)^2} \\ \tan\alpha = |F_y'/F_x'| = |\Sigma F_y'/\Sigma F_x'| \end{array}\right\} \tag{1-18}$$

α 为主矢与 x 轴间所夹锐角，$\boldsymbol{F}'$ 的指向由 ΣF_y 和 ΣF_x 的正负号决定。

所得的附加平面力偶系可以合成为一个合力偶，其力偶矩用 M_o 表示，如图 1-34c 所示，则

$$M_o = \Sigma M = \Sigma M_o(\boldsymbol{F}_i) \tag{1-19}$$

力偶矩 M_o 称为原力系对简化中心 O 的主矩。

综上所述，可得如下结论：平面任意力系向平面内任意一点简化，一般可以得到一个作用在简化中心的主矢和一个作用于原平面的主矩。主矢等于原力系各力的矢量和，主矩等于原力系各力对简化中心之矩的代数和。

由于主矢等于各力的矢量和，它与简化中心的位置无关；而主矩的大小和转向随简化中心位置的改变而改变。因此，对于主矩必须标明简化中心，符号中的下标就表示其简化中心为 O。

三、平面任意力系的平衡条件

当主矢和主矩都等于零时，则说明这一平面任意力系是平衡力系；反之，若平面任意力系是平衡力系，则它向任意点简化的主矢、主矩必同时为零。所以，平面任意力系平衡的充要条件为：力系的主矢及力系对任一点的主矩均为零，即

$$\left.\begin{array}{l} F' = 0 \\ M_o = 0 \end{array}\right\} \tag{1-20}$$

由此可得平面任意力系的平衡方程为

$$\left.\begin{array}{l} \sum F_{ix} = 0 \\ \sum F_{iy} = 0 \\ \sum M_o(F_i) = 0 \end{array}\right\} \tag{1-21}$$

上式表明，平面任意力系平衡时，力系中各力在两个任选的直角坐标轴上投影的代数和分别为零，各力对任意点之矩的代数和也为零。

式（1-21）有两个投影式和一个力矩式，是平面任意力系平衡的基本形式。这三个方程完全独立，最多能解出三个未知量。此外还有二矩式和三矩式（证明从略）。

$$\left.\begin{array}{l} \sum F_{ix} = 0 \\ \sum M_A(F_i) = 0 \\ \sum M_B(F_i) = 0 \end{array}\right\} \tag{1-22}$$

其中，A、B 两点的连线不能与 x 轴垂直。

$$\left.\begin{array}{l} \sum M_A(F_i) = 0 \\ \sum M_B(F_i) = 0 \\ \sum M_C(F_i) = 0 \end{array}\right\} \tag{1-23}$$

其中，A、B、C 三点不能在一条直线上。

实际应用时，采用哪种形式的平衡方程，取决于计算是否简便，最好一个方程仅含一个未知量，以避免解联立方程。所以，一般矩心应尽量取在较多未知力的汇交点上，而投影轴应尽量与较多的未知力垂直。

例 1-8　梁 AB 一端固定、一端自由，如图 1-35a 所示。梁上作用有均布载荷，载荷集度为 $q(\mathrm{kN/m})$。在梁的自由端还受有集中力 F 和力偶矩为 M 的力偶作用，梁的长度为 l，试求固定端 A 处的约束反力。

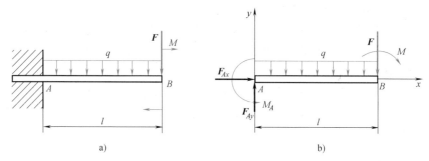

图 1-35　悬臂梁受力分析

解

1）取梁 AB 为研究对象并画出受力图，如图 1-35b 所示。

2）列平衡方程并求解。注意均布载荷集度是单位长度上受的力，均布载荷简化结果为一合力，其大小等于 q 与均布载荷作用段长度的乘积，合力作用点在均布载荷作用段的中点。

$$\Sigma F_x = 0，F_{Ax} = 0$$
$$\Sigma F_y = 0，F_{Ay} - ql - F = 0$$
$$\Sigma M_A(\boldsymbol{F}) = 0，M_A - ql \times l/2 - Fl - M = 0$$

解得

$$F_{Ax} = 0$$
$$F_{Ay} = ql + F$$
$$M_A = ql^2/2 + Fl + M$$

四、平面平行力系的平衡方程

各力作用线处于同一平面内且相互平行的力系称为平面平行力系。它是平面任意力系的一种特殊情况，其平衡方程可由平面任意力系列出平衡方程导出。如图 1-36 所示，取 y 轴平行各力，则平面平行力系中各力在 x 轴上的投影均为零。在式（1-17）中，$\Sigma F_{ix} = 0$ 就成为恒等式，于是，平行力系只有两个独立的平衡方程，即

$$\left. \begin{array}{l} \Sigma F_{iy} = 0 \\ \Sigma M_o(\boldsymbol{F}_i) = 0 \end{array} \right\} \qquad （1\text{-}24）$$

平面平行力系的平衡方程，也可用两个力矩方程的形式，即

$$\left. \begin{array}{l} \Sigma M_A(\boldsymbol{F}_i) = 0 \\ \Sigma M_B(\boldsymbol{F}_i) = 0 \end{array} \right\} \qquad （1\text{-}25）$$

其中 AB 连线不能与各力作用线平行。

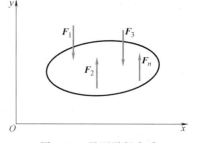

图 1-36　平面平行力系

五、物系的平衡

前面我们讨论的都是单个物体的平衡问题。但工程实际中的机械和结构都是由若干个物体通过适当的约束方式组成的系统，力学上称为物体系统，简称物系。求解物系的平衡问题，往往不仅需要求物系的外力，而且还要求系统内部各物体之间的相互作用的内力，这就需要将物系中某些物体取出来单独研究才能求出全部未知力。当系统平衡时，组成系统的各

部分也是平衡的。因此，求解物系的平衡问题，既可选整个物系为研究对象，也可选局部或单个物体为研究对象。对整个物系来说，内力总是成对出现的，所以研究整个物系的平衡时，这些内力无须考虑。

例 1-9　图 1-37a 所示为一手动水泵，尺寸单位均为 cm，已知 $F_P = 200N$，不计各构件的自重，试求图示位置时连杆 BC 所受的力、铰链 A 处的反力以及液压力 F_Q。

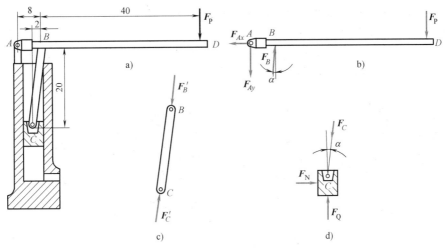

图 1-37　手动水泵受力分析

解　分别取手柄 ABD、连杆 BC 和活塞 C 为研究对象。分析可知，BC 杆不计自重时为二力杆，有 $F'_C = F'_B$。由作用力与反作用力原理知 $F_B = F'_B$，$F_C = F'_C$。所以 $F_B = F_C$，各力方向如图 1-37b~c 所设。

1) 以手柄 ABD 为研究对象，受力图如图 1-37b 所示，对该平面任意力系列出平衡方程：

$$\sum M_A(\boldsymbol{F}) = 0, 即 48F_P - 8F_B\cos\alpha = 0, 得 \ F_B = \frac{48F_P}{8\cos\alpha} = \frac{48 \times 200 \times \sqrt{20^2 + 2^2}}{8 \times 20} N \approx 1206N$$

$$\sum F_x = 0, 即 -F_{Ax} + F_B\sin\alpha = 0, 得 \ F_{Ax} = F_B \frac{2}{\sqrt{20^2 + 2^2}} = 120N$$

$$\sum F_y = 0, 即 -F_{Ay} + F_B\cos\alpha - F_P = 0, 得 \ F_{Ay} = F_B \frac{20}{\sqrt{20^2 + 2^2}} - F_P = 1000N$$

2) 取连杆 BC 为研究对象。受力图如图 1-37c 所示。对二力杆 BC，结合作用力与反作用力原理，有

$$F'_B = F'_C = F_B = 1206N$$

3) 取活塞 C 为研究对象。由受力图（见图 1-37d）可知，这是一个平面汇交力系的平衡问题，列出平衡方程求解

$$\sum F_y = 0, \quad F_Q - F_C\cos\alpha = 0 \quad 因为 \ F'_C = F_C$$

于是

$$F_Q = F'_C\cos\alpha = 1206N \times \frac{20}{\sqrt{20^2 + 2^2}} \approx 1200N$$

第五节　空间力系简介

阅读问题：

1. 空间力沿坐标轴投影的正负号是怎么确定的？

2. 空间力系问题的解题步骤及思路与平面力系有区别吗？

3. 空间力系平面解法的解题过程是什么？

试一试：图 1-38 所示输出轴，已知齿轮节圆直径 $D=325\text{mm}$，压力角 $\alpha=20°$，啮合力 $F_n=4428\text{N}$，求输出力矩 M_e 及轴承 A、B 处的约束反力。

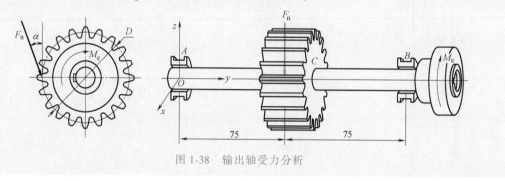

图 1-38　输出轴受力分析

所谓空间力系，是指各力的作用线不在同一平面内的力系。本节将讨论力沿空间直角坐标轴的分解与投影、空间力系的平衡方程及应用。

一、力沿空间直角坐标轴的分解与投影

为了分析空间力对物体的作用，有时需要将力沿空间直角坐标轴分解。例如要了解作用在斜齿轮上的力 F_n 对齿轮轴的作用时，就需要将该力分解为沿齿轮的圆周方向、径向和轴向三个分力 F_t、F_r 和 F_a，如图 1-39 所示。下边讨论将一个空间力分解为三个相互垂直的分力的方法。

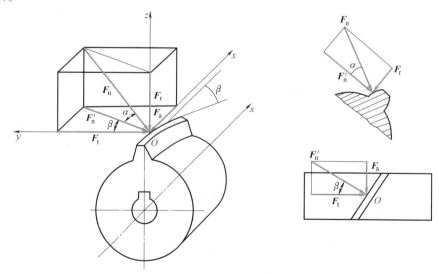

图 1-39　斜齿轮的受力分析

已知作用在物体上的力 F，过其作用点建立空间直角坐标系如图 1-40 所示，力 F 和 z 轴的夹角为 γ，力 F 和 z 轴所决定的平面与 x 轴的夹角为 φ。求力 F 沿 x、y 和 z 轴的分力。

先将力 F 分解为沿 z 轴方向和在 xOy 平面内的分力 F_z 和 F_{xy}，再将 F_{xy} 分解为沿 x 轴和 y 轴方向的分力 F_x 和 F_y，则 F_x、F_y 和 F_z 就是力 F 沿空间直角坐标轴的三个相互垂直的分力。其大小就是力 F 在三个坐标轴上的投影，即

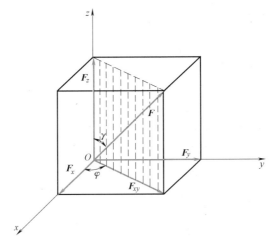

图 1-40　空间直角坐标系

$$\left.\begin{array}{l} F_z = F\cos\gamma \\ F_{xy} = F\sin\gamma \\ F_x = F_{xy}\cos\varphi = F\sin\gamma\cos\varphi \\ F_y = F_{xy}\sin\varphi = F\sin\gamma\sin\varphi \end{array}\right\} \tag{1-26}$$

例 1-10　在图 1-39 中，若 $F_n = 1410\mathrm{N}$，齿轮压力角 $\alpha = 20°$，螺旋角 $\beta = 25°$，求轴向力 F_a、圆周力 F_t 和径向力 F_r 的大小。

解　过力 F_n 的作用点 O 取空间直角坐标系，使齿轮的轴向、圆周的切线方向和径向分别为 x、y 和 z 轴。由式（1-22）则有

$$F_a = F_n\sin(90°-\alpha)\cos(90°-\beta) = 1410\cos20°\sin25° \approx 560\mathrm{N}$$

$$F_t = F_n\sin(90°-\alpha)\sin(90°-\beta) = 1410\cos20°\cos25° \approx 1201\mathrm{N}$$

$$F_r = F_n\cos(90°-\alpha) = 1410\sin20° \approx 482\mathrm{N}$$

二、空间任意力系的平衡方程及应用

与平面任意力系相同，可依据力的平移定理，将空间任意力系简化，找到与其等效的主矢和主矩，当二者同时为零时力系平衡。此时所对应的平衡条件应为

$$\left.\begin{array}{l} \Sigma F_x = 0,\ \Sigma F_y = 0,\ \Sigma F_z = 0 \\ \Sigma M_x(\boldsymbol{F}) = 0,\ \Sigma M_y(\boldsymbol{F}) = 0,\ \Sigma M_z(\boldsymbol{F}) = 0 \end{array}\right\} \tag{1-27}$$

式（1-27）表明空间任意力系平衡的充要条件是：各力在三个坐标轴上的投影的代数和以及各力对此三轴之矩的代数和都等于零。式中前 3 个方程表示刚体不能沿空间坐标轴 x、y、z 移动；后 3 个方程表示刚体不能绕 x、y、z 三轴转动。式（1-27）有 6 个独立的平衡方程，可以解 6 个未知量。

为避免求解联立方程，可灵活地选取投影轴的方向和选取矩轴的位置，尽可能地使一个方程中只含一个未知量，使解题过程得到简化。

计算空间力系的平衡问题时，也可将力系向三个坐标平面投影，通过三个平面力系来进行计算，即把空间力系问题转化为平面力系问题的形式来处理。此法称为空间力系问题的平面解法，特别适合解决轴类零件的空间受力平衡问题。

一般来说，轴是用轴承支承的，轴承就成了轴的约束。对于向心轴承，轴承约束反力为两个正交的径向反力；对于向心推力轴承，轴承约束反力应包括两个正交的径向反力和一个轴向反力。

例 1-11 一车床的主轴如图 1-41a 所示，齿轮 C 直径为 200mm，卡盘 D 夹住一直径为

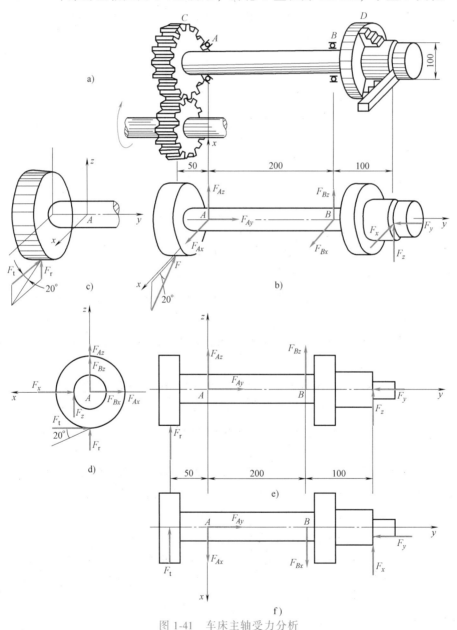

图 1-41 车床主轴受力分析

100mm 的工件，A 为向心推力轴承，B 为向心轴承。切削时工件匀速转动，车刀给工件的切削力 $F_x=466\text{N}$，$F_y=352\text{N}$，$F_z=1400\text{N}$，齿轮 C 在啮合处受力为 $\boldsymbol{F}$，作用在齿轮的最低点，如图 1-41b 所示。不考虑主轴及其附件的重量与摩擦，试求力 $\boldsymbol{F}$ 的大小及 A、B 处的约束力。

　　解　选取主轴及工件为研究对象，过 A 点取空间直角坐标系，画受力图，如图 1-41b 所示。向心轴承 B 的约束反力为 $\boldsymbol{F}_{Bx}$ 和 $\boldsymbol{F}_{Bz}$，向心推力轴承 A 处约束反力为 $\boldsymbol{F}_{Ax}$、$\boldsymbol{F}_{Ay}$、$\boldsymbol{F}_{Az}$。主轴及工件共受 9 个力作用，为空间任意力系。下面分别用两种方法来求解。

　　方法一：如图 1-41b、c 所示。由式（1-27）可得

$$\Sigma F_x=0,\ F_{Ax}+F_{Bx}-F_x-F\cos20°=0$$

$$\Sigma F_y=0,\ F_{Ay}-F_y=0$$

$$\Sigma F_z=0,\ F_{Az}+F_{Bz}+F_z+F\sin20°=0$$

$$\Sigma M_x(\boldsymbol{F})=0,\ F_{Bz}\times0.2+F_z\times0.3-F\sin20°\times0.05=0$$

$$\Sigma M_y(\boldsymbol{F})=0,\ -F_z\times0.05+F\cos20°\times0.1=0$$

$$\Sigma M_z(\boldsymbol{F})=0,\ -F\cos20°\times0.05-F_{Bx}\times0.2+F_x\times0.3-F_y\times0.05=0$$

解得
$$F_{Ax}=730\text{N},\ F_{Ay}=352\text{N},\ F_{Az}=381\text{N}$$

$$F_{Bx}=436\text{N},\ F_{Bz}=-2036\text{N},\ F=745\text{N}$$

　　方法二：首先将图 1-41b 中空间力系分别投影到三个坐标平面内，如图 1-41d～f 所示。然后分别写出各投影平面上的力系相应的平衡方程式，再联立解出未知量。步骤如下：

　　1）在 xAz 平面内，如图 1-41d 所示。由

$$\Sigma M_A(\boldsymbol{F})=0,\ F_t\times0.1-F_z\times0.05=0$$

将 $F_t=F\cos20°$ 代入得
$$F=745\text{N}$$

　　2）在 yAz 平面内，如图 1-41e 所示。由

$$\Sigma M_A(\boldsymbol{F})=0,\ -F_r\times0.05+F_{Bz}\times0.2+F_z\times0.3=0$$

将 $F_r=F\sin20°$ 代入得
$$F_{Bz}=-2036\text{N}$$

由
$$\Sigma F_z=0,\ F_{Az}+F_{Bz}+F_z+F\sin20°=0$$

得
$$F_{Az}=381\text{N}$$

由
$$\Sigma F_y=0,\ F_{Ay}-F_y=0$$

得
$$F_{Ay}=352\text{N}$$

　　3）在 xAy 平面内，如图 1-41f 所示。

由
$$\Sigma M_A(\boldsymbol{F})=0,\ -F_t\times0.05-F_{Bx}\times0.2+F_x\times0.3-F_y\times0.05=0$$

得
$$F_{Bx}=436\text{N}$$

由
$$\Sigma F_x=0,\ F_{Ax}+F_{Bx}-F_x-F\cos20°=0$$

得
$$F_{Ax}=730\text{N}$$

　　对比两种方法可以看出，后一种方法较易掌握，适用于受力较多的轴类构件，因此在工程中多采用此法。

第六节　滑动摩擦简介

阅读问题：

1. 静摩擦力的大小怎么确定？F_{fmax} 与哪些因素有关？

2. 什么是自锁？自锁的条件是什么？

3. 画受力图时摩擦力的作用线和方向是怎么确定的？

试一试：图 1-42 所示带式输送机的传送带与砂石间的静摩擦因数 $f = 0.577$，试求传送带的最大倾角 α 为多少？

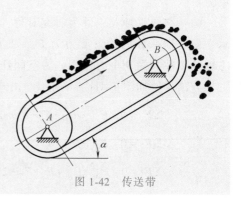

图 1-42　传送带

前几节讨论物体的平衡问题时，把物体的接触表面都看作是绝对光滑的，忽略了物体间的摩擦。这是因为摩擦力对所研究的问题影响很小。但是在许多工程技术问题中，摩擦是一个不容忽视的因素。本节将讨论滑动摩擦的规律以及考虑摩擦时物体的平衡问题。

一、滑动摩擦力

两个相互接触的物体，如果有相对滑动或相对滑动的趋势，在接触面间就产生阻碍彼此滑动的力，这种阻力称为滑动摩擦力，简称摩擦力。图 1-43 所示的摩擦实验，设重为 F_G 的物体 M 放在一固定的水平台面上（图 1-43a），这时物体只受重力 F_G 和法向反力 F_N 的作用处于平衡，如图 1-43b 所示。现在给物体一个水平拉力 F_P（图 1-43c），其大小可由弹簧秤读出。

当拉力 F_P 不够大时，物体仅有相对滑动的趋势但并不滑动。这表明台面对物体除了有法向反力 F_N 作用外，还有一个与力 F_P 相反（即沿接触面切向）的阻力 F_f。这种在两个接触面之间有相对滑动趋势时所产生的摩擦力称为静摩擦力。若适当增加拉力 F_P，物体仍可保持相对静止而不滑动（图 1-43d）。因此，静摩擦力 F_f 是随主动力 F_P 的增大而增大。

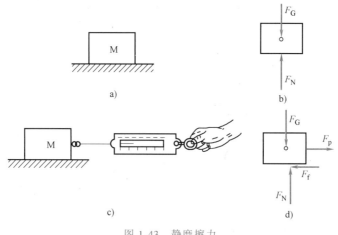

图 1-43　静摩擦力

　　进一步的实验表明，静摩擦力并不随主动力的增大而无限制地增大。当拉力 F_P 增大到一定数值时，物体就要开始滑动。物体处于将要滑动而未滑动的临界状态时，静摩擦力达到最大值，称为最大静摩擦力，以 F_{fmax} 表示。

　　大量实验表明，最大静摩擦力的方向与相对滑动趋势方向相反，大小与两物体间的正压力（即法向反力）的大小成正比，即

$$F_{fmax} = fF_N \tag{1-28}$$

式中，比例系数 f 称为静摩擦因数，它的大小与两接触物体的材料以及表面状况有关。由实验测定的钢、铸铁的摩擦因数值可参考表 1-1。

表 1-1　钢铁材料的滑动摩擦因数

材　料　名　称	静摩擦因数 f		动摩擦因数 f'	
	无润滑剂	有润滑剂	无润滑剂	有润滑剂
钢—钢	0.15	0.10 ~ 0.12	0.15	0.05 ~ 0.10
钢—铸铁	0.30	0.10 ~ 0.12	0.18	0.05 ~ 0.15

　　继续上述实验，当静摩擦力已达最大值 F_{fmax} 时，若拉力再增大，物体就要向右滑动，这时存在于接触面之间的摩擦力就是动摩擦力，用 F' 表示。大量实验表明，动摩擦力 F' 的大小也与接触面正压力 F_N 的大小成正比，即

$$F' = f'F_N \tag{1-29}$$

式中比例系数 f' 称为动摩擦因数，其值也可由实验测定，数值可参考表 1-1。

　　综上讨论可知，在考虑摩擦时，首先要分清物体处于静止、临界和滑动三种情况中哪一种，然后选用相应的方法来计算摩擦力。

二、摩擦角和自锁现象

1. 摩擦角

　　在分析图 1-44 中物块 A 的受力情况时，为了计算方便，有时常以法向反力 F_N 与静摩擦力 F_f 的合力 F_R 来代替它们的作用。F_R 称为支承面的全反力。可以看出，全反力 F_R 与接触表面的法线间的夹角 φ 将随着摩擦力的增大而增大（见图 1-44a），当摩擦力达到最大值 F_{fmax} 时，φ 也达到最大值 φ_m（见图 1-44b），φ_m 称为摩擦角。由图 1-44b 可得

$$\tan\varphi_m = \frac{F_{fmax}}{F_N} = \frac{fF_N}{F_N} = f$$

　　即摩擦角的正切等于静摩擦因数。

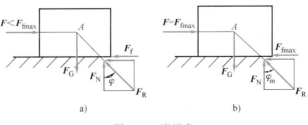

a)　　　　　　　　　　　　　　　b)

图 1-44　摩擦角

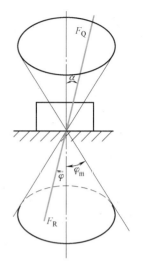

物块平衡时，静摩擦力不一定达到最大值，可在零与最大值 F_{fmax} 之间变化，所以全反力 F_R 与法线间的夹角 φ 也在零与摩擦角 φ_m 之间变化，即

$$0 \leqslant \varphi \leqslant \varphi_m$$

由于静摩擦力不可能超出最大值，因此全反力 F_R 的作用线也不可能超出摩擦角以外，即全反力必在摩擦角之内。因此，摩擦角表示了全反力能够生成的范围。如物体与支承面的摩擦因数在各个方向均相同，则这个范围在空间就形成一个锥体，称为摩擦锥。全反力的作用线不可能超出这个摩擦锥，如图 1-45 所示。

2. 自锁现象

如图 1-45 所示，若作用于物块上的全部主动力的合力 F_Q 的作用线在摩擦锥范围以内，由二力平衡条件可知，在约束面上必产生一个与其等值、反向、共线的全反力 F_R 构成平衡。这时不论主动力 F_Q 值增加到多大，都不会使物体滑动，这种现象称为自锁。不

图 1-45　摩擦锥受力分析

难看出，图 1-45 所示物块的平衡条件为 $\alpha \leqslant \varphi_m$。这个与作用力的大小无关，而与受载几何条件及摩擦角有关的平衡条件称为自锁条件。工程实际中常应用自锁原理设计一些机构或夹具，如千斤顶、压榨机等，它们始终保持在平衡状态下工作。

若作用在物块上的全部主动力的合力 F_Q 的作用线在摩擦锥以外，则无论这个力怎样小，物体一定会滑动。因为在这种情况下，支承面的全反力 F_R 和 F_Q 不能满足二力平衡条件。应用这个道理，可以设法避免自锁现象。

三、考虑摩擦时物体的平衡问题

求解考虑摩擦时物体的平衡问题，其方法和步骤与前几节所述基本相同，仍然是选取研究对象、分析受力情况、画受力图，然后应用平衡方程求解。所不同的只是在分析物体的受力时，必须考虑摩擦力。静摩擦力 F_f 的方向总是沿着物体接触面的切线并与物体运动趋势方向相反，它的大小在零与最大值之间，是个未知量。要确定这些新增加的未知量，除列出平衡方程外，还需列出补充方程。由于静摩擦力可以在零与 F_{fmax} 之间变化，因此考虑摩擦时的平衡问题的解往往是以不等式表示的一个范围。

在工程实际中不少问题只需分析平衡的临界状态，这时静摩擦力达到最大值。因此除列力系的平衡方程外，还可列出 $F_{fmax} = f F_N$ 作为补充方程。当然这样解出的最后结果是一个临界值，如果需要，亦可在此基础上，根据具体情况确定平衡范围。

例 1-12　重 F_G 的物块放在倾角为 α 的斜面上（α 大于摩擦角 φ_m），如图 1-46a 所示，已知物块与斜面间的静摩擦因数为 f，试求能使物块维持平衡状态的 F 值。

解　由经验可知，力 F 太大，大于 F_{max} 物块将上滑；力 F 太小，小于 F_{min} 物块将下滑。因此，力 F 的数值只要在 F_{max} 与 F_{min} 之间，物块就能维持平衡状态。

（1）求 F_{min}。当力 F 为最小值时，物块处于将要下滑的临界平衡状态。此时，摩擦力 F_{fmax} 的方向沿斜面向上，物块的受力图如图 1-46b 所示，这些力构成一平面汇交力系。根据平面汇交力系平衡的几何条件，作封闭的力三角形（图 1-46b），由三角关系可得

$$F_{min} = F_G \tan(\alpha - \varphi_m)$$

（2）求 F_{max}。当力 F 达到最大值时，物块处于将要上滑的临界平衡状态，此时摩擦力

F_{fmax} 的方向沿斜面向下，物块的受力图如图 1-46c 所示，这些力构成一平面汇交力系。根据平面汇交力系平衡的几何条件，作封闭的力三角形（见图 1-46c），由三角关系可得

$$F_{max} = F_G \tan(\alpha + \varphi_m)$$

可见，维持物块平衡的 F 值应为

$$F_{min} \leqslant F \leqslant F_{max}$$

即

$$F_G \tan(\alpha - \varphi_m) \leqslant F \leqslant F_G \tan(\alpha + \varphi_m)$$

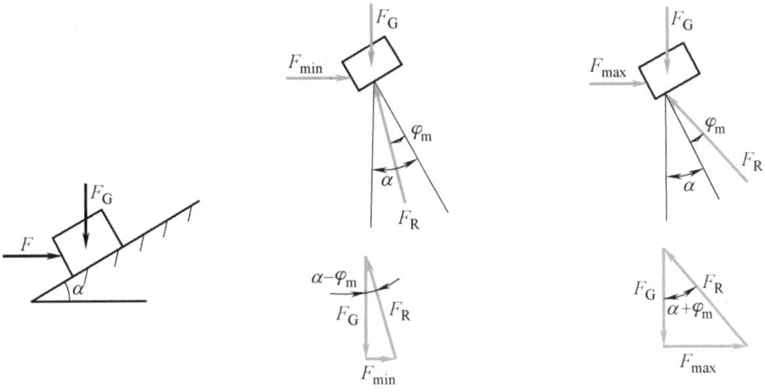

图 1-46　斜面滑块平衡状态分析

此题中，如果斜面的倾角小于摩擦角，即 $\alpha \leqslant \varphi_m$ 时，上式左端成为负值，即 F_{min} 为负值，这说明不需要力 F 支持，物块就能静止在斜面上，且无论主动力 F_G 多大，都不会破坏平衡，即出现斜面自锁现象。

自测题与习题

一、自测题

1. 依据力的可传性原理，下列说法正确的是＿＿＿＿＿。

　　A. 力可以沿作用线移动到物体内的任意一点

　　B. 力可以沿作用线移动到任何一点

　　C. 力不可以沿作用线移动

　　D. 力可以沿作用线移动到刚体内的任意一点

2. 约束反力的方向沿着中心线而背离被约束物体，所指约束模型是＿＿＿＿＿。

　　A. 柔性约束　　　B. 光滑面约束　　　C. 光滑铰链约束　　　D. 固定端约束

3. 两个不平行的平面力，其大小相等并与其合力一样大，此二力之间的夹角必为＿＿＿＿＿。

　　A. 0°　　　　　B. 90°　　　　　C. 120°　　　　　D. 180°

4. 当力与轴＿＿＿＿＿时，力对该轴的力矩不为零。

　　A. 平行　　　　B. 相交　　　　C. 正交　　　　D. 相错

5. 平面任意力系向平面内任意一点简化，一般可以得到一个主矢一个主矩。其中，＿＿＿＿＿。

　　A. 主矢的大小与简化中心有关

　　B. 主矩的大小与简化中心有关

　　C. 主矢的大小等于原力系各力的代数和

　　D. 主矩的大小等于原力系各力矩的代数和

6. 已知作用于同一点的一组空间力，各力不平行也不共面。若要形成平衡力系，则该力系至少要有_____个力组成。

A. 2　　　　　　　　B. 3　　　　　　　　C. 4　　　　　　　　D. 5

二、习题

1. 二力平衡公理和作用与反作用公理有何不同？

2. 什么叫二力杆？若在图 1-47 中各杆自重不计，各接触处的摩擦不计，试指出哪些是二力杆？

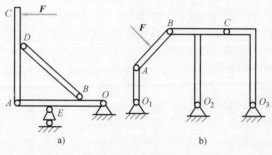

图 1-47　题 2 图

3. 试画出图 1-48 各图中物体的受力图。

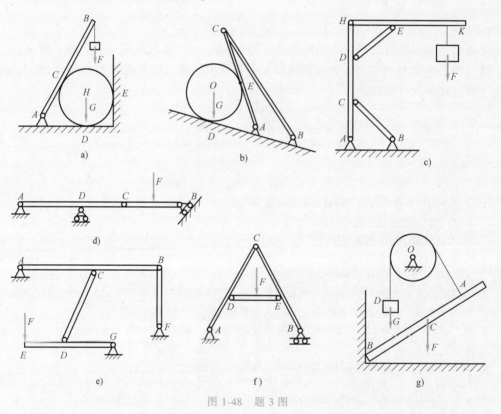

图 1-48　题 3 图

4. "力系的合力一定大于分力"，这种说法对不对？为什么？

5. 试指出图 1-49 所示的平面汇交力系各力多边形中，哪个力系是平衡力系？哪个力系有合力？哪个力是合力？

6. 如图 1-50 所示，欲使 $G = 300$kN 的重物处于平衡状态，求力 F 最小值的方向和大小（不计斜面的摩擦）。

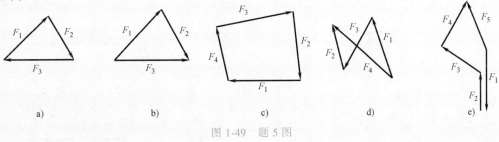

a)　　　　　b)　　　　　c)　　　　　d)　　　　　e)

图 1-49　题 5 图

7. 设平面任意力系向一点简化后为一合力。问能否找到一个点为简化中心，使力系简化为一力偶。

8. 刚体受力图如图 1-51 所示。当力系满足方程 $\Sigma F_y = 0$，$\Sigma M_A(\boldsymbol{F}) = 0$，$\Sigma M_B(\boldsymbol{F}) = 0$ 时，刚体肯定平衡吗？

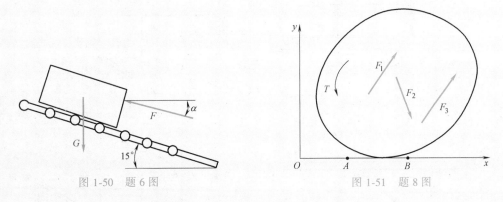

图 1-50　题 6 图　　　　　图 1-51　题 8 图

9. 三个相同的光滑圆柱放置如图 1-52 所示，求圆柱不至于倒塌时 θ 角的最小值。

10. 曲柄滑块机构在图 1-53 所示位置处于平衡状态。已知 $F = 100$kN，曲柄 $AB = r = 1$m。试求作用于曲柄 AB 上的力偶矩 M？

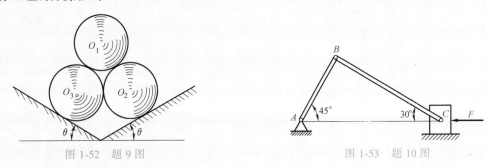

图 1-52　题 9 图　　　　　图 1-53　题 10 图

11. 力偶的合力等于零这种说法对吗？

12. 已知 $F = 30$kN，$a = 10$cm，$M = Fa = 3$kN·m，$q = F/a = 300$kN/m。求图 1-54 所示各梁的支座反力。

13. 梁 AE 由直杆联接支承于墙上，受均布载荷 $q = 10$kN/m 作用，结构尺寸如图 1-55 所示。不计杆重，求支座 A 和 B 的反力以及 1、2、3 各杆的受力。

14. 一均质圆球重 450N，置于墙与斜杆 AB 间，AB 杆由铰链 A 与撑杆 BC 支持，如图 1-56 所示。已知 AB 长 l，$AD = 0.4l$，各杆的重量及摩擦不计，求杆 BC 的受力。

15. 一铰链联接如图 1-57 所示。DE 杆的 E 端作用一力偶，其力偶矩的大小为 $M = 1\text{kN} \cdot \text{m}$；又 $AD = DB = 0.5\text{m}$。不计杆重，求铰链 D、F 的约束反力。

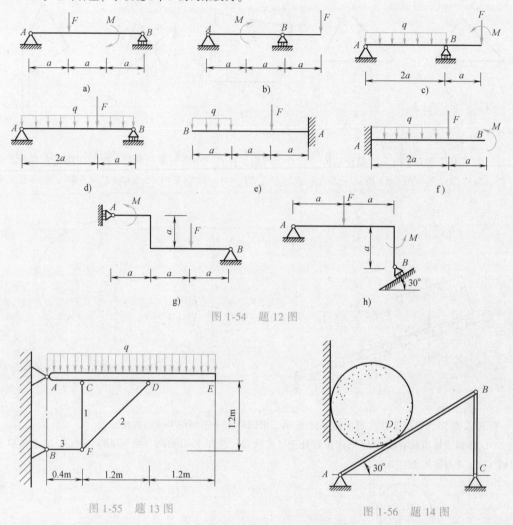

图 1-54　题 12 图

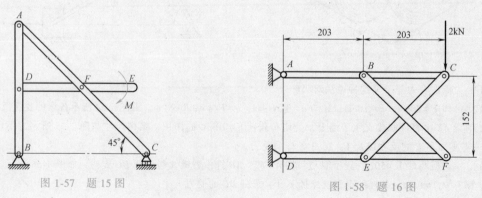

图 1-55　题 13 图　　　　　　　　图 1-56　题 14 图

16. 图 1-58 所示结构，A、B、C、D、E、F 均为光滑铰链，各杆自重不计，试求支座 D 的反力及连杆 BF、EC 所受之力（图中长度单位为 mm）。

图 1-57　题 15 图　　　　　　　　图 1-58　题 16 图

17. 如图 1-59 所示，某传动轴以向心轴承 A、B 为支承，圆柱直齿轮 C 的分度圆直径 $d = 17.3$cm，压力角 $\alpha = 20°$，在法兰盘 D 上作用一力偶，其矩为 $M = 1030$N·m，如轮轴自重和轴承摩擦忽略不计，试求当轴均匀转动时轮齿上的啮合力 F_n 的大小和轴承 A、B 的反力（图中尺寸单位为 cm）。

18. 图 1-60 所示的物体重 $F_G = 10$kN，由电动机通过平带带动鼓轮使物体匀速上升，平带上边沿水平方向，下边与水平成 30° 角。已知带轮半径 $R = 200$mm，鼓轮 $r = 100$mm，$F_{T1} = 2F_{T2}$。试求平带的拉力 F_{T1}、F_{T2} 和轴承 A、B 的反力。

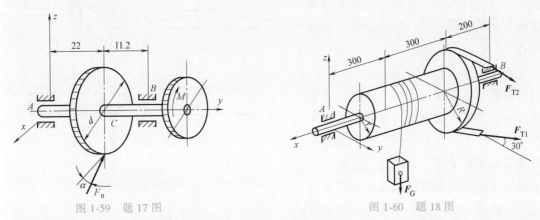

图 1-59　题 17 图　　　　　　　　图 1-60　题 18 图

19. 图 1-61 所示为一起重铰车的制动装置。已知制动轮的半径 $R = 50$cm，鼓轮的半径 $r = 30$cm，制动轮与制动块的摩擦因数 $f = 0.4$，起吊物重 $F_G = 1000$N，图中尺寸 $L = 300$cm，$a = 60$cm，$b = 10$cm。不计手柄和制动轮的重量，试求实现制动所需的力 F 的最小值。

20. 图 1-62 所示构件 1 和 2 用楔块 3 连接，已知楔块与构件间的摩擦因数 $f = 0.1$，试求能自锁的倾斜角 α。

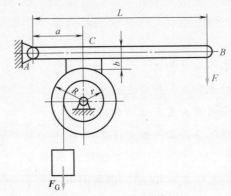

图 1-61　题 19 图

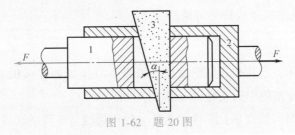

图 1-62　题 20 图

第二章 零件的变形及强度计算

实际零件受力后，都会发生一定程度的变形。在不同的受载情况下，零件变形的形式也不同。归纳起来，零件变形的基本形式有四种（图 2-1）：a）拉伸或压缩；b）剪切；c）扭转；d）弯曲。其他复杂的变形都可以看成是这几种基本变形的组合。

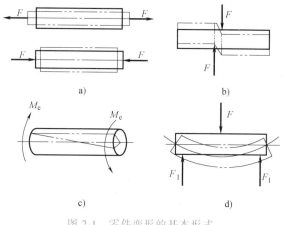

a)　　　　　　b)

c)　　　　　　d)

图 2-1　零件变形的基本形式

零件变形过大时，会丧失工作精度、引起噪声、降低使用寿命，甚至发生破坏。为了保证机器安全可靠地工作，要求每一个零件在外力作用下，应具有足够抵抗变形的能力（刚度）、抵抗破坏的能力（强度）和维持原有形态平衡的能力（稳定性）。强度、刚度和稳定性决定了零件的承载能力，它们是材料力学研究的主要内容。

本章主要讨论零件的变形及强度计算问题。

第一节　零件的拉伸和压缩

阅读问题：

1. 截面法求内力的基本步骤是什么？

2. 什么是轴力？轴力的正负是如何规定的？

3. 材料的极限应力、许用应力是怎么确定的？

4. 零件拉伸压缩时的强度条件及用途是什么？

试一试：图 2-2 所示的桁架，杆 1 与杆 2 的横截面均为圆形，直径分别为 $d_1 = 30\text{mm}$ 与 $d_2 = 20\text{mm}$，两杆材料相同，许用应力 $[\sigma] = 160\text{MPa}$。该桁架在节点 A 处承受铅直方向的载荷 $F = 80\text{kN}$ 作用，试校该桁架的强度。

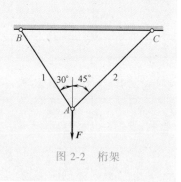

图 2-2　桁架

一、拉伸和压缩的概念

工程上经常遇到承受拉伸或压缩的零件。如图 2-3a 所示的起重机吊架中的拉杆 AB（拉伸），图 2-3b 所示的建筑物中的支柱（压缩）。

这类受力零件的共同特点是：零件承受外力的作用线与零件的轴线重合，零件的变形是沿轴线方向伸长或缩短。若把零件的形状和受力情况进行简化，都可以简化成图 2-1a 所示的计算简图。

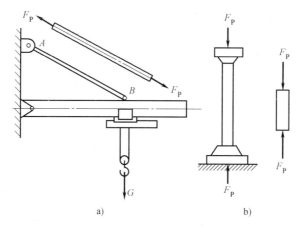

图 2-3 拉伸和压缩实例

a) 吊架中的拉杆 b) 建筑物中的支柱

二、轴向拉伸和压缩时的内力

零件受到外力作用时，由于内部各质点之间的相对位置的变化，材料内部会产生一种附加内力，力图使各质点恢复其原来位置。附加内力的大小随外力的增加而增加，当附加内力增加到一定限度时，零件就会破坏。因此，在研究零件承受载荷的能力时，需要讨论附加内力。后面的讨论中所述的内力，都是指这种附加内力。

1. 截面法

截面法是用以确定零件内力的常用方法。它是通过取截面，使零件内力显示出来以便确定其数值的方法。如图 2-4a 所示的杆件，在外力 F_P 作用下处于平衡状态，力的作用线与杆的轴线重合。求 $m-m$ 截面处的内力，可用假想平面在该处将杆截开，分成左右两段（图 2-4b）。右段对左段的作用，用合力 F_N 表示，左段对右段的作用，用合力 F_N' 表示。F_N 和 F_N' 就是该截面两边各质点相互作用的内力。根据作用力与反作用力定律，它们大小相等、方向相反。因此，在计算内力时，只需取截面两侧的任一段来研究即可。

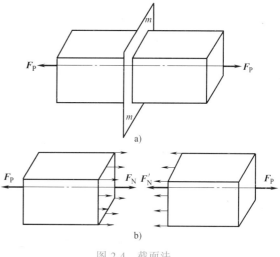

图 2-4 截面法

取左段来研究。由平衡方程 $\Sigma F_x = 0$，可得

$$F_N - F_P = 0, \quad F_N = F_P$$

即该横截面上的内力是一个与杆轴线重合、大小等于 F_P 的轴向力。

综上所述，用截面法求内力的步骤为：

1）一截为二，即在欲求内力处，假想用一截面将零件一截为二。

2）弃一留一，即选其中一部分为研究对象并画受力图（包括外力和内力）。

3) 列式求解，即列研究对象的静力平衡方程，并求解内力。

2. 轴力

受轴向拉伸或压缩的杆件，由于外力的作用线与杆轴线重合，所以杆件任意横截面上的内力的作用线也必与轴线重合。这种与杆轴线重合的内力又称为轴力。轴力的正负规定如下：轴力的方向与所在截面的外法线方向一致时，轴力为正；反之为负。由此可知，拉杆的轴力为正，压杆的轴力为负。

若拉（压）杆的外力多于两个，则杆在不同截面上的轴力可能不同。为了直观地反映出轴力随截面位置的变化，常用轴力图来表示。画法如下：取平行于杆件轴线的坐标（横坐标）表示截面位置，用垂直于杆轴线的坐标（纵坐标）表示轴力，下面用例题来说明。

例 2-1 试计算如图 2-5a 所示等直杆的轴力，并画出轴力图。

解 （1）求约束反力 杆的外力包括载荷和约束反力，所以在计算轴力前，应先求未知的约束反力。取全杆为研究对象，作其受力图，如图 2-5b 所示。

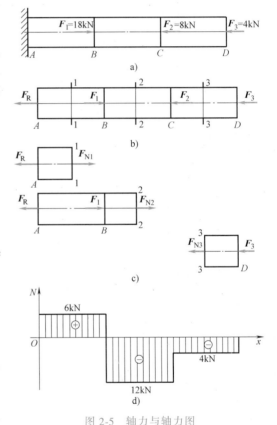

根据平衡方程：$\Sigma F_x = 0$

有 $\qquad F_1 - F_2 - F_3 - F_R = 0$

得 $\quad F_R = F_1 - F_2 - F_3 = (18 - 8 - 4)\,\text{kN} = 6\,\text{kN}$

（2）分段计算轴力 按外力作用位置，将杆分成三段，并在每段内任意取一个截面，用截面法计算截面上的轴力，如图 2-5c 所示。

AB 段 $\qquad \Sigma F_x = 0$

$$F_{N1} - F_R = 0$$

得 $\qquad F_{N1} = F_R = 6\,\text{kN}$

计算结果为正值，表明图示 F_{N1} 的方向正确，*AB* 段受拉伸。

BC 段 $\qquad \Sigma F_x = 0$

$$F_{N2} + F_1 - F_R = 0$$

图 2-5 轴力与轴力图

得 $\qquad F_{N2} = F_R - F_1 = (6 - 18)\,\text{kN} = -12\,\text{kN}$

计算结果为负值，表明与图 2-5c 所示 F_{N2} 的方向相反，*BC* 段受压缩。

CD 段 $\qquad\qquad\qquad\qquad \Sigma F_x = 0$

$$-F_{N3} - F_3 = 0$$

得 $\qquad\qquad\qquad\qquad F_{N3} = -F_3 = -4\,\text{kN}$

计算结果为负值，表明与图 2-5c 所示 F_{N3} 的方向相反，*CD* 段受压缩。

（3）绘制轴力图 绘制轴力图如图 2-5d 所示。正轴力画在 x 轴上方，负轴力画在 x 轴下方。轴力图不仅显示了轴力随截面位置的变化情况和最大轴力所在截面的位置，而且还明显地表示了杆件各段是受拉还是受压。

三、拉伸和压缩时的应力

仅知道拉（压）杆的轴力还无法判断零件的强度。因为力 F_N 虽大，杆如果很粗，则不一定会被破坏；反之若力 F_N 不大，但杆很细，却有破坏的可能。因此，杆件是否破坏，不取决于整个截面上的内力大小，而取决于单位面积上所分布的内力大小。单位面积上的内力称为应力，它所反映的是内力在截面上的分布集度，其单位为帕斯卡（Pa），工程上常用兆帕（MPa）。$1Pa = 1N/m^2$，$1MPa = 10^6Pa$。

要确定应力，必须了解内力在横截面上的分布情况。由于杆件在外力作用下，不仅产生内力，同时还引起变形，内力的分布和变形之间总是相互关联的。因此，可以通过观察拉杆的变形情况来推测内力的分布情况。

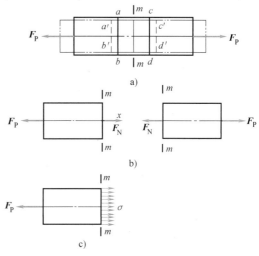

取一等直杆，在其侧面上画两条垂直于轴线的直线 ab、cd，如图 2-6a 所示。并在杆的两端加一对轴向拉力 F_P，使其产生拉伸变形。这时可以看到，ab、cd 分别平移至 $a'b'$、$c'd'$ 位置，且仍为垂直于轴线的直线。根据上述现象可以假设，变形前为平面的横截面，变形后仍为平面。如将杆件设想为由无

图 2-6　平面假设与应力分布

数纵向纤维所组成，则任意两个横截面间所有纤维的纵向伸长均相同。由此推想它们的受力是相同的，在横截面上各点的内力是均匀分布的，横截面上各点的应力也是相等的。若以 F_N 表示内力（N），A 表示横截面积（mm^2），则应力 σ（MPa）的大小为

$$\sigma = \frac{F_N}{A} \tag{2-1}$$

这就是拉（压）杆横截面上的应力计算公式。σ 的方向与 F_N 一致，即垂直于横截面。垂直于横截面的应力，称为正应力，都用 σ 表示。和轴力的正负规定一样，规定拉应力为正；压应力为负。

四、拉伸和压缩时的变形

1. 变形与应变

杆件在受轴向拉伸时，轴向尺寸伸长，横向尺寸缩小。受轴向压缩时，轴向尺寸缩短，横向尺寸增大。设等直杆的原长为 l，横向尺寸为 b。变形后，长为 l_1，横向尺寸为 b_1，如图 2-7 所示。

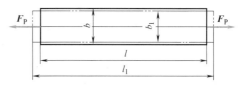

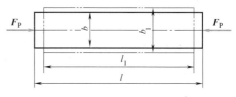

杆件的轴向变形量为　　　　$\Delta l = l_1 - l$
横向变形量为　　　　　　　$\Delta b = b_1 - b$

Δl 称为轴向绝对变形，Δb 称为横向绝对变形。拉伸时，Δl 为正，Δb 为负；压缩时，Δl 为

图 2-7　变形与应变

负，Δb 为正。

绝对变形与杆件的原有尺寸有关，为消除原尺寸的影响，通常用单位长度的变形来表示杆件变形的程度，即

$$\varepsilon = \frac{\Delta l}{l}, \quad \varepsilon' = \frac{\Delta b}{b} \tag{2-2}$$

ε，ε' 分别称为轴向线应变和横向线应变。显然，二者的符号总是相反的，它们是量纲为 1 的量。

2. 胡克定律

实验表明，轴向拉伸或压缩的杆件，当应力不超过某一限度时，轴向变形 Δl 与轴向载荷 F_N 及杆长 l 成正比，与杆的横截面面积成反比。这一关系称为胡克定律，即

$$\Delta l \propto \frac{F_N l}{A}$$

引进比例常数 E，则有

$$\Delta l = \frac{F_N l}{EA} \tag{2-3}$$

比例常数 E 称为弹性模量，其值随材料不同而异。E 是表征材料弹性的常数，可由实验来测定。由式（2-3）可知，零件的绝对伸长与轴力及长度成正比，与横截面面积及材料的弹性模量成反比。显然，EA 乘积越大，零件变形越小，EA 称为抗拉（压）刚度。它表示杆件抵抗拉伸或压缩变形的能力。将式（2-1）与（2-2）中的 σ 和 ε 代入式（2-3），则有

$$\sigma = E\varepsilon \tag{2-4}$$

式（2-4）是胡克定律的又一表达形式，即胡克定律可以表述为：当应力不超过某一极限时，应力与应变成正比。

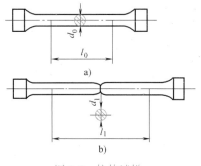

图 2-8　拉伸试样

五、零件拉伸与压缩时的强度[⊖]计算

1. 极限应力

在应力作用下，零件的变形和破坏还与零件材料的力学性能有关。力学性能是指材料在外力作用下表现出来的变形和破坏方面的特性。金属材料在拉伸和压缩时的力学性能通常由拉伸试验测定。把一定尺寸和形状的金属试样（图 2-8a）装在拉伸试验机上，然后对试样逐渐施加拉伸载荷，直至把试样拉断（图 2-8b）。根据拉伸过程中试样承受的应力 σ 和产生的应变 ε 之间的关系，可以绘出该金属的 σ-ε 曲线（图 2-9）。

通过对低碳钢的 σ-ε 曲线分析可知，试样在拉伸过程中经历了弹性变形（Oab 段）、塑性变形（$bcde$ 段）和断裂（e 点）三个阶段。

⊖ 在国家标准 GB/T 228.1—2010 中，上屈服强度 σ_{sU} 采用 R_{eU} 表示；下屈服强度 σ_{sL} 采用 R_{eL} 表示；规定塑性延伸强度 σ_p 采用 R_p 表示；抗拉强度 σ_b 采用 R_m 表示；断后伸长率 δ 用 A 表示；断面收缩率 ψ 用 Z 表示。由于此类性能符号尚未在所有金属材料力学性能标准中完成更新，本章部分符号仍沿用旧标准，读者可自行对照学习。

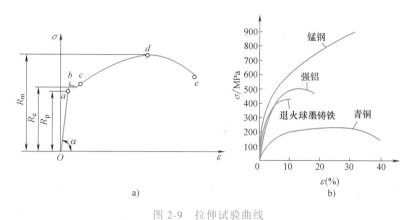

图 2-9　拉伸试验曲线

a) 低碳钢的 σ-ε 曲线　b) 其他材料的 σ-ε 曲线

在弹性变形阶段，试样的变形与应力始终呈线性关系，去除应力，试样的变形随即消失。应力 R_p 称为规定塑性延伸强度，当零件实际应力低于规定塑性延伸强度时，应力与应变基本成正比，即符合胡克定律。图中直线 Oa 的斜率就是材料的弹性模量 E。

在塑性变形阶段，试样产生的变形是不可恢复的永久变形。根据变形发生的特点，该阶段又分屈服阶段（bc——塑性变形迅速增加）、强化阶段（cd——材料恢复抵抗能力）和缩颈阶段（de——试样局部出现缩颈）。屈服阶段结束点的应力称为上屈服强度，用 R_e 表示。当零件实际应力达到屈服强度时，将会引起显著的塑性变形。应力 R_m 称为抗拉强度，当大部分零件实际应力达到抗拉强度应力值时，将会出现破坏。

上述规定塑性延伸强度 R_p、屈服强度 R_e 和抗拉强度 R_b 分别是材料处于弹性比例变形时和塑性变形、断裂前能承受的最大应力，称为极限应力。不同材料的极限应力值可从有关手册中获得（详见后续章节）。

2. 许用应力

零件由于变形和破坏而失去正常工作的能力，称为失效。零件在失效前，允许材料承受的最大应力称为许用应力，常用 $[\sigma]$ 表示。为了确保零件的安全可靠，需有一定的强度储备，为此用极限应力除以一个大于 1 的系数（安全系数）所得商作为材料的许用应力 $[\sigma]$。

对于塑性材料，当应力达到屈服强度时，零件将发生显著的塑性变形而失效。考虑到其拉、压时的屈服强度相同，故拉、压许用应力同为

$$[\sigma] = \frac{R_e}{n_e} \tag{2-5}$$

式中，n_e 是塑性材料的屈服安全系数。

对于脆性材料，在无明显塑性变形下即出现断裂而失效（如铸铁）。考虑到其拉伸与压缩时的强度极限值一般不同，故有

$$[\sigma_l] = \frac{R_{ml}}{n_m} \qquad [\sigma_y] = \frac{R_{my}}{n_m} \tag{2-6}$$

式中，n_m 是脆性材料的断裂安全系数；$[\sigma_l]$ 和 $[\sigma_y]$ 分别是拉伸许用应力和压缩许用应力；

R_{ml} 和 R_{my} 分别是材料的抗拉强度和抗压强度。

3. 强度条件

安全系数的选取，可从有关工程手册中查到。一般 $n_{\mathrm{e}} = 1.3 \sim 2.0$；$n_{\mathrm{m}} = 2.0 \sim 3.5$。

为了保证零件有足够的强度，就必须使其最大工作应力 $\sigma_{\max}$ 不超过材料的许用应力 $[\sigma]$。即

$$\sigma_{\max} = \frac{F_{\mathrm{N}}}{A} \leqslant [\sigma] \tag{2-7}$$

式（2-7）称为拉（压）强度条件式，是拉（压）零件强度计算的依据。式中，F_{N} 是危险截面上的轴力；A 是危险截面面积。

根据强度条件式，可以解决三类问题：

（1）强度校核　若已知零件的尺寸、所承受的载荷以及材料的许用应力，可校核零件是否满足强度条件式（2-7）。若满足，表示强度足够；反之，强度不够。

（2）设计截面　若已知零件所承受的载荷和材料的许用应力，可确定横截面尺寸。此时，式（2-7）可表示为 $A \geqslant F_{\mathrm{N}}/[\sigma]$，由此确定拉（压）杆所需要的横截面面积，然后根据所需截面形状设计截面尺寸。

（3）确定许可载荷　若已知零件的尺寸及材料的许用应力，可计算杆件能承受的最大载荷。此时，式（2-7）可表示为 $F_{\mathrm{N}} \leqslant [\sigma]A$，由此求得拉（压）杆能承受的最大轴力，再通过内外力的平衡条件，确定许可载荷。

例 2-2　某车间自制一台简易吊车（见图 2-10a）。已知在铰接点 B 处吊起重物最大为 $F_{\mathrm{p}} = 20\mathrm{kN}$，杆 AB 与 BC 均用圆钢制作，且 $d_{BC} = 20\mathrm{mm}$，材料的许用应力 $[\sigma] = 58\mathrm{MPa}$。试校核 BC 杆的强度，并确定 AB 杆的直径 d_{AB}（不计杆自重）。

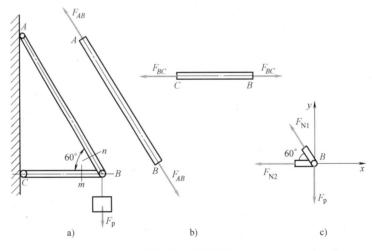

图 2-10　简易吊车

解　由受力分析可知，AB 杆和 BC 杆分别为轴向受拉和轴向受压的二力杆，受力图如图 2-10b 所示。

（1）确定 AB、BC 两杆的轴力　用截面法在图 2-10a 上按 m-n 截面截取研究对象，其受力图如图 2-10c 所示，可得：$F_{\mathrm{N2}} = F_{BC}$，$F_{\mathrm{N1}} = F_{AB}$ 列平衡方程求解：

$$\Sigma F_y = 0 \qquad F_{N1}\sin 60° - F_P = 0$$

$$F_{N1} = \frac{F_P}{\sin 60°} = \frac{20\text{kN}}{0.866} = 23.09\text{kN}$$

$$\Sigma F_x = 0 \qquad -F_{N2} - F_{N1}\cos 60° = 0$$

$$F_{N2} = -F_{N1}\cos 60° = -23.09\text{kN} \times 0.5 = -11.55\text{kN}(受压)$$

（2）校核 BC 杆强度　由（式2-7）有

$$\sigma_{BC} = \frac{F_{N2}}{A_{BC}} = \frac{F_{N2}}{\frac{\pi d_{BC}^2}{4}} = \frac{4 \times 11.55 \times 10^3}{\pi \times (20 \times 10^{-3})^2}\text{Pa} = 36.76 \times 10^6 \text{Pa} = 36.76\text{MPa} < [\sigma]$$

故 BC 杆满足强度要求。

（3）确定 AB 杆直径　由式（式2-7）得

$$A \geqslant \frac{F_N}{[\sigma]}$$

因　$A_{AB} = \pi d_{AB}^2 / 4$

所以　$d_{AB} \geqslant \sqrt{\dfrac{4F_{N1}}{\pi[\sigma]}} = \sqrt{\dfrac{4 \times 23.09 \times 10^3}{\pi \times 58 \times 10^6}}\text{m} = 22.5 \times 10^{-3}\text{m} = 22.5\text{mm}。$

第二节　零件的剪切和挤压

阅读问题：

1. 零件承受剪切和挤压时的受力和变形有什么特点？

2. 实用计算中挤压变形的强度条件是什么？挤压面积的计算分几种情况？

3. 实用计算中剪切变形的强度条件是什么？

试一试：图 2-11 所示齿轮用方头平键与轴联接。已知轴的直径 $d = 70\text{mm}$，键的尺寸为 $b \times h \times l = 20\text{mm} \times 12\text{mm} \times 100\text{mm}$，传递的力偶矩 $M = 2\text{kN} \cdot \text{m}$，键的许用切应力 $[\tau] = 60\text{MPa}$，$[\sigma_{jy}] = 100\text{MPa}$，试校核键联接的强度。

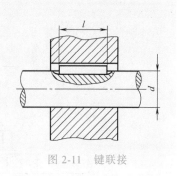

图 2-11　键联接

一、剪切和挤压的概念

机器中的联接件如图 2-12b 所示，联接两钢板的螺栓或铆钉，在外力 F_p 的作用下，铆钉将沿截面 m-m 处有相对错动的趋势，如外力 F_p 不断增大，将会发生相对错动甚至被剪断。这种截面发生相对错动的变形称为剪切变形。产生相对错动的截面 m-m 称为剪切面，剪切变形是零件的一种基本变形。剪切变形的受力特点是：作用在零件两侧面的外力大小相等、方向相反、作用线相距很近。

螺栓除受剪切作用外，还在螺栓圆柱形表面和钢板圆孔表面相互压紧（图 2-12d），这种局部受压的现象称为挤压。作用在挤压面上的压力叫挤压力，承受挤压作用的表面叫挤压面，在接触处产生的变形称为挤压变形。如果挤压变形过大，会使联接松动，影响机器正常工作，甚至造成挤压破坏。

二、剪切和挤压的实用计算

1. 剪切强度实用计算

现以螺栓为例说明剪切的强度计算问题。应用截面法假想地沿剪切面 $m\text{-}m$ 将螺栓分为两段，任取一段为研究对象，如图 2-12c 所示。由平衡条件可知，剪切面上必有一个与该外力 F_P 等值、反向的内力，该内力称为剪力，常用符号 F_Q 表示。

剪力 F_Q 分布于剪切面上，形成方向与剪切面相切的工作应力称为切应力，用符号 τ 表示。切应力分布规律比较复杂，工程上常采用以实际经验为基础的实用计算法来确定，即假设切应力是均匀地分布在剪切面上的，切应力 $\tau(\mathrm{MPa})$ 的计算公式为

$$\tau = \frac{F_Q}{A} \tag{2-8}$$

式中，F_Q 是剪切面上的剪力（N）；A 是剪切面的面积（mm^2）。

为了保证零件安全可靠地工作，其强度条件为

$$\tau = \frac{F_Q}{A} \leqslant [\tau] \tag{2-9}$$

式中，$[\tau]$ 为材料的许用切应力，可从设计手册中查得。实验表明，许用切应力与许用拉应力之间有如下关系：

塑性材料　　　　　　　　　　$[\tau] = (0.6 \sim 0.8)[\sigma]$

脆性材料　　　　　　　　　　$[\tau] = (0.8 \sim 1.0)[\sigma]$

2. 挤压强度实用计算

如图 2-12d 所示，从理论上讲，挤压面上挤压应力的分布是不均匀的，最大值在中间。

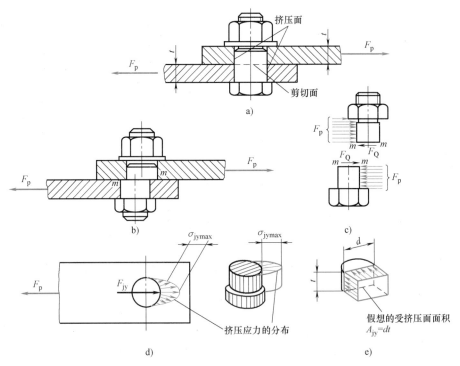

图 2-12　螺栓的剪切与挤压受载

为了计算简化，假定挤压应力是均匀分布在挤压面的。由此，挤压强度的条件为

$$\sigma_{jy} = \frac{F_{jy}}{A_{jy}} \leqslant [\sigma_{jy}] \tag{2-10}$$

式中，σ_{jy} 为挤压应力（MPa），F_{jy} 为挤压力（N）；A_{jy} 为挤压计算面积（mm^2）；$[\sigma_{jy}]$ 是材料的许用挤压应力（MPa），可查设计手册而得。对于钢材，有

$$[\sigma_{jy}] = (1.7 \sim 2.0)[\sigma]$$

如果两个相互接触零件的材料不同，应对许用挤压应力低者进行挤压强度计算。

挤压面面积的计算，要根据实际接触的情况而定。若挤压面为平面，则挤压面面积就是接触面面积，如图 2-13a 所示的键联接，其挤压面面积为 $A_{jy} = \dfrac{hl}{2}$；若接触面为半圆柱面，如螺栓、铆钉、销等，其挤压面面积为半圆柱面的正投影面面积，如图 2-13c 所示，$A_{jy} = dt$，d 为螺栓或铆钉的直径，t 为螺栓或铆钉与孔的接触长度。

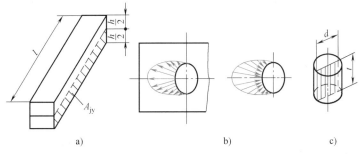

图 2-13　挤压面面积确定

例 2-3　如图 2-14a 所示的铆接件，主钢板通过上下两块盖板对接。铆钉与钢板的材料相同，$[\sigma] = 160MPa$，$[\tau] = 140MPa$，$[\sigma_{jy}] = 320MPa$，铆钉直径 $d = 16mm$，主板厚度 $t_1 = 20mm$，盖板厚度 $t_2 = 12mm$，宽度 $b = 140mm$。在 $F = 240kN$ 作用下，试校核该铆接件的强度。

解　铆接件的强度计算中，通常需要考虑三种可能的破坏形式：铆钉被剪断；铆钉或钢板的铆钉孔壁被挤压坏；被铆钉孔削弱后的钢板被拉断。下面一一校核。

（1）校核铆钉的剪切强度　外力 F 由五个铆钉共同承担，通常假定平均分担。因此每个铆钉受力为 $F/5$，而每个铆钉有两个受剪面，故

$$\tau = \frac{F_Q}{A} = \frac{F/5}{2 \times \pi d^2/4} = \frac{240 \times 10^3 \times 4}{2 \times 3.14 \times 16^2 \times 5} MPa$$

$$= 119MPa < [\tau]$$

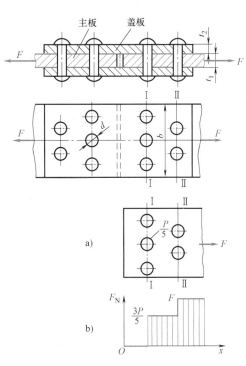

图 2-14　铆接件的强度计算

（2）校核铆钉的挤压强度　因主板厚度小于两盖板厚度之和，而主板铆钉孔壁所受的挤压力等于两盖板铆钉孔壁所受的挤压力之和，故应校核铆钉与主板之间的挤压强度，即

$$\sigma_{jy} = \frac{F_{pjy}}{A_{jy}} = \frac{F/5}{t_1 d} = \frac{240 \times 10^3}{5 \times 20 \times 16} MPa = 150 MPa < [\sigma_{jy}]$$

（3）校核钢板的拉伸强度　主板厚度小于两盖板厚度之和，故只需校核主板的拉伸强度即可。主板受轴力如图 2-14b 所示，校核 I-I 和 II-II 截面的强度：

对于 I-I 截面：

$$\sigma = \frac{3F}{5(b-3d)t_1} = \frac{3 \times 240 \times 10^3}{5 \times (140 - 3 \times 16) \times 20} MPa = 78.3 MPa < [\sigma]$$

对于 II-II 截面：

$$\sigma = \frac{F}{(b-2d)t_1} = \frac{240 \times 10^3}{(140 - 2 \times 16) \times 20} MPa = 111 MPa < [\sigma]$$

由以上校核可知，整个铆接件的强度是足够的。

第三节　圆轴的扭转

阅读问题：

1. 圆轴扭转时零件的受力与变形有什么特点？

2. 扭转变形时，截面上的内力是什么？扭矩的正负是怎么规定的？

3. 用截面法计算扭矩的基本过程是什么？

4. 圆轴扭转时横截面积上的扭转应力是怎么分布的？

5. 圆轴的抗扭截面系数怎么计算？截面积相同时为什么空心圆轴的应力会变小？

6. 圆轴扭转的强度条件是什么？扭转刚度与哪些几何因素有关？

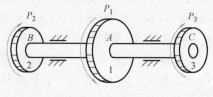

图 2-15　传动轴受力

试一试：图 2-15 所示的传动轴，转速 $n = 200r/min$，输入功率 $P_A = 40kW$，输出功率 $P_B = 25kW$，$P_C = 15kW$，轴径 $d = 60mm$，许用切应力 $[\tau] = 60MPa$。试校核轴的强度。

一、扭转的概念

在工程实际中，有很多零件是承受扭转作用而传递动力的。如图 2-16 所示的汽车转向轴和传动系统的传动轴 AB，工作时，轴的两端都受到转向相反的一对力偶作用而产生扭转变形，轴上任意两截面皆绕轴线产生相对转动。像钻头、丝锥、钥匙、螺钉旋具和各种传动轴等都是类似情况。扭转零件的受力特点是（图 2-16c）：零件两端受到一对大小相等、转向相反、作用面与轴线垂直的力偶作用。

由于机器中的轴，多数是圆轴，故这里只研究圆轴的扭转问题。

二、圆轴扭转时横截面上的内力——扭矩

圆轴在外力偶矩作用下，横截面上将产生抵抗扭转变形和破坏的内力，求内力仍用截面法。如图 2-17a 所示，一圆轴 AB 在一对大小相等、转向相反的外力偶矩 M_e 作用下产生扭转

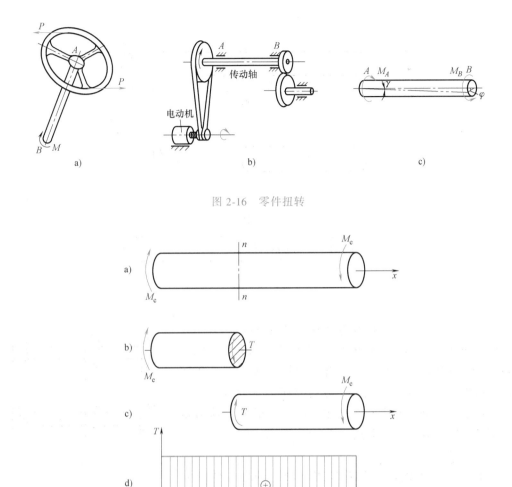

图 2-16　零件扭转

图 2-17　扭矩图

变形，并处于平衡状态。取左段为研究对象，如图 2-17b 所示。由平衡关系可知，扭转时横截面上内力合成的结果必定是一个力偶，其内力偶矩称为扭矩或转矩，用符号 T 表示。由平衡条件

$$T - M_e = 0$$

即

$$T = M_e$$

如果取右段为研究对象，也得到同样的结果。为使从左右两段所求得的扭矩正负号相同，通常采用右手螺旋法则来规定扭矩的正负号。如图 2-18 所示，如果以右手四指表示扭矩的转向，则拇指的指向离开截面时的扭矩为正；反之为负。

为了形象地表示各截面扭矩的大小和正负，常需画出扭矩随截面位置变化的图像，这种图像称为扭矩图。其画法与轴力图相似，取平行于轴线的横坐标 x 表示各截面的位置，垂直于轴线的纵坐标 T 表示相应截面上的扭矩，正扭矩画在 x 轴的上方，负扭矩画在 x 轴的下方（见图 2-17d）。

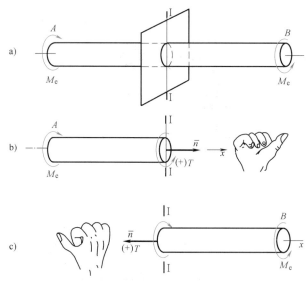

图 2-18 扭矩的正负号规定

例 2-4 图 2-19a 所示的传动轴，转速 $n = 200\text{r/min}$，功率由 A 轮输入，B、C 轮输出。已知 $P_A = 40\text{kW}$，$P_B = 25\text{kW}$，$P_C = 15\text{kW}$。要求：①画出传动轴的扭矩图；②确定最大扭矩 T_{max} 的值；③设将 A 轮与 B 轮的位置对调（见图 2-19b），试分析扭矩图是否变化？最大扭矩 T_{max} 值为多少？两种不同的载荷分布形式，哪一种更为合理？

解

（1）计算外力偶矩 各轮作用于轴上的外力偶矩分别为

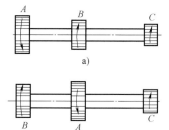

$$M_A = 9550\frac{P_A}{n} = \left(9550 \times \frac{40}{200}\right)\text{N}\cdot\text{m} = 1910\text{N}\cdot\text{m}$$

$$M_B = 9550\frac{P_B}{n} = \left(9550 \times \frac{25}{200}\right)\text{N}\cdot\text{m} = 1194\text{N}\cdot\text{m}$$

$$M_C = 9550\frac{P_C}{n} = \left(9550 \times \frac{15}{200}\right)\text{N}\cdot\text{m} = 716\text{N}\cdot\text{m}$$

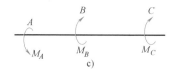

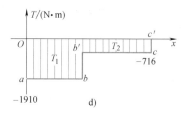

（2）计算扭矩、画轴的扭矩图 由图 2-19c 可知，轴 AB 段各截面的扭矩均为 $T_1 = M_A$；BC 段各截面的扭矩均为 $T_2 = M_C$。作扭矩图如图 2-19d，由扭矩图可知，轴 AB 段各截面的扭矩最大，$T_{max} = T_1 = 1910\text{N}\cdot\text{m}$。问题③请读者自行分析。

图 2-19 传动轴的扭矩

三、圆轴扭转时横截面上的切应力

1. 圆轴扭转时横截面上应力分布规律

如图 2-20a 所示，在圆轴表面上画出圆周线和纵向线，形成矩形网格。在扭转小变形的情况下（见图 2-20b），可以观察到下列现象：

1）各圆周线均绕轴线相对地旋转了一个角度，但形状、大小及相邻两圆周线之间的距离均未改变。

2）所有纵向线都倾斜了一微小角度 γ，表面上的矩形网格变成了平行四边形。

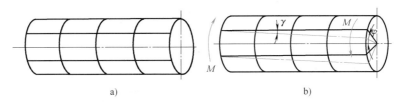

图 2-20　圆轴的扭转变形

根据上述现象，可以推出这样的假设：圆轴扭转时，各横截面像刚性平面一样地绕轴线转动。各横截面仍保持为平面，其形状、大小都不变，各截面间的距离保持不变。

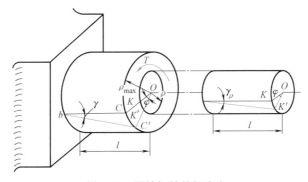

图 2-21　圆轴扭转的切应力

下面利用变形的几何关系，来分析应变的分布规律。如图 2-21 所示，圆轴在扭转时转过了 φ 角，截面上的 C 点和 K 点分别转到了 C' 点和 K' 点，由于变形很小，所以有 $\tan\gamma \approx \gamma$，$\tan\gamma_\rho \approx \gamma_\rho$。

于是有 $\varphi = \dfrac{CC'}{\rho_{max}} = \dfrac{KK'}{\rho}$，$l = \dfrac{CC'}{\gamma} = \dfrac{KK'}{\gamma_\rho}$，从而得

$$\frac{\gamma_\rho}{\rho} = \frac{\gamma}{\rho_{max}} \tag{2-11}$$

式中，γ 为圆轴扭转时单位长度内的角变形，称为切应变；γ_ρ 为截面上任意点的切应变；ρ_{max} 和 ρ 分别为截面外沿上 C 点和截面上任意一点 K 到圆心的距离。

式（2-11）说明，横截面上任意点的切应变 γ_ρ 与该点到圆心的距离 ρ 成正比。

根据剪切胡克定律，横截面上距圆心为 ρ 的任意点处的切应力 τ_ρ，与该点处的切应变 γ_ρ 成正比，即

$$\tau_\rho = G\gamma_\rho \tag{2-12}$$

式中，G 为材料的切变模量。同理，在外沿处也有

$$\tau_{max} = G\gamma \tag{2-13}$$

将式（2-11）与（2-12）代入式（2-13），得

$$\frac{\tau_\rho}{\rho} = \frac{\tau_{max}}{\rho_{max}} \tag{2-14}$$

上式表明，横截面上各点切应力的大小与该点到圆心的距离成正比，圆心处的切应力为零，轴周边的切应力最大，在半径为 ρ 的同一圆周上切应力相等。圆轴横截面上切应力沿半径的分布规律如图 2-22 和图 2-23 所示。

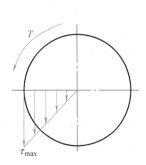

图 2-22　实心圆轴横截面上
切应力沿半径的分布

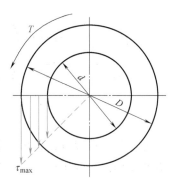

图 2-23　空心圆轴横截面上
切应力沿半径的分布

2. 扭转切应力的计算

根据合力矩定理，可以推导出横截面上距圆心为 ρ 的切应力 τ_ρ（MPa）的计算公式为

$$\tau_\rho = \frac{T\rho}{I_P} \tag{2-15}$$

式中，T 是圆轴横截面上的扭矩（N·mm）；ρ 是横截面上任一点至圆心的距离（mm）；I_P 是横截面对形心的极惯性矩，是只与截面形状和尺寸有关的几何量，单位为 mm^4。

若圆轴截面半径为 R，当 $\rho = R$ 时，$\tau = \tau_{\max}$，由式（2-15）可得

$$\tau_{\max} = \frac{TR}{I_P}$$

令 $W_T = I_P/R$，则上式可写成

$$\tau_{\max} = \frac{T}{W_T} \tag{2-16}$$

式中，W_T 是仅与截面尺寸有关的几何量，称为抗扭截面系数，单位为 mm^3。当 T 一定时，W_T 越大，则 $\tau_{\max}$ 越小，说明载荷在横截面上产生的破坏效应越小。

对于实心圆轴（见图 2-24a），有

$$I_P = \frac{\pi D^4}{32} \approx 0.1D^4 \tag{2-17}$$

$$W_T = I_P/R = \frac{\pi D^4/32}{D/2} = \frac{\pi D^3}{16} \approx 0.2D^3 \tag{2-18}$$

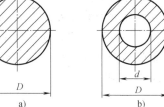

图 2-24　圆轴的截面

对于 $\alpha = \dfrac{d}{D}$ 的空心圆轴（见图 2-24b），有

$$I_P = \frac{\pi D^4}{32} - \frac{\pi d^4}{32} \approx 0.1D^4(1-\alpha^4) \tag{2-19}$$

$$W_T = I_p / R = \frac{\pi D^3 (1-\alpha^4)}{16} \approx 0.2 D^3 (1-\alpha^4) \qquad (2-20)$$

四、圆轴扭转时的强度和刚度计算

(一) 强度计算

为了保证圆轴能安全地工作，应限制轴上危险截面的最大工作应力不超过材料的许用切应力，即圆轴扭转的强度条件为

$$\tau_{max} = \frac{T}{W_T} \leqslant [\tau] \qquad (2-21)$$

式中，T 与 W_T 分别为危险截面上的扭矩和抗扭截面系数。

(二) 刚度计算

1. 圆轴扭转时的变形

对某些要求较高的轴，除了要作强度校核外，还需满足刚度要求，即不允许轴有过大的扭转变形。

圆轴扭转时的变形是以两个横截面的相对扭转角 φ 来度量的。通过圆轴扭转试验发现，当最大切应力 τ_{max} 不超过材料的剪切比例极限 τ_p 时，等直径圆轴两截面间的扭转角计算公式为

$$\varphi = \frac{TL}{GI_p} \qquad (2-22)$$

由式（2-22）可知，扭转角 φ （单位为弧度——rad）总是与扭矩 T 和轴长 L 成正比，与 GI_p 成反比。GI_p 反映了圆轴抵抗扭转变形的能力，称为扭转刚度。如果两截面之间的扭矩值不同，或轴的直径不同，那么应该分段计算扭转角，然后求其代数和。

为了消除轴长 L 的影响，工程上常常采用单位长度的扭转角 θ 来衡量扭转变形的程度，即

$$\theta = \frac{\varphi}{L} = \frac{T}{GI_p} \qquad (2-23)$$

θ 的单位为弧度/米 （rad/m）。

2. 刚度条件

为了保证轴的刚度，通常规定单位长度扭转角的最大值 θ_{max} 不超过轴单位长度的许用扭转角 $[\theta]$。即

$$\theta_{max} = \frac{T_{max}}{GI_p} \leqslant [\theta] \qquad (2-24)$$

工程上，$[\theta]$ 的单位习惯上用度/米 （°/m） 表示。故用 $1 rad = 180°/\pi$ 代入上式换算成度，得

$$\theta_{max} = \frac{T_{max}}{GI_p} \times \frac{180}{\pi} \leqslant [\theta] \qquad (2-25)$$

$[\theta]$ 的数值可从有关手册中查得。一般情况下，可大致按下列数据取用：

精密机器的轴 $[\theta] = (0.25 \sim 0.5)°/m$

一般传动轴 $[\theta] = (0.5 \sim 1.0)°/m$

要求不高的轴 $[\theta] = (1.0 \sim 2.5)°/m$

例 2-5　一汽车传动轴由无缝钢管制成，外径 $D = 90\text{mm}$，内径 $d = 85\text{mm}$，许用切应力 $[\tau] = 60\text{MPa}$，传递的最大力偶矩 $T = 1.5\text{kN} \cdot \text{m}$，$[\theta] = 2°/\text{m}$，$G = 80\text{GPa}$。试校核其强度和刚度；若保持扭转强度或扭转刚度不变，将传动轴改为同材料的实心轴，试分别确定其直径；并分别求出空心轴和实心轴的重量比值。

解

（1）校核强度　空心轴的抗扭截面系数为

$$W_\text{T} \approx 0.2D^3(1-\alpha^4) = 0.2 \times 90^3 \left[1 - \left(\frac{85}{90}\right)^4\right] \text{mm}^3 = 29.8 \times 10^3 \text{mm}^3$$

轴的最大切应力为

$$\tau_\text{max} = \frac{T}{W_\text{T}} = \frac{1.5 \times 10^6}{29.8 \times 10^3} \text{MPa} = 50.3\text{MPa} < [\tau]$$

故传动轴满足强度条件。

（2）校核刚度　由式（2-25）

$$\theta_\text{max} = \frac{T_\text{max}}{GI_\text{P}} \times \frac{180}{\pi} = \frac{T \times 180}{G \times 0.1D^4(1-\alpha^4)\pi}$$

$$= \frac{1.5 \times 10^6 \text{N} \cdot \text{mm}}{80 \times 10^3 \text{MPa} \times 0.1 \times 90^4 \left[1 - \left(\frac{85}{90}\right)^4\right] \text{mm}^4} \times \frac{180}{\pi} = 0.0008°/\text{mm} < [\theta]$$

可知传动轴也满足刚度条件。

（3）计算扭转强度不变时的实心轴直径 d_1　当材料不变时，扭转强度相同的实心轴与空心轴，其抗扭截面系数应相等。即

$$W_\text{T} = \frac{\pi D^3}{16}(1-\alpha^4) = \frac{\pi d_1^3}{16}$$

由此得实心轴直径为

$$d_1 = D\sqrt[3]{1-\alpha^4} = 90 \times \sqrt[3]{1 - \left(\frac{85}{90}\right)^4} = 53\text{mm}$$

（4）计算扭转刚度不变时的实心轴直径 d_2　圆轴抗扭刚度为 GI_P，当材料不变时，两轴抗扭刚度相等的条件为两轴的极惯性矩 I_P 相等，即

$$\frac{\pi D^4}{32}(1-\alpha^4) = \frac{\pi d_2^4}{32}$$

得

$$d_2 = D\sqrt[4]{1-\alpha^4} = 90 \times \sqrt[4]{1 - \left(\frac{85}{90}\right)^4} = 61\text{mm}$$

（5）空心轴与实心轴质量之比　当两轴的材料、长度相同时，其质量之比等于横截面面积之比。设 m、m_1、m_2 分别为空心轴、等抗扭强度实心轴、等抗扭刚度实心轴的质量，则

$$\frac{m}{m_1} = \frac{\frac{\pi}{4}(D^2-d^2)}{\pi d_1^2/4} = \frac{90^2 - 85^2}{53^2} = 0.311$$

$$\frac{m}{m_2} = \frac{\dfrac{\pi}{4}(D^2 - d^2)}{\pi d_2^2/4} = \frac{90^2 - 85^2}{61^2} = 0.235$$

以上计算结果表明，在扭转强度或刚度相等的情况下，空心轴的质量分别仅为实心轴的 31.1% 与 23.5%。可见，采用空心轴既可节省材料，又能减轻自重；从扭转刚度考虑，采用空心轴更为合理。另一方面，$d_2 > d_1$，为了使轴同时满足强度和刚度要求，应取大一点的直径，即取满足刚度要求的直径 d_2。

第四节　直梁的弯曲

阅读问题：

1. 直梁平面弯曲时的受力和变形有什么特点？

2. 直梁弯曲时横截面上起主要作用的是什么内力？弯矩的正负是怎么规定的？

3. 用截面法求弯矩时，弯矩大小与截面位置有关吗？

4. 梁横截面上的弯曲应力是怎么分布的？

5. 矩形截面、圆截面、空心圆截面的抗弯截面系数怎么计算？

6. 梁的弯曲强度条件式是什么？

试一试：图 2-25 所示矩形截面的悬臂梁，所受载荷 $F_1 = 2F_2 = 5\text{kN}$，试：

① 画出梁的弯矩图，确定最大弯矩所在截面；

② 确定该截面的应力分布及 K 点处的应力大小。

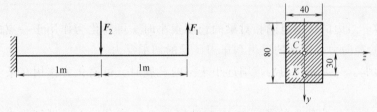

图 2-25　矩形截面悬臂梁受力

一、直梁平面弯曲的概念

在工程中，经常会遇到像车轮轴、刀具和轧辊这样的直杆类零件（图 2-26a、b、c），其受力变形特点是：作用于杆件上的外力垂直于杆件的轴线，使杆的轴线变形后成曲线，这种形式的变形称为弯曲变形。以弯曲变形为主的杆件习惯上称为梁。

机器中大多数的梁，其横截面上都有一对称轴（y 轴），通过对称轴和梁的轴线（x 轴）构成一个纵向对称面（见图 2-27），当作用在梁上的所有载荷都在纵向对称面内时，则弯曲变形后的轴线也将是位于这个对称面内的一条平面曲线，这种弯曲称为平面弯曲。

二、梁的计算简图

梁的支承情况和载荷作用形式往往比较复杂。为了便于分析计算，常进行简化。简化时，首先用梁的轴线代替实际的梁（见图 2-26d、e、f），然后对载荷和支座进行简化。

（1）载荷类型　作用在梁上的载荷通常可以简化为下列三种类型：

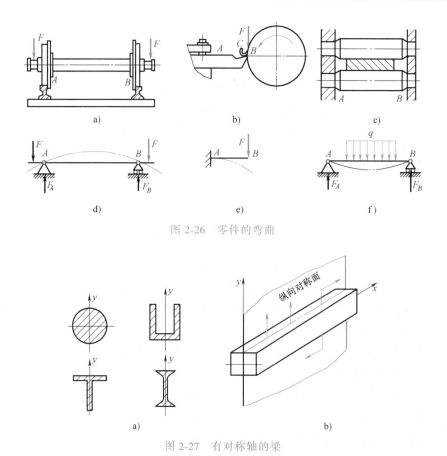

图 2-26　零件的弯曲

图 2-27　有对称轴的梁

1）集中力。当力的作用范围相对梁的长度很小时，可简化为作用于一点的集中力。如各种传动轮上的径向力、轴承的反力和车刀所受的切削反力。

2）集中力偶。当力偶作用的范围远小于梁的长度时，可简化为作用在某一横截面上的集中力偶。

如图 2-28a 所示锥齿轮上的径向力 F_r 与轴向力 F_a，传到轴上时可简化成集中力与集中力偶（见图 2-28b），其力偶矩 $M = F_a d_m / 2$。

3）分布载荷。当载荷连续分布在梁的全长或部分长度上时，形成分布载荷。分布载荷的大小用载荷集度 q 表示，单位为 N/m。沿梁的长度均匀分布的载荷，称为均布载荷（图 2-26f）。均布载荷的 q 为常数，如均质等截面梁的自重在梁上属均布载荷。

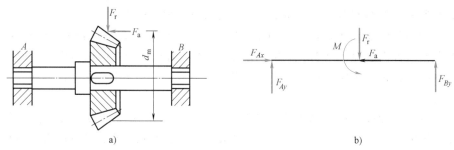

图 2-28　轴的受力简化

（2）梁的类型 经过简化，梁有三种典型形式：

1）简支梁。梁的一端为固定铰链支座，另一端为活动铰链支座。如图 2-26f 所示。

2）外伸梁。外伸梁的支座与简支梁完全一样，所不同的是梁的一端或两端伸出支座以外，如图 2-26d 所示。

3）悬臂梁。一端固定，另一端自由的梁，如图 2-26e 所示。

以上三种梁的未知约束反力最多只有三个，应用静力平衡条件就可以确定。

三、梁横截面上的内力——剪力和弯矩

分析梁横截面上的内力仍用截面法。设 AB 梁（图 2-29a）跨度为 l，在纵向对称平面的 C 处作用集中力 F_p，取 A 点为坐标原点，坐标轴 x、y，其方向如图 2-29a 所示。

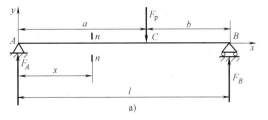

根据静力平衡方程，求出支座反力 $F_A = F_p b/l$ 和 $F_B = F_p a/l$。为了分析距原点为 x 的横截面 n-n 上的内力，用截面沿 n-n 将梁分为左、右两段（图 2-29b、c）。由于整个梁是平衡的，它的任一部分也应处于平衡状态。若以左段为研究对象，由于外力 F_A 有

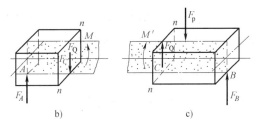

图 2-29 梁横截面上的内力

使左段上移和顺时针转动的作用，因此，在横截面 n-n 上必有垂直向下的内力 F_Q 和逆时针转动的内力偶矩 M 与之平衡，如图 2-29b 所示。由静力平衡方程即可求出 F_Q 与 M 之值：

$$\Sigma F_y = 0, \qquad F_A - F_Q = 0 \qquad F_Q = F_A$$
$$\Sigma M_C(\boldsymbol{F}) = 0, \qquad F_A x - M = 0 \qquad M = F_A x \qquad (2\text{-}26)$$

上面分析可知，AB 梁发生弯曲变形时，横截面上的内力由两部分组成：作用线切于截面、通过截面形心并在纵向对称面内的力 F_Q 和位于纵向对称面的力偶 M，它们分别称为剪力和弯矩。

在计算 n-n 截面上的剪力和弯矩时，也可取右段为研究对象，显然，取右段所求的剪力和弯矩的大小与取左段求得的剪力和弯矩大小相等、方向相反，它们是作用与反作用的关系，如图 2-29c 所示。

工程中，对于一般的梁（跨度与横截面高度之比 $l/h > 5$），弯矩起着主要的作用，而剪力则是次要因素，在强度计算中可以忽略。因此，下面仅讨论有关弯矩作用的一些问题。

为了使同一截面两边的弯矩在正负符号上统一起来，根据梁的变形情况作如下规定：梁变形后，若凹面向上，截面上的弯矩为正；反之，若凹面向下，截面上的弯矩为负，如图 2-30 所示。

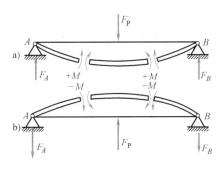

图 2-30 梁上弯矩的符号

根据上述弯矩正、负号的规定及式（2-26）可以看出，弯矩的计算有以下的规律：若取梁的左段为研究对象，横截面上的弯矩的大小等于此截面左边梁上所有外力（包括力偶）对截面形心力矩的代数和，外力矩为顺时针时，截面上的弯矩为正，反之为负。

若取梁的右段为研究对象,横截面上的弯矩的大小等于此截面右边梁上所有外力(包括力偶)对截面形心力矩的代数和,外力矩为逆时针时,截面上的弯矩为正,反之为负。

有了上述规律后,在实际运算中就不必用假想截面将截面截开,再用平衡方程去求弯矩,而可直接利用上述规律求出任意截面上弯矩的值及其转向。

四、弯矩图

为了形象地表示弯矩沿梁长的变化情况,以便确定梁的危险截面(往往是最大弯矩值所在位置),常需画出梁各截面弯矩的变化规律的图像,这种图像称为弯矩图。其表示方式是:以与梁轴线平行的坐标 x 表示横截面位置,纵坐标表示各截面上相应弯矩大小,正弯矩画在 x 轴的上方,负弯矩画在 x 轴的下方。

下面举例说明弯矩图的作法。

例 2-6 简支梁如图 2-31 所示。在跨度内某一点受集中力的作用,试作此梁的弯矩图。

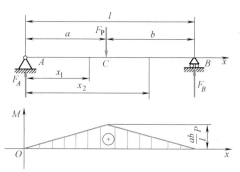

图 2-31 简支梁的弯矩图

解

(1)求支座反力

设支座反力 F_A 和 F_B 均向上。

$$\Sigma M_A = 0 \quad F_B l - F_P a = 0, \quad F_B = \frac{a}{l} F_P$$

$$\Sigma M_B = 0 \quad F_A l - F_P b = 0, \quad F_A = \frac{b}{l} F_P$$

(2)建立弯矩方程

因为梁在 C 点处受集中力作用,故 AC 和 BC 两段梁的弯矩方程不同,必须分别列出。

在 AC 和 BC 段内,任取距原点为 x_1 和 x_2 的截面,并皆取截面左段为研究对象,则 AC 段的方程为

$$M_1 = F_A x_1 = \frac{b}{l} F_P x_1 \qquad (0 \leqslant x_1 \leqslant a)$$

BC 段的方程为

$$M_2 = F_A x_2 - F_P (x_2 - a) = \frac{F_P a}{l} (l - x_2) \qquad (a \leqslant x_2 \leqslant l)$$

(3)画出弯矩图

因 M_1 和 M_2 都是一次函数,故弯矩图在 AC 段和 BC 段均为一条斜直线,各段内先定出两点即可连出直线。

当 $x_1 = 0$ 时,$M_A = 0$;当 $x_1 = a$ 时,$M_C = \frac{ab}{l} F_P$

当 $x_2 = a$ 时,$M_C = \frac{ab}{l} F_P$;$x_2 = l$ 时,$M_B = 0$

由此可画出梁的弯矩图如图 2-31 所示。

实际上,弯矩图与载荷之间存在下列几点规律:

1）在两集中力之间的梁段上，弯矩图为斜直线（图 2-31）。

2）在均布载荷作用的梁段上，弯矩图为抛物线。

3）在集中力作用处，弯矩图出现折角（见图 2-31）。

4）在集中力偶作用处，其左右两截面上的弯矩值发生突变，突变值等于集中力偶矩之值。

利用以上规律，不仅可以检查弯矩图形状的正确性，而且无需列出弯矩方程式，只需直接求出几个点的弯矩值，即可画出弯矩图。

例 2-7　试作简支梁（图 2-32a）受集中力 F_P 和集中力偶 $M = F_P l$ 作用时的弯矩图。

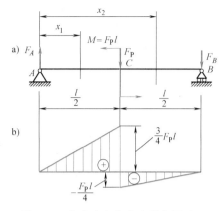

图 2-32　集中力与集中力偶作用时简支梁的弯矩图

解

（1）求支座反力

$$\Sigma M_B(\boldsymbol{F}) = 0, \ F_A l - F_P \frac{l}{2} - M = 0, \ F_A = \frac{3}{2} F_P$$

$$\Sigma F_y = 0, \ F_A - F_B - F_P = 0, \ F_B = \frac{F_P}{2}$$

（2）作弯矩图　根据上面总结的作图规律可知，AC 段和 BC 段的弯矩图均为斜直线。因为集中力和集中力偶同时作用在 C 点，故 C 处的弯矩既有转折又有突变，所以在 C 处左右两侧的弯矩值是不同的。

A 点处的弯矩：　　　　　　　　$M_A = 0$

C 点左侧处的弯矩：　　　$M_{C左} = F_A \frac{l}{2} = \frac{3}{2} F_P \frac{l}{2} = \frac{3}{4} F_P l$

C 点右侧处的弯矩：　　　$M_{C右} = F_A \frac{l}{2} - M = \frac{3}{2} F_P \frac{l}{2} - F_P l = -\frac{1}{4} F_P l$

B 点处的弯矩：　　　　　　　　$M_B = 0$

将上面求得的各点的弯矩，用适当比例描点连成直线，即为该梁的弯矩图（图 2-32b）。由图可知，危险截面在梁的中点 C 处，最大弯矩 $M_{max} = 3F_P l/4$。读者也可用弯矩方程检验该弯矩图的正确性。

五、平面弯曲时梁横截面上的正应力

平面弯曲的梁，横截面上既有弯矩又有切力的弯曲称为横力弯曲。如果梁横截面上只有弯矩而没有切力，则称这种弯曲为平面纯弯曲。梁横截面上的弯矩 M 引起弯曲正应力 σ，切力 F_Q 引起弯曲切应力 τ，一般的梁（通常指跨度与截面高度之比 $l/h > 5$ 的梁）影响其弯曲强度的主要因素是弯曲正应力。

1. 纯弯曲时梁横截面上弯曲正应力的分布规律

如图 2-33a 所示，在杆件侧面上画出纵向线和横向线。在弯曲小变形的情况下，可观察到下列现象：杆件表面上画出的各横向线仍保持直线，但发生了相对转动。纵向线间距不变，线形由直线变成了曲线，靠近凹边线段缩短，靠近凸边的线段伸长（图 2-33b）。由此可以推出这样的假设：梁作平面弯曲时，其横截面仍保持为平面，只是产生了相对转动，梁的一部分纵向"纤维"伸长，一部分纵向"纤维"缩短。由缩短区到伸长区，存在一层既不伸长也不缩短的"纤维"，称为中性层（图 2-33c）。距中性层越远的纵向"纤维"伸长量（或缩短量）越大。

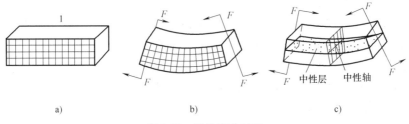

图 2-33　梁的弯曲试验

中性层与梁横截面的交线称为中性轴（图 2-33c）。中性轴是横截面上压、拉应力的分界线，中性轴以上各点为压应力 σ_y，中性轴以下的各点为拉应力 σ_1。由胡克定律 $\sigma = E\varepsilon$ 可知，横截面上的拉、压应力的变化规律应与纵向"纤维"变形的变化规律相同。即横截面上各点的应力大小应与所在点到中性轴 z 的距离 y 成正比（图 2-34），距中性轴越远的点应力越大。离中性轴距离相同的各点（截面宽度方向）正应力相同，中性轴上各点（$y = 0$ 处）正应力为 0。故有

$$\frac{\sigma}{y} = \frac{\sigma_{max}}{y_{max}}$$

2. 弯曲正应力的计算

如图 2-34 所示，当梁横截面上的弯矩为 M 时，该截面距中性轴 z 轴为 y 的任一点处的正应力计算公式为

$$\sigma = \frac{My}{I_z} \tag{2-27}$$

式中，I_z 是横截面对 z 轴的惯性矩，是只与截面的形状、尺寸有关的几何量，其单位为 mm^4。

由式（2-27）可知，当 $y = y_{max}$ 时，弯曲正应力达到最大值，即

$$\sigma_{max} = \frac{My_{max}}{I_z}$$

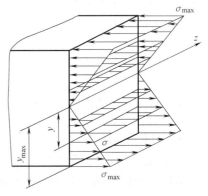

图 2-34　梁截面上的弯曲应力分布

令

$$W_z = \frac{I_z}{y_{max}} \tag{2-28}$$

则

$$\sigma_{max} = \frac{M}{W_z} \tag{2-29}$$

式中，W_z 称为抗弯截面系数，也是衡量截面抗弯强度的一个几何量，其值只与横截面的形状和尺寸有关，单位为 mm^3。常用截面的惯性矩 I_z 和抗弯截面系数 W_z 的计算公式见表 2-1。

表 2-1　常用截面的 I_z、W_z 计算公式

截面形状		
惯性矩	$I_z = \dfrac{bh^3}{12}$ $I_y = \dfrac{hb^3}{12}$	$I_z = I_y = \dfrac{\pi D^4}{64}$ $\approx 0.05D^4$	$I_z = I_y = \dfrac{\pi}{64}(D^4 - d^4)$ $\approx 0.05D^4(1 - \alpha^4)$ 式中　$\alpha = \dfrac{d}{D}$
抗弯截面系数	$W_z = \dfrac{bh^2}{6}$ $W_y = \dfrac{hb^2}{6}$	$W_z = W_y = \dfrac{\pi D^3}{32}$ $\approx 0.1D^3$	$W_z = W_y = \dfrac{\pi D^3}{32}(1 - \alpha^4)$ $\approx 0.1D^3(1 - \alpha^4)$ 式中　$\alpha = \dfrac{d}{D}$

式（2-27）是梁在纯弯曲的情况下得出的。但较精确的分析证明，在横力弯曲时，对于一般的梁（$l/h > 5$），按式（2-27）计算其正应力所得结果误差很小。因此，该式可以足够精确地推广应用于横力弯曲的情况。

六、梁弯曲时的强度计算

梁的弯曲强度条件是：梁内危险截面上的最大弯曲正应力 σ_{max}（MPa）不超过材料的许用弯曲应力，即

$$\sigma_{max} = \frac{M}{W_z} \leqslant [\sigma] \tag{2-30}$$

式中，M 是梁危险截面处的弯矩（N·mm）；W_z 是危险截面的抗弯截面系数（mm³）；$[\sigma]$ 是材料的许用应力（MPa）。

运用梁的弯曲强度条件，可对梁进行强度校核、设计截面和确定许可载荷等三类问题。

例 2-8　螺栓压板夹具如图 2-35a 所示。已知板长 $3a = 150mm$，压板材料的许用应力 $[\sigma] = 140MPa$。试计算压板传给工件的最大允许压紧力 F_P。

解

1）画出压板的计算简图。压板可简化成图 2-35b 所示的外伸梁。

2）画弯矩图。由梁的外伸部分 BC 可

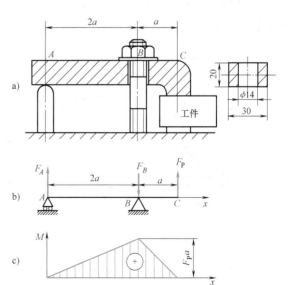

图 2-35　螺栓压板夹具受力分析

以求得截面 B 的弯矩为 $M_B = F_P a$。此外又由 A、C 两截面上的弯矩等于零。从而作弯矩图如图 2-35c 所示，最大弯矩在截面 B 上。

3）计算压紧力。由式（2-30）

$$\sigma_{\max} = \frac{M}{W_z} \leq [\sigma]$$

得出

$$M_B \leq W_z[\sigma], \quad F_P \leq \frac{W_z[\sigma]}{a}$$

根据截面 B 的尺寸求出

$$W_z = \left(\frac{30 \times 20^2}{6} - \frac{14 \times 20^2}{6} \right) \mathrm{mm}^3 = 1067 \mathrm{mm}^3$$

所以

$$F_P \leq \frac{1.067 \times 10^{-3} \times 140 \times 10^6}{50} = 2988\mathrm{N} \approx 3\mathrm{kN}$$

根据压板的强度，最大压紧力不应超过 3kN。

*七、梁的弯曲刚度简介

对于某些要求高的零件，不但要有足够的弯曲强度，而且要有足够的弯曲刚度，以保证其正常工作。例如图 2-36 所示的齿轮轴，在工作时变形过大，要影响齿轮的啮合。

弯曲刚度可以从梁的轴线及横截面两方面来表示。以图 2-37 所示的梁为例，梁受力变形后，截面形心的垂直位移 y 称为该截面的挠度，截面相对原来位置的转角 θ 称为该截面的转角。从图中可以看出，不同截面的挠度和转角均不相同。

工程中对受弯零件的最大挠度和最大转角有一定的限制，这种对变形大小的限制，称为刚度条件，即

$$\left. \begin{array}{c} |y_{\max}| \leq [y] \\ |\theta_{\max}| \leq [\theta] \end{array} \right\} \tag{2-31}$$

式中，$[y]$ 和 $[\theta]$ 分别是梁的许用挠度和许用转角，其值在各工程类设计里都有详细规定。如机械工程中，转轴的许用挠度一般规定为 $[y] = (0.0001 \sim 0.0005)l$，$l$ 为轴的跨度；许用转角一般规定为 0.001rad。梁的许用挠度和许用转角可查有关手册。

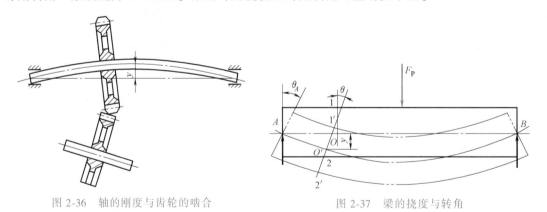

图 2-36　轴的刚度与齿轮的啮合　　　　图 2-37　梁的挠度与转角

机械设计手册上常备有各种梁受不同载荷单独作用时的挠度和转角计算公式，设计时可直接查取。

第五节　零件的组合变形

阅读问题：

1. 什么是组合变形？
2. 弯扭组合变形的强度条件怎么表达？
3. 弯扭组合变形中的相当应力是怎么确定的？

试一试：图 2-38 所示铰车的最大载重量 $G=0.8\text{kN}$，鼓轮的直径 $D=380\text{mm}$，铰车轴材料的许用应力 $[\sigma]=80\text{MPa}$。试根据第三强度理论确定铰车轴的直径 d。

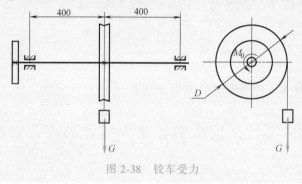

图 2-38　铰车受力

前面讨论了零件在拉伸（压缩）、剪切、扭转和弯曲四种基本变形时的强度和刚度问题。但在工程中，许多零件受到外力作用时，将同时产生两种或两种以上的基本变形，称为组合变形。图 2-39a 所示拐轴的 AB 段，在力 F_P 作用下产生弯扭组合变形。

下面介绍零件弯扭组合变形时的强度计算。

根据图 2-39a 拐轴的载荷，可以画出 AB 轴段的扭矩图和弯矩图（图 2-39b、c）。固定端 A 为危险截面，其扭矩和弯矩的绝对值分别为 $T=M_B=F_\text{p}a$，$M=F_\text{p}l$。截面 A 上的扭转切应力和弯曲正应力的分布规律如图 2-39d 所示。由图可知，a 点和 b 点存在最大弯曲正应力和最大扭转切应力，分别为

$$\sigma=\frac{M}{W_z},\quad \tau=\frac{T}{W_\text{T}}$$

截面 A 上同时作用有正应力和切应力，处于一种复杂应力状态。这时不能简单地运用扭转强度条件和弯曲强度条件进行强度计算，而是需要根据不同材料在复杂应力状态下的破坏特点，运用相应的强

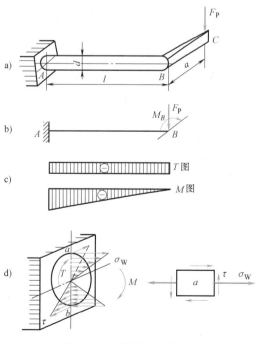

图 2-39　拐轴的组合变形

度理论将截面上的应力折算成相当应力 σ_{xd}，然后运用 $\sigma_{xd} \leqslant [\sigma]$ 进行强度计算。对于机器中的圆轴，一般用塑性材料制成，此时可用第三或第四强度理论进行强度计算。

用第三强度理论时，其强度条件为 $\sigma_{xd3} = \sqrt{\sigma^2 + 4\tau^2} \leqslant [\sigma]$

如将 $\sigma_W = \dfrac{M}{W_z}$，$\tau = \dfrac{T}{W_T}$ 代入上式，并注意到圆轴的 $W_T = 2W_z$，则强度条件为

$$\sigma_{xd3} = \frac{\sqrt{M^2 + T^2}}{W_z} \leqslant [\sigma] \tag{2-32}$$

式中，$\sqrt{M^2 + T^2}$ 称为第三强度理论的当量弯矩。

用第四强度理论时，其强度条件为 $\sigma_{xd4} = \sqrt{\sigma_W^2 + 3\tau^2} \leqslant [\sigma]$

对于圆轴，同样地有

$$\sigma_{xd4} = \frac{\sqrt{M^2 + 0.75T^2}}{W_z} \leqslant [\sigma] \tag{2-33}$$

式中，$\sqrt{M^2 + 0.75T^2}$ 称为第四强度理论的当量弯矩。

第六节　交变应力作用下零件的疲劳强度

阅读问题：
1. 工程中常见的交变应力有哪几种？
2. 零件在交变应力作用下的破坏形式有何特点？
3. 材料的疲劳极限值是怎么确定的？
4. 交变应力作用下零件的强度条件是什么？折合因数 α 与什么有关？

一、交变应力的概念

前面讨论中，零件上的应力都是静应力，其大小、方向基本不随时间变化。实际上，某些机器零件工作时，其应力会随时间做周期性的变化。以齿轮上任一齿的齿根处 A 点的应力为例（图 2-40a），轴旋转一周，这个齿啮合一次，每次啮合过程中，A 点的弯曲正应力就由零增加到最大值，然后又渐减为零。轴不断地旋转，A 点的应力也就不断地重复上述过程。若以时间 t 为横坐标，弯曲正应力 σ 为纵坐标，应力随时间变化的曲线如图 2-40b 所示。

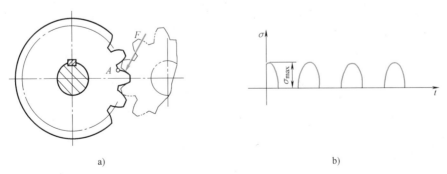

a)   b)

图 2-40　齿轮传动中的应力变化

又如车轴上的载荷虽然基本不变（图 2-41a），但因轴在转动，横截面上某点处的弯曲正应力却是随时间做周期性变化的。图 2-41b 表示轴横截面上 A 点处弯曲正应力的变化曲线，图中分别表示出 A 点经过位置 1、2、3、4 时的瞬时应力。

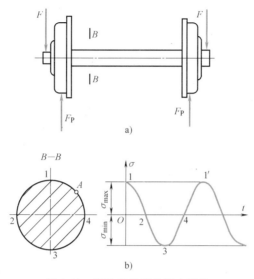

图 2-41　车轴工作时的应力变化

上述实例中，随时间做周期性交替变化的应力称为交变应力。

对于各种不同的应力变化规律，通常把最小应力与最大应力之比称为交变应力的循环特征，用 D 来表示，即

$$D = \frac{\sigma_{min}}{\sigma_{max}} \qquad (2-34)$$

根据应力循环特征的不同，工程中常见的交变应力有以下几种情况：

对称循环：在应力循环中，当 $\sigma_{max} = -\sigma_{min}$，$D = -1$ 时，称为对称循环。图 2-41 所示车轴上的弯曲正应力就是对称循环。

脉动循环：在应力循环中，当 $\sigma_{min} = 0$，$D = 0$ 时，称为脉动循环。图 2-40 所示齿轮在单向啮合时，齿根处的弯曲正应力就是脉动循环。

实际上，静应力也可以看作是交变应力的一种特例，这时 $\sigma_{max} = \sigma_{min}$，$D = +1$。在应力变化曲线上，它是一条与时间轴平行的直线。

二、零件的疲劳破坏与材料的疲劳极限

实践表明，零件在交变应力作用下的破坏形式与静应力下全然不同。其主要特点是：

1）零件破坏时，交变应力的最大值远小于材料的静强度极限，甚至低于屈服强度。

2）零件破坏时呈脆性断裂，即使对于塑性较好的材料，断裂时也无明显的塑性变形。因此这种断裂事先不易察觉，这就表现出此类破坏的危险性。

3）破坏的断口上，呈现出两个区域，光滑区和粗糙区。如图 2-42 所示，在光滑区内，有时可以看到以微裂纹为起

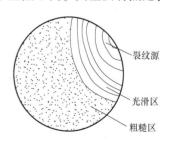

图 2-42　疲劳破坏断口

始点（裂纹源）逐渐扩展的弧形曲线。

零件在交变应力作用下的破坏，工程中习惯称为疲劳破坏。一般认为，零件的疲劳破坏经历了裂纹的形成、裂纹的扩展和最后断裂三个阶段，即当交变应力的大小超过一定限度时，首先在零件中应力最大的地方（常发生在有应力集中处）或材质薄弱处产生微小的裂纹，这就是裂纹的起源，常称为疲劳源；然后随着交变应力循环次数的增加，裂纹从疲劳源不断向纵深扩展。由于应力交替变化，裂纹两边的材料不时挤压与分离，发生类似研磨的作用，这样就形成断口的光滑区。由于裂纹的扩展使零件有效截面逐渐减小，到不能承受所加载荷时，零件突然断裂，形成断口的粗糙区。

材料在交变应力作用下抵抗疲劳破坏的能力，用疲劳极限来表示。在一定的循环特征下，材料能承受无数次应力循环而不发生疲劳破坏的最大应力，称为材料的疲劳极限，用 σ_D 表示，下角标 D 表示循环特征，例如 σ_{-1}、σ_0 和 σ_{+1} 分别表示对称循环、脉动循环和静应力作用下材料的持久极限。材料持久极限是在专用的疲劳试验机上进行测定的。图 2-43 所示是钢制试样在弯曲对称循环下最大应力与循环次数 N 的关系曲线，习惯上称为疲劳曲线。

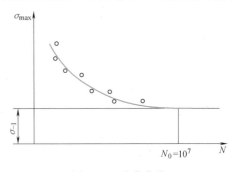

图 2-43　疲劳曲线

从疲劳曲线可以看出，σ_{max} 值愈小，试件破坏前所经历的循环次数就愈大，即试件的疲劳寿命就愈长。当循环次数超过一千万次（10^7）以后，最大应力不再随循环次数增加而降低，将此时的应力定为该循环下的疲劳极限 σ_{-1}。

实验表明，材料的疲劳极限不仅与材料的种类、受力形式和循环特征有关，而且还受到零件的形状、尺寸和表面加工质量的影响，在确定许用应力时要考虑这些影响。

三、交变应力作用下零件的强度计算

对于一般零件，在交变应力作用下的强度计算与静应力下的强度计算相似，即交变应力的最大值（绝对值）不能超过该循环特征下的许用应力。其强度条件可写成：

弯曲对称循环　　　　　　　　　　　　$\sigma_{max} \leqslant [\sigma_{-1}]$

弯曲脉动循环　　　　　　　　　　　　$\sigma_{max} \leqslant [\sigma_0]$

式中，$[\sigma_{-1}]$ 表示对称循环许用应力；$[\sigma_0]$ 表示脉动循环许用应力。它们均由材料的疲劳极限值除以安全系数并在考虑应力集中等因素后确定，具体数值可从有关手册中查得。

对于某些零件（如转轴），由于同时作用有不同类型、不同循环特征的应力，这时需要用强度理论和折合因数将工作应力折算成同种类型、相同循环特征的当量应力，再利用强度条件进行计算。下面是根据第三强度理论推导出来的强度条件：

$$\sigma_e = \frac{\sqrt{M^2 + (\alpha T)^2}}{W} \leqslant [\sigma_{-1}] \tag{2-35}$$

式中，M 为空间力系时截面的合成弯矩 $\left(M = \sqrt{M_z^2 + M_y^2}\right)$，单位为 N·mm；$T$ 为截面的扭矩，单位为 N·mm；W 为抗弯截面系数，单位为 mm³；σ_e 为零件上的当量弯曲应力，单位为 MPa；$[\sigma_{-1}]$ 为对称循环许用弯曲应力，单位为 MPa。

α 为折合因数，通常 M 引起的弯曲正应力 σ 具有对称循环特征，当 T 引起的扭转切应

力 τ 不是对称循环特征时，通过 αT 运算将其折算成具有对称循环特征的应力值。对于单向运行的轴，$\alpha \approx 0.6$。

转轴的强度计算示例见第十二章例 12-1。

自测题与习题

一、自测题

1. 图 2-44 所示的受拉直杆，其中 AB 段与 BC 段内的轴力及应力关系为　　　　　。

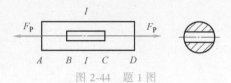

图 2-44　题 1 图

A. $F_{AB} = F_{BC}$　$\sigma_{AB} = \sigma_{BC}$　　　　B. $F_{AB} = F_{BC}$　$\sigma_{AB} > \sigma_{BC}$

C. $F_{AB} = F_{BC}$　$\sigma_{AB} < \sigma_{BC}$　　　　D. $F_{AB} < F_{BC}$　$\sigma_{AB} < \sigma_{BC}$

2. 工程中进行挤压强度实用计算时，假定挤压应力是均匀分布在挤压面上的，挤压面积是按　　　　确定的。

A. 剪切错移面积　　　B. 正投影面积　　　C. 实际接触面积　　　D. 实际挤压面积

3. 轴扭转时产生的应力除了与所受的扭矩 T_{T} 有关，还与　　　有关。

A. 所选材料　　　B. 许用应力　　　C. 弹性模量　　　D. 截面尺寸

4. 图 2-45 所示圆截面悬臂梁，若其他条件不变，而载荷增加为 $2F_{\mathrm{P}}$，则其最大正应力是原来的　　　　倍。

A. 2　　　　　　B. 8　　　　　　C. $\dfrac{1}{2}$　　　　　　D. $\dfrac{1}{8}$

5. 图 2-46 所示的结构，其中 AD 杆发生的变形为　　　　　。

A. 弯曲变形　　　　　　　　　　　B. 压缩变形

C. 弯曲与剪切的组合变形　　　　　D. 弯曲与压缩的组合变形

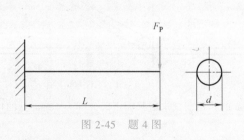

图 2-45　题 4 图

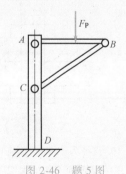

图 2-46　题 5 图

6. 以下关于疲劳破坏的说法错误的是　　　　　。

A. 建筑物的柱子长期承受较大的重量，以致发生疲劳破坏

B. 疲劳破坏是在交变应力长期作用下才会发生的一种破坏

C. 疲劳破坏常从构件的表面开始出现的

D. 发生疲劳断裂的轴在断裂之初不会观察到明显的塑性变形

二、习题

1. 挤压与压缩有何区别？试指出图 2-47 中哪个物体应考虑压缩强度？哪个应考虑挤压强度？

2. 在同一减速箱中，为何高速轴的直径较小，低速轴的直径较大？

3. 何谓平面弯曲，纯弯曲和横力弯曲？

4. 何谓中性层、中性轴？

5. 疲劳破坏有哪些特点？何谓材料的疲劳极限？

6. 阶梯形杆如图 2-48 所示。两段的横截面面积分别为 $A_1 = 40mm^2$，$A_2 = 20mm^2$ 载荷 $F_1 = 2kN$，$F_2 = 1kN$，弹性模量为 200GPa。要求：

绘制杆的轴力图。

计算杆各段横截面的正应力。

计算最大应变值。

计算杆的总变形。

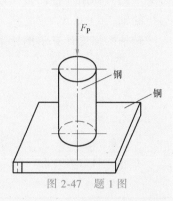

图 2-47 题 1 图

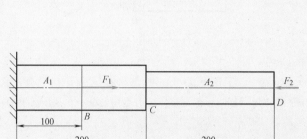

图 2-48 题 6 图

7. 两块钢板用螺栓联接，如图 2-49 所示。每块钢板厚度为 10mm，螺栓直径为 16mm，许用剪应力为 60MPa，钢板与螺栓的许用挤压应力为 180MPa。求螺栓所能承受的许可载荷 F_P。

8. 根据零件的强度条件，可以解决工程实际中哪三方面的问题？

9. 如图 2-50 所示，三角架由两根材料相同的圆截面杆构成，材料的许用应力 $[\sigma] = 100MPa$，载荷 $F_P = 10kN$。试设计两杆的直径。

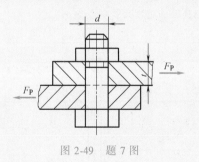

图 2-49 题 7 图

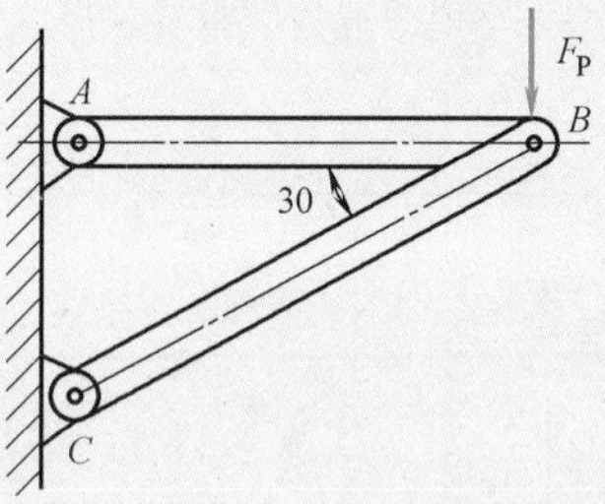

图 2-50 题 9 图

10. 直径为 50mm 的圆轴，受到扭矩为 2.15kN·m 的作用，试求横截面上距离圆心 10mm 处的切应力，并求横截面上的最大切应力。

11. 求如图 2-51 所示各梁中指定截面的切力和弯矩。

12. 如图 2-52 所示，已知钢制实心轴的转速 $n = 300r/min$，主动轮为 B 轮，三个从动轮输出功率为 $P_D = 100kW$，$P_C = 120kW$，$P_A = 160kW$，$[\tau] = 30MPa$，$[\theta] = 0.3°/m$，$G = 80GPa$。试按强度条件与刚度条件设计该轴的直径。

13. 圆轴材料的许用应力 $[\sigma] = 120MPa$，承载情况如图 2-53 所示，试校核其强度。

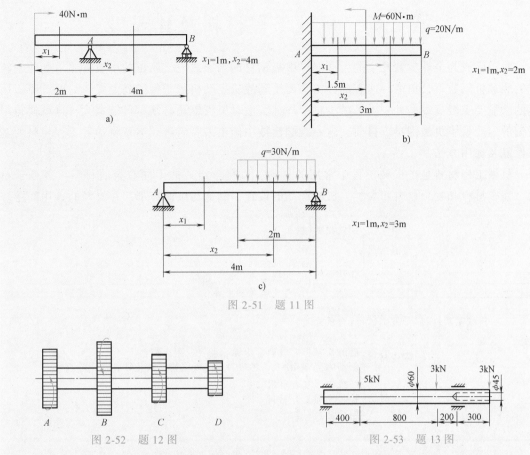

图 2-51　题 11 图

图 2-52　题 12 图

图 2-53　题 13 图

14. 如图 2-54 所示，折杆的 AB 段为圆截面，AB 与 CB 垂直，已知杆 AB 的直径为 100mm，材料的许用应力 $[\sigma]=80$ MPa。试按第三强度理论由 AB 的强度条件确定所能承受的最大载荷 F。

15. 如图 2-55 所示，由电动机带动的 AB 轴上装有一斜齿轮，作用于齿面上的圆周力 $F_t=1.9$ kN，径向力 $F_r=740$ N，轴向力 $F_a=660$ N，轴的直径 $d=25$ mm，许用应力 $[\sigma]=160$ MPa。试校核 AB 轴的强度（轴向力的轴向压缩作用不计）。若 $[\sigma_{-1}]=60$ MPa，校核轴的疲劳强度。

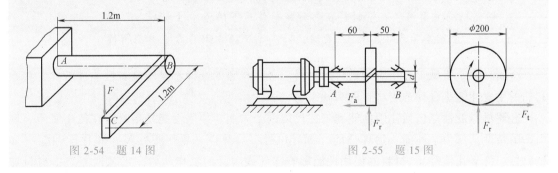

图 2-54　题 14 图

图 2-55　题 15 图

第三章　机械工程材料及其选用

我国已成为全球少数几个能生产航母甲板钢材的国家之一。航母的甲板需要承受几十吨重的舰载机以数百公里的时速着陆冲击，要受到战机发动机数千度的高温炙烤，这对甲板用钢的性能要求极高。另外，为了减少拼接焊缝，航母甲板钢还必须尽可能宽大，这就使得甲板钢的生产技术更加困难。目前，这一难题已被中国工人所破解。本章将学习工程材料的基本性能及选用方法。

机械工程材料是指机械工程中常用的材料，按化学组成的不同有金属材料、高分子材料、陶瓷材料和复合材料四大类。机械产品的设计、制造与维修，都存在材料的选用问题。

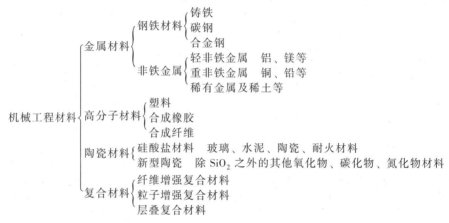

第一节　金属材料的力学性能

阅读问题：

1. 什么是金属材料的使用性能？力学性能主要包括哪些内容？

2. 为了提高受拉杆件的承载能力，应提高材料哪项力学性能指标？

3. 韧性指标主要用于衡量材料在何种载荷作用下的力学性能？

试一试：查阅本章表3-5确定08钢、45钢和65Mn钢的力学性能指标。

金属材料是机械工业中应用最广的材料。金属材料的选择都是围绕着性能进行的，熟悉它们的主要性能是合理选用材料的基础。

金属材料的性能包括使用性能和工艺性能两个方面。使用性能是指材料在使用时所表现出来的特性，如力学性能、物理性能（如导电性、导热性、热膨胀性等）和化学性能（如抗腐性、抗氧化性等）。材料的使用性能影响零件或工具的工作能力。工艺性能是指材料加工时所表现出来的特性，如热处理性能、铸造性能、压力加工性能、焊接性能、切削性能等。材料的工艺性能影响零件或工具制造的难易程度。

金属材料在载荷作用下所表现出来的特性，称为力学性能。金属材料的力学性能主要有强度、塑性、硬度和韧性等。

一、强度和塑性

强度是指材料在静载荷作用下，抵抗变形和断裂的能力。拉伸试验可以测定出的强度指标有：规定塑性延伸强度 R_p、屈服强度 R_e、抗拉强度 R_m 等。不同的零件设计和选材时所依据的强度指标是不一样的。其中，规定塑性延伸强度 R_p 是工作时不允许有微量塑性变形的零件（如精密的弹性元件）设计和选材的主要依据；屈服强度 R_e 是一般塑性材料零件设计和选材的主要依据；对于脆性材料的零件，设计时用抗拉强度 R_m 为主要依据。

塑性是指材料在静载作用下，产生塑性变形而不破坏的能力。塑性指标有断后伸长率 A 和断面收缩率 Z，它们也是通过拉伸试验获取的。其中

$$A = \frac{L_u - L_o}{L_o} \times 100\%$$

$$Z = \frac{S_o - S_u}{S_o} \times 100\%$$

式中，L_o 为试样标距长度；L_u 为试样拉断后的标距长度；S_o 为试验前试样的横截面积；S_u 为试样断口处最小截面积。

工程中通常将 $A > 5\%$ 的材料称为塑性材料，如钢、铜、铝等；$A < 5\%$ 的材料称为脆性材料，如铸铁、玻璃、陶瓷等。虽然塑性指标不直接用于工程设计计算，但零件材料具有一定的塑性，可以缓和应力集中、避免偶然过载时突然脆断。此外，各种成形加工（锻压、轧制、冷冲压等）都需要材料具有良好的塑性。

二、硬度

硬度是衡量金属材料软硬程度的力学性能。它反映了在外力作用下，材料表面局部体积内抵抗变形或破坏的能力。由于硬度试验的方法简单方便，不损伤零件，因此，在工程中得到普遍应用。常用的硬度试验方法有布氏硬度、洛氏硬度和维氏硬度三种，图 3-1 为这三种硬度的试验原理。

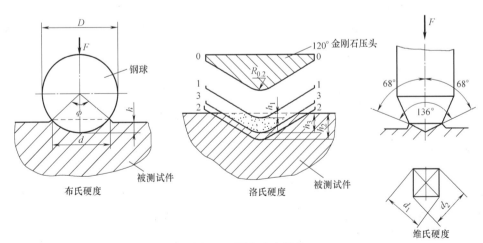

图 3-1　硬度试验原理

1. 布氏硬度

布氏硬度试验法的原理是用一直径为 D 的碳化钨合金球，在规定载荷 F（单位为 N）的

作用下压入被测试金属的表面，保持规定时间后卸除载荷，用被测金属表面上留下的压痕面积 S（单位为 mm）除载荷 F 所得的平均压力（F/S），所得值乘以常数 0.102，作为被测金属的布氏硬度值，硬度符号为 HBW。

在工程中，硬度标注只需标注其数值和符号。例如 280HBW 表示布氏硬度值为 280。

2. 洛氏硬度

洛氏硬度是用顶角为 120° 的金刚石圆锥体或直径为 1.588mm 的钢球作为压头，在规定载荷作用下压入被测金属表面，由压头在金属表面所形成的压痕深度来衡量硬度高低的试验法。其硬度值在硬度计上可直接读出，根据所用压头种类和所加载荷的不同，洛氏硬度分为 A、B、C、D、E、F、G、H、K、N、T 标尺，常用的 A、B、C 三种标尺的试验条件和应用范围见表 3-1。工程上常用 HRC 作为洛氏硬度指标。例如，50HRC 表示用 C 标尺测定的洛氏硬度值为 50。

表 3-1　常用洛氏硬度标尺的试验条件和应用范围

标尺符号	所用压头	总载荷/N	测量范围[①] HR	应 用 范 围
HRA	金刚石圆锥	588.4	20～95	碳化物、硬质合金、浅层表面硬化钢
HRBW	ϕ1.588mm 钢球	980.7	10～100	有色金属、退火钢、正火钢、调质钢、可锻铸铁
HRC	金刚石圆锥	1471	20～70	淬火钢、淬火工具钢、深层表面硬化钢

① HRA、HRC 所用刻度盘满刻度为 100、HRBW 为 130。

洛氏硬度操作简便、压痕小，不损伤工件表面，可以测量从较软到极硬或厚度较薄、面积较小的材料的硬度，故洛氏硬度是目前工程中应用最广泛的试验方法。其缺点是因压痕较小，对组织比较粗大且不均匀的材料测得的硬度不够准确。

3. 维氏硬度

维氏硬度的测定原理基本上和布氏硬度相同，也是根据压痕单位面积上所承受的载荷大小来测量硬度值。所不同的是维氏硬度采用锥面夹角为 136° 的金刚石正四棱锥体作为压头，维氏硬度用符号 HV 表示，例如 640HV 表示维氏硬度值为 640。维氏硬度适用于测量零件表面硬化层及经化学热处理的表面层（如渗氮层）的硬度。维氏硬度测量精度高，但操作复杂，工作效率不如测洛氏硬度高。

由于各种硬度的试验条件不同，因此相互间没有直接的换算公式，需要时应查换算表。但根据试验结果，有如下粗略关系：

当硬度在 200～600HBW 范围内，$HRC \approx \dfrac{1}{10}HBW$

当硬度小于 450HBW 时，$HBW \approx HV$

三、韧性

韧性是指材料抵抗冲击载荷的能力。强度、塑性、硬度都是在静载作用下测量的性能指标，对于在冲击力作用下工作的零件或工具还必须具有足够的韧性。冲击吸收能量是材料抗冲击能力的指标之一，它是用一次摆锤冲击试验来测定。其试验原理如图 3-2 所示。将带有缺口的试样安放在冲击试验机上，质量 m 的摆锤从 h_1 高度自由落下，冲断试样后升至 h_2 高度。摆锤冲断试样所消耗的能量 K（用字母 V 和 U 表示缺口几何形状，用下标数字 2 或 8 表示摆锤刀刃半径，如 KV_2），称为冲击吸收能量。用试样缺口处的横截面积 S 去除冲击吸

收能量 KV_2 所得的商即为材料的冲击韧度值，用符号 a_K 表示，单位为 J/cm^2。

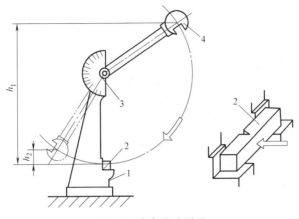

图 3-2　冲击试验原理

1—支座　2—试样　3—指针　4—摆锤

冲击韧度尚不能直接用于承载能力计算，只作为设计选材时的参考指标。它对组织、温度非常敏感，通过冲击试验可以评定材料的性质。

事实上，材料的抗冲击能力主要是取决于材料强度和塑性的综合性能。大能量一次冲击时，其抵抗能力主要取决于塑性；而小能量多次冲击时，其抵抗能力主要取决于强度。

第二节　影响金属材料性能的因素

阅读问题：

1. 一个体心立方的晶胞拥有多少个金属原子？Fe 在 20℃和 1000℃时的晶格相同吗？塑性有无变化？

2. 合金与纯金属有何区别？合金的结构有哪些？为什么说合金的强度、硬度常会比纯金属高？

3. 合金的组织是怎么影响合金性能的？强化合金力学性能的途径有哪些？

不同的金属材料具有不同的力学性能，即使是同一种金属材料在不同的条件下其力学性能也是不相同的。这是因为金属材料的力学性能除了与化学成分有关外，还受到内部组织结构的影响。

一、金属的晶体结构

金属在固态时一般都是晶体，其内部原子排列是有规律的。晶体中最简单的原子排列情况，如图 3-3a 所示。为了便于理解和描述，晶体中原子排列的情况可用图 3-3b 所示的晶格来表示。由于晶体中原子排列具有周期性的特点，通常只从晶体中选取一个能够完全反映晶格特征的、最小的几何单元即晶胞来分析晶体中原子排列的规律，如图 3-3c 所示。实际上整个晶格就是由许多大小、形状和位向相同的晶胞在空间重复堆积而成的。

由于金属原子间的结合力较强，使金属原子总是趋于紧密排列的倾向，故大多数金属都属于以下三种晶格类型。

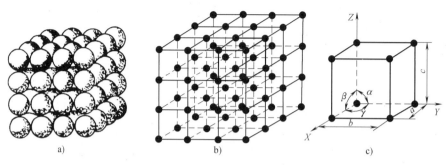

图 3-3　简单立方晶体结构示意图

a）原子排列模型　b）晶格　c）晶胞

1. 体心立方晶格

如图 3-4a 所示，体心立方晶格的晶胞是一个立方体，在立方体的八个角上和立方体的中心各有一个原子。属于这种晶格类型的金属有：铬（Cr）、钨（W）、钼（Mo）、钒（V）及 912℃ 以下的纯铁（α-Fe）等。

2. 面心立方晶格

如图 3-4b 所示，面心立方晶格的晶胞也是一个立方体，在立方体的八个角上和六个面的中心各有一个原子。属于这种晶格类型的金属有：铝（Al）、铜（Cu）、镍（Ni）、金（Au）、银（Ag）、铅（Pb）及温度在 1394~912℃ 之间的纯铁（γ-Fe）等。

3. 密排六方晶格

如图 3-4c 所示，密排六方晶格的晶胞是一个正六方柱体，在正六方柱体的十二个角上及上、下底面的中心各有一个原子，在上下底面之间还有三个原子。其晶格常数常用六方底面边长 a 和上下两底面间距离 c 来表示。属于这种晶体类型的金属有：铍（Be）、镁（Mg）、锌（Zn）等。

金属的晶格类型不同，其性能也不同。例如，具有面心立方晶格的金属材料通常有较好的塑性；密排六方晶格的金属材料通常较脆等。

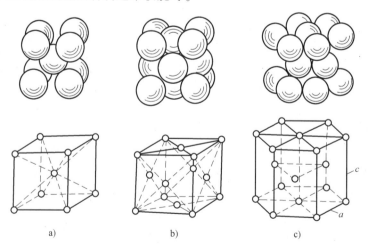

图 3-4　常见晶格结构

a）体心立方　b）面心立方　c）密排六方

二、合金的晶体结构

（一）合金的概念

合金是由两种或两种以上的金属或金属与非金属组成的具有金属特性的物质。例如黄铜是铜和锌组成的合金；碳钢、铸铁是铁和碳组成的合金等。纯金属虽然具有较好的导电、导热性与良好的塑性等特点，但它们的强度、硬度较低，冶炼困难、价格较高，因此在工程上的应用受到限制。工程中大量使用合金来制作力学性能要求高的机械零件和工模具等。

合金中，具有同一化学成分且结构相同的均匀部分叫做相。液态合金通常都为单相液体。固态下，由一个固相组成的合金称为单相合金，由两个或两个以上固相组成的合金称为多相合金。多相合金中，相与相之间有明显的界面。

（二）合金的结构

1. 固溶体

合金在固态下，组元间互相溶解，形成的某一组元晶格中包含有其他组元的新相称为固溶体。固溶体中，晶格类型与固溶体相同的组元称为溶剂，其他组元称为溶质。

如图 3-5 所示，当溶质原子嵌于溶剂晶格的空隙时，形成间隙固溶体。溶质原子代替溶剂原子占据溶剂晶格的结点位置时，形成置换固溶体。

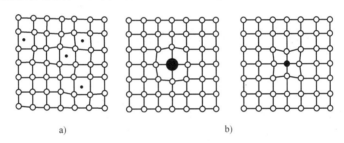

图 3-5　固溶体的两种基本类型
a）间隙固溶体　b）置换固溶体

在固溶体晶格中，由于溶质原子的溶入，将导致晶格畸变，合金的变形抗力增加，从而提高了合金的强度与硬度（与纯金属比较）。这种因形成固溶体而使合金的强度、硬度提高的现象，称为固溶强化。

固溶强化是提高金属材料力学性能的重要途径之一。实践表明，适当控制固溶体中的溶质含量可以在显著提高金属材料强度、硬度的同时，保持相当好的塑性和韧性。因此，对综合力学性能要求较高的结构材料，都是以固溶体为基体的合金。

2. 金属化合物

金属化合物是组成合金的组元相互作用，形成的具有金属特性的化合物相。金属化合物通常具有不同于组元的复杂晶格结构。例如，铁碳合金中，碳的含量超过铁的溶解能力时，多余的碳就与铁相互作用形成金属化合物 Fe_3C。

金属化合物一般具有较高的熔点、硬度和脆性，但塑性、韧性极差。当合金中存在金属化合物时，通常能提高合金的强度、硬度和耐磨性，但会降低塑性和韧性。因此，金属化合物一般不直接用作合金的基体，通常用来作为各类合金的重要强化相。

三、合金的组织

实际合金可能是由单一的固溶体或金属化合物组成的，也可能是由几种成分和性能不同的固溶体，或固溶体与金属化合物所组成的。组成合金的各个相的组合情况称为合金的组织。包括各组成相的数量、大小、形态、分布及相互间结合状态等。借助光学或电子显微镜可以观察到合金的这种显微组织。合金的组织决定着合金的性能。

1. 结晶晶粒

金属与合金自液态冷却转变为固态的过程，是原子由不规则排列的非晶体状态过渡到原子做规则排列的晶体状态的结晶过程。如图 3-6 所示，金属与合金的结晶从形成晶核开始，晶核吸附周围液态中的原子不断长大，直到液态金属全部消失为止。

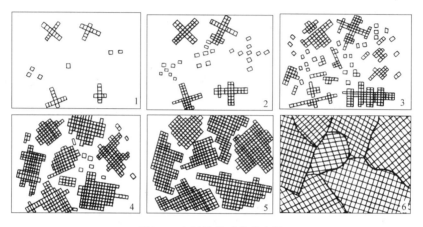

图 3-6　金属结晶过程示意图

由同一晶核长大而成的小晶体称为晶粒。由于不同方位形成的晶粒与周围晶粒的相互接触，使得晶粒呈不规则的颗粒状。晶粒与晶粒之间的界面称为晶界。

金属结晶后的晶粒大小对其力学性能的影响很大。一般情况下，晶粒越细小，金属的强度、硬度越高，塑性、韧性越好。这是因为晶粒越细小，则晶界越多、越曲折，晶粒与晶粒之间的相互咬合的机会就越多，越不利于裂纹的传播和发展，增强了彼此间的结合力。这种通过细化晶粒来强化金属的方法称为细晶强化，它是强化金属材料的基本途径之一。

2. 机械混合物

合金中由两相或两相以上组成的多相组织，称为机械混合物。机械混合物的性能不仅取决于组成它的各个相的性能，而且与各个相的数量、形状、大小及分布状况有很大的关系。例如，对综合力学性能要求较高的结构材料，其组织较多的是由固溶体和金属化合物组成的机械混合物。通过固溶强化、细晶强化等手段提高基体的力学性能；再采取适当的工艺方法，使一定数量的金属化合物呈细粒、弥散、均匀、稳定地分布于基体上，那么整个组织的性能就会得到进一步的提高。这就是材料工程中采用合金化处理、热处理的主要目的之一。

第三节　铁碳合金

阅读问题：

1. 什么是铁碳合金？根据含碳量的不同可分哪几类？

2. 什么是铁碳相图？它在工程中有哪些应用？

　　3. 碳的质量分数为 0.45% 的铁碳合金在 1000℃、600℃、25℃ 时分别是什么组织状态?

　　4. 含碳量的高低对铁碳合金的组织和性能会有什么影响?

　　5. 钢的热处理包括哪些工艺内容? 钢经热处理后会发生什么变化?

　　6. 退火与正火、调质与正火有什么不同? 淬火后为什么要回火?

　　7. 化学热处理与普通热处理有什么不同?

　　8. 工业用钢的分类方法有哪些?

　　9. 结构钢包括哪些类型? Q235、20、40Cr、65Mn、GCr15 可用作什么零件的制造?

　　10. T10A、9SiCr、Cr12、06Cr19Ni10 分别属于什么钢, 可用作什么零件的制造?

　　11. 什么是铸铁? 它与钢相比有什么优点?

　　12. HT200、QT650-2、KTH350-10 分别是什么铸铁, 可用作什么零件的制造?

　　试一试: 试比较 45 与 38CrMoAl 性能、用途的区别。后续分别可用什么热处理提高使用性能?

　　铁碳合金是以铁和碳为基本组元组成的合金, 是钢和铸铁的统称。由于钢铁材料具有优良的力学性能和工艺性能, 在机械工程中成为应用最广泛的金属材料。

　　一、铁碳合金的基本组织及其性能

　　1. 铁素体

　　铁素体是碳溶于 α-Fe 中形成的间隙固溶体, 用符号 F 表示。铁素体保持 α-Fe 的体心立方晶格。

　　铁素体溶解碳的能力很小, 727℃ 时, 达到最大, w_C 为 0.0218%, 由于铁素体溶碳量很低, 其性能与纯铁相似, 其强度、硬度低, 塑性、韧性好。

　　2. 奥氏体

　　奥氏体是碳溶于 γ-Fe 中形成的间隙固溶体, 用符号 A 表示。奥氏体保持 γ-Fe 的面心立方晶格。奥氏体是存在于 727℃ 以上的高温相。

　　奥氏体溶解碳的能力较大, 在 727℃ 时, w_C 为 0.77%; 在 1148℃ 时达到最大溶碳量 w_C 为 2.11%。奥氏体的性能与其溶碳量及晶粒大小有关, 奥氏体的硬度不高, 而塑性、韧性较好。因塑性好便于成形加工, 所以生产中钢材大多数要加热至高温奥氏体状态才进行锻压加工。

　　3. 渗碳体

　　渗碳体是铁与碳的金属化合物, 用符号 Fe_3C 表示。渗碳体的 $w_C = 6.69\%$, 具有复杂的晶格结构。渗碳体硬度很高, 脆性很大, 塑性和韧性几乎等于零, 不能单独使用。

　　渗碳体在钢和铸铁中通常呈片状、粒状、网状、带状等形态, 是钢中主要的强化相, 它的数量、形态及分布情况, 对钢的性能有很大的影响。

　　4. 珠光体

　　铁素体和渗碳体的机械混合物称为珠光体, 用符号 P 表示。其组织在显微镜下呈现出铁素体与渗碳体呈片状交替排列的特征。珠光体的 $w_C = 0.77\%$, 其力学性能介于铁素体和渗碳体之间, 强度、硬度较高, 具有一定的塑性和韧性, 是一种综合力学性能较好的组织。

　　5. 莱氏体

　　莱氏体是奥氏体和渗碳体组成的机械混合物, 用符号 Ld 表示。莱氏体的 $w_C = 4.3\%$,

当$w_C > 2.11\%$的铁碳合金从液态缓冷至1148℃时，将同时从液体中结晶出这种机械混合物，也称高温莱氏体Ld。高温莱氏体冷却至727℃时，其中的奥氏体转变为珠光体，形成了珠光体与渗碳体的机械混合物，称之为低温莱氏体，用Ld′表示。莱氏体的性能与渗碳体相似，硬度很高，塑性、韧性极差。

二、铁碳相图及其应用

1. 铁碳相图

铁碳相图是表示在缓慢冷却（加热）条件下，不同成分的钢和铸铁在不同温度下所具有的组织（平衡组织）或状态的一种图形。它清楚地反映了铁碳合金的成分、温度、组织之间的关系，是研究钢和铸铁及其加工处理（铸、锻、焊、热处理等加工工艺）的重要理论基础。由于w_C过高的铁碳合金性能很脆，无实用价值，目前应用的铁碳合金中碳的质量分数一般$w_C < 5\%$。当$w_C = 6.69\%$时，铁与碳形成渗碳体，所以实用的铁碳相图是Fe-Fe$_3$C相图这一部分，如图3-7所示。

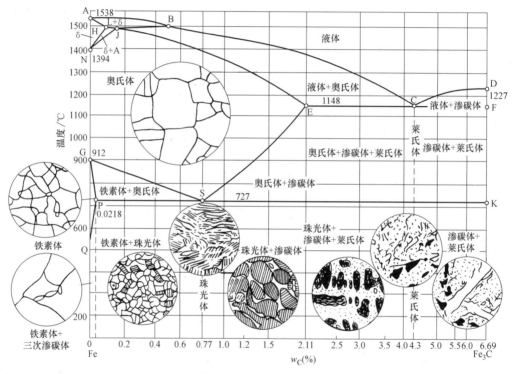

图3-7　Fe-Fe$_3$C相图

图中纵坐标是温度，横坐标是成分（碳的质量分数）。横坐标的左端表示碳的质量分数为零，即100%的纯铁，右端$w_C = 6.69\%$，即100%的Fe$_3$C。横坐标上任何一点，均表示一种成分的铁碳合金。

铁碳相图各相区的平衡组织如图3-7所示。根据对图中主要特征点、线和相区组织的分析，铁碳合金按含碳量及室温组织的不同，可分为以下三大类：

（1）工业纯铁　成分在P点以左，碳的质量分数小于0.0218%，其显微组织为单相铁素体。

（2）钢　成分在P点与E点之间。碳的质量分数0.0218%～2.11%，高温固态组织为奥氏体。根据室温组织的特点，以S点为界分为三类：

1) 亚共析钢：碳的质量分数（w_C）为 0.0218%～0.77%，室温组织为铁素体+珠光体。

2) 共析钢：碳的质量分数（w_C）为 0.77%，室温组织为珠光体。

3) 过共析钢：碳的质量分数（w_C）为 0.77%～2.11%，室温组织为珠光体+渗碳体。

（3）白口铸铁　成分在 E 点和 F 点之间，碳的质量分数（w_C）为 2.11%～6.69%。白口铸铁与钢的根本区别是前者组织中有莱氏体，而后者没有。

2. 含碳量对铁碳合金平衡组织和性能的影响

随着含碳量的增加，合金的室温组织中不仅渗碳体的数量增加，其形态、分布也有变化，因此，合金的力学性能也相应发生变化。铁碳合金的成分、组织及力学性能等变化规律如图 3-8 所示。

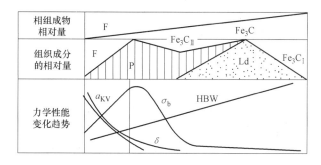

图 3-8　铁碳合金的成分、组织及力学性能的变化规律

当钢中 w_C<0.9% 时，随着含碳量的增加，钢的强度、硬度上升，而塑性、韧性不断降低。这是因为随着钢中含碳量的增加，组织中作为强化相的渗碳体数量增多的缘故。钢中渗碳体的数量越多，分布越均匀，钢的强度越高。当钢中 w_C>0.9% 以后，由于渗碳体呈明显的网状分布于晶界处或以粗大片状存在于基体中，不仅使钢的塑性、韧性进一步降低，而且强度也明显下降。为了保证工业上使用的钢具有足够的强度，同时又具有一定的塑性和韧性，钢中碳的质量分数一般都不超过 1.3%～1.4%；碳的质量分数大于 2.11% 的白口铸铁，因组织中存在大量的渗碳体，既硬又脆，难以切削加工，故在一般机械制造工业中应用较少。

3. 铁碳相图的应用

（1）在选材方面的应用　由 Fe-Fe$_3$C 相图可见，铁碳合金中随着含碳量的不同，其平衡组织各不相同，从而导致其力学性能不同。因此，就可以根据零件的不同性能要求合理地选择材料。例如，桥梁、车辆、船舶、各种建筑结构等，都需要强度较高、塑性及韧性好、焊接性能好的材料，故应选用碳含量较低的钢材；各种机器零件需要强度、塑性、韧性等综合性能较好的材料，应选用碳含量适中的钢；各类工具、刃具、量具、模具要求硬度高、耐磨性好的材料，则可选用碳含量较高的钢。纯铁的强度低，不宜直接用作工程材料，常用的是它的合金。

（2）在制定工艺规范方面的应用　Fe-Fe$_3$C 相图直观地反映了钢铁材料的组织随成分和温度变化的规律，这就为在工程上选材及制订铸、锻、焊、热处理等热加工工艺提供了重要的理论依据，如图 3-9 所示。

1) 铸造生产上的应用。根据 Fe-Fe$_3$C 相图的液相线，可以找出不同成分的铁碳合金的熔点，从而确定合金的熔化浇注温度（温度一般在液相线以上 50～100℃）。从 Fe-Fe$_3$C 相图

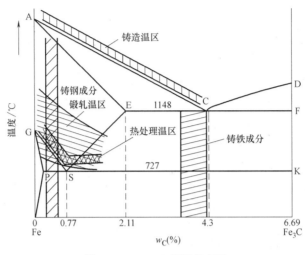

图 3-9　Fe-Fe$_3$C 相图的应用

中还可以看出，靠近共晶成分 C 点的铁碳合金不仅熔点低，而且结晶温度区间也较小，故具有良好的铸造性能。因此生产上总是将铸铁的成分选在共晶成分附近。

2）锻压工艺方面的应用。根据 Fe-Fe$_3$C 相图可以选择钢材的锻造或热轧温度范围。通常锻、轧温度选在单相奥氏体区内，这是因为钢处于奥氏体状态时，强度较低，塑性较好，便于成形加工。一般始锻（或始轧）温度控制在固相线以下 100~200℃范围内，温度不宜太高，以免钢材氧化严重；终锻（或终轧）温度取决于钢材成分，一般亚共析钢控制在稍高于 GS线，过共析钢控制在稍高于 PSK 线，温度不能太低，以免钢材塑性变差，导致产生裂纹。

3）热处理方面的应用。Fe-Fe$_3$C 相图对于制订热处理工艺有着特别重要的意义。各种热处理工艺的加热温度都是依据 Fe-Fe$_3$C 相图选定的。

三、钢的热处理方法简介

（一）热处理的概念

钢的热处理是指将钢在固态下采用适当的方式进行加热、保温和冷却，以获得所需组织结构与性能的工艺。热处理是改善钢材性能的重要工艺措施，它不仅可提高机械零件的使用性能，还可用于改善钢材的工艺性能。因此，热处理在机械制造中占有十分重要的地位。

根据加热和冷却方法不同，常用的热处理方法大致分类如下：

热处理的方法虽然很多，但任何热处理工艺都是由加热，保温和冷却三个阶段组成，只是工艺要素（温度、时间）上有区别。因此，热处理工艺通常用如图 3-10 所示的温度—时间为坐标的工艺曲线来表示。

钢的加热是热处理的第一道工序，其主要目的是使钢转变成均匀的奥氏体，为后续冷却转变做好组织准备。图 3-11 表示了不同成分的钢在加热与冷却时相变临界点的位置。图中 A_1、A_3、A_{cm} 是平衡时的转变温度，称为临界点。在实际生产中由于加热速度比较快，因此相变的临界点要高些，分别以 Ac_1、Ac_3、Ac_{cm} 表示；相反，在冷却时，冷却速度也较平衡状态时快，因而临界点下降，分别以 Ar_1、Ar_3、Ar_{cm} 表示。

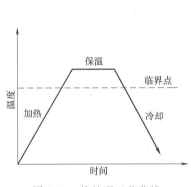

图 3-10 热处理工艺曲线

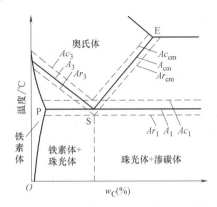

图 3-11 钢在加热（冷却）时的相变临界点

(二) 钢的常用热处理方法

1. 钢的退火与正火

退火与正火是钢的基本热处理工艺之一，其目的主要在于消除钢材经热加工所引起的某些缺陷，或者为以后的加工做好准备，故称为预备热处理。

(1) 退火 将钢加热到适当温度，保温一定时间，然后缓慢冷却的热处理工艺称为退火。退火工艺主要特点是缓慢冷却。退火的主要目的是：

1) 降低硬度，提高塑性。经铸、锻、焊或冷变形加工后的钢件，一般硬度偏高，需经退火降低硬度，提高塑性，以利于切削加工或继续冷变形。

2) 细化晶粒，消除组织缺陷。热加工后的钢件往往存在组织粗大等缺陷，需经退火进行重结晶，以消除组织缺陷，改善钢的性能，并为以后的淬火等最终热处理做好组织准备。

3) 消除内应力。钢件在冷热加工过程中往往会产生内应力，如不及时消除，将会引起变形甚至开裂。退火可消除内应力，稳定工件尺寸，防止变形与开裂。

根据退火工艺与目的的不同，退火常分为完全退火、球化退火、等温退火、均匀化退火、去应力退火和再结晶退火等。

完全退火：完全退火是把亚共析钢加热到 Ac_3 以上 30~50℃，保温一段时间后，缓慢冷却的一种热处理工艺。主要用于亚共析钢的铸件、锻件、焊接件等。

等温退火：等温退火的加热工艺与完全退火相同，保温后较快地冷却到 Ar_1 以下某一温度进行等温转变，再出炉空冷的退火方法。等温退火能得到更均匀的组织和硬度，并使生产周期缩短。主要用于高碳钢、合金工具钢和高合金钢。

球化退火：球化退火是把过共析钢加热到 Ac_1 以上 10~20℃，经一定时间保温，然后缓慢冷却的一种热处理工艺。其目的是球化渗碳体（或碳化物），以降低硬度，改善切削加工性能，并为淬火作好组织准备。主要用于共析或过共析成分的碳钢和合金钢。

均匀化退火：均匀化退火是把合金钢铸锭和铸件加热到 Ac_3 以上 150~250℃，长时间保温，然后缓慢冷却的工艺。目的是为了消除铸造结晶过程中产生的枝晶偏析，使成分均匀化。由于加热温度高、时间长，会引起奥氏体晶粒的严重粗化。因此，均匀化退火后必须再进行一次完全退火或正火来细化晶粒，以消除过热缺陷。

去应力退火：去应力退火是把工件加热至低于 Ac_1 的某一温度（约 $500\sim650℃$），保温一定时间后，随炉缓慢冷却至 $300\sim200℃$ 以下出炉空冷的工艺。由于加热温度在 Ac_1 以下，钢内无组织变化。主要用于消除铸件、锻件、焊接件的内应力，稳定尺寸，减少工件在使用过程中的变形。

（2）正火　正火是把工件加热到 Ac_3 或 Ac_{cm} 以上 $30\sim50℃$，然后在空气中冷却的工艺。与退火相比，正火冷却速度稍快，因此正火后的组织比较细，强度、硬度比退火高一些。生产中常用正火来改善低碳钢的切削加工性能。对于力学性能要求不太高的普通零件，也可考虑采用正火处理作为最终热处理。

各种退火与正火的工艺曲线如图 3-12 所示。

2. 钢的淬火

淬火是将钢件加热到相变点 Ac_3 或 Ac_1 以上 $30\sim50℃$，保温一定时间，然后快速冷却，获得马氏体（或贝氏体）组织的热处理工艺。淬火是强化钢铁零件最重要的热处理方法。

马氏体是加热至奥氏体状态的钢经急速冷却后得到的组织，它是碳在 $\alpha\text{-Fe}$ 中的过饱和固溶体，具有高的硬度和强度。马氏体的性能取决于含碳量，低碳马氏体具有较高的硬度、强度与较好的塑性、韧性相配合的良好综合力学性能。高碳马氏体具有比低碳马氏体更高的硬度，但脆性较大，塑性和韧性较差。贝氏体是含碳过饱和的铁素体与弥散分布的渗碳体组成的组织。根据热处理转变温度的不同，贝氏体的形态有上贝氏体（$550\sim350℃$ 转变）和下贝氏体（$350\sim230℃$ 转变），下贝氏体有较高的硬度和强度，塑性和韧性也较好，即具有良好的综合力学性能。

（1）淬火的目的　淬火的目的主要是使钢件得到马氏体（或贝氏体）组织，使零件通过适当回火，能获得所需要的使用性能。

（2）淬火方法及其应用　为了保证钢淬火后得到马氏体，同时又防止产生变形和开裂，应选择合适的淬火方法。常用淬火方法如图 3-13 所示，图中 Ms 是指马氏体开始转变温度（约为 $230℃$）。

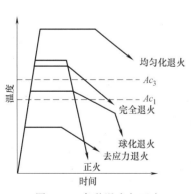

图 3-12　各种退火与正火
的工艺曲线示意图

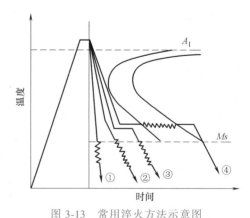

图 3-13　常用淬火方法示意图

①单液淬火　②双液淬火　③马氏体分级淬火　④贝氏体等温淬火

1）单液淬火：将已加热至奥氏体的工件在一种冷却介质中冷却淬火。例如碳钢在水中淬火；合金钢及尺寸很小的碳钢件（直径小于 $3\sim5\text{mm}$）在油中淬火。

单液淬火操作简单，易实现机械化，应用广泛。缺点是水淬变形开裂倾向大；油淬冷却速度小，容易产生硬度不足或硬度不均匀现象。

2）双液淬火：将已奥氏体均匀化的工件先淬入一种冷却能力较强的介质中，冷却到温度稍高于 Ms，再立即转入另一冷却能力较弱的介质中，使之发生马氏转变的淬火称双液淬火。例如碳钢通常采用先水淬后油冷，合金钢通常采用先油淬后空冷。

双液淬火法的优点在于能把两种不同冷却能力的介质的长处结合起来，既保证获得马氏体组织，又减小了淬火应力，防止工件的变形与开裂。双液淬火的关键是要准确控制工件由第一种介质转入第二种介质时的温度。

3）马氏体分级淬火：将已奥氏体均匀化的工件先投入温度在 Ms 附近的盐浴或碱浴中，停留适当时间，然后取出空冷，以获得马氏体组织的淬火，称为马氏体分级淬火。这种工艺特点是在工件内外温度基本一致时，使过冷奥氏体在缓冷条件下转变成马氏体，从而减少变形。主要用于形状复杂、尺寸较小的零件。

4）贝氏体等温淬火：将已奥氏体均匀化的工件快速淬入温度稍高于 Ms 点的硝盐浴（或碱浴）中，保持足够长的时间，直至过冷奥氏体完全转变为下贝氏体，然后在空气中冷却。下贝氏体的硬度略低于马氏体，但综合力学性能较好。此法产生的内应力很小，不易变形与开裂。常用于形状复杂，尺寸要求精确，强度、韧性要求较高的小型工件，如各种模具、成形刃具和弹簧等。

5）局部淬火：对于有些工件，如果只是局部要求高硬度，可对工件全部加热后进行局部淬火。为了避免工件其他部分产生变形和开裂，也可进行局部加热淬火。

3. 钢的回火

将淬火钢重新加热到 A_1 以下某一温度，保温一定时间，然后冷却到室温的热处理工艺，称为回火。它是紧接淬火的热处理工序。

（1）回火的目的 回火的目的是减少内应力；稳定组织，使工件形状、尺寸稳定；调整组织，消除脆性，以获得工件所需要的使用性能。

（2）回火的方法及应用 根据回火温度的不同，将回火方法分为低温、中温及高温回火三种。

1）低温回火（150~250℃）：回火后的硬度一般为 58~64HRC。低温回火的主要目的是降低工件内应力，减少脆性，保持淬火后的高硬度和高耐磨性。低温回火一般用于表面要求高硬度、高耐磨的工件，如刀具、量具、冷作模具、滚动轴承、渗碳件、表面淬火件等。

2）中温回火（350~500℃）：中温回火后的硬度为 35~50HRC。其目的是获得高的弹性极限和屈服强度，并保持一定的韧性。中温回火一般用于要求弹性高、有足够韧性的工件，如弹簧、弹性元件及热锻模等。

3）高温回火（500~650℃）（调质）：高温回火后的硬度一般为 220~330HBW。通常将淬火加高温回火相结合的热处理称为调质处理，其目的是获得强度、硬度和塑性、韧性都较好的综合力学性能。调质处理广泛用于汽车、拖拉机、机床等重要的结构零件，如连杆、螺栓、齿轮及轴类。

除以上三种常用回火方法外，为降低某些合金的硬度，以便于切削加工，还可以在 640~680℃进行软化回火；对于某些精密量具及零件，为保持淬火后的高硬度和尺寸稳定性，常在 100~150℃进行长时间（10~15h）的回火，这种低温、长时间的回火称为尺寸稳定处理或时效处理。

通常不在 250~350℃进行回火，因为在这温度范围回火时容易产生低温回火脆性。

4. 钢的表面热处理

在生产中有些零件，如齿轮、花键轴、活塞销等表面要求高的硬度和耐磨性，而心部却要求一定的强度和足够的韧性。采用一般淬火、回火工艺无法达到这种要求，这时需要进行表面热处理，以达到强化表面的目的。

表面热处理又分为两类：一类是只改变表面组织而不改变表面化学成分的热处理，称为表面淬火。另一类是同时改变表面化学成分及组织的热处理，称为化学热处理。

（1）钢的表面淬火 表面淬火是将钢件的表面层淬透到一定的深度，而中心部仍保持未淬火状态的一种局部淬火方法。它是通过快速加热，使钢件表面层很快达到淬火温度，在热量来不及传到中心就立即迅速冷却，实现表面淬火。常用的表面淬火有感应淬火和火焰淬火。

1）感应淬火：在一个感应圈中通过一定频率的交流电，在感应圈周围就产生一个频率相同的交变磁场，将工件置于磁场中，它就会产生与感应圈频率相同、方向相反的封闭的感应电流，这个电流叫做涡流，它主要集中分布在工件表面。感应淬火是依靠感应电流的热效应，使工件表层在几秒钟内快速加热到淬火温度，然后立即冷却，达到表面淬火目的。

与普通加热淬火相比，感应淬火有以下优点：因加热速度快，淬火组织为细小片状马氏体，表层硬度比普通淬火的高 2~3HRC，且有较好的耐磨性和较低的脆性，不易氧化、脱碳、变形小；生产效率高，易实现机械化和自动化，适宜批量生产。

感应淬火大多应用于中碳钢和中碳低合金钢工件，根据电流频率不同，感应加热分为高频感应加热、中频感应加热、工频感应加热及超音频感应加热等。频率越高，感应电流集中工件的表面层越浅，则淬硬层越薄。在生产中常依据工件要求的淬硬层深度及尺寸大小来选用（参见表 3-2）。

2）火焰淬火：火焰淬火是应用氧-乙炔或其他可燃气的火焰，对工件表面进行加热，然后快冷的淬火工艺。

表 3-2 感应加热表面淬火的应用

分类	常用频率范围	淬硬深度/mm	适 用 范 围
高频感应加热	200~300kHz	0.5~2	中小型轴、销、套等圆柱形零件,小模数齿轮
中频感应加热	2500~8000Hz	2~10	尺寸较大的轴类,大模数齿轮
工频感应加热	50Hz	10~20	大型(>φ300mm)零件表面淬火或棒料穿透加热(加轧辊、火车车轮等)的表面淬火

火焰淬火的操作简便，不需要特殊设备，成本低；淬硬层深度一般为 2~6mm。适用于大型、异形、单件或小批量工件的表面淬火，如大模数齿轮、小孔、顶尖、凿子等等，但因火焰温度高，若操作不当工作表面容易过热或加热不匀，造成硬度不均匀，淬火质量难以控制。

（2）钢的化学热处理 化学热处理是将工件置于一定温度的活性介质中保温，使一种或几种元素渗入钢的表层，以改变工件表层的化学成分、组织和性能的热处理工艺。与表面淬火相比，化学热处理不仅改变了钢件表层的组织，而且表层的化学成分也发生了变化。在制造业中，最常用的化学热处理有渗碳、渗氮和碳氮共渗。

1）钢的渗碳：渗碳是将工件置于渗碳介质中加热并保温，使碳原子渗入表层的热处理工艺。其目的是为了增加工件表面碳的质量分数。经淬火、低温回火后，工件表层具有高硬度（58~64HRC）和高耐磨性，而心部仍具有高的塑性、韧性和足够强度，以满足某些机械零件的需要。如汽车发动机的变速齿轮、变速轴、活塞销等。

渗碳用钢一般选用 $w_C = 0.10\% \sim 0.25\%$ 的碳钢或低合金钢；渗碳温度一般为 900 ~ 950℃；渗碳时间根据工件所要求的渗碳层深度来确定。渗碳后需进行淬火和低温回火。

2）钢的渗氮：渗氮是在一定温度下使活性氮原子渗入工件表面的化学热处理工艺。渗氮旧称氮化，其目的是提高工件表层的硬度、耐磨性、红硬性、疲劳强度和抗蚀性。

渗氮与渗碳相比较：渗氮的温度低（500~600℃），渗氮后不需淬火，因此，工件变形小，渗氮表层具有更高的硬度（950~1200HV）和耐磨性，且具有抗蚀性，工件的疲劳强度高。但渗氮层薄而脆，不能承受冲击；因生产周期长、设备和渗氮用钢价格高，故生产成本高。

渗氮主要适用于表面要求耐磨、耐高温、耐腐蚀的精密零件，如精密齿轮、精密机床主轴、气缸套、阀门等。

3）钢的碳氮共渗：碳氮共渗是碳、氮原子同时渗入工件表面的一种化学热处理工艺。这种工艺是渗碳与渗氮的综合，兼有二者的优点。目前生产中应用较广的有碳氮共渗（以渗碳为主）和氮碳共渗（以渗氮为主）两种方法。前者主要用于低碳及中碳结构钢零件，如汽车和机床上的各种齿轮、蜗轮、蜗杆和轴类零件等；后者常用于模具、量具、刃具和小型轴类零件。

（三）钢的淬透性与淬硬性

1. 钢的淬透性

钢的淬透性是指钢在一定条件下淬火时获得马氏体组织的难易程度。如前所述，钢淬火的目的是为了获得马氏体组织。如果工件淬火后整个截面都能得到马氏体，说明工件已淬透。但有时工件的表层为马氏体，而心部为非马氏体组织，这是因为淬火时工件截面各处的冷却速度是不同的，表面的冷却速度最大，越接近中心冷却速度越小。钢的淬透性往往与钢的成分有关，如含有合金元素（Co 除外）的钢，其淬透性会比普通碳钢好。这是因为合金元素的加入，增加了奥氏体淬火冷却过程中的稳定性。

钢的淬透性是选择材料的重要依据。材料的淬透性好则热处理后，由表及里均可得到较高的力学性能；反之，材料心部的强韧性则显著低于表面。因此，对于承受较大负荷（特别是截面应力分布均匀的拉、压、剪切力等）的结构零件，都应选用淬透性较好的钢。此外，对于淬透性好的钢，在淬火冷却时可采用比较缓和的淬火介质，以减小淬火应力，从而减少工件淬火时的变形和开裂倾向。

2. 钢的淬硬性

钢的淬硬性是指钢在理想条件下进行淬火硬化所能达到的最高硬度的能力。淬硬性的高低主要取决于钢中含碳量。钢中含碳量越高，则淬硬性越好。所以，淬硬性与淬透性是两个不同的概念。淬硬性好的钢，其淬透性不一定好；反之，淬透性好的钢，其淬硬性不一定好。如碳素工具钢淬火后的硬度虽然很高（淬硬性好），但淬透性却很低；而某些低碳成分的合金钢，淬火后的硬度虽然不高，但淬透性却很好。

各种钢的淬透性、淬硬性可从有关手册中查出。

四、工业用钢

钢是碳的质量分数在 2.11% 以下，并含有其他元素的铁碳合金。钢是应用最广泛的机械工程材料，在工业生产中起着十分重要的作用。

钢的种类很多，为了便于管理、选用和研究，从不同角度把它们分成若干类别。

1. 按化学成分分类

可把钢分为非合金钢、低合金钢和合金钢三大类。非合金钢（旧称碳素钢或碳钢）是指碳的质量分数在 2.11% 以下，并含有少量的锰、硅、硫、磷等常存杂质元素的铁碳合金。

非合金钢按含碳量又可分为低碳钢（$w_C < 0.25\%$）；中碳钢（$w_C = 0.25\% \sim 0.6\%$）；高碳钢（$w_C > 0.6\%$）。

低合金钢和合金钢是指在碳钢基础上，有目的地加入某些元素（称为合金元素）而得到的钢种。另外，还根据钢中所含主要合金元素种类不同分类，如锰钢、铬钢、铬镍钢、铬锰钢、铬锰钛钢等。

2. 按用途分类

可把钢分为结构钢、工具钢、特殊用途钢三大类。

（1）结构钢

1）工程结构用钢：主要有碳素结构钢、低合金高强度结构钢等。

2）机械结构用钢：主要有优质碳素结构钢、合金调质钢、合金弹簧钢及滚动轴承钢等。

（2）工具钢   根据用途不同，可分为量具刃具钢、模具钢等。

（3）特殊用途钢   主要有不锈钢、耐热钢、耐磨钢等。

3. 按钢的主要质量等级可分为

1）普通质量钢（w_P、w_S 均 ≥ 0.04）。

2）优质钢（w_P、w_S 均 $\leq 0.035\%$）。

3）特殊质量钢（w_P、$w_S \leq 0.025\%$，牌号后加"A"表示）。

钢厂在给钢的产品命名时，往往将用途、成分、质量这三种分类方法结合起来。如将钢称为优质碳素结构钢、碳素工具钢、高级优质合金结构钢、合金工具钢等。

（一）结构钢

工程结构用钢，大都是普通质量的结构钢（包括碳素结构钢及低合金结构钢）。这类结构钢冶炼比较简单，成本低，适应工程结构需大量消耗钢材的要求。工程结构用钢一般不再进行热处理。

机械结构用钢，大都是优质结构钢（包括优质碳素结构钢及各种优质或特殊质量合金结构钢），以适应机械零件承受动载荷的要求。一般需适当热处理，以发挥材料的潜力。

1. 普通质量结构钢

主要有以下两类：

（1）碳素结构钢   碳素结构钢的平均碳质量分数在 0.06% ~ 0.38% 范围内，钢中含有害杂质和非金属夹杂物较多，但性能上能满足一般工程结构及普通零件的要求，因而应用较广。它通常轧制成钢板或各种型材（圆钢、方钢、工字钢、钢筋钢）供应。

碳素结构钢的牌号由代表屈服强度的字母 Q、屈服强度数值、质量等级符号（A、B、C、D）及脱氧方法符号四个部分按顺序组成。质量等级符号反映了钢中有害杂质（S、P）含量的多少，其中 A 级 S、P 含量最高，质量等级最低。脱氧方法符号 F、Z、TZ 分别表示沸腾钢、镇静钢及特殊镇静钢，在钢号中 Z、TZ 可省略。例如 Q235AF，表示 $R_{eH} \geq$ 235MPa，质量等级为 A 级的碳素结构钢（属沸腾钢）。

表 3-3 为碳素结构钢牌号、主要成分、力学性能及用途。由表 3-3 可看出 Q195、Q215、Q235 为低碳钢，Q275 为中碳钢，其中 Q235 因碳的质量分数及力学性能居中，故最为常用。

表3-3　常用碳素结构钢的牌号、主要成分、力学性能及用途

牌号	质量等级	化学成分（不大于）wc(%)	wMn(%)	ws(%)	wp(%)	脱氧方法	拉伸试验 ReH/MPa 钢材厚度（直径）/mm（不小于）≤16	>16~40	>40~60	>60~100	Rm/MPa	A5(%) 钢材厚度（直径）/mm ≤40	>40~60	>60~100	>100~150	主要用途
Q195		0.12	0.50	0.040	0.035	F,Z	(195)	(185)			315~430	33				用于制作铁丝、钉子、铆钉、垫块、钢管、屋面板及轻负荷的冲压件
Q215	A	0.15	1.20	0.050	0.045	F,Z	215	205	195	185	335~450	31	30	29	27	应用最广。用于制作薄板、中板、钢筋、各种型材，一般工程构件，受力不大的机器零件，如小轴、拉杆、螺栓、连杆等
	B			0.045	0.045											
Q235	A	0.22	1.40	0.050	0.045	F,Z	235	225	215	215	375~500	26	25	24	22	
	B	0.20		0.045	0.045											
	C	0.17		0.040	0.040	Z										
	D			0.035	0.035	TZ										
Q275	A	0.24	1.50	0.050	0.045	F,Z	275	265	255	245	410~540	22	21	20	18	可用于制作承受中等载荷的普通零件，如链轮、心轴、拉杆、键、齿轮、传动轴等
	B	0.21		0.045	0.045											
	C	0.22		0.040	0.040	Z										
	D	0.20		0.035	0.035	TZ										

注：表中符号：Q—屈服强度，"屈"字汉语拼音首字母；F—沸腾钢；Z—镇静钢；TZ—特殊镇静钢。在牌号中，Z、TZ符号予以省略。

（2）低合金结构钢　低合金结构钢是在碳素结构钢的基础上加入少量合金元素（$w_{Me} \geqslant 3\%$）而制成。其性能特点是：具有高的屈服强度与良好的塑性和韧性，良好的焊接性，较好的耐蚀性。

低合金结构钢一般在热轧空冷状态下使用，其组织为铁素体和珠光体。被广泛用于桥梁、船舶、车辆、建筑、锅炉、高压容器、输油输气管道等。常用低合金结构钢的牌号、主要成分、力学性能及用途见表3-4。

表3-4　常用低合金结构钢的牌号、主要成分、力学性能及用途

钢号	质量等级	主要化学成分（%）			R_{eH}/MPa ①	R_m/MPa ②	A（%）③		用　　途
		w_C	w_{Si}	w_{Mn}			纵向	横向	
Q355	B	≤0.24	≤0.55	≤1.6	≥355	470~630	≥22	20	油槽、油罐、机车、车辆、梁柱等
	C	≤0.20							
	D								
Q390	B	≤0.20	≤0.55	≤1.7	≥390	490~650	≥20	20	油罐、锅炉、桥梁等桥梁、船舶、车辆、压力容器、建筑结构等
	C								
	D								
Q420（型材、棒材）	C	≤0.20	≤0.55	≤1.7	≥420	520~680	≥19	18	船舶、压力容器、电站设备等
	D								

注：1. 牌号、成分、性能摘自 GB/T 1591—2018。

2. 公称厚度大于 30mm 的钢材、碳的质量分数不大于 0.22%。

3. ①为公称厚度或直径≤16mm；②为公称厚度或直径≤100mm；③为公称厚度或直径≤40mm。

2. 优质结构钢

这类钢主要用于制造机械零件。根据化学成分可分为优质碳素结构钢与合金结构钢。

优质碳素结构钢的牌号用两位数字表示。两位数字表示钢中平均碳质量分数的万倍。属于沸腾钢的在数字后加标 F，末标 F 的都是镇静钢。例如：45 表示 $w_C = 0.45\%$ 的镇静钢；08F 表示 $w_C = 0.08\%$ 的沸腾钢。

优质碳素结构钢按含锰量不同，分为普通含锰量及较高含锰量（$w_{Mn} = 0.7\% \sim 1.2\%$）两组。含锰量较高一组，在其牌号数字后加 Mn。如：45Mn、65Mn 等。

表3-5 为常用优质碳素结构钢的牌号、主要成分、力学性能及用途。

合金结构钢的牌号用"两位数字+元素符号+数字"表示。两位数字表示钢中平均碳质量分数的万倍，元素符号代表钢中含的合金元素，其后面的数字表示该元素平均质量分数的百倍。若为高级优质钢，则在牌号后加 A，特级优质钢牌号后加 E。如 50CrV 表示 $w_C = 0.50\%$、$w_{Cr} < 1.5\%$、$w_V < 1.5\%$ 的优质合金结构钢。

结构钢按用途及工艺特点分为渗碳钢、调质钢、弹簧钢和滚动轴承钢。

（1）渗碳钢　渗碳钢通常是指经渗碳淬火、低温回火后使用的钢。用于制造要求表面硬而耐磨，心部韧性较好的零件。如承受较大冲击载荷，同时表面有强烈摩擦和磨损的齿轮、轴等零件。经渗碳处理后具有表面硬心部韧的特点。

渗碳钢一般为低碳钢和低碳合金钢（$w_C < 0.25\%$），主要加入的合金元素有铬、锰、镍、硼等。渗碳钢的热处理采用渗碳后淬火和低温回火。

表3-5　常用优质碳素结构钢的牌号、主要成分、力学性能及用途举例

牌号	主要成分			力学性能							用途举例
	w_C(%)	w_S(%)	w_{Mn}(%)	R_m/MPa	R_{eL}/MPa	A(%)	Z(%)	KU_2/J	HBW 未热处理钢	HBW 退火钢	
				不小于					不大于	不大于	
08	0.05~0.11	0.17~0.37	0.35~0.65	325	195	33	60		131		用于制造受力不大的焊接件、冲压件,锻件和心部强度要求不高的渗碳件。如角片、支臂、帽盖、销钉、锁片、垫圈、小轴等。退火后可作电磁铁芯或电磁吸盘等磁性零件
10	0.07~0.13	0.17~0.37	0.35~0.65	335	205	31	55		137		
15	0.12~0.18	0.17~0.37	0.35~0.65	375	225	27	55		143		主要用作低负荷、形状简单零件的渗碳、碳氮共渗零件,如小轴、小模数齿轮、仿形样片、摩擦片等,也可用作受力不大但要求韧性较好的零件,如螺栓、起重吊钩、法兰盘等
20	0.17~0.23	0.17~0.37	0.35~0.65	410	245	25	55		156		
30	0.27~0.34	0.17~0.37	0.50~0.80	490	295	21	50	63	179		用作截面较小、受力较大的机械零件,如螺钉、螺杆、转轴、曲轴、齿轮等。30钢也适于制作冷顶锻零件和焊接件
35	0.32~0.39	0.17~0.37	0.50~0.80	530	315	20	45	55	197		但35钢一般用作焊接件
40	0.37~0.44	0.17~0.37	0.50~0.80	570	335	19	45	47	217	187	用于制作承受负荷较大的小截面调质件和应力较小的大型正火零件以及对心部强度要求不高的表面淬火件,如曲轴、传动轴、连杆、链轮、齿轮、蜗杆、辊子等
45	0.42~0.50	0.17~0.37	0.50~0.80	600	355	16	40	39	229	197	
50	0.47~0.55	0.17~0.37	0.50~0.80	630	375	14	40	31	241	207	用作要求较高强度和耐磨性或耐磨性、动载及冲击载荷不大的零件,如齿轮、连杆、轧辊、机床主轴、犁铧、曲轴、U形卡、轧辊、凸轮及钢丝绳等
55	0.52~0.60	0.17~0.37	0.50~0.80	645	380	13	35		255	217	
65	0.62~0.70	0.17~0.37	0.50~0.80	695	410	10	30		255	229	主要在淬火、中温回火状态下使用。用作要求较高弹性或耐磨性的零件,如气门弹簧、弹簧垫圈等
65Mn	0.62~0.70	0.17~0.37	0.90~1.20	735	430	9	30		285	229	用作截面不大、承受载荷不大的各种弹性零件和耐磨零件,如各种板簧、螺旋弹簧、轧辊、凸轮、钢轧等
70	0.67~0.75	0.17~0.37	0.50~0.80	715	420	9	30		269	229	
75	0.72~0.80	0.17~0.37	0.50~0.80	1080	880	7	30		285	241	

注:锰含量较高的各个钢(15Mn~70Mn),其性能和用途与相应钢号的钢基本相同,但淬透性稍好,可制作截面稍大或要求强度稍高的零件。

　　常用的碳素渗碳钢有 15、20 钢，由于淬透性（钢经淬火获得马氏体组织的能力）低，仅能在表面获得高硬度，而心部得不到强化，故只用于形状简单、受力小的渗碳件。

　　合金渗碳钢由于合金元素的加入，提高了钢的淬透性，细化了钢的晶粒，其性能特点为：表面具有高的硬度、耐磨性及接触疲劳强度，使零件表面能够承受强烈摩擦和接触交变应力；心部具有较高的屈服强度和韧性，使零件不致发生脆性断裂。

　　常用合金渗碳钢的牌号、热处理、力学性能及用途举例见表 3-6。

表 3-6　常用合金渗碳钢的牌号、热处理、力学性能及用途举例

牌　　号	试样尺寸/mm	热处理温度/℃				力学性能（不小于）					用　途　举　例
		渗碳	第一次淬火	第二次淬火	回火	R_m/MPa	R_{eL}/MPa	A（%）	Z（%）	KU_2/J	
20Cr	15	930	880 水、油	780 水 820 油	200	835	540	10	40	47	用于 30mm 以下、形状复杂而受力不大的渗碳件，如机床齿轮、齿轮轴、活塞销
20CrMnTi	15	930	880 油	870 油	200	1080	850	10	45	55	用于截面在 30mm 以下，承受高速、中或重载、摩擦的重要渗碳件，如齿轮、凸轮等
20CrMnMo	15	930	850 油	870 油	200	1180	885	10	45	55	用于轴类、活塞类零配件以及汽车、飞机中的各种特殊零件
20Cr2Ni4	15	930	880 油	780 油	200	1180	1080	10	45	63	用于承受高载荷的重要渗碳件，如大型齿轮和轴类件
18Cr2Ni4W	15	930	950 空气	850 空气	200	1180	835	10	45	78	用于大截面的齿轮、传动轴、曲轴、花键轴等

　　（2）调质钢　调质钢通常是指经调质后使用的钢。主要用于制造承受很大交变载荷与冲击载荷或各种复杂应力的零件（如机器中的轴、连杆、齿轮等）。这类零件要求钢材具有较高的综合力学性能，即有良好配合的强度、硬度、塑性和韧性。

　　调质钢一般为中碳的优质碳素结构钢与合金结构钢（$w_C = 0.25\% \sim 0.5\%$），主加元素为锰、铬、硅、硼等，辅加元素为钼、钨、钒、钛等。调质钢的最终热处理是调质（淬火＋高温回火）处理，对要求耐磨性良好的零件，调质后可进行表面淬火或化学热处理。

　　常用的碳素调质钢如 35、45 钢或 40Mn、50Mn 等，其中以 45 钢应用最广。碳素调质钢只适宜制造载荷较低、形状简单、尺寸较小的调质工件。

　　合金调质钢具有良好的淬透性、热处理工艺性及良好的力学性能，可用于制造承载较大的中型甚至大型零件。

　　常用合金调质钢的牌号、热处理、力学性能及用途举例见表 3-7。

表 3-7　常用合金调质钢的牌号、热处理、力学性能及用途举例

牌　号	试样尺寸/mm	热处理温度/℃		力学性能（不小于）					用　途　举　例
		淬火	回火	R_m/MPa	R_{eL}/MPa	A（%）	Z（%）	KU_2/J	
40Cr	25	850 油	520 水、油	980	785	9	45	47	用于重要调质件，如轴类件、连杆螺栓、汽车转向节、后半轴、齿轮等

（续）

牌号	试样尺寸/mm	热处理温度/℃		力学性能（不小于）					用 途 举 例
		淬火	回火	R_m/MPa	R_{eL}/MPa	A(%)	Z(%)	KU_2/J	
40MnB	25	850 油	500 水、油	980	785	10	45	47	代替40Cr
30CrMnSi	25	880 油	540 水、油	1080	835	10	45	39	用于飞机重要件，如起落架、螺栓、对接接头、冷气瓶等
35CrMo	25	850 油	550 水、油	980	835	12	45	63	用于重要调质件，如大电机轴、锤杆、轧钢曲轴，是40CrNi的代用钢
38CrMoAl	30	940 水、油	640 水、油	980	835	14	50	71	用于需渗氮的零件，如镗杆、磨床主轴、精密丝杠、高压阀门、量规等
40CrMnMo	25	850 油	600 水、油	980	785	10	45	63	用于受冲击载荷的高强度件，是40CrNiMo钢的代用钢
40CrNiMo	25	850 油	600 水、油	980	835	12	55	78	用于重型机械中高载荷的轴类、直升飞机的旋翼轴、汽轮机轴、齿轮等

（3）弹簧钢　弹簧钢是指用来制造各种弹簧和弹性元件的钢。根据弹簧的使用要求，弹簧材料应具有高的弹性极限，尤其要有高的屈强比、高的疲劳强度以及足够的塑性和韧性。

弹簧钢按化学成分可分为碳素弹簧钢和合金弹簧钢。碳素弹簧钢的 $w_C = 0.6\% \sim 0.7\%$，合金弹簧钢的 $w_C = 0.5\% \sim 0.7\%$，常加入的合金元素有：锰、硅、铬、钼、钨、钒和微量硼等。热成形弹簧的典型热处理是淬火加中温回火，冷成形弹簧一般只进行去应力退火。

常用的碳素弹簧钢有60、65及60Mn、65Mn等。这类钢价格较合金弹簧钢便宜，热处理后具有一定的强度，主要用来制造截面较小，受力不大的弹簧。

合金弹簧钢的性能较好，用途更为广泛。60Si2Mn是较为典型的合金弹簧钢，广泛用于制造汽车、拖拉机上的板弹簧和螺旋弹簧等。常用合金弹簧钢的牌号、化学成分、热处理、力学性能及用途举例见表3-8。

表3-8　常用合金弹簧钢的牌号、化学成分、热处理、力学性能及用途举例

牌号	化 学 成 分					热处理温度/℃		力学性能（不小于）				用 途 举 例
	w_C(%)	w_{Si}(%)	w_{Mn}(%)	w_{Cr}(%)	w_V(%)	淬火	回火	R_m/MPa	R_{eL}/MPa	A(%)	Z(%)	
55CrMn	0.52~0.60	0.17~0.37	0.65~0.95	0.65~0.95		840 油	485	1225	1080	9.0	20	用于制作汽车稳定杆，亦可制作较大规格的板簧、螺旋弹簧
60Si2Mn	0.56~0.64	1.50~2.00	0.70~1.00	≤0.35		870 油	440	1570	1375	5.0 ($A_{11.3}$)	20	适宜制作工作应力高、疲劳性能要求严格的螺旋弹簧等应用广泛，主要制造各种弹簧，如汽车、机车、拖拉机的板簧

（续）

牌　号	化　学　成　分					热处理温度/℃		力学性能（不小于）				用　途　举　例
	w_C（%）	w_{Si}（%）	w_{Mn}（%）	w_{Cr}（%）	w_V（%）	淬火	回火	$R_m/$ MPa	$R_{eL}/$ MPa	A（%）	Z（%）	
50CrV	0.46~0.54	0.17~0.37	0.50~0.80	0.80~1.10	0.10~0.20	850油	500	1275	1130	10.0	40	用于制造高强度级别的变截面板簧、货车转向架螺旋弹簧，亦可制造载荷大的重大型弹簧等
60Si2CrV	0.56~0.64	1.40~1.80	0.40~0.70	0.90~1.20	0.10~0.20	850油	410	1860	1665	6.0	20	
52CrMnMoV	0.48~0.56	0.17~0.37	0.70~1.10	0.90~1.20	0.10~0.20	860油	450	1450	1300	6.0	35	用作汽车板簧、高速客场转向弹簧、汽车导向臂等

（4）滚动轴承钢　滚动轴承钢是指制造各种滚动轴承内外套圈及滚动体（滚珠、滚柱、滚针）的专用钢种。根据其工作条件，对滚动轴承钢性能要求为：具有高的接触疲劳强度、高的硬度、耐磨性及一定的韧性，同时还应具有一定的抗腐蚀能力。

滚动轴承钢中常用的是铬轴承钢，它属高碳低铬钢，其 $w_C = 0.95\% \sim 1.15\%$，常加入的合金元素有铬、硅、锰、钒等。滚动轴承钢的锻件，预备热处理为球化退火，以获得球状珠光体组织。最终热处理为淬火加低温回火。

滚动轴承钢的牌号前面冠以"G"字，其后以铬（Cr）加数字来表示。数字表示平均铬质量分数的千倍（$w_{Cr} \times 1000$），碳质量分数不予标出。若再含其他元素时，表达方法同合金结构钢。例如，GCr15 钢，表示平均铬含量 $w_{Cr} = 1.5\%$ 的滚动轴承钢。

在我国铬轴承钢中，又以 GCr15、GCr15SiMn 钢应用最多。前者用于制造中、小型轴承的内外套圈及滚动体，后者应用于较大型滚动轴承套圈及钢球。滚动轴承钢具有耐磨性高等性能特点，还常用它来制造量具、冷冲模具及其他耐磨零件。

3. 铸造碳钢

生产中有一些零件，形状复杂，难以用锻压或切削加工的方法制造。采用铸铁，力学性能又不能满足要求。这时可选用铸造碳钢制造。铸钢中碳的质量分数一般在 0.15% ~ 0.6% 范围内，强度、塑性和韧性大大高于铸铁。铸钢的铸造性能比铸铁差，熔化温度高、流动性差、收缩率大。

铸造碳钢的牌号用"铸"和"钢"两字的汉语拼音的第一个大写正体字母 ZG 加两组数字组成，第一组数字代表屈服强度的最低值，第二组数字代表抗拉强度的最低值。例如 ZG 270—500 表示屈服强度为 270MPa、抗拉强度为 500MPa 的铸造碳钢。常用铸造碳钢的牌号、主要化学成分、室温力学性能及用途举例见表 3-9。

（二）工具钢

工具钢是指制造各种刃具、模具、量具的钢，相应地称为刃具钢、模具钢、量具钢。

工具钢除个别情况外，大多数是在受很大局部压力和磨损的条件下工作，应具有高硬度、高耐磨性以及足够的强度和韧性，故工具钢（除热作模具钢外）大多属于过共析钢（$w_C = 0.6\% \sim 1.3\%$）。

表 3-9 常用铸造碳钢的牌号、主要化学成分、室温力学性能及用途举例

牌 号	主要化学成分			室温力学性能						用 途 举 例
	w_C (%)	w_{Si} (%)	w_{Mn} (%)	$R_{eL}(R_{p0.2})/$ MPa	$R_m/$ MPa	A_5 (%)	Z (%)	$A_{KV}/$ J	$A_{KU}/$ J	
	不大于			不小于						
ZG 200-400	0.20	0.60	0.80	200	400	25	40	30	47	用于受力不大、要求韧性较好的各种机械零件，如机座、变速器壳等
ZG 230-450	0.30	0.60	0.90	230	450	22	32	25	35	用于受力不大、要求韧性较好的各种机械零件，如砧座、外壳、轴承盖、底板、阀体、犁柱等
ZG 270-500	0.40	0.60	0.90	270	500	18	25	22	27	用途广泛，常用作轧钢机机架、轴承座、连杆、箱体、曲拐、缸体等
ZG 310-570	0.50	0.60	0.90	310	570	15	21	15	24	用于受力较大的耐磨零件，如大齿轮、齿轮圈、制动轮、辊子、棘轮等
ZG 340-640	0.60	0.60	0.90	340	640	10	18	10	16	用于承受重载荷、要求耐磨的零件，如起重机齿轮、轧辊、棘轮、联轴器等

注：1. 对上限减少 0.01% 的碳，允许增加 0.04% 的锰，对 ZG 200-400 的锰最高至 1.00%，其余四个牌号锰最高至 1.20%。

2. 表列性能适用于厚度为 100mm 以下的铸件。

碳素工具钢的牌号冠以 T 表示，其后数字表示平均碳质量分数的千倍，若为高级优质钢，则在数字后面再加 "A" 字，如 T10A，表示平均 $w_C = 1.0\%$ 的高级优质碳素工具钢。合金工具钢牌号表示方法与合金结构钢相似，但其平均 $w_C \geq 1\%$ 时，则碳量不标出；当 $w_C < 1\%$ 时，则牌号前的数字表示平均碳量分数的千倍。合金元素的表示方法与合金结构钢相同。由于合金工具钢都属于高级优质钢，故不再在牌号后标出 "A" 字。

1. 量具刃具钢

主要有碳素工具钢、低合金工具钢和高速工具钢等。

（1）碳素工具钢 碳素工具钢的 $w_C = 0.65\% \sim 1.35\%$，从而保证淬火后有足够高的硬度。由于淬透性低、热硬性差，碳素工具钢一般用于尺寸小、形状简单、低速的工具。碳素工具钢的热处理一般为预备热处理采用球化退火，最终热处理为淬火加低温回火。

常用碳素工具钢有 T7、T8、T9、T10、T11、T12、T13 等。随含碳量增加，碳素工具钢的耐磨性增加，而韧性降低。因此 T7、T8 钢适用于制造承受一定冲击而要求韧性较高的刃具，如木工用斧、钳工凿子等。T9、T10、T11 钢，用于制造冲击韧性小而要求硬度与耐磨性高的刃具如小钻头、丝锥、手锯条等，T12、T13 钢的硬度及耐磨性最高，但韧性最差，用于制造不承受冲击的刃量，如锉刀、铲刀刮刀等。

（2）低合金量具刃具用钢 低合金量具刃具用钢可用来制造受力较大、尺寸较大、形状复杂的刃具。因合金元素加入量不多，一般 $w_{Me} < 5\%$，仍不适用于较高速度的切削。

常用低合金量具刃具用钢的牌号、化学成分、热处理和用途举例见表 3-10。

量具是机械加工中使用的检测工具，如量块、塞规、样板等。量具在使用中常与被测工件接触，受到摩擦与碰撞。要求量具应具有高硬度和高耐磨性；并要求有高的尺寸稳定性。

低精度量具一般可选用碳素工具钢。对精度要求较高的量具，在淬火后需立即进行冷处理，在精磨后或研磨前还要进行一次时效处理；即将工件加热至 120 ~ 150℃ 左右，较长时间

表 3-10　常用低合金量具刃具用钢的牌号、化学成分、热处理和用途举例

牌　号	化学成分 w_{Me}（%）				热处理		用途举例
	C	Mn	Si	Cr	淬火		
					温度/℃	硬度/HRC 不小于	
9SiCr	0.85～0.95	0.30～0.60	1.20～1.60	0.95～1.25	820～860 油	62	板牙、丝锥、钻头、铰刀、冷冲模
8MnSi	0.75～0.85	0.8～1.1	0.3～0.6		800～820 油	60	木工工具、凿子、锯条及其他刀具
Cr06	1.30～1.45	≤0.40	≤0.40	0.50～0.70	780～810 油	64	外科手术刀具、刮刀、雕刻刀、锉刀

保温后缓冷，以稳定组织，进一步消除残余应力，提高工件尺寸稳定性。

常用量具用钢的牌号、热处理及用途举例见表 3-11。

表 3-11　常用量具用钢的牌号、热处理及用途举例

牌　　号	热处理方法	用途举例
15,20,20Cr	渗碳—淬火—低温回火	简单平样板,卡规,塞规及大型量具
50,55,65	高频表面淬火—低温回火	
T10A,T12A	淬火—低温回火	低精度塞规,量块,卡尺等
GCr15,CrWMn,Cr2	淬火—低温回火—冷处理—时效处理	高精度量规,量块及形状复杂的样板

（3）高速工具钢　高速工具钢是用于制造高速切削刀具的一种高合金工具钢。它的高温硬度（热硬性）很高，切削时能长时间保持刃口锋利，故俗称为"锋钢"。其强度也比碳素工具钢提高 30%～50%。

为了获得高的硬度、耐磨性和热硬性，高速工具钢的含碳量较高，$w_C = 0.73\% \sim 1.60\%$，并含有质量分数总和在 10% 以上的钨、钼、铬、钒、钴等合金元素。高速工具钢淬火加热时要经过预热，淬火加热温度一般为 1260～1280℃。淬火后一般要经 550～570℃ 三次回火。此外，为了进一步提高高速工具钢刀具的切削性能与使用寿命，可在淬火、回火后再进行某些化学热处理。如氮碳共渗、硫氮共渗及蒸汽处理等。

常用高速工具钢有 W18Cr4V，W6Mo5Cr4V2 等。

高速工具钢不仅具有比其他刀具钢高得多的热硬性、耐磨性，而且其淬透性及强度与韧性均较好，高速工具钢除制作切削速度较高、载荷大、形状复杂的切削刀具（如拉刀、齿轮铣刀等）外，还可用于制造冲模、冷挤压模及某些要求耐磨性高的零件。

2. 模具钢

主要有冷作模具钢和热作模具钢两种。

（1）冷作模具钢　冷作模具钢是用来制造在冷态下使金属变形的模具。这类模具要求高硬度、高耐磨性、一定的韧性及较好的淬透性。

冷作模具钢一般 $w_C > 1\%$，以满足高硬度和耐磨性要求。加入的合金元素有铬、钼、钨、钒等。冷作模具钢的热处理为淬火加低温回火。常用冷作模具钢见表 3-12，其中，Cr12 是最典型的冷作模具钢。

表 3-12 常用冷作模具钢的牌号、化学成分、热处理及用途举例

牌 号	化学成分 w(%)							热 处 理		用 途 举 例
	C	Si	Mn	Cr	W	Mo	V	淬火温度/℃	≥HRC	
Cr12	2.00~2.30	≤0.40	≤0.40	11.50~13.00				950~1000 油	60	冲模、冲头、钻套、量规、螺纹滚丝模、拉丝模等
Cr12MoV	1.45~1.70	≤0.40	≤0.40	11.00~12.50		0.40~0.60	0.15~0.30	950~1000 油	58	截面较大、形状复杂、工作条件繁重的各种冷作模具等
9Mn2V	0.85~0.95	≤0.40	1.70~2.00				0.10~0.25	780~810 油	62	要求变形小、耐磨性高的量规、块规、磨床主轴等
CrWMn	0.90~1.05	≤0.40	0.80~1.10	0.90~1.20	1.20~1.60			800~830 油	62	淬火变形很小、长而形状复杂的切削刀具及形状复杂、高精度的冲模

（2）热作模具钢 热作模具钢是用来制造使加热金属（或液态金属）获得所需形状的模具。一般又分为热锤锻模、热挤压模和压铸模等。这类模具要求有足够的高温强度，良好的冲击韧性和耐热疲劳性，一定的硬度和耐磨性。热作模具钢的碳质量分数：$w_C = 0.3\% \sim 0.85\%$，并有铬、镍、锰、钼、钨、钒等合金元素。

最常用的热锻模具钢有 5CrMnMo、5CrNiMo 等。小型热锻模具选用 5CrMnMo、大型热锻模具选用 5CrNiMo，热处理淬火后一般采用 500~650℃ 回火，模面硬度为 40HRC 左右。

常用的压铸模钢为 3Cr2W8V，热处理淬火后高温回火，硬度为 45HRC 左右。

（三）特殊钢

特殊钢具有特殊的物理或化学性能，用来制造除要求具有一定的力学性能外，还要求具有特殊性能的零件。其种类很多，机械制造业中主要使用不锈钢、耐热钢、耐磨钢。

1. 不锈钢

不锈钢是指在腐蚀性（大气或酸）介质中具有抵抗腐蚀性能的钢。

不锈钢按其使用时的组织特征，可分为铁素体型不锈钢、奥氏体型不锈钢、马氏体型不锈钢、奥氏体—铁素体型不锈钢等。

铁素体不锈钢碳的质量分数低，铬的质量分数高。常用的有 06Cr13Al（相当于美国钢号 405，下同）、10Cr17（430）、008Cr30Mo2，用于工作应力不大的化工设备、容器及管道等。

奥氏体不锈钢是应用最广的不锈钢，属铬镍钢。钢在常温下可得到单相奥氏体组织，其没有磁性。常用的有 12Cr17Mn6Ni5N（201）、06Cr18Ni11Ti（321）、06Cr19Ni10（304）等。可用于制作耐蚀性能要求较高及冷变形成形的低载荷零件。如：食品机械、化工设备、医疗器械等。

马氏体不锈钢碳的质量分数稍高，铬的质量分数较高。常用的有 12Cr13（410）、20Cr13（420）、30Cr13（420）、68Cr17（440A）等。用于制作耐蚀性能要求不高，而力学性能要求较高的零件。碳含量较低的 12Cr13、20Cr13 等类似调质钢，可用于制造汽轮机叶片及医疗器械等。含碳量高的 30Cr13、68Cr17 等类似工具钢，可用于制造医用手术工具、量具、不锈钢轴承及弹簧等。

2. 耐热钢

耐热钢是指在高温条件下具有抗氧化性或不起皮和足够强度的钢。钢的耐热性包括抗氧化性（热稳定性）和高温强度两个方面。

耐热钢中主要含有铬、硅、铝等合金元素。这些元素在高温下与氧作用，在其表面形成一层致密的氧化膜（Cr_2O_3、Al_2O_3、SiO_2）能有效地保护钢不致在高温下继续氧化腐蚀。

马氏体耐热钢的耐热性能较高，淬透性好。（如 12Cr13、42Cr9Si2、40Cr10Si2Mo 等）这类钢应经淬火加高温回火处理，用于制作在 500~600℃ 下长期工作的零件。

铁素体耐热钢有较高的抗氧化性能，但高温强度较低。（如 06Cr13Al、16Cr25N）主要用于制作受力不大的加热炉构件，其工作温度可达 900~1050℃。

奥氏体耐热钢的耐热性能比马氏体类耐热钢要好。如 45Cr14Ni14W2Mo 可用于内燃机重载荷排气阀。

3. 耐磨钢

耐磨钢是指在强烈冲击载荷作用下才能发生硬化的高锰钢。

耐磨钢的典型牌号是 ZGMn13 型，它的主要成分为铁、碳和锰，$w_C = 1.0\% \sim 1.5\%$，$w_{Mn} = 11\% \sim 14\%$。高锰钢不易切削加工，而铸造性能较好，故高锰钢零件多采用铸造方法生产。

这类钢多用于制造承受冲击和压力，并要求耐磨的零件，例如坦克、拖拉机的履带板、挖掘机的铲斗齿、破碎机的颚板、铁路道叉、防弹板及保险箱的钢板等。

五、铸铁

铸铁是指 $w_C > 2.11\%$ 的铁、碳和硅组成的合金。铸铁与碳钢的主要不同是，铸铁含碳、硅量较高（一般为 $w_C = 2.5\% \sim 4\%$、$w_{Si} = 1\% \sim 3\%$），杂质元素锰、硫、磷较多。为了提高铸铁的力学性能或物理、化学性能，还可以加入一定量的合金元素，得到合金铸铁。

铸铁有优良的铸造性能、切削加工性、减摩性及减振性，而且熔炼铸铁的工艺与设备简单、成本低廉，是最重要的铸件材料之一。若按重量百分比计算，在各类机械中，铸铁件约占 40%~70%，在机床和重型机械中，则可达 60%~90%。

根据碳在铸铁中存在的形式分类，铸铁可分为：

1) 白口铸铁：碳除少量溶于铁素体外，其余的都以渗碳体的形式存在于铸铁中，其断口呈银白色，故称白口铸铁。这类铸铁性能硬而脆，很难切削加工，所以很少直接用来制造各种零件。

2) 灰铸铁：碳全部或大部分以石墨存在于铸铁中，其断口呈暗灰色，故俗称灰口铸铁。这是工业上最常用的铸铁。

3) 麻口铸铁：碳一部分以石墨形式存在，类似灰铸铁；另一部分以自由渗碳体形式存在，类似白口铸铁。这类铸铁也具有较大的硬脆性，故工业上极少应用。

铸铁根据其石墨形态不同，又可分为灰铸铁、球墨铸铁、可锻铸铁、蠕墨铸铁四类。图3-14 是石墨在铸铁中的存在形态。

1. 灰铸铁

指碳主要以片状石墨形态存在于组织中的一类铸铁。灰铸铁的抗拉强度、塑性和韧性较低，抗压强度较高。由于其铸造性能优良，减摩性好，减振性强，切削加工性好，缺口敏感性低。再加上制造方便，价格便宜，使得灰铸铁应用十分广泛，特别适合于制造承受压力、要求减振耐磨的零件。

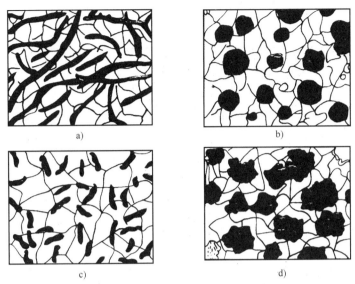

a)

b)

c)

d)

图 3-14　石墨在铸铁中的存在形态

a）灰铸铁中的片状石墨　b）球墨铸铁中的球状石墨　c）蠕墨铸铁
中的蠕虫状石墨　d）可锻铸铁中的团絮状石墨

灰铸铁的牌号、力学性能及用途见表 3-13，牌号中的"HT"是"灰铁"汉语拼音的第一个字母，后面的三位数为单铸 ϕ30mm 试棒的最小抗拉强度值。

表 3-13　灰铸铁的牌号、力学性能及用途

类　　别	牌号	力学性能		用 途 举 例
		R_m/MPa 不小于	硬度 HBW	
铁素体灰铸铁	HT100	100	≤170	低载荷和不重要零件，如盖、外罩、手轮、支架等
铁素体—珠光体灰铸铁	HT150	150	125～205	承受中等应力的零件，如底座、床身、工作台、阀体、管路附件及一般工作条件要求的零件
珠光体灰铸铁	HT200	200	150～230	承受较大应力和较重要的零件，如气缸体、齿轮、机座、床身、活塞、齿轮箱、液压缸等
	HT250	250	170～241	
孕育铸铁	HT300	300	187～225	床身导轨、车床、冲床等受力较大的床身、机座、主轴箱、卡盘、齿轮等；高压液压缸、泵体、阀体、衬套、凸轮、大型发动机的曲轴、气缸体、气缸盖等
	HT350	350	197～260	

注：性能系指 ϕ30mm 单铸试棒制取的试样所能达到的力学性能。

2. 球墨铸铁

指碳主要以球状石墨形态存在于组织中的一类铸铁。由于球状石墨对基体的割裂作用最小，又无应力集中作用，可使铸铁的强度大大提高，塑性和韧性大为改善。

球墨铸铁与灰铸铁相比，有高的强度、一定的塑性和韧性。某些性能还可与钢媲美，如屈服强度比普通非合金钢高。同时，它还具有与灰铸铁相类似的一些优良性能。此外，球墨铸铁还可以通过多种热处理，使力学性能进一步提高。

球墨铸铁的牌号、力学性能及用途见表 3-14，牌号中的"QT"是"球铁"汉语拼音的

第一个字母，后面的数字分别是为单铸试块时的抗拉强度和断后伸长率值。

表 3-14　球墨铸铁的牌号、力学性能及用途

| 牌　号 | 抗拉强度 R_m/MPa | 屈服强度 $R_{p0.2}$/MPa | 断后伸长率 A(%) | 供　参　考 | | 用　途　举　例 |
	最　小　值			布氏硬度 HBW	主要基体组织	
QT400-18	400	250	18	120~175	铁素体	汽车拖拉机的牵引框、轮毂、离合器及减速器等的壳体，农具的犁铧、犁托、牵引架，高压阀门的阀体、阀盖、车架等
QT400-15	400	250	15	120~180	铁素体	
QT450-10	450	310	10	160~210	铁素体	
QT500-7	500	320	7	170~230	铁素体+珠光体	内燃机机油泵齿轮，水轮机的阀门体，机车车轴的轴瓦等
QT600-3	600	370	3	190~270	珠光体+铁素体	柴油机和汽油机的曲轴、连杆、凸轮轴、气缸套、泵套、空压机、气压机、泵的曲轴、缸体、缸套、球磨机齿轮及桥式起重机大小车滚轮等
QT700-2	700	420	2	225~305	珠光体	
QT800-2	800	480	2	245~335	珠光体或索氏体	
QT900-2	900	600	2	280~360	索氏体+屈氏体或回火马氏体	汽车螺旋锥齿轮，拖拉机减速齿轮，农具犁铧、耙片等

注：力学性能系指厚度小于 30mm 的铸件。

3. 可锻铸铁

指碳主要以团絮状石墨形态存在于组织中的一类铸铁。可锻铸铁是由一定化学成分的铁水浇注成白口坯件，再经可锻化退火而获得的。

由于团絮状石墨对基体的割裂作用较小，它的力学性能比灰铸铁有所提高，其中黑心可锻铸铁（铁素体可锻铸铁）有较高的塑性和韧性；而珠光体可锻铸铁有较高的强度和硬度。目前，可锻铸铁主要用来制造形状复杂及强度、塑性、韧性要求高的薄壁小型铸件。

可锻铸铁的牌号、力学性能及用途见表 3-15，牌号分别由代号"KTH"（黑心可锻铸铁）、"KTZ"（珠光体可锻铸铁）和数字组成，后面的数字分别是为单铸试块时的抗拉强度和伸长率值。

表 3-15　可锻铸铁的牌号、力学性能及用途

| 牌　号 | 基体类型 | 试棒直径/mm | 力　学　性　能 | | | | 用　途　举　例 |
| | | | R_m/MPa | $R_{p0.2}$/MPa | A(%) | 硬度 HBW | |
			不　小　于				
KTH300-06	铁素体	12或15	300	—	6	≤150	汽车、拖拉机零件，如后桥壳、轮壳、转向机构壳体、弹簧钢板支座等；机床附件，如钩形扳手、螺纹铰手等；各种管接头、低压阀门、农具等
KTH330-08			330	—	8		
KTH350-10			350	200	10		
KTH370-12			370	—	12		
KTZ450-6	珠光体	12或15	450	270	6	150~200	曲轴、连杆、齿轮、凸轮轴、摇臂、活塞环等
KTZ550-04			550	340	4	180~230	
KTZ650-02			600	430	2	210~260	
KTZ700-02			700	530	2	240~290	

4. 蠕墨铸铁

指碳主要以蠕虫状态存在于组织中的一类铸铁。蠕墨铸铁是一种新型的铸铁材料，其力

学性能介于灰铸铁与球墨铸铁之间，而铸造性能、减振性、耐热疲劳性能优于球墨铸铁，与灰铸铁相近。目前，较广泛地用于结构复杂、强度和热疲劳性能要求高的铸件。

蠕墨铸铁的牌号、力学性能及用途见表 3-16，牌号中"RuT"是"蠕铁"汉语拼音的字首，后面的数字是最低强度值。

表 3-16　蠕墨铸铁的牌号、力学性能及用途

牌　号	基体类型	R_m/MPa	$R_{p0.2}$/MPa	A	硬度	用　途　举　例
		不　小　于		（%）	HBW	
RuT450	珠光体	450	315	1.0	200~250	活塞环、制动盘、钢珠研磨
RuT400	珠光体+铁素体	400	280	1.0	180~240	盘、吸滁泵体等
RuT350	铁素体+珠光体	350	245	1.5	160~220	重型机床件、大型齿轮箱体、盖、座、飞轮、起重机卷筒等
RuT300	铁素体	300	210	2	140~210	排气管、变速器箱体、气缸盖、液压件等
RuT260	铁素体	260	195	3	121~197	增压机废气进气壳体、汽车底盘零件

第四节　有色金属与粉末冶金材料

阅读问题：

1. 工业铝与铝合金的性能和用途上有何联系与区别？
2. 2A11、ZAlSi12 分别是什么材料？适合于什么零件的制造？
3. 工业铜与铜合金的性能和用途上有何联系与区别？
4. 黄铜、青铜和白铜是怎么区分的？青铜与特殊青铜又是怎么区分的？
5. H62、ZCuSn10P1 分别是什么材料？适合于什么零件的制造？
6. 为什么说"软基体上分布硬质点"是轴承合金理想组织？
7. ZSnSb12Pb10Cu6、ZPbSb15Sn5 分别是什么类型的基体？适合于什么用途？
8. 硬质合金、含油轴承材料有什么性能特点？
9. YG8、YT15 是什么材料？性能和用途上有何区别？

有色金属是指除钢铁（黑色金属）以外的其他金属。粉末冶金材料是指通过粉末冶金的方法制取的材料。由于有色金属、粉冶材料具有某些特殊的物理、化学及力学性能，已成为现代工业中不可缺少的材料。

一、铝及铝合金

1. 工业纯铝

纯铝呈银白色，其密度小（2.7g/cm²），熔点低（660℃），有良好的导电性。铝和氧的亲合力强，容易在其表面形成致密的 Al_2O_3 薄膜，能有效地防止金属的继续氧化，故在大气中有良好的耐蚀性。铝的强度、硬度低（$R_m \approx 80~100$MPa），但塑性好（A=50%），能承受各种冷、热加工。纯铝不能用热处理强化，但能冷变形强化，经冷变形硬化后强度可提高到150~250MPa。

工业纯铝主要用于熔制铝合金，制造电线、电缆以及要求导热、抗蚀性好而对强度要求

不高的一些用品和器皿等。工业纯铝的牌号有 1060、1035、1200 等。

2. 铝合金

纯铝的强度低，不适宜做结构材料，但如果加入适量的硅、铜、镁、锌、锰等合金元素形成铝合金，则具有密度小，比强度（强度极限与密度的比值）高、导热性好等优良性能。若经过冷加工或热处理，还可进一步提高其强度。铝合金分为变形铝合金和铸造铝合金两大类。

（1）变形铝合金　变形铝合金在加热时能形成单相固溶体组织，塑性好，能进行各种压力加工。变形铝根据性能特征可分为下列四类，它们的代号、化学成分、力学性能及用途举例见表 3-17。

表 3-17　部分变形铝合金的代号、化学成分、力学性能及用途举例

类　别		代号	化学成分（%）					材料状态	力学性能			用　途　举　例
			w_{Cu}	w_{Mg}	w_{Mn}	w_{Zn}	其他		$R_m/$ MPa	A (%)	HBW	
不能热处理强化的合金	防锈铝	5A05	0.1	4.8 ~ 5.5	0.3 ~ 0.6	0.2		O	280	20	70	焊接油箱、油管、焊条、铆钉以及中载零件及制品
		3A21	0.2	0.05	1.0 ~ 1.6	0.1	$w_{Ti} = 0.15$	O	130	20	30	焊接油箱、油管、焊条、铆钉以及轻载零件及制品
能热处理强化的合金	硬铝	2A01	2.2 ~ 3.0	0.2 ~ 0.5	0.2	0.1	$w_{Ti} = 0.15$	T4	300	24	70	工作温度不超过 100℃ 的结构用中等强度铆钉
		2A11	3.8 ~ 4.8	0.4 ~ 0.8	0.4 ~ 0.8	0.3	$w_{Ni} = 0.10$ $w_{Ti} = 0.15$	T4	420	15	100	中等强度的结构零件，如骨架模段的固定接头、支柱、螺旋桨叶片、局部镦粗零件、螺栓和铆钉
	超硬铝	7A04	1.4 ~ 2.0	1.8 ~ 2.8	0.2 ~ 0.6	5.5 ~ 7.0	$w_{Cr} = 0.1 ~ 0.25$	T6	600	12	150	结构中主要受力件，如飞机大梁、珩架、加强框、起落架
	锻铝	2B50	1.8 ~ 2.6	0.4 ~ 0.8	0.4 ~ 0.8	0.3	$w_{Ni} = 0.10$ $w_{Cr} = 0.01 ~ 0.2$ $w_{Ti} = 0.02 ~ 0.1$	T6	390	10	100	形状复杂的锻件，如压气机轮和风扇叶轮
		2A70	1.9 ~ 2.5	1.4 ~ 1.8	0.2	0.3	$w_{Ni} = 0.9 ~ 1.5$ $w_{Ti} = 0.02 ~ 0.1$	T6	440	12	120	可作高温下工作的结构件

注：T4—固溶热处理+自然时效，T6—高温成型+人工时效。

1）防锈铝：有 Al-Mn 和 Al-Mg 两系。其特点是耐蚀性好，塑性好，焊接性能良好，均不能用热处理方法强化，只能用冷变形强化。

2）硬铝：主要有 Al-Cu-Mg 系。铜和镁元素的加入可形成强化相，这类合金能进行热处理强化。经固溶热处理加自然时效，强化相均匀弥散分布，能显著提高其强度和硬度，这类铝合金主要性能特点是强度大、硬度高。

3）超硬铝：是 Al-Cu-Mg-Zn 系合金。与硬铝合金相比，超硬铝合金时效中能产生更多的强化相，强化效果更显著，所以其强度、硬度更高。

4）锻铝：锻铝合金多为 Al-Cu-Mg-Si 系。这类合金在加热状态下有良好的塑性较好的耐热性和良好的锻造性。进行淬火时效后有较高的强度，其强度和硬度可与硬铝合金相媲美。

（2）铸造铝合金　铸造铝合金与变形铝合金比较，一般含有较高量的合金元素，具有良好的铸造性能，但塑性较低，不能承受压力加工。按其主加合金元素的不同，铸造铝合金可分为 Al-Si 系、Al-Cu 等、Al-Mg 系、Al-Zn 系四种。

铸造铝合金多用于制造质量轻、耐腐蚀、形状复杂、要求有一定力学性能的铸件。常用铸造铝合金中以铝硅铸造铝合金应用最广泛。

常用铸造铝合金的牌号、代号、力学性能及用途举例见表 3-18 所示。

表 3-18　常用铸造铝合金牌号、代号、力学性能及用途举例

类别	牌号	代号	铸造方法	合金状态	力学性能 ≥			用途举例
					R_m/MPa	A(%)	HBW	
铝硅合金	ZAlSi7Mg	ZL101	J、JB	T5	205	2	60	形状复杂的中等负荷的零件，如飞机仪表零件、抽水机壳体、工作温度不超过 185℃ 的气化器等
			S、R、K	T5	195	2	60	
	ZAlSi12	ZL102	J SB、RB、KB、JB	F	155	2	50	形状复杂的低载荷零件，如仪表、抽水机壳体，工作温度在 200℃ 以下的气密性零件
				F	145	4	50	
			SB、RB、KB、JB	T2	135	4	50	
	ZAlSi5Cu1Mg	ZL105	J	T5	235	0.5	70	形状复杂、在 225℃ 以下工作的零件，如气缸头、汽缸盖、油泵壳体、液压泵壳体等
			S、R、K	T5	215	1.0	70	
			S、R、K	T6	225	0.5	70	
	ZAlSi12Cu2Mg1	ZL108	J	T1	195	—	85	要求高温强度及低膨胀系数的内燃机活塞及耐热零件
			J	T6	255	—	90	
铝铜合金	ZAlCu5Mg	ZL201	S、J、R、K	T4	295	8	70	175~300℃ 以下工作的零件，如内燃机气缸头、活塞、悬架梁、支臂等
			S、J、R、K	T5	335	4	90	
	ZAlCu5MgA	ZL201A	S、J、R、K	T5	390	8	100	
铝镁合金	ZAlMg10	ZL301	S、J、R	T4	280	9	60	在大气或海水中工作的零件，承受大振动载荷，工作温度低于 150℃ 的零件，如泵体、船用配件
	ZAlMg5Si	ZL303	S、J、R、K	F	143	1	55	在寒冷大气或腐蚀介质中承受中等载荷零件，如海轮配件和各种壳体
铝锌合金	ZAlZn11Si7	ZL401	S、R、K	T1	195	2	80	工作温度不超过 200℃，形状结构复杂的飞机汽车零件，仪器零件和日用品
			J	T1	245	1.5	90	

注：铸造方法与合金状态符号中，J 金属型铸造、S 砂型铸造、B 变质处理、R 熔模铸造、K 壳型铸造、T1 人工时效、T2 退火、T4 固溶处理+自然时效、T5 固溶处理+不完全人工时效、T6 固溶处理+完全人工时效、F 铸态。

二、铜及铜合金

1. 工业纯铜

纯铜呈紫红色，故又称为紫铜。其密度为 8.9g/cm³，熔点为 1083℃，具有优良的导电性和导热性。铜的化学稳定性高，抗蚀性好，塑性好，能承受各种冷压力加工，但强度低。工业纯铜一般被加工成棒、线、板、管等型材，用于制造电线、电缆、电器零件及熔制铜合金等。

我国工业用纯铜的代号有 T1、T2、T3 三种。序号越大，纯度越低。T1、T2 主要用来制造导电器材，T3 主要用来配制普通铜合金。

2. 铜合金

按照化学成分不同，铜合金可分为黄铜、青铜和白铜三类。常用的是黄铜和青铜。白铜是以镍为主要合金元素的铜合金，一般很少应用。

（1）黄铜　黄铜是以锌为主要合金元素的铜合金。黄铜又分为普通黄铜（又称简单黄铜）和特殊黄铜（又称复杂黄铜）。

1）普通黄铜（以锌和铜组成的合金）　普通黄铜的牌号用"H+数字"表示。H 表示黄铜，数字表示铜的质量分数，如 H68 表示铜的质量分数为 $w_{Cu} = 68\%$，其余为锌。

普通黄铜的力学性能、工艺性和耐蚀性都较好，应用较为广泛。

2）特殊黄铜　在普通黄铜的基础上加入铅、锡、铝、锰、硅等合金元素构成特殊黄铜。其目的是为了改善黄铜的某些性能，如加入铅可以改善切削加工性；加入铝、锡能提高耐蚀性，加入锰、硅能提高强度和耐蚀性等。

特殊黄铜牌号用"H+主加元素符号+铜的质量分数+主加元素的质量分数+其他元素的质量分数"来表示。例如 HPb59-1 表示 $w_{Cu} = 59\%$，$w_{Pb} = 1\%$ 的铅黄铜。

如果是铸造铜合金，其牌号用"Z+铜元素符号+主加元素符号及质量分数+其他元素符号及质量分数"来表示。例如 ZCuZn38，表示 $w_{Zn} = 38\%$，余量为铜的铸造普通黄铜；ZCuZn31Al2 表示 $w_{Zn} = 31\%$、$w_{Al} = 2\%$，余量为铜的铸造铝黄铜。

常用特殊黄铜有铅黄铜、铝黄铜、锰黄铜、硅黄铜等。常用黄铜的牌号、化学成分、力学性能及用途见表 3-19。

表 3-19　常用黄铜的牌号、化学成分、力学性能及用途

类别	牌　号	化学成分 $w(\%)$			制品种类	力学性能		用途举例
		Cu	Zn	其他		R_m /MPa	A (%)	
普通黄铜	H80	78.5~81.5	余量		板、条、带、箔、棒、线、管	320	52	色泽美观，用于镀层及装饰
	H70	68.5~72.5	余量			320	53	多用于制造弹壳，有弹壳黄铜之称
	H68	67~70	余量			320	55	管道、散热器、铆钉、螺母、垫片等
	H62	60.5~63.5	余量			330	49	散热器、垫圈、垫片等
特殊黄铜	HPb59-1	57~60	余量	Pb:0.8~1.9	板、带、管、棒、线	400	45	切削加工性好，强度高，用于热冲压和切削零件
	HMn58-2	57~60	余量	Mn:1.0~2.0	板、带、棒、线	400	40	耐腐蚀和弱电用零件
铸造铝黄铜	ZCuZn31Al2	66~68	余量	Al:2.0~3.0	砂型铸造 熔模铸造 金属型铸造	295 390	12 15	在常温下要求耐蚀性较高的零件
铸造硅黄铜	ZCuZn16Si4	79~81	余量	Si:2.5~4.5	砂型铸造 熔模铸造 金属型铸造	345 390	15 20	接触海水工作的管配件及水泵叶轮，旋塞等

注：力学性能系 600℃ 退火后。

（2）青铜　青铜是除黄铜、白铜以外的铜合金。它又分为普通青铜（锡青铜）和特殊青铜两种。

1）锡青铜：锡青铜是以锡为主要合金元素的铜合金。它最主要的特点是具有良好的力学性能、耐蚀性和减摩性，较多地用于轴承、蜗轮、螺杆螺母等零件的制造。锡青铜具有良好的铸造性，能浇注形状复杂、壁厚较小的铸件，铸件精确，是人类历史上应用最早的合金。但锡青铜不适于制造要求致密性高、密封性好的铸件。

2）特殊青铜：加入其他元素代替锡的青铜，称为特殊青铜，又称为无锡青铜。

铝青铜——以铝为主要合金元素的铜基合金称为铝青铜。其特点是：价格便宜，色泽美观；强度比普通黄铜、锡青铜高；有良好的耐蚀性、耐热性和耐磨性。铝青铜主要用于在海水或高温下工作的零件和高强度耐磨零件，是各种青铜中应用最广泛的一种。

铍青铜——以铍为主要合金元素的铜合金称为铍青铜。具有很高强度、硬度、弹性极限及疲劳强度，此外，还有好的耐蚀性、耐磨性、耐寒性、无磁性；好的导电性、导热性等。主要用于制造各种精密仪器、仪表中的重要弹性元件，特殊要求的耐磨元件，电接触器及防爆工具等。

铅青铜——主要用于高速高载荷的大型轴瓦、衬套等。

硅青铜——主要用于航空工业和长距离架空的电话线和输电线等。

青铜牌号用"Q+主加元素符号及质量分数+其他合金元素质量分数"表示。例如 QAl5 表示 $w_{Al}=5\%$，余量为铜的铝青铜。铸造青铜的牌号表示同黄铜。常用青铜的牌号、化学成分、力学性能及用途举例见表 3-20。

表 3-20　常用青铜的牌号、化学成分、力学性能及用途举例

| 类型 | 牌　号 | 主要成分 w(%) | | | 制品种类 | 力学性能 | | 用途举例 |
		Sn	Cu	其他		R_m /MPa	A (%)	
压力加工锡青铜	QSn4-3	3.5~4.5	余量	Zn:2.7~3.3	板、带、棒、线	350	40	弹簧、管配件和化工机械等，较次要的零件
	QSn6.5-0.1	6.0~7.0	余量	P:0.1~0.25	板、带、棒	400	65	耐磨及弹性零件
	QSn7-0.2	6.0~8.0	余量	P:0.1~0.25	板、带	360	64	弹性元件、耐磨件等
铸造锡青铜	ZCuSn10Zn2	9.0~11.0	余量	Zn:1.0~3.0	金属型铸造	245	6	在中等及较高载荷下工作的重要管配件、阀、泵、齿轮等
					砂型铸造	240	12	
	ZCuSn10P1	9.0~11.5	余量	P:0.8~1.1	金属型铸造、熔模铸造	310	2	重要的轴瓦、齿轮、连杆和轴套等
					砂型铸造	220	3	
特殊青铜（无锡青铜）	ZCuAl10Fe3	Al:8.5~11.0	余量	Fe:2.00~4.0	金属型铸造	540	15	重要用途的耐磨、耐蚀的重型铸件，如轴套、螺母、蜗杆等
					砂型铸造	490	13	
	QBe2	Be:1.8~2.1	余量	Ni0.2~0.5	板、带、棒、线	500	3	重要仪表的弹簧、齿轮等
	ZCuPb30	Pb:27.0~33.0	余量		金属型铸造	—	—	高速双金属轴瓦、减摩零件等

注：力学性能系 600℃ 退火后。

三、滑动轴承合金

滑动轴承合金是用来制造滑动轴承的轴瓦及其内衬的金属材料。

轴承是支撑轴进行工作的，当轴处于运转时，轴与轴瓦之间发生强烈的摩擦。为确保使

轴颈受到最小的磨损，制造轴瓦的材料应有足够的抗压强度，良好的减摩性，良好的磨合性、还应具备一定的塑性、韧性、导热性及耐蚀性。滑动轴承一般采用有色金属制造。

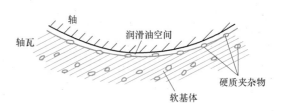

图 3-15　滑动轴承合金理想组织示意图

为保证具有以上性能，轴承合金应具有如图 3-15 所示的理想组织：在软基体上分布着硬质点（或在硬基体上分布着软质点）。轴承工作时，软基体很快磨损而凹下，以便储存润滑油，使轴与轴瓦间形成连续油膜；硬质点凸起，形成大量的点接触，支撑轴颈，从而保证具有最小的摩擦系数，以减少磨损，提高耐磨性。

锡基、铅基轴承合金（又称巴氏轴承合金）属于上述软基体硬质点的组织，其摩擦系数小，磨合性好，有良好的韧性、导热性、耐蚀性和抗冲击性，但承载能力较差。

铜基（锡青铜、铅青铜）、铝基轴承合金属于硬基体软质点的组织，其承载能力高，但磨合能力较差。其中铝基轴承合金的线膨胀系数较大，易与轴咬合，因此需加大轴承间隙。

轴承合金的牌号用 "Z+基体元素+主加元素符号及质量分数+辅加元素符号及质量分数" 来表示。例如 ZSnSb11Cu6，表示 $w_{Sb}=11\%$，$w_{Cu}=6\%$，其余为锡的铸造锡基轴承合金。常用轴承合金的牌号、力学性能及用途见表 3-21。

表 3-21　常用轴承合金牌号、力学性能及用途

类别	牌　　号	力学性能 HBW	用　　途
锡基轴承合金	ZSnSb12Pb10Cu4	29	一般发动机的主轴承，但不适于高温工作
	ZSnSb11Cu6	27	1500kW 以上高速蒸汽机，400kW 涡轮压缩机，涡轮泵及高速内燃机轴承
	ZSnSb8Cu4	24	一般大机器轴承及高载荷汽车发动机的双金属轴承
	ZSnSb4Cu4	20	涡轮内燃机的高速轴承及轴承衬
铅基轴承合金	ZPbSb16Sn16Cu2	30	110~880kW 蒸汽涡轮机，150~750kW 电动机和小于 1500kW 起重机及重载荷推力轴承
	ZPbSb15Sn5Cu3Cd2	32	船舶机械、小于 250kW 电动机、抽水机轴承
	ZPbSb15Sn10	24	中等压力的高温轴承
	ZPbSb15Sn5	20	低速、轻压力机械轴承
	ZPbSb10Sn6	18	重载荷、耐蚀、耐磨轴承

四、粉末冶金材料

粉末冶金是一种用金属粉末或金属粉末与非金属粉末的混合物作原料，经压制成形和烧结获取金属材料或零件的生产方法，是一种不熔炼的冶金方法。

粉末冶金可以生产多种具有特殊性能的金属材料，如硬质合金、耐热材料、减摩材料、摩擦材料、过滤材料、热交换材料、磁性材料及核燃料元件等，而且还可直接制造很多机械零件，如齿轮、凸轮、轴承、摩擦片、含油轴承等。

1. 硬质合金简介

硬质合金是将一些难熔金属的碳化物（如碳化钨、碳化钛、碳化钽等）的粉末和起粘

结作用的金属钴粉混合、加压成形，再经烧结而制成的一种粉末冶金制品。硬质合金具有高硬度（69~81HRC）、高耐热性（可达 900~1000℃）、高耐磨性和较高抗压强度，用它制造刀具，其切削速度比高速工具钢高 4~7 倍、寿命提高 5~8 倍。硬质合金通常制成一定规格的刀片，装夹或镶焊在刀体上使用。

目前常用的硬质合金有下列几种：

（1）钨钴类硬质合金　它是由碳化钨（WC）和钴组成的。其牌号用"YG+数字"表示，数字表示钴的质量分数。例如 YG3 表示 w_{Co} = 3% 的钨钴类硬质合金。常用的牌号有 YG3、YG6、YG8 等。含钴量越高，合金的强度、韧性越好，硬度、耐热性下降。钨钴类硬质合金适用于制作切削铸铁、青铜等脆性材料的刀具。

（2）钨钴钛类硬质合金　它是由碳化钨（WC）、碳化钛（TiC）和钴（Co）组成的。其牌号用"YT+数字"表示，数字表示碳化钛的质量分数。例如 YT15 表示 w_{TiC} = 15% 的钨钴钛类硬质合金。常用牌号有 YT5、YT15、YT30 等。这类硬质合金有较高的硬度、红硬性和耐磨性，主要用于切削韧性材料（如钢材）的刀具。

（3）通用硬质合金　用碳化钽（TaC）和碳化铌（NbC）取代钨钴钛类硬质合金中的部分碳化钛（TiC）而组成。其牌号用"YW+数字"表示，数字表示合金的序号，如 YW1、YW2 等。通用硬质合金兼有上述两类硬质合金的优点，应用广泛，可用于切削各类金属材料的刀具。

除上述三类硬质合金外，还有钢结硬质合金。它是以碳化物（如 TiC、WC）为硬化相，以合金钢（如高速工具钢、铬钼钢等）的粉末为黏结剂制成的粉末冶金材料。这种材料可进行焊接和锻造加工，它适用于制造各种形状复杂的刀具（如麻花钻头、铣刀等）。

硬质合金除用作各种刀具外，还广泛用于制造量具、模具及耐磨零件。

2. 含油轴承材料

含油轴承材料是利用粉末冶金材料的多孔性，经浸油后，它具有很好的自润滑性。当轴承工作时，由于摩擦发热使孔隙中的润滑油被挤出至工作表面，起润滑作用；当停止工作时，润滑油在毛细管的作用下又会渗入孔隙中，这样可保持相当长的时间不必加油也能有效地工作。含油轴承材料特别适用于不便经常加油的轴承，它还可避免因润滑油造成的脏污。目前，含油轴承材料在纺织机械、食品机械、家用电器、精密机械、汽车工业及仪表工业中都有应用。

第五节　非金属材料

阅读问题：

1. 塑料的基本组成是什么？基本性能主要由什么决定？有哪些分类方法？

2. PE、PP、ABS 分别是指什么塑料？举例说明它们的用途。

3. 橡胶的基本组成是什么？性能上与塑料有何不同？SIR 是什么橡胶？有哪些用途？

4. 举例说明陶瓷材料的性能特点及应用场合？特种陶瓷与普通陶瓷的组成上有何区别？

5. 复合材料的基本组成是什么？各起哪些作用？

通常将金属及合金以外的其余材料称为非金属材料。由于性能独特，它不仅广泛地用于人们的生活，而且在工业中也越来越多地得到应用，是不可替代的机械工程材料。

一、高分子材料

高分子材料是以高分子化合物为主要组成的材料，高分子化合物是相对分子质量大于5000的化合物，往往一个分子中包含成千上万甚至几十万个原子。高分子化合物分为天然的和合成的两类，机械中应用的主要是合成高分子材料，如塑料、橡胶、黏结剂等。

（一）工程塑料

1. 塑料的组成

塑料是以合成树脂（合成高分子化合物）为主要成分，加入某些添加剂而制成的高分子材料，是目前工业上应用最多的非金属材料。

合成树脂是组成塑料的基本组成物，塑料的基本性能决定于树脂的种类。其种类、性能及加入量对塑料的性能起着决定性的作用，因此许多塑料都是以树脂的名称命名的，如聚氯乙烯塑料中的树脂就是聚氯乙烯，聚苯乙烯塑料中的树脂是聚苯乙烯等。

加入添加剂的目的是改善或弥补塑料某些性能的不足，添加剂有填充剂、增塑剂、固化剂、稳定剂、润滑剂、着色剂、阻燃剂等，如稳定剂主要提高塑料在受热和光作用时的稳定性，防止老化；固化剂使树脂获得体形网状结构，使塑料制品坚硬和稳定；填充剂赋予塑料新的性能，如铝粉提高塑料对光的反射能力等。

2. 塑料的分类

塑料的品种很多，按其使用范围可分为通用塑料、工程塑料，见表3-22。按合成树脂的热性能，可分为热塑性塑料和热固性塑料，见表3-23。

表 3-22　按塑料的使用范围分类

类别	特 征	典型品种	代号	应 用 举 例
通用塑料	原料来源丰富,产量大,应用广,价格便宜,容易加工成形,性能一般,可作为日常生活用品、包装材料	聚氯乙烯	PVC	塑料管、板、棒、容器、薄膜与日常用品
		聚乙烯	PE	可包装食物的塑料瓶、塑料袋与软管等
		聚丙烯	PP	电视机外壳、电风扇与管道等
		聚苯乙烯	PS	透明窗、眼镜、灯罩与光学零件
		酚醛塑料	PF	电器绝缘板、刹车片等电木制品
		氨基塑料	UF	玩具、餐具、开关、纽扣等
工程塑料	有优异的电性能、力学性能、耐冷和耐热性能、耐磨性能、耐腐蚀等性能,可代替金属材料制造机械零件及工程构件	聚酰胺	PA	齿轮、凸轮、轴等尼龙制品
		ABS塑料	ABS	泵叶轮、轴承、把手、冰箱外壳等
		聚碳酸酯	PC	汽车外壳、医疗器械、防弹玻璃等
		缩醛塑料	POM	轴承、齿轮、仪表外壳等
		有机玻璃	PMMA	飞机、汽车窗、窥镜等
		聚四氟乙烯	PTFF	轴承、活塞环、阀门、容器与不粘涂层

表 3-23　按合成树脂的热性能分类

类别	特 征	典型塑料及代号	类别	特 征	典型塑料及代号
热塑性塑料	树脂为线形高分子化合物,能溶于有机溶剂,加热到一定温度后可软化或熔化,具有可塑性,冷却后固化成形,并能反复塑化成形	聚氯乙烯（PVC）聚乙烯（PE）聚酰胺（PA）缩醛塑料（POM）聚碳酸酯（PC）	热固性塑料	网状高分子树脂,固化后重新加热不再软化和熔融,亦不溶于有机溶剂,不能再成形使用	酚醛塑料（PF）氨基塑料（UF）有机硅塑料（SI）环氧树脂（EP）

3. 塑料的性能

（1）化学性能　塑料具有良好的耐腐蚀性能，大多数塑料能耐大气、水、酸、碱、油的腐蚀，其中聚四氟乙烯能耐"王水"的腐蚀。因此工程塑料能制作化工机械零件及在腐蚀介质中工作的零件。

（2）物理性能　塑料的密度小，相当于钢密度的 1/4 ~ 1/7；热性能不如金属，遇热易老化、分解；塑料的导热性差，有良好的电绝缘性，塑料线膨胀系数大，一般为钢的 3 ~ 10 倍。

（3）力学性能　一般塑料的强度、刚度和韧性都较差，其强度仅为 30 ~ 150MPa；塑料具有良好的减摩性；塑料容易出现蠕变与应力松弛；塑料还具有良好的减振性和消声性。

4. 常用工程塑料

工程上用的塑料种类很多，表 3-24 是常用塑料的名称、符号、性能及用途。

表 3-24　常用塑料的名称、符号、性能及用途

类别	塑料名称	符号	主　要　性　能	用　途　举　例
热塑性塑料	聚乙烯	PE	耐蚀性和电绝缘性能极好,高压聚乙烯质地柔软、透明;低压聚乙烯质地坚硬、耐磨	高压聚乙烯:制软管、薄膜和塑料瓶;低压聚乙烯:塑料管、板、绳及承载不高的零件,亦可作为耐磨、减摩及防腐蚀涂层
	聚苯乙烯	PS	密度小,常温下透明度好,着色性好,具有良好的耐蚀性和绝缘性。耐热性差,易燃,易脆裂	可用作眼镜等光学零件、车辆灯罩、仪表外壳,化工中的储槽、管道、弯头及日用装饰品等
	聚酰胺（尼龙 1010）	PA	具有较高的强度和韧性,很好的耐磨性和自润滑性及良好的成形工艺性,耐蚀性较好,抗霉、抗菌、无毒,但吸水性大,耐热性不高,尺寸稳定性差	制作各种轴承、齿轮、凸轮轴、轴套、泵叶轮、风扇叶片、储油容器、传动带、密封圈、蜗轮、铰链、电缆、电器线圈等
	聚甲醛	POM	具有优良的综合力学性能,尺寸稳定性高,良好的耐磨性和自润滑性,耐老化性也好,吸水性小,使用温度为-50~110℃,但密度较大,耐酸性和阻燃性不太好,遇火易燃	制造减摩、耐磨及传动件,如齿轮、轴承、凸轮轴、制动瓦、阀门、仪表、外壳、汽化器、叶片、运输带、线圈骨架等
	ABS 塑料（丙烯腈-丁二烯-苯乙烯）	ABS	兼有三组元的共同性能、坚韧、质硬、刚性好,同时具有良好的耐磨、耐热、耐蚀、耐油及尺寸稳定性,可在-40~100℃下长期工作,成形性好	应用广泛,如制造齿轮、轴承、叶轮、管道、容器、设备外壳、把手、仪器和仪表零件、外壳、文体用品、家具、小轿车外壳等
	聚甲基丙烯酸甲酯（有机玻璃）	PMMA	具有优良的透光性、耐候性、耐电弧性、强度高,可耐稀酸、碱,不易老化,易于成形,但表面硬度低,易擦伤,较脆	可用于制造飞机、汽车、仪器仪表和无线电工业中的透明件,如风窗玻璃、光学镜片、电视机屏幕、透明模型、广告牌、装饰品等
	聚砜	PSU	具有优良的耐热、抗蠕变及尺寸稳定性,强度高、弹性模量大,最高使用温度达 150~165℃,还有良好的电绝缘性、耐蚀性和可电镀性。缺点是加工性不太好等	可用于制造高强度、耐热、抗蠕变的结构件、耐蚀件和电气绝缘件等,如精密齿轮、凸轮,真空泵叶片,仪器仪表零件、电气线路板、线圈骨架等
热固性塑料	酚醛塑料	PF	采用木屑做填料的酚醛塑料俗称"电木"。有优良的耐热、绝缘性能,化学稳定性、尺寸稳定性和抗蠕变性良好。这类塑料的性能随填料的不同而差异较大	用于制作各种电信器材和电木制品,如电器绝缘板、电器插头、开关、灯口等,还可用于制造受力较高的制动片、曲轴带轮,仪表中的无声齿轮、轴承等
	环氧塑料	EP	强度高、韧性好、良好的化学稳定性、耐热、耐寒性,长期使用温度为-80~155℃。电绝缘性优良,易成形。缺点有某些毒性	用于制造塑料模具、精密量具、电器绝缘及印制电路板、灌封与固定电器和电子仪表装置,配制飞机漆、油船漆以及作黏结剂等

（续）

类别	塑料名称	符号	主　要　性　能	用　途　举　例
热固塑料	氨基塑料	UF、MF	优良的耐电弧性和电绝缘性，硬度高、耐磨、耐油脂及溶剂，难于自燃，着色性好。其中脲醛塑料(UF)，颜色鲜艳，电绝缘性好，又称为"电玉"；三聚氰胺甲醛塑料（MF)（密胺塑料）耐热、耐水、耐磨、无毒	主要为塑料粉，用于制造机器零件、绝缘件和装饰件，如仪表外壳、电话机外壳、开关、插座、玩具、餐具、纽扣、门把手等
	有机硅塑料	SI	优良的电绝缘性，尤以高频绝缘性能好，可在 180～200℃ 下长期使用；憎水性好，防潮性强，耐辐射、耐臭氧	主要为浇铸料和粉料，其中，浇铸料用于电器、电子元件及线圈的灌封与固定；粉料用于压制耐热件、绝缘件

（二）橡胶

橡胶也是一种高分子材料，与塑料的不同之处是它在使用温度范围内处于高弹性状态，即在较小外力作用下就能产生很大的变形，当外力取消后又能很快恢复原状。同时，橡胶还具有良好的耐磨性、隔声性和绝缘性。因此，橡胶被广泛用于制造密封件、减振防振件、传动件、轮胎以及绝缘件等。

1. 橡胶的组成

橡胶是以生胶为基础加入适量的配合剂制成的高分子材料。其中生胶又分为天然与合成两类，橡胶制品的性质主要取决于生胶的性质。合成橡胶的品种很多，如丁苯橡胶、氯丁橡胶、丁腈橡胶、硅橡胶等。

配合剂是为了提高和改善橡胶制品的性能而加入的物质。橡胶配合剂的种类很多，如硫化剂及其促进剂、软化剂、防老化剂、填充剂、发泡剂和着色剂等。如硫化剂的作用类似热固性塑料中的固化剂，它能改变橡胶分子的结构，提高橡胶的力学性能，并使橡胶具有既不溶解，也不熔融的性质，克服橡胶因温度升高而变软发黏的缺点。因此，橡胶制品只有经硫化后才能使用。天然橡胶常以硫磺作硫化剂。

2. 常用的橡胶

根据橡胶的应用范围，橡胶可分为通用橡胶和特种橡胶。常用橡胶的种类、性能及用途见表 3-25。

表 3-25　常用橡胶的种类、性能及用途

类别	名称	代号	主要性能特点	使用温度/℃	用　途　举　例
通用橡胶	天然橡胶	NR	综合性能好，耐磨性、抗撕性和加工性良好，电绝缘性好。缺点是耐油和耐溶剂性差，耐臭氧老化性较差	-70～110	用于制造轮胎、胶带、胶管、胶鞋及通用橡胶制品
	丁苯橡胶	SBR	优良的耐磨、耐热和耐老化性，比天然橡胶质地均匀。但加工成形困难，硫化速度慢，弹性稍差	-50～140	用于制造轮胎、胶管、胶带及通用橡胶制品。其中丁苯—10用于耐寒橡胶制品，丁苯—50多用于生产硬质橡胶
	顺丁橡胶	BR	性能与天然橡胶相似，尤以弹性好、耐磨和耐寒著称，易与金属粘合	≤120	用于制造轮胎、耐寒运输带、V 带、橡胶弹簧等
	氯丁橡胶	CR	力学性能好，耐氧、耐臭氧的老化性能好、耐油、耐溶剂性较好。但密度大、成本高、电绝缘差、较难加工成形	-35～130	用于制造胶管、胶带、电缆粘胶剂、油罐衬里、模压制品及汽车门窗嵌条等

（续）

类别	名称	代号	主 要 性 能 特 点	使用温度/℃	用 途 举 例
特种橡胶	聚氨酯橡胶	UR	耐磨性、耐油性优良，强度较高。但耐水、酸、碱的性能较差	≤80	用于制作胶辊、实心轮胎及耐磨制品
	硅橡胶	SIR	优良的耐高温和低温性能，电绝缘性好，较好的耐臭氧老化性。但强度低、价格高，耐油性不好	-100~300	用于制造耐高温、耐寒制品，耐高温电绝缘制品，以及密封、胶粘、保护材料等
	氟橡胶	FPM	耐高温、耐油、耐真空性好，耐蚀性高于其他橡胶，抗辐射性能优良，但加工性能差、价格贵	-50~315	用于制造耐蚀制品，如化工容器衬里、垫圈、高级密封件、高真空橡胶件等

二、其他非金属材料

（一）陶瓷材料

陶瓷是一种无机非金属材料，它同金属材料、高分子材料一起被称为三大固体工程材料。

1. 陶瓷的基本性能

（1）力学性能　与金属材料相比，陶瓷具有很高的弹性模量和硬度（维氏硬度＞1500HV），抗压强度较高，但脆性较大，韧性较低，抗拉强度很低。

（2）热性能　陶瓷材料的熔点高，抗蠕变能力强，具有比金属高得多的耐热性，热硬性可达1000℃以上，热膨胀系数和热导率小，是优良的绝热材料，但陶瓷的抗急冷急热性能差。

（3）化学性能　陶瓷的组织结构非常稳定，即使在1000℃也不会被氧化，不会被酸、碱、盐和许多熔融的金属（如有色金属银、铜等）侵蚀，不会发生老化。

（4）电性能　陶瓷材料的导电性变化范围很广，大多数陶瓷都是良好的绝缘体，但也研制了不少具有导电性的特种陶瓷，如氧化物半导体陶瓷等。

此外，有些陶瓷还具有光学性能、磁性能等。

2. 陶瓷材料的应用

陶瓷的种类很多，按照陶瓷的原料和用途不同，可分为普通陶瓷和特种陶瓷两大类。

（1）普通陶瓷（又称传统陶瓷）　普通陶瓷是以天然的硅酸盐矿物（黏土、长石、石英等）为原料，经过原料加工、成形和烧结而成。普通陶瓷广泛用于人们的日常生活、建筑、卫生、电力及化工等领域，如餐具、艺术品、装饰材料、电器支柱、耐酸砖等。

（2）特种陶瓷（又称近代陶瓷）　特种陶瓷是化学合成陶瓷。它以化工原料（如氧化物、氮化物、碳化物等）经配料、成形、烧结而制成。根据其主要成分，又可分为氧化铝陶瓷、氧化锆陶瓷、氮化硅陶瓷、碳化硅陶瓷等。

氧化铝陶瓷的主要成分是 Al_2O_3，又叫刚玉瓷。它的熔点高、耐高温，能在1600℃的高温下长期使用。硬度高（在1200℃时为80HRA），绝缘性、耐蚀性优良。其缺点是脆性大，抗急冷急热性差。主要用于刀具、内燃机火花塞、坩埚、热电偶的绝缘套等。

氮化硅陶瓷的主要成分是 Si_3N_4。它的突出特点是抗急冷急热性优良，并且硬度高、化学稳定性好、电绝缘性优良，还有自润滑性，耐磨性好。因此，主要用于高温轴承、耐蚀水泵密封环、阀门、刀具等。

氮化硼陶瓷的主要成分是 BN，按晶体结构有六方与立方两种。立方氮化硼硬度极高，硬度仅次于金刚石，目前主要用于磨料和高速切削的刀具。

（二）复合材料

复合材料是由两种或两种以上性质不同的材料经人工组合而得到的多相固体材料。它不仅具有各组成材料的优点，而且还能获得单一材料无法具备的优良综合性能。

1. 复合材料的组成和分类

复合材料一般由基体相和增强相构成。基体相起形成几何形状和粘结作用；增强相起提高强度、韧性等的作用。

按复合材料的增强相种类和结构形式不同，复合材料可分为以下三类：

（1）纤维增强复合材料　这类复合材料是以玻璃纤维、碳纤维等陶瓷材料作增强相，复合于塑料、树脂、橡胶和金属等为基体相的材料中而制成的，如橡胶轮胎、玻璃钢、纤维增强陶瓷等都是纤维增强复合材料。

（2）层叠复合材料　这类复合材料是由两层或两层以上不同材料复合而成的，如五合板、钢-铜-塑料复合的无油润滑轴承材料等就是层叠复合材料。

（3）颗粒复合材料　这类材料是由一种或多种颗粒均匀分布在基体相内而制成的。硬质合金就是 WC-Co 或 WC-TiC-Co 等组成的颗粒复合材料。

2. 常用纤维增强复合材料

这类复合材料是复合材料中发展最快、应用最广的一类复合材料。它具有比强度（σ_b/ρ）和比弹性模量（E/ρ）高，减振性和抗疲劳性能好，耐高温性能高等优点。

（1）玻璃纤维-树脂复合材料　这类复合材料是以玻璃纤维及其制品为增强相，以树脂为黏结剂而制成的，俗称玻璃钢。

以尼龙、聚烯烃类、聚苯乙烯类等热塑性树脂为黏结剂制成的玻璃钢，其性能比普通塑料高得多；抗拉强度、抗弯强度和抗疲劳强度均提高 2~3 倍以上，冲击韧度提高 1~4 倍，蠕变抗力提高 2~5 倍，达到或超过了某些金属的性能；可用来制造轴承、齿轮、仪表盘、空调机叶片、汽车前后灯等。

以环氧树脂、酚醛树脂、有机硅树脂等热固性树脂为黏结剂制成的玻璃钢，具有密度小（约是钢的 1/4~1/6），强度高，耐腐蚀，绝缘、绝热性好和成形工艺性好等优点，但刚度较差（弹性模量仅为钢的 1/10~1/5），耐热性不高，容易老化。因此，常用于制造汽车车身、船体、直升飞机的旋翼、风扇叶片、石油化工管道等。

（2）碳纤维-树脂复合材料　这种材料是以碳纤维及其制品为增强相，以环氧树脂、酚醛树脂、聚四氟乙烯树脂等为黏结剂结合而成。它不仅保持了玻璃钢的许多优点，而且许多性能还优于玻璃钢。其密度比玻璃钢还小，强度和弹性模量超过了铝合金，而接近于高强度钢。此外，它还具有优良的耐磨、减摩及自润滑性、耐蚀性、耐热性等，受 X 射线辐射时，强度和弹性模量不变化。常用于制造承载件和耐磨件，如连杆、齿轮、轴承、机架、人造卫星天线构架等。

第六节　机械工程材料的选用

阅读问题：

1. 圆轴弯扭组合作用下的疲劳破坏应属于何种失效形式？

2. 选材的三条基本原则之间应该是怎样的关系？

3. 分析"以综合力学性能为主"和"以疲劳强度为主"两种选材和热处理的异同点？

试一试：有一凸轮轴，要求表面有高的硬度（>50HRC），心部具有良好的韧性，原用 45 钢制造，经调质后，高频感应淬火、低温回火可满足要求。现因工厂库存的 45 钢已用完，拟改用 15 钢代替，试问：

（1）改用 15 钢后，若仍按原热处理方法进行处理，能否达到性能要求？为什么？

（2）若用原热处理不能达到性能要求，应采用哪些热处理方法才能达到性能要求？

机械工程中，合理地选用材料对于保证产品质量、降低生产成本有着极为重要的作用。要想合理地选择材料，除了要熟悉常用机械工程材料的性能、用途及热处理外，还必须能针对零件的工作条件、受力情况和失效形式等，提出材料的性能要求，根据性能要求选择合适的材料。

一、零件的失效形式和选材原则

1. 机械零件的失效形式

所谓失效是指机械零件在使用过程中，由于某种原因而丧失预定功能的现象。一般机械零件的失效形式有以下三类：

（1）断裂　包括静载荷或冲击载荷下的断裂、疲劳断裂、应力腐蚀破裂等。断裂是材料最严重的失效形式，特别是在没有明显塑性变形的情况下突然发生的脆性断裂，往往会造成灾难性事故。

（2）表面损伤　包括过量磨损、接触疲劳（点蚀或剥落）、表面腐蚀等。机器零件表面损伤后，失去了原有的形状精度，减小了承载尺寸，工作条件就会恶化，甚至会因不能正常工作而报废。

（3）过量变形　包括过量的弹性变形、塑性变形和蠕变等。不论哪种过量变形，都会造成零件（或工具）尺寸和形状的变化，改变了它们的正确使用位置，破坏了零件或部件间相互配合的关系，使机器不能正常工作。如变速箱中的齿轮若产生过量塑性变形，就会使轮齿啮合不良，甚至卡死、断齿，引起设备事故。

引起零件失效的原因很多，涉及零件的结构设计、材料的选择与使用、加工制造及维护保养等方面。正确地选用材料是防止或延缓零件失效的重要途径。

2. 选材的基本原则

（1）材料的使用性能应满足零件的工作要求　使用性能是保证零件工作安全可靠、经久耐用的必要条件。不同机械零件要求材料的使用性能是不一样的，这主要是因为不同机械零件的工作条件和失效形式不同。因此，选材时首先要根据零件的工作条件和失效形式，判断所要求的主要使用性能。对于一般工作条件下的金属零件，主要以力学性能作为选材依据；对于用非金属材料制成的零件（或构件），还应注意工作环境对其性能的影响，因为非金属材料对温度、光、水、油等的敏感程度比金属材料大得多。表 3-26 列出了几种常用零件（工具）的工作条件、失效形式及要求的主要力学性能。

在对零件的工作条件和失效形式进行全面分析，并根据零件工作中所受的载荷计算确定出主要力学性能的指标值后，即可利用手册确定出相适应的材料。

表 3-26　几种常用零件（工具）的工作条件、失效形式及要求的主要力学性能

零件（工具）	工作条件			常见失效形式	要求的主要力学性能
	应力种类	载荷性质	其他		
紧固螺栓	拉、切应力	静	—	过量变形、断裂	强度、塑性
传动轴	弯、扭应力	循环、冲击	轴颈处摩擦、振动	疲劳破坏、过量变形、轴颈处磨损	综合力学性能、轴颈处硬度
传动齿轮	压、弯应力	循环、冲击	摩擦、振动	轮齿折断、接触疲劳（点蚀）、磨损	表面硬度及接触疲劳强度、弯曲疲劳强度、心部屈服强度、韧性
冷作模具	复杂应力	循环、冲击	强烈摩擦	磨损、脆断	硬度、足够的强度、韧性
压铸模	复杂应力	循环、冲击	高温、摩擦、金属液腐蚀	热疲劳、脆断、磨损	高温强度、抗热疲劳性、足够的韧性与热硬性

（2）材料的工艺性应满足加工要求　材料的工艺性是指材料适应某种加工的能力。材料的工艺性能好坏，对于零件加工的难易程度、生产率和生产成本都有决定性的影响。

零件需要铸造成型时，应选择具有良好铸造性能的材料。常用的几种铸造合金中，铸造铝合金的铸造性能优于铸铁（而铸铁中又以灰铸铁的铸造性能最好），铸铁的铸造性能优于铸钢。如果零件需要压力加工成形，则应注意低碳钢的压力加工性能比高碳钢好，非合金钢的压力加工性能比合金钢好。如果是焊接成形，宜用焊接性能良好的低碳钢或低碳合金钢，而高碳钢、高合金钢、铜合金、铝合金和铸铁的焊接性能差；为了便于切削加工，一般希望钢的硬度能控制在 170~230HBW（这可通过热处理来调整其组织和性能）。对于需要热处理强化的零件还应考虑材料的热处理性能，对于截面尺寸大、形状比较复杂、又要求高强度零件，一般应选用淬透性好的合金钢，以便通过热处理强化。

高分子材料的成形工艺比较简单，切削加工性比较好，但其导热性差，在切削过程中不易散热，易使工件温度急剧升高而使其变焦（热固性塑料）或变软（热塑性塑料）。陶瓷材料成形后硬度极高，除了可以用碳化硅、金刚石砂轮磨削外，几乎不能进行其他加工。

（3）材料还应具有较好的经济性　据资料统计，在一般的工业部门中，材料的价格要占产品价格的 30%~70%。在保证使用性能的前提下，选用价廉、加工方便、总成本低的材料，可以取得最大的经济效益。表 3-27 为我国部分常用工程材料的相对价格，由此可以看出，在金属材料中，非合金钢（碳钢）和铸铁的价格比较低廉，而且加工也方便，故在满足零件使用性能的前提下，选用非合金钢和铸铁可降低产品的成本。低合金钢的强度比碳钢高，工艺性能接近非合金钢，因此，选用低合金钢往往经济效益比较显著。

选材的经济性还应体现在工艺成本上。例如用低碳钢渗碳淬火与中碳钢表面淬火相比，二者原材料费用虽然大抵相当，但前者的工艺成本比后者要高得多。

总之，在选用材料时，必须从实际情况出发，全面考虑材料的使用性能、工艺性能和经济性等方面的因素，以保证产品取得最佳的技术经济效益。

表 3-27　我国部分常用工程材料的相对价格

材　　料	相　对　价　格	材　　料	相　对　价　格
碳素结构钢	1	碳素工具钢	1.4~1.5
低合金结构钢	1.2~1.7	低合金工具钢	2.4~3.7
优质碳素结构钢	1.4~1.5	高合金工具钢	5.4~7.2
易切削钢	2	高速钢	13.5~15
合金结构钢	1.7~2.9	铬不锈钢	8
铬镍合金结构钢	3	铬镍不锈钢	20
滚动轴承钢	2.1~2.9	普通黄铜	13
弹簧钢	1.6~1.9	球墨铸铁	2.4~2.9

二、零件选材的方法

大多数机械零件均是在多种应力条件下进行工作的，这就会对同一个零件提出多方面的性能要求。在选材时应以起决定作用的性能要求作为选材的主要依据，同时兼顾其他性能要求，这是选材的基本方法。

1. 以综合力学性能为主时的选材

在机械制造工业中有相当多的结构零件，如：曲柄、连杆、气缸螺栓等，在工作时，截面上均匀地受到静、动载荷应力的作用。为了防止过量变形，要求零件整个截面应具有较高的强度和较好的韧性，即良好的综合力学性能。对于这类零件的选材，可根据零件的受力大小选用中碳钢或中碳合金钢，并进行调质或正火处理即可满足性能要求。具体牌号与热处理可根据需要的力学性能指标确定。对于采用铸造结构的零件，则可选用铸钢或球墨铸铁。

2. 以疲劳强度为主时的选材

对于截面上不均匀地受到循环应力、冲击载荷作用的机械零件，疲劳破坏是最常见的破坏形式。如传动轴、齿轮等零件，几乎都是由于产生疲劳破坏而失效的，根据冲击载荷的大小，常选择渗碳钢、调质钢等。实践证明，材料的抗拉强度与疲劳强度之间有一定的关系，抗拉强度越高，疲劳强度就越大；在抗拉强度相同的条件下，调质后的组织比退火、正火具有更高的塑性和韧性，对应力集中的敏感性小，因而具有较高的疲劳强度；表面处理对提高材料的疲劳强度极为有效，表面淬火、碳氮共渗、表面强化等处理，不仅可以提高表面硬度，还可以在零件表面造成残余压应力，以部分抵消工作时产生的拉应力，从而提高疲劳强度。因此，对于承受较大循环载荷的零件，应选用淬透性较好的材料，同时进行表面热处理或表面强化等处理，使零件具有较高的疲劳强度。

3. 以磨损为主时的选材

根据零件工作条件不同，其选材可以分两类。对于受力小而磨损较大的零件、工具等，选用高碳钢或高碳合金钢，进行淬火、低温回火处理，获得高硬度的回火马氏体组织，能满足耐磨要求。对于同时受磨损和循环应力作用的零件，为了耐磨和具有较高的疲劳强度，应选用适宜表面淬火、渗碳或渗氮的钢材。例如，普通减速器中的齿轮，广泛采用中碳钢，经过正火或调质处理后如再进行表面淬火以获得较高的表面硬度和较好的心部综合力学性能；对于承受高冲击载荷和强烈磨损的汽车、拖拉机变速齿轮，采用渗碳钢，经渗碳淬火处理，才能满足要求。

典型零件材料的选择分析详见后续章节。

自测题与习题

一、自测题

1. R_m 表示金属材料在_____所能承受的最大应力。

    A. 断裂前   B. 断裂时   C. 断裂   D. 塑性变形前

2. 合金固溶强化的主要原因是_____。

    A. 晶格类型发生了变化   B. 晶粒细化

    C. 晶格发生了畸变   D. 晶粒变大

3. 45 钢制成的齿轮，为了使其工作时具有良好的综合力学性能，采用____作为最终热处理。

    A. 退火   B. 正火   C. 淬火   D. 调质

4. 下列结构钢中，_____主要用于制造要求表面硬而耐磨，心部韧性较好的零件。

    A. 45   B. 20Cr   C. 60Si2Mn   D. GCr15

5. 灰铸铁件最常用的热处理为_____。

    A. 调质   B. 正火   C. 球化退火   D. 去应力退火

6. 下列陶瓷材料中，____硬度极高，仅次于金刚石，主要用于磨料和高速切削刀具。

    A. 普通陶瓷   B. 近代陶瓷   C. 氮化硼陶瓷   D. 氧化铝陶瓷

二、习题

1. 什么是金属的力学性能？力学性能主要包括哪些指标？什么叫硬度？常用的硬度有哪几种？各用什么符号表示？

2. 常见的金属晶体结构有哪几种？它们的原子排列有什么特点？α-Fe、γ-Fe、Al、Cu、Ni、Pb、Cr、V、Mg、Zn 各属何种晶体结构？

3. 影响金属材料性能的因素有哪些？请指出几种强化金属材料性能的方法。

4. 根据 Fe-Fe$_3$C 相图，指出下列情况下钢所具有的组织状态：

1）25℃下，$w_C = 0.25\%$ 的钢。

2）1000℃下，$w_C = 0.77\%$ 的钢。

3）600℃下，$w_C = 3.0\%$ 的白口铸铁。

5. 什么是热处理？常见的热处理方法有哪几种，它们能达到何种目的？

6. 正火与退火的主要区别是什么？生产中如何选择正火与退火？

7. 分析下列工件的使用性能要求，请选择淬火后所需要的回火方法：

1）45 钢的小尺寸轴。

2）60 钢的弹簧。

3）T12 钢的锉刀。

8. 表面热处理的方法有哪些？它们有何区别？各适用于哪些场合？

9. 钢按化学成分分为几类？其中碳及合金元素的质量分数范围怎样？

10. 按用途写出下列钢号的名称并标明牌号中数字和字母的含义：

60Si2Mn：   （60：   Si2：   Mn：   ）

20Cr：   （20：   Cr：   ）

40Cr：   （40：   Cr：   ）

9SiCr：   （9：   Si：   Cr：   ）

GCr15：   （G：   Cr15：   ）

ZGMn13：   （ZG：   Mn13   ）

11. 将下列材料与其用途用连线联系起来:

4Cr13　　20CrMnTi　　40Cr　　60Si2Mn　　5CrMnMo

车刀　医疗器械　热煅模　汽车变速齿轮　轴承滚珠　弹簧　机器中的转轴

12. 将下列材料与其适宜的热处理方法的用连线联系起来:

4Cr13　　60SiMn　　20CrMnTi　　40Cr　　GCr15　　9SiCr

淬火+低温回火　　调质　　渗碳+淬火+低温回火　　淬火+中温回火

13. 根据石墨在铸铁中存在形态的不同,铸铁分为哪几类?

14. 简述铝及铝合金的性能特点和主要用途。铝合金是怎样分类的?可分为哪几类?

15. 常用的青铜有哪几类?其性能及用途如何?

16. 滑动轴承合金应有什么样的特性和组织?

17. 简述粉末冶金的特点和应用。

18. 什么是塑料?按合成树脂的热性能,塑料可分为哪两类?各有何特点?

19. 比较 PS、ABS、PF、UF 等塑料的性能,并指出它们的特点和应用场合。

20. 简述顺丁橡胶、氯丁橡胶、硅橡胶、聚氨酯橡胶的性能和用途。

21. 举例说出几种特种陶瓷的特点和主要用途。

22. 什么是复合材料?按其增强相分可分为哪几类?简述玻璃钢的特点和主要用途。

23. 零件失效的基本形式有哪几种?引起机械零件失效的主要原因有哪些?

24. 下列各齿轮选用何种材料制造较为合适?

1)直径较大(>400~600mm)、轮坯形状复杂的低速中载齿轮。

2)重载条件下工作、整体要求强韧而齿面要求坚硬的齿轮。

3)能在缺乏润滑油的条件下工作的低速无冲击齿轮。

第四章　公差与配合

作为大国重器的百万千瓦级核压力容器，重达数百吨，其密封端面的直径达数米，加工的整体误差不超过 0.05mm。被誉为世界最大"机床航母"的国产数控龙门铣床，其摆角头体内的机芯传动装置由 500 多个精密零件组成，整个安装精度必须控制在 0.01mm 以内。机械制造的高精度时代已经到来！本章将学习机械的配合精度及零件的制造公差。

工业生产中，经常要求零部件具有互换性。图 4-1 所示的圆柱齿轮减速器，由齿轮、轴、箱体、轴承等零部件经装配而成，而这些零部件是分别由不同的工厂和车间制成的。机械装配时，若同一规格的零部件，不需经过任何挑选或修配，便能安装在机械上，并且能够达到规定的功能要求，则称这样的零部件具有互换性。零部件的互换性就是指相同规格零部件，能够相互替换使用而效果相同的性能。

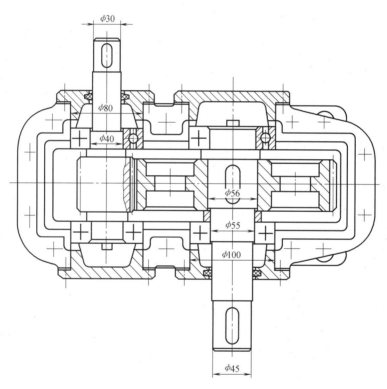

图 4-1　圆柱齿轮减速器

显然互换性是工业生产现代化、专业化、批量化的前提，是最基本的技术经济原则。零部件的互换性应包括几何量、力学性能和理化性能等方面的互换性。本章仅讨论几何量的互换性。

零部件的互换性要求，并不需要零件的几何参数绝对准确。加工过程中由于种种因素的影响，零件的尺寸、形状、位置以及表面粗糙度等几何量总有或大或小的误差，但只要将这些几何量规定在某一范围内变动，即可保证零件彼此的互换性。这个允许变动的范围称为公差。

例如，某机械中直径 $\phi20$mm 的孔和轴配合，要求间隙控制在 $0\sim0.02$mm 之间，则可对其直径作如图 4-2 所示的规定。此时，孔径允许的变化范围为 $20\sim20.01$mm，轴径允许的变化范围为 19.99~20mm，它们的尺寸公差均为 0.01mm。很明显，只要孔和轴的直径不超出规定范围，即可满足使用要求。

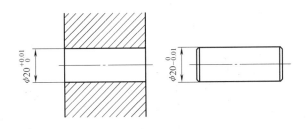

图 4-2 孔与轴的直径

因此要使零件具有互换性，设计时应正确地规定零件的公差，并在图样上明确地表示出来；制造时应把零件的加工误差控制在规定的公差范围内。这就是说，互换性要用公差来保证，而公差是为了控制误差。

所谓标准是指对需要协调统一的重复性事物（如产品、零部件）和概念（如术语、规则、方法、代号、量值）所做的统一规定。所谓标准化是制定、发布、执行标准的全部活动过程。标准与标准化是互换性生产的基础。本章主要介绍有关极限与配合、几何公差、表面粗糙度等的国家标准。

第一节　光滑圆柱的公差与配合

阅读问题：

1. 零部件的互换性有什么意义？可以互换的两零件，它们的几何参数完全一样吗？

2. 说出公称尺寸、极限尺寸和实际尺寸之间的区别与联系。

3. 极限偏差和尺寸公差有何联系？公差带图可反映哪些信息？

4. 孔与轴构成间隙配合、过盈配合或过渡配合时，它们的公差带图有什么特点？

5. 配合公差与孔、轴公差间有什么关系？

6. 标准公差共分几级？公差等级与公差大小呈什么关系？哪些等级常不用于配合？

7. 国家标准对孔或轴各规定了多少个基本偏差？它们的分布有何规律？怎样在公差带图中找出基本偏差？

8. 基准孔（轴）的基本偏差是多少？用什么代号表示？

9. 说出下列配合的基准制和配合性质：$\phi50H8/f8$　$\phi30H7/h6$　$\phi50H7/r6$　$\phi50S7/h6$，其中哪些是优先配合？

10. 优先采用基孔制有哪些好处？滚动轴承与轴、轴承座孔配合时各应采用哪种基准制？

11. 公差等级如何选？精度高于 IT8 时，为什么轴的公差等级应比孔的高一级？

12. 说出有相对运动、定位对中、牢固结合三种情况下，各应选择何种配合类型？

试一试：已知配合 $\phi25H7/g6$，请画出该配合的公差带图。并说明其配合公差值 T_f、配合的最小间隙 X_{min} 的意义。

公差的最初萌芽产生于装配，机械中最基本的装配关系，就是一个零件的圆柱形内表面包容另一个零件的圆柱形外表面，即孔与轴的配合。所以，光滑圆柱的极限与配合标准是机械中重要的基础标准。

一、有关线性尺寸的术语

1. 线性尺寸

线性尺寸，简称尺寸，是指两点之间的距离，如直径、半径、宽度、深度、高度、中心距等。我国机械制图国家标准采用毫米（mm）为尺寸的基本单位。

2. 公称尺寸

公称尺寸是由图样规范定义的理想形状要素的尺寸。孔用 D 表示，轴用 d 表示（一般来说，与孔有关的代号用大写表示，与轴有关的代号用小写表示）。例如，图 4-2 中孔的公称尺寸 $D = 20\text{mm}$，轴的公称尺寸 $d = 20\text{mm}$。公称尺寸是根据零件的强度、刚度、结构、工艺等多种要求确定的，然后再通过标准化（详见《机械设计手册》）得出的尺寸。

3. 极限尺寸

极限尺寸是指允许尺寸变化的两个极限值，其中较大的一个称为上极限尺寸，用 D_{max} 或 d_{max} 来表示，较小的一个称为下极限尺寸，用 D_{min} 或 d_{min} 来表示。

4. 实际尺寸

实际尺寸指拟合要素的尺寸。实际尺寸通过测量得到，用 D_a 或 d_a 来表示。由于测量误差的存在，实际尺寸不是零件尺寸的真值。同时，由于零件表面总是存在形状误差，所以被测表面各处的实际尺寸也是不完全相同的，可通过多处测量确定实际尺寸。

二、有关偏差、公差的术语

1. 尺寸偏差

尺寸偏差简称偏差，是指某一尺寸减去公称尺寸所得的代数差。

当某一尺寸为实际尺寸时得到的偏差称为实际偏差，当某一尺寸为极限尺寸时得到的偏差称为极限偏差。上极限尺寸与公称尺寸之差称为上极限偏差，用 ES 或 es 表示。下极限尺寸与公称尺寸之差称为下极限偏差，用 EI 或 ei 表示。

$$ES = D_{max} - D \qquad EI = D_{min} - D$$

$$es = d_{max} - d \qquad ei = d_{min} - d$$

偏差值可为正值、负值或零。偏差值除零外，前面必冠以正负号。例如，图 4-2 中 $ES = +0.01$，$EI = 0$，$es = 0$，$ei = -0.01$。极限偏差用于控制实际偏差。

2. 尺寸公差

尺寸公差简称公差，是指允许尺寸的变动量。孔和轴的公差分别用 T_D 和 T_d 表示。明显地，

$$T_D = D_{max} - D_{min} = ES - EI$$

$$T_d = d_{max} - d_{min} = es - ei$$

公差的大小表示对零件加工精度要求的高低。由上式可知，公差值不可能为负值和零，即加工误差不可能不存在。

3. 公差带

公差带是公差极限之间（包括公差极限）的尺寸变动值。在公差带图解中，指由代表

上、下极限偏差的两条直线所限定的一个区域，如图 4-3 所示。公差带在垂直零线方向的宽度代表公差值，公差带沿零线方向的长度可任取。

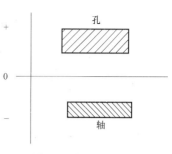

例 4-1 已知公称尺寸 $D(d) = 50\text{mm}$，孔的极限尺寸：$D_{\max} = 50.025\text{mm}$，$D_{\min} = 50\text{mm}$；轴的极限尺寸：$d_{\max} = 49.950\text{mm}$，$d_{\min} = 49.934\text{mm}$。现测得孔、轴的实际尺寸分别为 $D_a = 50.010\text{mm}$，$d_a = 49.946\text{mm}$。求孔、轴的极限偏差、实际偏差及公差，并画出公差带图，判别零件的合格性。

图 4-3 公差带图

解

孔的极限偏差　　　$ES = D_{\max} - D = 50.025\text{mm} - 50\text{mm} = +0.025\text{mm}$

$EI = D_{\min} - D = 50\text{mm} - 50\text{mm} = 0$

轴的极限偏差　　　$es = d_{\max} - d = 49.950\text{mm} - 50\text{mm} = -0.050\text{mm}$

$ei = d_{\min} - d = 49.934\text{mm} - 50\text{mm} = -0.066\text{mm}$

孔的实际偏差　　　$D_a - D = 50.010\text{mm} - 50\text{mm} = +0.010\text{mm}$

轴的实际偏差　　　$d_a - d = 49.946\text{mm} - 50\text{mm} = -0.054\text{mm}$

孔的公差　　　　　$T_D = D_{\max} - D_{\min} = 50.025\text{mm} - 50\text{mm} = 0.025\text{mm}$

轴的公差　　　　　$T_d = d_{\max} - d_{\min} = 49.950\text{mm} - 49.934\text{mm} = 0.016\text{mm}$

因为实际尺寸在极限尺寸之内，所以零件合格，公差带图如图 4-4 所示。

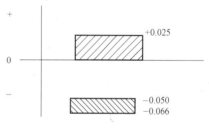

三、有关配合的术语

（一）配合

配合是指类型相同且待装配的外尺寸要素（轴）和内尺寸要素（孔）之间的关系。不同的配合就是不同的孔、轴公差带之间的关系。

图 4-4 孔轴公差带图

（二）间隙或过盈

间隙或过盈是指孔的尺寸减去相配合轴的尺寸所得的代数差。此差值为正时称为间隙，用 X 表示，此差值为负时称为过盈，用 Y 表示。

1. 间隙配合

间隙配合是指孔和轴装配时总是存在间隙（包括最小间隙等于零）的配合。此时，孔的公差带在轴的公差带之上，如图 4-5 所示。

孔的上极限尺寸减去轴的下极限尺寸所得的代数差称为最大间隙，用 $X_{\max}$ 表示，即

$$X_{\max} = D_{\max} - d_{\min} = ES - ei$$

孔的下极限尺寸减去轴的上极限尺寸所得的代数差称为最小间隙，用 $X_{\min}$ 表示，即

$$X_{\min} = D_{\min} - d_{\max} = EI - es$$

孔和轴都为平均尺寸 D_{av} 和 d_{av} 时，形成的间隙称为平均间隙，用 X_{av} 表示，即

$$X_{av} = D_{av} - d_{av} = (X_{\max} + X_{\min})/2$$

2. 过盈配合

过盈配合是指孔和轴装配时总是存在过盈（包括最小过盈等于零）的配合。此时，孔

的公差带在轴的公差带之下，如图 4-6 所示。

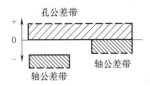

图 4-5　间隙配合

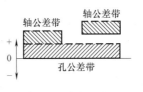

图 4-6　过盈配合

孔的上极限尺寸减去轴的下极限尺寸所得的代数差称为最小过盈，用 Y_{min} 表示，即

$$Y_{min} = D_{max} - d_{min} = ES - ei$$

孔的下极限尺寸减去轴的上极限尺寸所得的代数差称为最大过盈，用 Y_{max} 表示，即

$$Y_{max} = D_{min} - d_{max} = EI - es$$

孔和轴都为平均尺寸 D_{av} 和 d_{av} 时，形成的过盈称为平均过盈，用 Y_{av} 表示，即

$$Y_{av} = D_{av} - d_{av} = (Y_{max} + Y_{min})/2$$

3. 过渡配合

过渡配合是指孔和轴装配时可能具有间隙或过盈的配合。此时，孔的公差带和轴的公差带相互交叠，如图 4-7 所示。

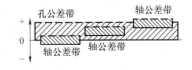

图 4-7　过渡配合

孔的上极限尺寸减去轴的下极限尺寸所得的代数差称为最大间隙，用 X_{max} 表示，即

$$X_{max} = D_{max} - d_{min} = ES - ei$$

孔的下极限尺寸减去轴的上极限尺寸所得的代数差称为最大过盈，用 Y_{max} 表示，即

$$Y_{max} = D_{min} - d_{max} = EI - es$$

孔和轴都为平均尺寸 D_{av} 和 d_{av} 时，形成平均间隙或平均过盈，用 X_{av} 或 Y_{av} 表示，即

$$X_{av}(Y_{av}) = D_{av} - d_{av} = (X_{max} + Y_{max})/2$$

按上式计算所得的值为正时是平均间隙，为负时是平均过盈。

（三）配合公差

配合公差是指间隙或过盈的允许变动量，即组成配合的两个尺寸要素的尺寸公差之和，用 T_f 表示。

对于间隙配合，　　　$T_f = X_{max} - X_{min}$

对于过盈配合，　　　$T_f = Y_{min} - Y_{max}$

对于过渡配合，　　　$T_f = X_{max} - Y_{max}$

容易求证三类配合的配合公差皆满足：

$$T_f = T_D + T_d$$

上式说明配合精度（配合公差）取决于相互配合的孔和轴的尺寸精度（尺寸公差）。设计时，可根据配合公差来确定孔和轴的尺寸公差。

例 4-2　试判别轴 $\phi 35 \pm 0.01$ mm 与孔 $\phi 35_{0}^{+0.021}$ mm 配合的配合类型，并计算极限盈、隙指标和配合公差。

解　因为轴 $\phi 35 \pm 0.01$ mm 和孔 $\phi 35_{0}^{+0.021}$ mm 的公差带有重叠，所以形成过渡配合。

$$X_{max} = ES - ei = 0.021\text{mm} - (-0.01\text{mm}) = 0.031\text{mm}$$

$$Y_{max} = EI - es = 0 - 0.01\text{mm} = -0.01\text{mm}$$

$$X_{av} = [0.031\text{mm} + (-0.01\text{mm})]/2 = 0.0105\text{mm}$$

$$T_f = X_{max} - Y_{max} = T_D + T_d = 0.031\text{mm} - (-0.01\text{mm})$$

$$= 0.02\text{mm} + 0.021\text{mm} = 0.041\text{mm}$$

四、标准公差

标准公差为线性尺寸公差 ISO 代号体系中的任一公差，是国家标准规定的公差值。它是根据公差等级、公称尺寸分段等计算，再经圆整后确定的（相关知识可参阅有关资料）。实际使用时，可查表得到。为了保证零部件具有互换性，必须按国家规定的标准公差对零部件的加工尺寸提出明确的公差要求。在机械产品中，常用尺寸是指小于或等于 500mm 的尺寸，它们的标准公差值详见表 4-1。

表 4-1　标准公差数值（摘自 GB/T 1800.1—2020）

公称尺寸/mm	公　差　等　级																			
	μm												mm							
	IT01	IT0	IT1	IT2	IT3	IT4	IT5	IT6	IT7	IT8	IT9	IT10	IT11	IT12	IT13	IT14	IT15	IT16	IT17	IT18
≤3	0.3	0.5	0.8	1.2	2	3	4	6	10	14	25	40	60	0.10	0.14	0.25	0.40	0.60	1.0	1.4
>3~6	0.4	0.6	1	1.5	2.5	4	5	8	12	18	30	48	75	0.12	0.18	0.30	0.48	0.75	1.2	1.8
>6~10	0.4	0.6	1	1.5	2.5	4	6	9	15	22	36	58	90	0.15	0.22	0.36	0.58	0.90	1.5	2.2
>10~18	0.5	0.8	1.2	2	3	5	8	11	18	27	43	70	110	0.18	0.27	0.43	0.70	1.10	1.8	2.7
>18~30	0.6	1	1.5	2.5	4	6	9	13	21	33	52	84	130	0.21	0.33	0.52	0.84	1.30	2.1	3.3
>30~50	0.6	1	1.5	2.5	4	7	11	16	25	39	62	100	160	0.25	0.39	0.62	1.00	1.60	2.5	3.9
>50~80	0.8	1.2	2	3	5	8	13	19	30	46	74	120	190	0.30	0.46	0.74	1.20	1.90	3.0	4.6
>80~120	1	1.5	2.5	4	6	10	15	22	35	54	87	140	220	0.35	0.54	0.87	1.40	2.20	3.5	5.4
>120~180	1.2	2	3.5	5	8	12	18	25	40	63	100	160	250	0.40	0.63	1.00	1.60	2.50	4.0	6.3
>180~250	2	3	4.5	7	10	14	20	29	46	72	115	185	290	0.46	0.72	1.15	1.85	2.90	4.6	7.2
>250~315	2.5	4	6	8	12	16	23	32	52	81	130	210	320	0.52	0.81	1.30	2.10	3.20	5.2	8.1
>315~400	3	5	7	9	13	18	25	36	57	89	140	230	360	0.57	0.89	1.40	2.30	3.60	5.7	8.9
>400~500	4	6	8	10	15	20	27	40	63	97	155	250	400	0.63	0.97	1.55	2.50	4.00	6.3	9.7
>500~630			9	11	16	22	32	44	70	110	175	280	440	0.7	1.1	1.75	2.8	4.4	7	11
>630~800			10	13	18	25	36	50	80	125	200	320	500	0.8	1.25	2	3.2	5	8	12.5
>800~1000			11	15	21	28	40	56	90	140	230	360	560	0.9	1.4	2.3	3.6	5.6	9	14
>1000~1250			13	18	24	33	47	66	105	165	260	420	660	1.05	1.65	2.6	4.2	6.6	10.5	16.5
>1250~1600			15	21	29	39	55	78	125	195	310	500	780	1.25	1.95	3.1	5	7.8	12.5	19.5
>1600~2000			18	25	35	46	65	92	150	230	370	600	920	1.5	2.3	3.7	6	9.2	15	23
>2000~2500			22	30	41	55	78	110	175	280	440	700	1100	1.75	2.8	4.4	7	11	17.5	28
>2500~3150			26	36	50	68	96	135	210	330	540	860	1350	2.1	3.3	5.4	8.6	13.5	21	33

GB/T 1800.1—2009 中，标准公差用 IT 表示，将标准公差等级分为 20 级，用 IT 和阿拉伯数字表示为 IT01，IT0，IT1，IT2，IT3，…，IT18。其中 IT01 最高，等级依此降低，IT18 最低。从表 4-1 中可以看出，公差等级越高，公差值越小。其中，IT01~IT11 主要用于配合尺寸，而 IT12~IT18 主要用于非配合尺寸。同时还可看出，同一公差等级中，公称尺寸越大，公差值亦越大。零件加工的难易程度与公差等级有关，公差等级越高，加工难度越大。

例 4-3   已知 $D = 50$mm，公差等级为 7 级，试查阅其标准公差值。

解   从表 4-1 中公称尺寸栏找到大于 30 至 50 一行，再对齐 IT7 一栏可知 $T_D = 0.025$mm。

五、基本偏差

1. 基本偏差代号

在设计中，仅仅知道标准公差，还无法确定公差带相对于零线的位置。基本偏差是国家标准规定的，用来确定公差带相对公称尺寸位置的那个偏差，一般为靠近零线的那个偏差。根据实际需要，国家标准对孔和轴各规定了 28 个基本偏差，分别用一个或两个拉丁字母表示，如图 4-8 所示。

图 4-8 中只画出公差带基本偏差的一端，另一端开口则表示将由公差值来决定。对于轴 a 至 h 公差带位于零线下方，其基本偏差是上极限偏差 es，且基本偏差值由负值依次变化至零；js、j 的公差带在零线附近；k 至 zc 的公差带在零线上方，其基本偏差是下极限偏差 ei，且基本偏差值依次增大。从图 4-8 中可以看出，代号相同的孔的公差带位置和轴的公差带位置相对零线基本对称（个别等级的代号相差一个 Δ，如 R6 孔和 r6 轴等）。

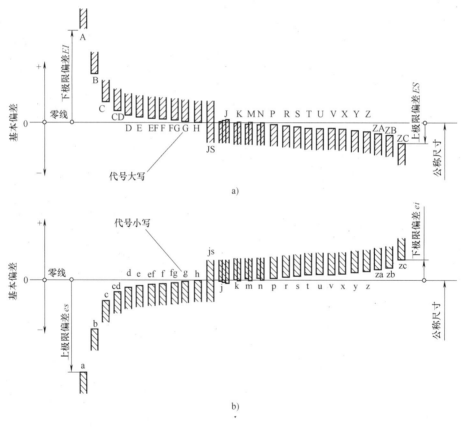

图 4-8   孔和轴的基本偏差代号

a）孔   b）轴

2. 基本偏差数值

基本偏差数值是根据实践经验和理论分析计算得到的，实际使用时可查表 4-2 和表 4-3。从表 4-2 和表 4-3 中可以看到，代号为 H 的孔的基本偏差 EI 总是等于零，标准把代号为 H 的孔称为基准孔；代号为 h 的轴的基本偏差 es 总是等于零，标准把代号为 h 的轴称为基准轴。

3. 公差带代号与配合代号

把孔、轴基本偏差代号和公差等级代号组合，就组成它们的公差带代号。例如孔公差带代号 H7、F8，轴公差带代号 g6、m7。

把孔和轴公差带代号组合，就组成配合代号，用分数形式表示，分子代表孔，分母代表轴。例如 H8/f8、M7/h6。

例 4-4　已知孔和轴的配合代号为 $\phi30H7/g6$，试画出它们的公差带图，并计算它们的极限盈、隙指标。

解　查表 4-1 知，IT6 = 0.013mm，IT7 = 0.021mm；

查表 4-3 知，孔的基本偏差 $EI = 0$，则 $ES = T_D + EI = 0.021$mm；

查表 4-2 知，轴的基本偏差 $es = -0.007$mm，则 $ei = es - T_d = -0.020$mm。公差带图如图 4-9 所示。

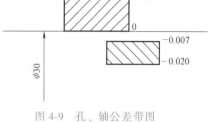

图 4-9　孔、轴公差带图

由于孔的公差带在轴的公差带的上方，所以该配合为间隙配合，其极限盈、隙指标如下：

$$X_{max} = ES - ei = 0.041mm \qquad X_{min} = EI - es = 0.007mm \qquad X_{av} = (X_{max} + X_{min})/2 = 0.024mm$$

4. 极限与配合在图样上的标注

零件图上尺寸的标注方法有三种，如图 4-10 所示。装配图上，在公称尺寸之后标注配合代号，如图 4-11 所示。

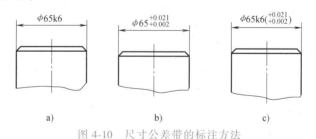

a)　　　　　　　b)　　　　　　　c)

图 4-10　尺寸公差带的标注方法

六、配合制

配合制是指由线性尺寸公差 ISO 代号体系确定公差的孔和轴组成的一种制度。孔与轴的配合性质决定于孔、轴公差带之间的相对位置。为了用较少的标准公差带形成较多的配合，国家标准规定了两种平行的配合制：基孔制和基轴制。基孔制是指基准孔与不同基本偏差的轴的公差带形成各种配合的一种制度，即孔的基本偏差（下极限偏差）为零的配合如图 4-12a 所示。

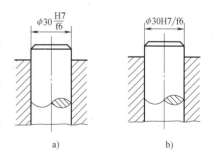

a)　　　　　　b)

图 4-11　配合的标注方法

H7/m6、H8/f7 均属于基孔制配合代号。基轴制是指基准轴与不同基本偏差的孔的公差带形成各种配合的一种制度，即轴的基本偏差（上极限偏差）为零的配合如图 4-12b 所示。M7/h6、F8/h7 均属于基轴制配合代号。

表 4-2　轴的基本偏差

公称尺寸/mm		上极限偏差, es											js[②]	基 本 偏		
		所有标准公差等级												IT5 和 IT6	IT7	IT8
大于	至	a[①]	b[①]	c	cd	d	e	ef	f	fg	g	h		j		
—	3	-270	-140	-60	-34	-20	-14	-10	-6	-4	-2	0		-2	-4	-6
3	6	-270	-140	-70	-46	-30	-20	-14	-10	-6	-4	0	基本偏差=±ITn/2, 式中 n 为标准公差等级数	-2	-4	—
6	10	-280	-150	-56	-56	-40	-25	-18	-13	-8	-5	0		-2	-5	—
10	14	-290	-150	-95	-70	-50	-32	-23	-16	-10	-6	0		-3	-6	—
14	18															
18	24	-300	-160	-110	-85	-65	-40	-25	-20	-12	-7	0		-4	-8	—
24	30															
30	40	-310	-170	-120	-100	-80	-50	-35	-25	-15	-9	0		-5	-10	—
40	50	-320	-180	-130												
50	65	-340	-190	-140	—	-100	-60	—	-30	—	-10	0		-7	-12	—
65	80	-360	-200	-150												
80	100	-380	-220	-170	—	-120	-72	—	-36	—	-12	0		-9	-15	—
100	120	-410	-240	-180												
120	140	-460	-260	-200	—	-145	-85	—	-43	—	-14	0		-11	-18	—
140	160	-520	-280	-210												
160	180	-580	-310	-230												
180	200	-660	-340	-240	—	-170	-100	—	-50	—	15	0		-13	-21	—
200	225	-740	-380	-260												
225	250	-820	-420	-280												
250	280	-920	-480	-300	—	-190	-110	—	-56	—	-17	0		-16	-26	—
280	315	-1050	-540	-330												
315	355	-1200	-600	-360	—	-210	-125	—	-62	—	-18	0		-18	-28	—
355	400	-1350	-680	-400												
400	450	-1500	-760	-440	—	-230	-135	—	-68	—	-20	0		-20	-32	—
450	500	-1650	-840	-480												

① 公称尺寸小于 1mm 时，各级的 a 和 b 均不采用。
② js 的数值：在 7~11 级时，如果以微米表示的 IT 数值是一个奇数，则取 js=±(IT-1)/2。

数值（摘自 GB/T 1800.1—2020）　　　　　　　　　　　　　　　（基本偏差单位为 μm）

差　数　值

下极限偏差, ei

IT4 至 IT7	≤IT3 >IT7	所有标准公差等级													
k		m	n	p	r	s	t	u	v	x	y	z	za	zb	zc
0	0	+2	+4	+6	+10	+14	—	+18	—	+20	—	+26	+32	40	+60
+1	0	+4	+8	+12	+15	+19	—	+23	—	+28	—	+35	+42	+50	+80
+1	0	+6	+10	+15	+19	+23	—	+28	—	+34	—	+42	+52	+67	+97
+1	0	+7	+12	+18	+23	+28	—	+33	—	+40	—	+50	+64	+90	+130
									+39	+45	—	+60	+77	+108	+150
+2	0	+8	+15	+22	+28	+35	—	+41	+47	+54	+63	+73	+98	+136	+188
							+41	+48	+55	+64	+75	+88	+118	+160	+218
+2	0	+9	+17	+26	+34	+43	+48	+60	+68	+80	+94	+112	+148	+200	+274
							+54	+70	+81	+97	+114	+136	+180	+242	+325
+2	0	+11	+20	+32	+41	+53	+66	+87	+102	+122	+144	+172	+226	+300	+405
					+43	+59	+75	+102	+120	+146	+174	+210	+274	+360	+480
+3	0	+13	+23	+37	+51	+71	+91	+124	+146	+178	+214	+258	+335	+445	+585
					+54	+79	+104	+144	+172	+210	+254	+310	+400	525	+690
+3	0	+15	+27	+43	+63	+92	+122	+170	+202	+248	+300	+365	+470	+620	+800
					+65	+100	+134	+190	+228	+280	+340	+415	+535	+700	+900
					+68	+108	+146	+210	+252	+310	+380	+465	+600	+780	+1000
+4	0	+17	+31	+50	+77	+122	+166	+236	+284	+350	+425	+520	+670	+880	+1150
					+80	+130	+180	+258	+310	+385	+470	+575	+670	+880	+1150
					+84	+140	+196	+284	+340	+425	+520	+640	+820	+1050	+1350
+4	0	+20	+34	+56	+94	+158	+218	+315	+385	+475	+580	+710	+920	+1200	+1550
					+98	+170	+240	+350	+425	+525	+650	+790	+1000	+1300	+1700
+4	0	+21	+37	+62	+108	+190	+268	+390	+475	+590	+730	+900	+1150	+1500	+1900
					+114	+208	+294	+435	+530	+660	+820	+1000	+1300	+1650	+2100
+5	0	+23	+40	+68	+126	+232	+330	+490	+595	+740	+920	+1100	+1450	+1850	+2400
					+132	+252	+360	+540	+660	+820	+1000	+1250	+1600	+2100	+2600

表 4-3   孔的基本偏差

公称尺寸/mm		下极限偏差，EI（所有标准公差等级）												基 本 偏						
														IT6	IT7	IT8	≤IT8	>IT8	≤IT8	>IT8
大于	至	A①	B①	C	CD	D	E	EF	F	FG	G	H	JS	J	J	J	K	K	M	M
—	3	+270	+140	+60	+34	+20	+14	+10	+6	+4	+2	0		+2	+4	+6	0	0	−2	−2
3	6	+270	+140	+70	+46	+30	+20	+14	+10	+6	+4	0	基本偏差＝±ITn/2，式中n为标准公差等级数	+5	+6	+10	−1+Δ	—	−4+Δ	−4
6	10	+280	+150	+80	+56	+40	+25	+18	+13	+8	+5	0		+5	+8	+12	−1+Δ	—	−6+Δ	−6
10	14	+290	+150	+95	+70	+50	+32	+23	+16	+10	+6	0		+6	+10	+15	−1+Δ	—	−7+Δ	−7
14	18																			
18	24	+300	+160	+110	+85	+65	+40	+28	+20	+12	+7	0		+8	+12	+20	−2+Δ	—	−8+Δ	−8
24	30																			
30	40	+310	+170	+120	+100	+80	+50	+35	+25	+15	+9	0		+10	+14	+24	−2+Δ	—	−9+Δ	−9
40	50	+320	+180	+130																
50	65	+340	+190	+140	—	+100	+60	—	+30	—	+10	0		+13	+18	+28	−2+Δ	—	−11+Δ	−11
65	80	+360	+200	+150																
80	100	+380	+220	+170	—	+120	+72	—	+36	—	+12	0		+16	+22	+34	−3+Δ	—	−13+Δ	−13
100	120	+410	+240	+180																
120	140	+460	+260	+200	—	+145	+85	—	+43	—	+14	0		+18	+26	+41	−3+Δ	—	−15+Δ	−15
140	160	+520	+280	+210																
160	180	+580	+310	+230																
180	200	+660	+340	+240	—	+170	+100	—	+50	—	+15	0		+22	+30	+47	−4+Δ	—	−17+Δ	−17
200	225	+740	+380	+260																
225	250	+820	+420	+280																
250	280	+920	+480	+300	—	+190	+110	—	+56	—	+17	0		+25	+36	+55	−4+Δ	—	−20+Δ	−20
280	315	+1050	+540	+330																
315	355	+1200	+600	+360	—	+210	+125	—	+62	—	+18	0		+29	+39	+60	−4+Δ	—	−21+Δ	−21
355	400	+1350	+680	+400																
400	450	+1500	+760	+440	—	+230	+135	—	+68	—	+20	0		+33	+43	+66	−5+Δ	—	−23+Δ	−23
450	500	+1650	+840	+480																

① 公称尺寸小于或等于 1mm 时，各级的 A 和 B 及大于 8 级的 N 均不采用。公差带 JS7 至 JS11，若 IT 数值是奇数，

② 标准公差 ≤IT8 级的 K、M、N 及 ≤IT7 级的 P 到 ZC 时，从续表的右侧选取 Δ 值。

例：大于 18～30mm 的 P7，$\Delta = 8\mu m$，因此 $ES = -14\mu m$。

数值（摘自 GB/T 1800.1—2020）　　　　　　　　　　　　　　　　（基本偏差和 Δ 值的单位为 μm）

差　数　值															Δ 值②					
上极限偏差, ES															标准公差等级					
≤IT8	>IT8	≤IT7	>IT7 的标准公差等级																	
N		P 至 ZC	P	R	S	T	U	V	X	Y	Z	ZA	ZB	ZC	IT3	IT4	IT5	IT6	IT7	IT8
-4	-4		-6	-10	-14	—	-18	—	-20	—	-26	-32	-40	-60	0	0	0	0	0	0
-8+Δ	0		-12	-15	-19	—	-23	—	-28	—	-35	-42	-50	-80	1	1.5	1	3	4	6
-10+Δ	0		-15	-19	-23	—	-28	—	-34	—	-42	-52	-67	-97	1	1.5	2	3	6	7
-12+Δ	0	在大于 IT7 的标准公差等级的基本偏差数值上增加一个 Δ 值	18	-23	-28	—	-33	—	-40	—	-50	-64	-90	-130	1	2	3	3	7	9
								-39	-45	—	-60	-77	-108	-150						
-15+Δ	0		-22	-28	-35	—	-41	-47	-54	-63	-73	-98	-136	-188	1.5	2	3	4	8	12
						-41	-48	-55	-64	-75	-88	-118	-160	-218						
-17+Δ	0		-26	-34	-43	-48	-60	-68	-80	-94	-112	-148	-200	-274	1.5	3	4	5	9	14
						-54	-70	-81	-97	-114	-136	-180	-242	-325						
-20+Δ	0		-32	-41	-53	-66	-87	-102	-122	-144	-172	-226	-300	-405	2	3	5	6	11	16
				-43	-59	-75	-102	-120	-146	-174	-210	-274	-360	-480						
-23+Δ	0		-37	-51	-71	-91	-124	-146	-178	-214	-258	-335	-445	-585	2	4	5	7	13	19
				-54	-79	-104	-144	-172	-210	-254	-310	-400	-525	-690						
-27+Δ	0		-43	-63	-92	-122	-170	-202	-248	-300	-365	-470	-620	-800	3	4	6	7	15	23
				-65	-100	-134	-190	-228	-280	-340	-415	-535	-700	-900						
				-68	-108	-146	-210	-252	-310	-380	-465	-600	-780	-1000						
-31+Δ	0		-50	-77	-122	-166	-236	-284	-350	-425	-520	-670	-880	-1150	3	4	6	9	17	26
				-80	-130	-180	-258	-310	-385	-470	-575	-740	-960	-1250						
				-84	-140	-196	-284	-340	-425	-520	-640	-820	-1050	-1350						
-34+Δ	0		-56	-94	-159	-218	-315	-385	-475	-580	-710	-920	-1200	-1550	4	4	7	9	20	29
				-98	-170	-240	-350	-425	-525	-650	-790	-1000	-1300	-1700						
-37+Δ	0		-62	-108	-190	-268	-390	-475	-590	-730	-900	-1150	-1500	-1900	4	5	7	11	21	32
				-114	-208	-294	-435	-530	-660	-820	-1000	-1300	-1650	-2100						
-40+Δ	0		-68	-126	-232	-330	-490	-595	-740	-920	-1100	-1450	-1850	-2400	5	5	7	13	23	34
				-132	-252	-360	-540	-660	-820	-1000	-1250	-1600	-2100	-2600						

则取偏差 $=\pm\dfrac{IT-1}{2}$。

配合制确定后，由于基准孔和基准轴位置的特殊性，我们可以方便地从配合代号直接判断出配合性质。

对于基孔制配合：H/a～h 形成间隙配合

H/js～m 形成过渡配合

H/n、p 形成过渡或过盈配合

H/r～zc 形成过盈配合

对于基轴制配合：A～H/h 形成间隙配合

JS～M/h 形成过渡配合

N、P/h 形成过渡或过盈配合

R～ZC/h 形成过盈配合

不难发现，由于基本偏差的大致对称性，配合 H7/m6 和 M7/h6、H8/f7 和 F8/h7 具有相同或基本相同的极限盈、隙指标。这类配合称为同名配合。

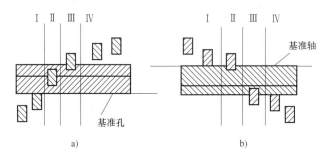

图 4-12　配合制

a）基孔制　b）基轴制

Ⅰ—间隙配合　Ⅱ—过渡配合　Ⅲ—过渡或过盈配合　Ⅳ—过盈配合

七、常用和优先的公差带与配合

GB/T 1800.1—2020 规定了 20 个公差等级和 28 种基本偏差，其中基本偏差 j 仅保留 j5 至 j8，J 仅保留 J6 至 J8。由此可以得到轴公差带 (28−1)×20+4 = 544 种，孔公差带 (28−1)×20+3 = 543 种。这么多公差带如都应用，显然是不经济的。为了尽可能地缩小公差带的选用范围，减少定尺寸刀具、量具的规格和数量，GB/T 1800.1—2020 规定，孔、轴的公差带代号应尽可能从图 4-13、图 4-14 中选取，且优先选用方框中的。

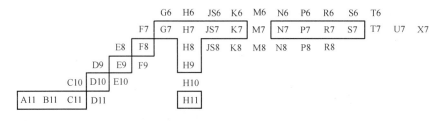

图 4-13　可供选用的孔的公差带

若图 4-13 和图 4-14 中没有满足要求的公差带，则按 GB/T 1800.1—2020 中规定的标准公差和基本偏差组成的公差带来选取，必要时还可考虑用延伸和插入的方法来确定新的公差带。

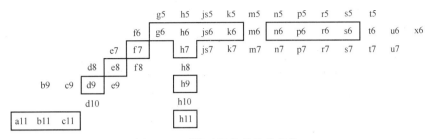

图 4-14　可供选用的轴的公差带

GB/T 1801—2009 又规定基孔制常用配合 45 种，优先配合 16 种（见表 4-4）；基轴制常用配合 38 种，优先配合 18 种（见表 4-5）。

表 4-4　基孔制配合的优先配合（摘自 GB/T 1800.1—2020）

基准孔	轴公差带代号															
	b	c	d	e	f	g	h	js	k	m	n	p	r	s	t	u	x
	间隙配合							过滤配合			过盈配合						
H6						$\dfrac{H6}{g5}$	$\dfrac{H6}{h5}$	$\dfrac{H6}{js5}$	$\dfrac{H6}{k5}$	$\dfrac{H6}{m5}$	$\dfrac{H6}{n5}$	$\dfrac{H6}{p5}$					
H7					$\dfrac{H7}{f6}$	$\dfrac{H7}{g6}$	$\dfrac{H7}{h6}$	$\dfrac{H7}{js6}$	$\dfrac{H7}{k6}$	$\dfrac{H7}{m6}$	$\dfrac{H7}{n6}$	$\dfrac{H7}{p6}$	$\dfrac{H7}{r6}$	$\dfrac{H7}{s6}$	$\dfrac{H7}{t6}$	$\dfrac{H7}{u6}$	$\dfrac{H7}{x6}$
H8				$\dfrac{H8}{e7}$	$\dfrac{H8}{f7}$		$\dfrac{H8}{h7}$	$\dfrac{H8}{js7}$	$\dfrac{H8}{k7}$	$\dfrac{H8}{m7}$			$\dfrac{H8}{s7}$			$\dfrac{H8}{u7}$	
H8			$\dfrac{H8}{d8}$	$\dfrac{H8}{e8}$	$\dfrac{H8}{f8}$		$\dfrac{H8}{h8}$										
H9			$\dfrac{H9}{d8}$	$\dfrac{H9}{e8}$	$\dfrac{H9}{f8}$		$\dfrac{H9}{h8}$										
H10	$\dfrac{H10}{b9}$	$\dfrac{H10}{c9}$	$\dfrac{H10}{d9}$	$\dfrac{H10}{e9}$			$\dfrac{H10}{h9}$										
H11	$\dfrac{H11}{b11}$	$\dfrac{H11}{c11}$	$\dfrac{H11}{d11}$				$\dfrac{H11}{h11}$										

注：1. $\dfrac{H6}{n5}$、$\dfrac{H7}{p6}$ 在公称尺寸小于或等于 3mm 和 $\dfrac{H8}{r7}$ 在小于或等于 100mm 时，为过渡配合。

2. 变色的配合为优先配合。

表 4-5　基轴制配合的优先配合（摘自 GB/T 1800.1—2020）

基准轴	孔公差带代号															
	B	C	D	E	F	G	H	JS	K	M	N	P	R	S	T	U	X
	间隙配合							过渡配合			过盈配合						
h5						$\dfrac{G6}{h5}$	$\dfrac{H6}{h5}$	$\dfrac{JS6}{h5}$	$\dfrac{K6}{h5}$	$\dfrac{M6}{h5}$	$\dfrac{N6}{h5}$	$\dfrac{P6}{h5}$					
h6					$\dfrac{F7}{h6}$	$\dfrac{G7}{h6}$	$\dfrac{H7}{h6}$	$\dfrac{JS7}{h6}$	$\dfrac{K7}{h6}$	$\dfrac{M7}{h6}$	$\dfrac{N7}{h6}$	$\dfrac{P7}{h6}$	$\dfrac{R7}{h6}$	$\dfrac{S7}{h6}$	$\dfrac{T7}{h6}$	$\dfrac{U7}{h6}$	$\dfrac{X7}{h6}$
h7				$\dfrac{E8}{h7}$	$\dfrac{F8}{h7}$		$\dfrac{H8}{h7}$										
h8			$\dfrac{D9}{h8}$	$\dfrac{E9}{h8}$	$\dfrac{F9}{h8}$		$\dfrac{H9}{h8}$										

（续）

基准轴	孔公差带代号																	
	B	C	D	E	F	G	H	JS	K	M	N	P	R	S	T	U	X
	间隙配合							过渡配合			过盈配合							
h9				$\dfrac{E8}{h9}$	$\dfrac{F8}{h9}$		$\dfrac{H8}{h9}$										
			$\dfrac{D9}{h9}$	$\dfrac{E9}{h9}$	$\dfrac{F9}{h9}$		$\dfrac{H9}{h9}$										
	$\dfrac{B11}{h9}$	$\dfrac{C10}{h9}$	$\dfrac{D10}{h9}$				$\dfrac{H10}{h9}$										

注：变色的配合为优先配合。

八、极限与配合的选择

（一）类比法

1. 配合制的选择

配合制的选择原则是优先选用基孔制，特殊情况下也可选用基轴制或非基准制。

加工中、小孔时，一般都采用钻头、铰刀、拉刀等定尺寸刀具，测量和检验中、小孔时，也多使用塞规等定尺寸量具。采用基孔制可以使它们的类型和数量减少，具有良好的经济效用，这是采用基孔制的主要原因。大尺寸孔的加工虽然不存在上述问题，但是，为了同中、小尺寸孔保持一致，也采用基孔制。

当一轴多孔配合时，为了简化加工和装配，往往采用基轴制配合。如图 4-15 所示，活塞连杆机构中（图 4-15a），活塞销与活塞孔的配合要求紧些（M6/h5），而活塞销与连杆孔的配合则要求松些（H6/h5）。若采用基孔制（图 4-15b），则活塞孔和连杆孔的公差带相同，而两种不同的配合就需要按两种公差带来加工活塞销，这时的活塞销就应制成阶梯形。这种形状的活塞销加工不方便，而且装配不利（将连杆孔刮伤）。反之，采用基轴制（图 4-15c），则活塞销按一种公差带加工，而活塞孔和连杆孔按不同的公差带加工，来获得两种不同的配合，加工方便，并能顺利装配。

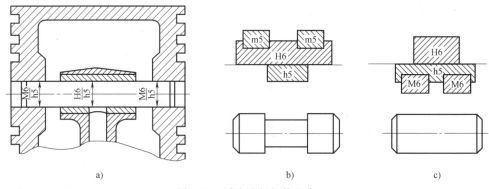

图 4-15　活塞连杆机构配合

a) 活塞连杆机构　b) 基孔制配合　c) 基轴制配合

农业机械与纺织机械中经常使用具有一定精度的冷拉钢材（这种钢材是按基轴制的轴制造的）直接做轴，不必加工。在这种情况下，应选用基轴制。

与标准件或标准部件相配合的孔或轴，必须以标准件或标准部件为基准件来选配合制。如图 4-16 所示，滚动轴承内圈与轴颈的配合必须采用基孔制，外圈与外壳孔的配合必须选基轴制。

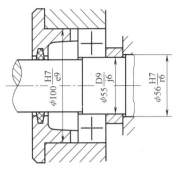

图 4-16 轴承盖、轴套处的配合

在图 4-16 中还可以看到，轴套与轴颈的配合在径向只要求自由装配。由于轴颈与内圈的配合必须采用基孔制，且按配合的需要确定轴颈的公差带为 $\phi55j6$，在这种情况下，轴套孔不能选用基准孔，而必须选用大间隙配合的非基准公差带 D9，此处的配合即为非基准制配合。

2. 公差等级的选择

选择公差等级时，要正确处理使用要求、制造工艺和成本之间的关系。选择公差等级的基本原则是：在满足使用要求的前提下，尽量选取低的公差等级。设计时，可参阅表 4-6 进行。

表 4-6 各个公差等级的应用范围

应 用	公 差 等 级																		
	IT01	IT0	IT1	IT2	IT3	IT4	IT5	IT6	IT7	IT8	IT9	IT10	IT11	IT12	IT13	IT14	IT15	IT16	IT17	IT18
量 块	○	○	○																	
量 规			○	○	○	○	○	○	○	○										
配合尺寸							○	○	○	○	○	○	○	○						
精密配合				○	○	○	○													
非配合尺寸														○	○	○	○	○	○	○
原材料尺寸									○	○	○	○	○	○						

用类比法选择公差等级时，还应考虑以下问题：

首先，应考虑孔和轴的工艺等价性。孔和轴的工艺等价性即孔和轴加工难易程度应相同。一般地说，孔的精度低于 8 级时，孔和轴的公差等级取相同；孔的精度高于 8 级时，轴应比孔高一级；孔的公差等级等于 8 级时，两者均可。这样可保证孔和轴的工艺等价性，如 D9/b9、H8/f7、H7/p6。

其次，要注意相关件和相配件的精度。相关件的精度等级高，就应选较高的精度等级；反之，就选较低的精度等级。例如，齿轮孔与轴的配合取决于齿轮的精度等级（可参阅有关齿轮的国家标准）。

第三，必须考虑加工成本。如图 4-16 所示的轴颈与轴套的配合，按工艺等价原则，轴套应选 7 级公差（加工成本较高），但考虑到它们在径向只要求自由装配，为大间隙的间隙配合，此处选择了 9 级公差，有效地降低了成本。

3. 配合的选择

配合的选择，实质上是对间隙和过盈的选择。其原则是：相对运动速度越高或次数越频繁，拆装频率越高，定心精度要求越低，间隙越大；定心要求越高，传递转矩越大，过盈量越大。

间隙配合主要用于相互配合的孔和轴有相对运动或需要经常拆装的场合。如图 4-16 中，轴承端盖与箱体的配合，由于需要经常拆装，选用了大间隙的间隙配合 H7/e9；轴颈与轴套的配合，由于定心精度要求不高，亦选用了大间隙的间隙配合 D9/j6。而图 4-17 所示的车床主轴支承套，由于定心要求高，选用了小间隙的间隙配合 H6/h5。

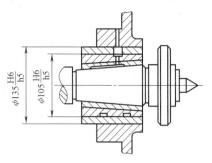

图 4-17　车床主轴支承套定位

过渡配合的定位精度比间隙配合的定位精度高，拆装又比过盈配合方便，因此，过渡配合广泛应用于有对中性要求，靠紧固件传递转矩又经常拆装的场合，如齿轮孔和轴靠平键联接时的配合。

过盈配合主要用于传递转矩和实现牢固结合，通常不需要拆卸。

基本偏差为 p(r) 的轴与基准孔组成过盈定位配合，能以最好的定位精度达到部件的刚性及对中要求，用于定位精度特别重要的场合。需要传递转矩时，必须加紧固件。如图 4-18 所示的带轮与齿轮的结合，采用过盈定位配合 H7/p6，保证带轮与齿轮组成部件的刚性与对中性要求，通过键传递转矩。

基本偏差为 s 的轴与基准孔组成中等压入配合。中等压入配合一般很难拆卸，可以产生相当大的结合力。传递转矩时，不需加紧固件。如图 4-19 所示装配式蜗轮轮缘与轮毂的配合 H6/s5，就是靠过盈量形成的结合力牢固结合在一起的。

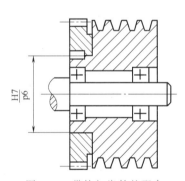

图 4-18　带轮与齿轮的配合

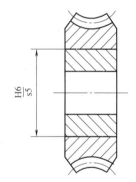

图 4-19　装配式蜗轮轮缘与轮毂的配合

基本偏差为 u 的轴与基准孔组成压入配合。压入配合很难拆卸，一般用加热轴套的方法装配。可以产生巨大的结合力。传递转矩时，不需加紧固件。如图 4-20 所示的火车轮毂与轴的结合常采用配合 H6/u5。

基本偏差代号为 v～zc 的轴与基准孔组成大过盈配合。这些配合的过盈量太大，限于使用经验和资料，一般不采用。

（二）计算法

当配合要求非常明确时，可采用计算法来确定配合代号，下面以例题来说明此方法。

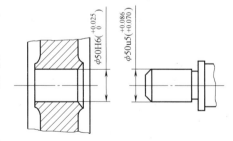

图 4-20　火车轮毂与轴的配合

例 4-5　有一基孔制的孔、轴配合，公称尺寸 $D = 25\text{mm}$，最大间隙不得超过 0.074mm，最小间隙不得小于 0.04，试确定其配合代号。

解 $T_f = X_{max} - X_{min} = 0.074mm - 0.040mm = 0.034mm$

为了满足使用要求，必须使 $T_f \geqslant T_D + T_d$，查表 4-1 可知：IT6 标准公差 $= 0.013mm$，IT7 标准公差 $= 0.021mm$。考虑到工艺等价原则，孔应选用 7 级公差 $T_D = 0.021mm$，轴应选用 6 级公差 $T_d = 0.013$。

又因为基孔制配合，所以 $EI = 0$，$ES = EI + T_D = 0.021mm$。孔的公差带代号为 H7。

由 $X_{min} = EI - es = 0.040$ 可知 $es = EI - X_{min} = -0.040$ 对照表 4-2 可知，基本偏差代号为 e 的轴可以满足要求，所以以轴的公差代号为 e6，其下极限偏差 $ei = -0.053mm$。

所以，满足要求的配合代号为 $\phi 25H7/e6$。

九、一般公差——未注公差线性尺寸的公差

为了简化图样，突出配合尺寸的重要性，对尺寸精度要求不高的非配合尺寸，国家标准提出了车间通常加工条件下可保证的一般公差。一般公差分 4 个公差等级，线性尺寸的极限偏差数值见表 4-7。采用一般公差的尺寸，在该尺寸后不需注出其极限偏差数值，而是在技术要求里作统一说明。例如当一般公差选用中等级时，可在技术要求中说明：线性尺寸未注公差按 GB/T 1804—m。

表 4-7　线性尺寸的极限偏差数值（摘自 GB/T 1804—2000）　　　　（单位：mm）

公差等级	尺　寸　分　段							
	0.5~3	>3~6	>6~30	>30~120	>120~400	>400~1000	>1000~2000	>2000~4000
f(精密级)	±0.05	±0.05	±0.1	±0.15	±0.2	±0.3	±0.5	—
m(中等级)	±0.1	±0.1	±0.2	±0.3	±0.5	±0.8	±1.2	±2
c(粗糙级)	±0.2	±0.3	±0.5	±0.8	±1.2	±2	±3	±4
v(最粗级)	—	±0.5	±1	±1.5	±2.5	±4	±6	±8

第二节　几何公差简介

阅读问题：

1. 几何公差分哪几种类型？各有哪些项目？特征符号怎么表达？

2. 几何公差标注框分几格？分别填写什么内容？

3. 被测要素与基准要素怎么区分？组成要素与导出要素在标注时怎么区分？

4. 什么是几何公差带？它有哪些特性？

5. 若几何公差值前面加"Φ"，则几何公差带应为什么形状？

6. 端面全跳动误差为零，则该端面对基准轴线的垂直度误差是多少？

7. 几何公差分几级？哪几级是基本级？公差值与什么有关？

8. 几何公差的选用主要包括哪些内容？

9. 几何公差值选用的一般原则和基本方法是什么？

试一试：将下列各项几何公差要求标注在图 4-21 上：

(1) $\phi 40^{~0}_{-0.03}$ 圆柱面对 $2 \times \phi 25^{~0}_{-0.021}$mm 公共轴线的圆跳动公差为 0.015mm；

(2) $2 \times \phi 25^{~0}_{-0.021}$mm 轴颈的圆度公差为 0.01mm；

（3）$\phi40_{-0.03}^{0}$mm 左右端面对 $2\times\phi25_{-0.021}^{0}$mm 公共轴线的端面圆跳动公差为 0.02mm；

（4）键槽 $10_{-0.036}^{0}$mm 中心平面对 $\phi40_{-0.03}^{0}$mm 轴线的对称度公差为 0.015mm。

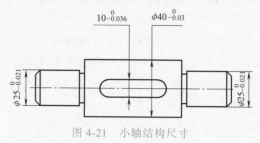

图 4-21   小轴结构尺寸

为了提高产品质量和保证互换性，不仅要对零件的尺寸误差进行限制，还要对零件的形状与位置误差加以限制，给出一个经济、合理的误差变动范围，这就是几何公差。我国几何公差相关的国家标准有 GB/T 1182—2018、GB/T 1184—1996、GB/T 4249—2018 和 GB/T 16671—2018 等。本节仅对几何公差作简单介绍。

一、几何公差的研究对象

几何公差的研究对象是构成零件几何特征的点、线、面等几何要素，如图 4-22 所示。

几何要素可以从不同的角度来分类：

按结构特征可分为组成（轮廓）要素和导出（中心）要素。前者如图 4-22 中 1、2、3、4、5、6、8 等要素，后者如 7、9、10 等要素。

按所处地位可分为被测要素和基准要素，如图 4-22 中，若平面 5 相对轴线 9 有垂直度要求，则平面 5 为被测要素，轴线 9 为基准要素。

二、几何公差的几何特征与符号

国家标准将几何公差分为形状公差、方向公差、位置公差和跳动公差，规定了各类几何公差的特征与符号，见表 4-8。

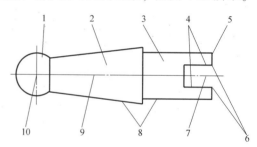

图 4-22   零件几何要素

1—球面   2—圆锥面   3—圆柱面
4—两平行平面   5—平面   6—棱线
7—中心平面   8—素线   9—轴线   10—球心

表 4-8   几何特征与符号

公差类型	几何特征	符号	有无基准	公差类型	几何特征	符号	有无基准
形状公差	直线度	——	无	方向公差	平行度	//	有
	平面度	▱	无		垂直度	⊥	有
	圆度	○	无		倾斜度	∠	有
	圆柱度	⌀	无		线轮廓度	⌒	有
	线轮廓度	⌒	无		面轮廓度	⌓	有
	面轮廓度	⌓	无	位置公差	位置度	⊕	有或无

（续）

公差类型	几何特征	符 号	有无基准	公差类型	几何特征	符 号	有无基准
位置公差	同心度（用于中心点）	◎	有	位置公差	线轮廓度	⌒	有
	同轴度（用于轴线）	◎	有		圆轮廓度	⌓	有
	对称度	═	有	跳动公差	圆跳动	↗	有
					全跳动	⫽↗	有

三、几何公差的标注

（1）采用框格标注 框格可有 2~5 格，第一格填写项目符号，第二格填写公差值及相关符号，第三格以后填写基准代号及有关符号，如图 4-23 所示。

（2）区分被测要素和基准要素 被测要素用箭头指示，基准要素用基准符号指示。基准符号由基准代号、方格、涂黑或空白的三角形等组成。基准代号用大写拉丁字母表示（不用 E、I、J、M、O、P、L、R、F）。如图 4-23 所示，直径为 $\phi20$mm 轴的轴线、直径为 $\phi50$mm 孔的轴线均为被测要素；端面 A、B、直径为 $\phi16$mm 孔的轴线均为基准要素。

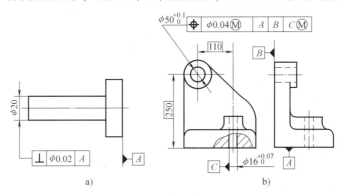

图 4-23 几何公差代号的标注示例

a）轴件 b）孔件

（3）区分组成要素和导出要素 组成要素不能与尺寸线对齐，而导出要素必须与尺寸线对齐。如图 4-23 所示，直径为 $\phi20$mm 轴的轴线、$\phi50$ 孔的轴线、$\phi16$ 孔的轴线均为导出要素，不论是基准要素还是被测要素，都必须与尺寸线对齐。又如图 4-24 所示，被测要素为组成要素，不是导出要素，所以不能与尺寸线对齐。

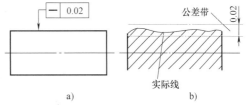

四、几何公差带的特点

1. 直线度、平面度、圆度和圆柱度公差带

图 4-24 圆柱面素线直线度公差带示意图

a）标注示例 b）公差带

直线度、平面度、圆度和圆柱度都是形状公差，是限制单一被测实际要素对其理想要素允许的变动量。它们的公差带是限制单一被测实际要素变动的区域。如图 4-24 所示，直线度的公差带为两平行直线。实际圆柱面上任一素线都应位于距离为 0.02mm 的两平行直线内。

又如图 4-25 所示，直线度的公差带为直径为 0.04mm 的小圆柱，实际轴线应位于此小圆柱内。

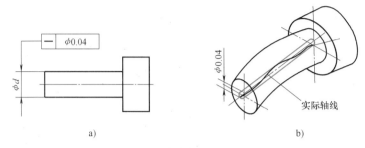

图 4-25　圆柱面轴线直线度公差带示意图
a）标注示例　b）公差带

再如图 4-26 所示，平面度的公差带为两平行平面，实际平面应位于此两平行平面之间。

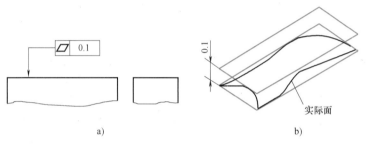

图 4-26　平面度示意图
a）标注示例　b）公差带

虽然形状公差带的形状千变万化，但我们仍可发现它们的共同特点：位置不固定，方向浮动，没有基准要求。

2. 线轮廓度与面轮廓度公差带

线轮廓度与面轮廓度是对非圆曲线或曲面的形状精度要求，可以仅限定形状误差，也可在限制形状、方向或位置误差的同时，还对其基准提出要求。前者属于形状公差，后者属于方向或位置公差。它们是关联要素在方向或位置上相对于基准所允许的变动全量。线（面）轮廓度公差带是包络一系列直径为公差值 t 的圆的两包络线（面）之间的区域。实际线（面）上各点应在公差带内，如图 4-27、图 4-28 所示。

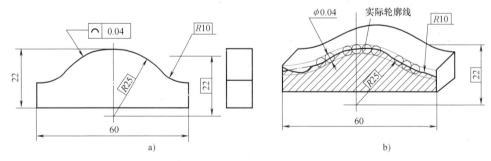

图 4-27　线轮廓度示意图
a）标注示例　b）公差带

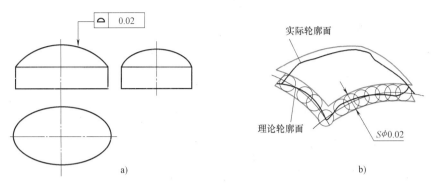

图 4-28 面轮廓度示意图

a）标注示例 b）公差带

线轮廓度与面轮廓度公差带的特点是：理想要素必须用带方框的理论正确尺寸表示出来，公差带对称于理想要素，位置可固定，亦可浮动（视有无基准而定）。

3. 方向公差带

方向公差有平行度、垂直度和倾斜度三个项目及线、面轮廓度。方向公差是关联被测要素对其具有确定方向的理想要素允许的变动量。方向公差带的特点是：方向公差带相对基准有确定的方向，位置浮动，并具有综合控制被测要素形状和方向的功能。如图 4-29 所示，公差带为与基准 A 平行的两平行平面。此公差带不但控制了被测平面的方向（平行度），而且控制了被测要素的形状（平面度）。

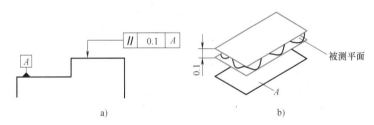

图 4-29 平行度公差带示意图

a）标注示例 b）公差带

又如图 4-30 所示，公差带为相对基准 A 垂直的直径为 0.1mm 的小圆柱。当满足垂直度要求时，被测要素轴线的形状误差（直线度）亦不会超过 0.1mm。

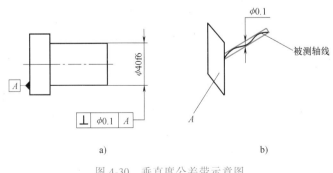

图 4-30 垂直度公差带示意图

a）标注示例 b）公差带

当被测要素和基准要素的方向角大于零度小于 90°时，可以使用倾斜度，如图 4-31 所示。此时，倾斜角须用方框表示。

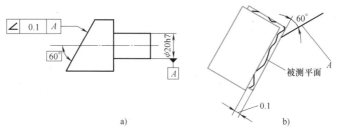

图 4-31　倾斜度公差带示意图
a）标注示例　b）公差带

4. 位置公差带

位置公差有同轴度（同心度）、对称度和位置度三个项目及线、面轮廓度。位置公差是关联被测要素对其有确定位置的理想要素允许的变动量。位置公差带的特点是：公差带相对基准有确定的方向，位置固定，并具有综合控制被测要素形状、方向和位置的功能。被测要素的理想位置一般必须由基准和理论正确尺寸共同确定。如图 4-32 所示，被测要素的理想位置由理论正确尺寸 100mm，基准 A、B 共同确定，公差带相对理想位置对称分布。当满足位置度要求时，被测要素平面的形状误差（平面度）、定向误差（倾斜度）亦不会超过 0.1mm。

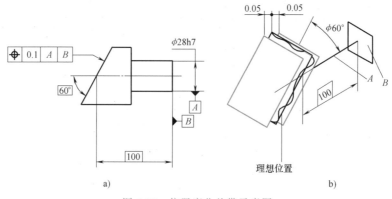

图 4-32　位置度公差带示意图
a）标注示例　b）公差带

又如图 4-33 所示，同轴度的理论正确尺寸为零（省略未标），公差带的理想位置与基准轴线重合。当满足同轴度要求时，被测要素轴线的直线度、平行度误差亦不会超过 0.02mm。

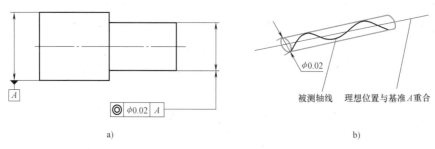

图 4-33　同轴度公差带示意图
a）标注示例　b）公差带

又如图 4-34 所示，对称度的理论正确尺寸为零（省略未标），公差带的理想位置与基准平面重合。当满足对称度要求时，被测要素平面的平面度、平行度误差亦不会超过 0.02mm。

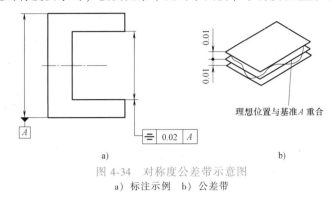

a)　　　　　　　　　　　　　　　　　　　　　b)

图 4-34　对称度公差带示意图

a）标注示例　b）公差带

5. 跳动公差

跳动公差分为圆跳动和全跳动。跳动公差是被测实际要素绕基准轴线连续回转时所允许的最大跳动量。

圆跳动是被测实际要素的某一固定参考点围绕基准轴线做无轴向移动、回转一周中，由位置固定的指示器在给定方向上测得的最大与最小读数之差，如图 4-35、图 4-36 所示。

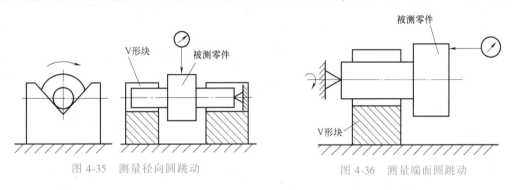

图 4-35　测量径向圆跳动　　　　　　　　图 4-36　测量端面圆跳动

全跳动是被测实际要素绕基准轴线做无轴向移动的连续回转，同时指示器沿理想要素连续移动（或被测实际要素每回转一周，指示器沿理想要素做间断移动），由指示器在给定方向上测得的最大与最小读数之差，如图 4-37、图 4-38 所示。

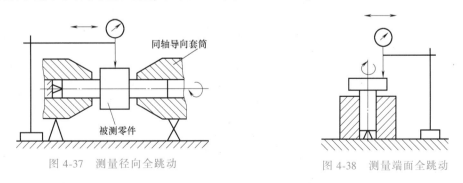

图 4-37　测量径向全跳动　　　　　　　　图 4-38　测量端面全跳动

五、几何公差值

几何公差值和尺寸公差值一样，有标准公差值。在国家标准中，将几何公差分为 12～13

个公差等级，其中，0（1）级最高，12 级最低，6 级与 7 级为基本级。具体的公差值可查表得到。受篇幅限制，仅摘录如下（见表 4-9、表 4-10）。

表 4-9　直线度和平面度公差值（摘自 GB/T 1184—1996）　　　　（单位：μm）

主参数/mm	公差等级											
	1	2	3	4	5	6	7	8	9	10	11	12
≤10	0.2	0.4	0.8	1.2	2	3	5	8	12	20	30	60
>10~16	0.25	0.5	1	1.5	2.5	4	6	10	15	25	40	80
>16~25	0.3	0.6	1.2	2	3	5	8	12	20	30	50	100
>25~40	0.4	0.8	1.5	2.5	4	6	10	15	25	40	60	120
>40~63	0.5	1	2	3	5	8	12	20	30	50	80	150
>63~100	0.6	1.2	2.5	4	6	10	15	25	40	60	100	200
>100~160	0.8	1.5	3	5	8	12	20	30	50	80	120	250
>160~250	1	2	4	6	10	15	25	40	60	100	150	300
>250~400	1.2	2.5	5	8	12	20	30	50	80	120	200	400
>400~630	1.5	3	6	10	15	25	40	60	100	150	250	500

表 4-10　圆度和圆柱度公差值（摘自 GB/T 1184—1996）　　　　（单位：μm）

主参数/mm	公差等级												
	0	1	2	3	4	5	6	7	8	9	10	11	12
≤3	0.1	0.2	0.3	0.5	0.8	1.2	2	3	4	6	10	14	25
>3~6	0.1	0.2	0.4	0.6	1	1.5	2.5	4	5	8	12	18	30
>6~10	0.12	0.25	0.4	0.6	1	1.5	2.5	4	6	9	15	22	36
>10~18	0.15	0.25	0.5	0.8	1.2	2	3	5	8	11	18	27	43
>18~30	0.2	0.3	0.6	1	1.5	2.5	4	6	9	13	21	33	52
>30~50	0.25	0.4	0.6	1	1.5	2.5	4	7	11	16	25	39	62
>50~80	0.3	0.5	0.8	1.2	2	3	5	8	13	19	30	46	74
>80~120	0.4	0.6	1	1.5	2.5	4	6	10	15	22	35	54	87
>120~180	0.6	1	1.2	2	3.5	5	8	12	18	25	40	63	100

六、几何公差的选用

1. 几何公差项目及公差值的选用

对几何公差等级要求比较高的（0）1~8 级，应注明几何公差值。几何公差项目的选用主要根据零件的功能要求而定，如影响回转精度和工作精度的要控制圆柱度和同轴度；齿轮箱两轴孔的中心线不平行，将影响齿轮啮合，降低承载能力。

几何公差值的选用应遵守下列普遍原则：$T_形 < T_位 < T_尺$。一般而言，可以先确定和平键、滚轴、齿轮等标准件、通用件相配合部位的几何公差要求（可从平键、滚轴、齿轮等标准件、通用件使用手册中查取），再类比确定其余部位的几何公差要求。

对于下列情况，考虑到加工的难易程度和除主参数外的其他参数的影响，在满足零件功能的要求下，应适当降低 1~2 级选用。

1）孔相对于轴。

2）细长比较大的轴或孔。

3）距离较大的轴或孔。

4）宽度较大（一般大于1/2长度）的零件表面。

5）线对线和线对面相对于面对面的平行度。

6）线对线和线对面相对于面对面的垂直度。

2. 基准的选用

基准的确定应在满足设计要求的前提下，力求使设计基准、加工基准、检测基准三者统一，以消除由于基准不重合而引起的误差。同时，为了简化工具、夹具、量具的设计和制造及测量的方便，在同一零件上的各项位置公差应尽量采用同一基准。

例 4-6　试确定图 4-39 中减速器低速轴的几何公差要求。

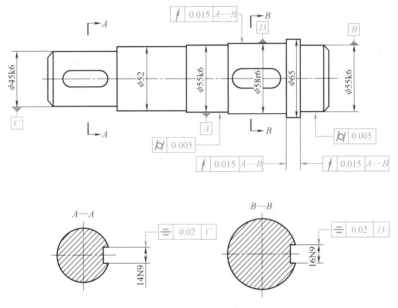

图 4-39　低速轴

解　2×φ55k6 处轴颈有圆柱度要求，这是因为滚动轴承容易变形，内圈的变形必须靠轴颈的形状精度来校正；两轴肩端面有圆跳动要求，这主要是为了滚动轴承的轴向定位；为了使平键工作面承载均匀，提出了键槽的对称度要求。上述几何公差的具体数值可从机械手册有关轴承和键的标准中查取。为了满足齿轮和轴的定心要求，对 φ58r6 表面提出了圆跳动要求，考虑到此处尺寸公差等级为 6 级，属于较高精度要求，圆跳动公差也选择比基本级 7 级高一级的 6 级，查表可知公差值为 0.015mm。

第三节　表面粗糙度简介

阅读问题：

1. 什么是零件表面的表面粗糙度？它对零件的使用会产生哪些影响？

2. 评定表面粗糙度的幅度参数有哪些？各适用于哪些场合？

3. 标注表面粗糙度时，不同类型的表面在符号上是怎么区分的？

4. 标注表面粗糙度时，什么参数是必选的？

5. 表面粗糙度参数值的选择应考虑哪些原则？

试一试：一般情况下，Φ40H7 和 Φ80H7 相比、Φ30H7/f6 和 Φ30H7/s6 相比，哪个应选较小的表面粗糙度值？

一、表面粗糙度的概念

为了保证零件的使用要求，除了要对零件各部分结构的尺寸、形状和位置给出公差要求外，还应根据功能需要对其表面结构给出要求。表面结构是表面粗糙度、表面波纹度、表面缺陷、表面纹理和表面几何形状的总称。由于机械加工中切削刀痕或机床振动等原因，零件加工表面上会出现较小间距的峰谷，这些峰谷所组成的微观几何形状特征，称为表面粗糙度。它是一种微观几何形状误差，也称为微观不平度。目前大部分零件的表面结构是通过限制表面粗糙度来给出要求。表面粗糙度值越大，则表面越粗糙，零件的耐磨性越差，配合性质越不稳定（使间隙增大，过盈减小），对应力集中越敏感，疲劳强度越差。所以，在设计零件时提出表面粗糙度要求，是几何精度设计中不可缺少的一个方面。

二、表面粗糙度的评定

1. 取样长度和评定长度

为了减弱表面波纹度及形状误差的影响，国家标准规定了取样长度 l_r；为了全面、合理地反映某一表面测量范围内的粗糙度特征，国家标准规定评定长度 l_n 应包含一个或几个取样长度，一般取 $l_n = 5l_r$，如图 4-40 所示。

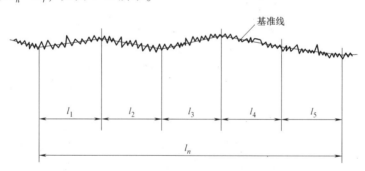

图 4-40　取样长度与评定长度

取样长度和评定长度的取值可参阅表 4-11。

表 4-11　Ra、Rz 参数值与取样长度 l_r 的对应关系（摘自 GB/T 1031—2009）

$Ra/\mu m$	$Rz/\mu m$	l_r/mm	l_n/mm（$l_n = 5 \times l_r$）
≥0.008~0.02	≥0.025~0.10	0.08	0.4
>0.02~0.1	>0.10~0.50	0.25	1.25
>0.1~2.0	>0.50~10.0	0.8	4.0
>2.0~10.0	>10.0~50.0	2.5	12.5
>10.0~80.0	>50.0~320	8.0	40.0

2. 基准线

基准线是用于评定表面粗糙度参数的给定线。标准规定，基准线的位置可用轮廓的算术平均中线近似地确定。

轮廓的算术平均中线是指划分轮廓使上、下两边面积相等的线，如图 4-41 所示。

3. 表面粗糙度评定参数

为满足对零件表面不同的功能要求，从不同角度反映表面粗糙度的状态特征，国家标准从实际轮廓的幅度、横向间距和形状三个方面，规定了相应的评定参数。对于大多数加工表面，只需给出幅度方面的参数，主要有：轮廓的算术平均偏差 Ra、轮廓的最大高度 Rz，具体介绍如下：

1）轮廓的算术平均偏差 Ra　在一个取样长度内，被测实际轮廓上各点到轮廓中线的纵坐标值 $Z(x)$ 绝对值的算术平均值（图 4-41），用下式表示

$$Ra = \frac{1}{l_r} \int_0^{l_r} |Z(x)| \, \mathrm{d}x$$

或近似为

$$Ra = \frac{1}{n} \sum_{i=1}^{n} |Z_i|$$

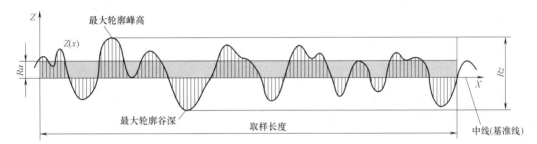

图 4-41　幅度特征参数

Ra 充分反映了表面微观几何形状在幅度方面的特性，并且用轮廓仪测定 Ra 的方法比较简便，因此，是普遍采用的参数。

2）轮廓的最大高度 Rz　在一个取样长度内，最大轮廓峰高与轮廓谷深之和（图 4-41）。

Rz 参数对不允许出现较深加工痕迹的表面和小零件的表面质量有着实际意义，尤其是在交变应力作用下，是防止出现疲劳破坏的一项保证措施。因此 Rz 参数主要应用于有交变应力作用的场合（辅助 Ra 使用）以及不便使用 Ra 的小零件表面。

三、表面粗糙度的标注

1. 表面结构的图形符号

GB/T 131—2006 规定了图样上表面结构要求的图形符号表示方法。图形符号有四种，其种类及含义说明见表 4-12。

表 4-12　表面结构的图形符号及含义说明（摘自 GB/T 131—2006）

序号	种　类	图 形 符 号	含 义 说 明
1	基本图形符号		未指定工艺方法的表面。当通过一个注释时可单独使用，没有补充说明时不能单独使用
2	扩展图形符号		用去除材料的方法获得的表面。例如车、铣、钻、磨、剪切、抛光、腐蚀、电火花加工等。仅当其含义是"被加工表面"时可单独使用

（续）

序号	种　类	图 形 符 号	含 义 说 明
2	扩展图形符号		用不去除材料的方法获得的表面。例如铸锻、冲压变形、热轧、冷轧、粉末冶金等，或保持上道工序形成的表面
3	完整图形符号	允许任何工艺　去除材料　不去除材料	在以上三个图形符号的长边上加一横线，用来标注有关参数和补充信息。在报告和合同的文本中，左边的三个完整图形符号还可分别用 APA、MRR 和 NMR 文字表达
4	工件轮廓各表面的图形符号		表示视图上构成封闭轮廓的各表面有相同的表面结构要求。如果标注会引起歧义时，各表面应分别标注

2. 表面结构完整图形符号的组成及其注法

表面结构完整图形符号是在表面结构基本符号的周围，注上表面结构的单一要求和补充要求。如图 4-42 所示，该图是通用意义上的完整标注，实际应用中不必注齐所有项目，而应视具体功能要求来确定注出的部分。

幅度参数是基本参数，是标准规定的必选参数。不论选用 Ra 还是选用 Rz 作为评定参数时，参数值前都需标出相应的参数代号 Ra 和 Rz。表面结构代号的标注方法及其含义见表 4-13，其中，图样上标注表面粗糙度参数的上限值或下限值时，表示在表面粗糙度参数的所有实测中，允许超过规定值的个数少于总数的 16%；图样上标注表面粗糙度参数的最大值 max 时，表示表面粗糙度参数的所有实测值均不得超过该规定值。

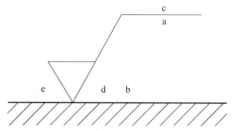

图 4-42　表面结构完整图形符号的组成
位置 a——注写表面结构的单一要求
位置 a 和 b——注写第二个表面结构要求
位置 c——注写加工方法
位置 d——注写表面纹理和方向
位置 e——注写加工余量

表 4-13　表面结构代号的注法及含义

符　　号	含义/解释
$Rz\ 0.8$	表示不允许去除材料，单向上限值，默认传输带，R 轮廓，粗糙度的最大高度 $0.8\mu m$，评定长度为 5 个取样长度（默认），"16% 规则"（默认）
$Rz\ max\ 0.2$	表示去除材料，单向上限值，默认传输带，R 轮廓，粗糙度最大高度的最大值 $0.2\mu m$，评定长度为 5 个取样长度（默认），"最大规则"
$0.008-0.8/Ra\ 3.2$	表示去除材料，单向上限值，传输带 $0.008 \sim 0.8mm$，R 轮廓，算术平均偏差 $3.2\mu m$，评定长度为 5 个取样长度（默认），"16% 规则"（默认）
$-0.8/Ra3\ 3.2$	表示去除材料，单向上限值，传输带：根据 GB/T 6062，取样长度 $0.8\mu m$（λ_s 默认 $0.0025mm$），R 轮廓，算术平均偏差 $3.2\mu m$，评定长度包含 3 个取样长度，"16% 规则"（默认）
$U\ Ra\ max\ 3.2$ $L\ Ra\ 0.8$	表示不允许去除材料，双向极限值，两极限值均使用默认传输带，R 轮廓，上限值：算术平均偏差 $3.2\mu m$，评定长度为 5 个取样长度（默认），"最大规则"；下限值：算术平均偏差 $0.8\mu m$，评定长度为 5 个取样长度（默认），"16% 规则"（默认）

3. 表面结构要求在图样中的注法

1）表面结构要求对每一表面一般只注一次，并尽可能注在相应的尺寸及其公差的同一视图上。除非另有说明，所有标注的表面结构要求是对完工零件表面的要求。

2）表面结构的注写和读取方向与尺寸的注写和读取方向一致。

3）表面结构要求可以标注在轮廓线上，其符号应从材料外指向接触表面。

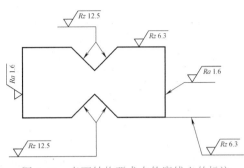

图 4-43 表面结构要求在轮廓线上的标注

零件表面结构要求常见的图样注法举例如图 4-43~图 4-47 所示。

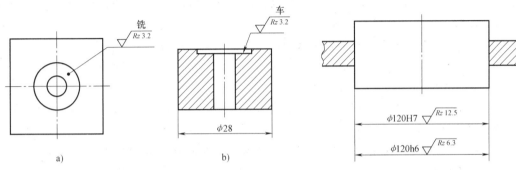

图 4-44 用引出线引出标注表面结构要求

图 4-45 表面结构要求标注在尺寸线上

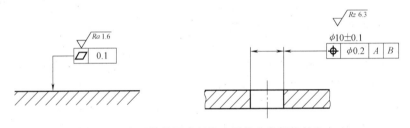

图 4-46 表面结构要求标注在形位公差框格的上方

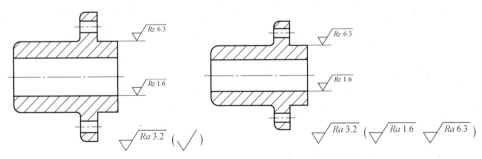

图 4-47 大多数表面有相同表面结构要求的简化注法

四、表面粗糙度数值的选用

表面粗糙度的评定参数值已经标准化，设计时应按国家标准 GB/T 1031—2009 规定的参数值系列选取（表 4-14、表 4-15），幅度特征参数值分为系列值和补充系列，选用时应优先采用系列值。

表 4-14　轮廓的算术平均偏差 *Ra* 的数值（摘自 GB/T 1031—2009）　（单位：μm）

系列值	0.012, 0.025, 0.05, 0.1, 0.2, 0.4, 0.8, 1.6, 3.2, 6.3, 12.5, 25, 50, 100
补充系列	0.008, 0.010, 0.016, 0.020, 0.032, 0.040, 0.063, 0.080, 0.125, 0.160, 0.25, 0.32, 0.50, 0.63, 1.0, 1.25, 2.0, 2.5, 4.0, 5.0, 8.0, 10.0, 16.0, 20, 32, 40, 63, 80

表 4-15　轮廓的最大高度 *Rz* 的数值（摘自 GB/T 1031—2009）　（单位：μm）

系列值	0.025, 0.05, 0.1, 0.2, 0.4, 0.8, 1.6, 3.2, 6.3, 12.5, 25, 50, 100, 200, 400, 800, 1600
补充系列	0.032, 0.040, 0.063, 0.080, 0.125, 0.160, 0.25, 0.32, 0.50, 0.63, 1.0, 1.25, 2.0, 2.5, 4.0, 5.0, 8.0, 10.0, 16.0, 20, 32, 40, 63, 80, 125, 160, 250, 320, 500, 630, 1000, 1250

在实际应用中，由于表面粗糙度和零件的功能关系十分复杂，很难全面而精细地按零件表面功能要求来准确地确定表面粗糙度的参数值，因此，具体选用时多用类比法来确定表面粗糙度的参数值。其选择原则如下：

1）同一零件上，工作表面的表面粗糙度值应比非工作表面的小。

2）摩擦表面的表面粗糙度值应比非摩擦表面的小，滚动摩擦表面的表面粗糙度值应比滑动摩擦表面的小。

3）运动速度高、单位面积压力大的表面以及受交变应力作用的重要零件圆角、沟槽的表面粗糙度值都要小。

4）配合性质要求越稳定，其配合表面的表面粗糙度值应越小。配合性质相同时，小尺寸结合面的表面粗糙度值应比大尺寸结合面的小。同一公差等级时，轴的表面粗糙度值应比孔的小。

5）表面粗糙度参数值应与尺寸公差及几何公差相协调。

6）凡有关标准已对表面粗糙度要求做出规定，则应按标准确定该表面粗糙度参数值。

例 4-7　试确定图 4-16 中轴的表面粗糙度数值。

解　首先按滚动轴承使用要求（具体可参阅有关机械设计手册），确定 φ55mm 轴颈表面粗糙度参数 *Ra* 为 0.8μm，接着用类比法可确定其余表面的表面粗糙度数值，如图 4-48 所示。

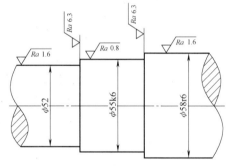

图 4-48　表面粗糙度选择示例

自测题与习题

一、自测题

1. 比较两尺寸公差等级高低的依据是 _____。

　A. 公差等级数　　　B. 公差单位　　　C. 公差值　　　D. 基本偏差

2. 标准配合中，配合的松紧程度取决于 _____。

　A. 基本尺寸　　　B. 极限尺寸　　　C. 基本偏差　　　D. 标准偏差

3. 下列配合中，属于基轴制过渡配合的是 _____。

　A. H8/f7　　　B. F8/h6　　　C. S7/h6　　　D. K7/h6

4. 形状公差带的形状有多种，但它们的共同特点是：_____，没有基准要求。

 A. 位置不固定，方向浮动   B. 位置固定，方向不浮动

 C. 位置不固定，方向不浮动   D. 位置固定，方向浮动

5. 下列_____公差的公差带形状是唯一的。

 A. 直线度   B. 同轴度   C. 垂直度   D. 平行度

6. 表面粗糙度符号 ⊘ 用于_____的表面。

 A. 去除材料   B. 不去除材料   C. 不拘加工方法   D. 配合

二、习题

1. 按 $\phi30k6$ 加工一批轴，完工后测得这批轴的最大实际尺寸为 $\phi30.015$，最小为 $\phi30$。问该轴的尺寸公差为多少？这批轴是否全部合格？为什么？

2. 查表画出下列相互配合的孔、轴的公差带图，说明配合性质及配合制，并计算极限盈、隙指标。

1）$\phi20H8/f7$ 2）$\phi60H6/p5$ 3）$\phi110S5/h4$

4）$\phi45JS6/h5$ 5）$\phi40H7/t6$ 6）$\phi90D9/h9$

3. 设采用基孔制孔、轴公称尺寸和使用要求如下，试确定配合代号。

1）$D = 40mm$, $X_{max} = 0.07mm$, $X_{min} = 0.02mm$

2）$D = 100mm$, $Y_{min} = -0.02mm$, $Y_{max} = -0.13mm$

3）$D = 10mm$, $X_{max} = 0.01mm$, $Y_{max} = -0.02mm$

4. 为什么说径向全跳动未超差，则被测表面的圆柱度误差就不会超过径向全跳动公差？

5. 请改正图4-49中几何公差标注的错误。

6. 将下列各项几何公差要求标注在图4-50上。

1）左端面的平面度公差为 0.01mm。

2）右端面对左端面的平行度公差为 0.04mm。

3）$\phi70$ 孔轴线对左端面的垂直度公差为 0.02mm。

4）$\phi210$ 外圆轴线对 $\phi70$ 孔的同轴度公差为 $\phi0.03mm$。

5）$4\times\phi20H8$ 孔轴线对左端面及 $\phi70mm$ 孔轴线的位置度公差为 $\phi0.15mm$。

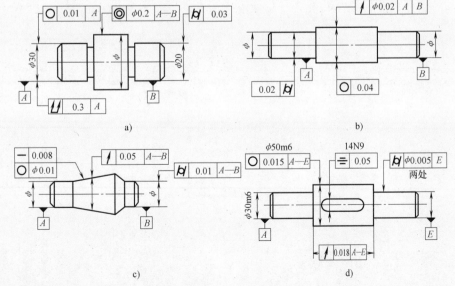

图 4-49 题 5 图

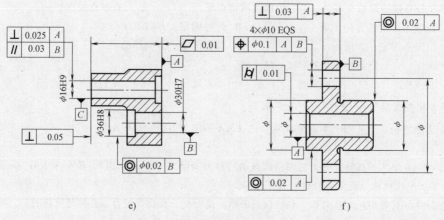

e)　　　　　　　　　　　　　　　　f)

图 4-49　题 5 图（续）

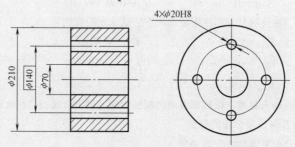

图 4-50　题 6 图

7. 零件表面的表面粗糙度会对零件的使用性能产生哪些影响？

8. 为什么要规定取样长度和评定长度？

9. 表面粗糙度主参数 Ra、Rz 对于同一测量表面哪一个大？哪一个小？为什么？

第五章　常 用 机 构

太阳翼是空间站不可或缺的"能量源泉"。我国的问天实验舱配置的太阳翼，完全展开后总面积为 276 平方米。由于火箭尺寸等限制，航天器发射前太阳翼处于折叠状态，进入太空后才舒展打开。这就需要用到许多机构，依次完成解锁、抬升、释放等一系列的有序动作，最后由伸展机构推动太阳翼向外展开，像是一架被缓缓拉开的手风琴，在宇宙中奏响美妙乐章。本章我们将学习机械中的常用机构。

机械中，常用机构主要包括平面连杆机构、凸轮机构、间歇运动机构和螺旋机构等。机构的基本功用是转换运动形式，例如，将回转运动转换为摆动或往复直线移动；将匀速转动转换为非匀速转动或间歇性运动等。

第一节　构件和运动副

阅读问题：

1. 什么是运动副？运动副怎么分类？

2. 什么是低副、高副？转动副、移动副可用什么样的符号表示？

3. 什么是机构运动简图？原动件在简图中怎么表达？机构示意图与运动简图有何区别？

一、运动副和约束

机构是由许多构件组合而成的。在机构中，每个构件都以一定的方式与其他构件相互联接，这些联接都是可动的。这种使两构件直接接触而又能产生一定相对运动的联接称为运动副。例如，轴与轴承的联接、活塞与气缸的联接以及传动齿轮两个轮齿间的联接等。运动副限制了两构件间某些独立的运动，这种限制构件独立运动的作用称为约束。

平面机构中，由于运动副将各构件的运动限制在同一平面或相互平行的平面内，故这种运动副也称为平面运动副。根据运动副接触形式的不同，平面运动副又可分为低副和高副。

1. 低副

两构件通过面接触构成的运动副称为低副。平面低副按两构件间相对运动形式的不同，还可分为转动副和移动副。

（1）转动副　两构件间只能产生相对转动的运动副称为转动副，也称铰链，如图 5-1a 所示，图 5-1b 所示为其表示符号。

（2）移动副　两构件间只能产生相对移动的运动副称为移动副，如图 5-2a 所示，图 5-2b 所示为其表示符号。

2. 转动副

3. 移动副

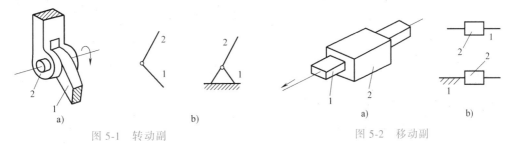

图 5-1　转动副　　　　　　　　　　　　图 5-2　移动副

2. 高副

两构件通过点或线接触所构成的运动副称为高副。如图 5-3a 中的车轮 1 与钢轨 2；图 5-3b 中凸轮 1 与推杆 2；图 5-3c 中的轮齿 1 与轮齿 2，它们分别在接触处 A 构成高副。高副可用接触处的轮廓表示。

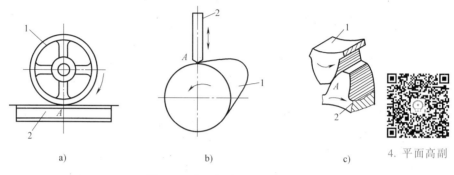

4. 平面高副

a)　　　　　　　　　　　b)　　　　　　　　　　　c)

图 5-3　平面高副

二、构件的分类

机构中的构件可分为三类：

1. 机架

机架是机构中视作固定不动的构件，它支承着其他可动构件。如图 5-4 中构件 1 是机架，它支承着曲柄 2 和摇杆 4 等可动构件。在机构图中，机架上常标有斜线以示区别。

2. 原动件

原动件是机构中接受外部给定运动规律的可动构件。图 5-4 中构件 2 是原动件，它接受电动机给定的运动规律。机构通过原动件从外部输入运动，所以原动件又称输入构件。在机构图中，原动件上常标有箭头以示区别。

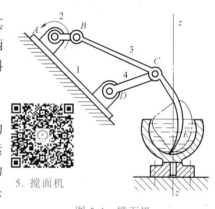

5. 搅面机

图 5-4　搅面机

3. 从动件

从动件是机构中随原动件而运动的可动构件。图 5-4 中的构件 4 和 3 都是从动件，它们随原动件 2 而运动。当从动件输出运动或实现机构功能时，便称其为输出构件或执行件。

三、机构运动简图

由于机构的运动特性仅与机构的构件数、运动副的类型和数目以及它们的相对位置有关，而与构件的外形、截面尺寸及运动副的具体结构等因素无关。因此，在分析机构运动时，为了问题简化，常不考虑与运动无关的因素，用规定的简单线条和运动副符号表示构件和运动副，并按一定的比例确定运动副的位置。这种用规定的简化画法表达机构中各构件运动关系的图形称为机构运动简图。不按尺寸比例绘制的机构图形称为机构示意图。

图 5-5 为颚式破碎机主体机构及机构运动简图。

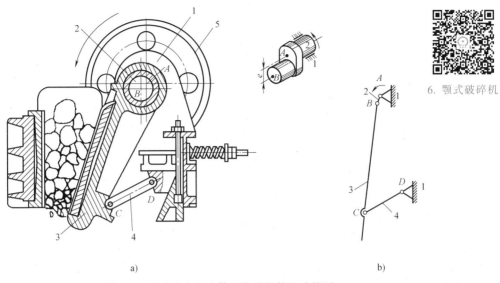

6. 颚式破碎机

a)　　　　　　　　　　　　　　　b)

图 5-5　颚式破碎机主体机构及机构运动简图

第二节　平面连杆机构

阅读问题：

1. 什么是连杆机构？铰链四杆机构的基本类型有哪些？

2. 要想实现摆动与整周转动之间的转换应选用哪种铰链四杆机构？

3. 铰链四杆机构中的最短杆和最长杆之和大于其余两杆之和时，机构存在曲柄吗？它会是一个什么机构？

4. 要实现转动与移动转换应采用什么连杆机构？

5. 要将整周转动转换成小位移往复移动应采用什么连杆机构？

6. 什么是机构的急回特性？极位夹角为零时机构有急回特性吗？

7. 机构的传力特性与什么有关？机构处于止点位置时压力角为多少？

8. 作图法设计连杆机构的基本方法有哪些？

试一试：图 5-6 所示偏置曲柄滑块机构，$l_{AB} = 20$mm，$l_{BC} = 40$mm，$e = 10$mm。

(1) 用作图法求机构的极位夹角 θ、行程速比系数 K、行程 S。

(2) 画出机构图示位置的压力角 α、传动角 γ；机构的最大压力角 $\alpha_{\max}$ 是多少？

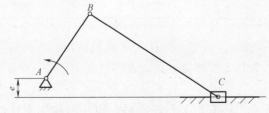

图 5-6　偏置曲柄滑块机构

一、概述

平面连杆机构是由若干构件以低副（转动副和移动副）联接而成的机构，也称平面低副机构。其主要特点是：由于低副为面接触，压强低、磨损量少，而且构成运动副的表面为圆柱面或平面，制造方便；又由于这类机构容易实现常见的转动、移动及其转换，所以获得广泛应用。它的缺点是：由于低副中存在着间隙，机构将不可避免地产生运动误差，另外，平面连杆机构不易精确地实现复杂的运动规律。

平面连杆机构常以其所含的构件（杆）数来命名，如四杆机构、五杆机构……常把五杆或五杆以上的平面连杆机构称为多杆机构。最基本、最简单的平面连杆机构是由四个构件组成的平面四杆机构。它不仅应用广泛，而且又是多杆机构的基础。

平面四杆机构可分为铰链四杆机构和滑块四杆机构两大类，前者是平面四杆机构的基本形式，后者由前者演化而来。

二、铰链四杆机构的基本类型

铰链四杆机构是将 4 个构件以 4 个转动副（铰链）联接而成的平面机构，如图 5-7 所示。机构中与机架 4 相联的构件 1、构件 3，称为连架杆，连架杆若能绕机架作整周转动则称为曲柄，若只能绕机架在小于 360°的范围内作往复摆动则称为摇杆，与连架杆相联的构件 2 称为连杆。

铰链四杆机构有三种类型：曲柄摇杆机构、双曲柄机构和双摇杆机构。

1. 曲柄摇杆机构

铰链四杆机构的两个连架杆，若一杆为曲柄，另一杆为摇杆，则此机构称为曲柄摇杆机构。如图 5-8 所示为雷达天线机构，当原动件曲柄 1 转动时，通过连杆 2，使与摇杆 3 固结的抛物面天线做一定角度的摆动，以调整天线的俯仰角度。

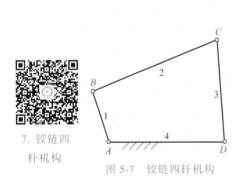

7. 铰链四杆机构

图 5-7　铰链四杆机构

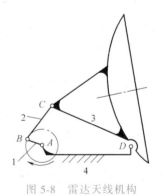

图 5-8　雷达天线机构

曲柄摇杆机构的作用是：将转动转换为摆动，或将摆动转换为转动。

2. 双曲柄机构

如图 5-9 所示铰链四杆机构的两个连架杆若都是曲柄，则称为双曲柄机构。

图 5-10 所示为惯性筛机构，其中 ABCD 为双曲柄机构。当曲柄 1 做等角速转动时，曲柄 3 做变角速转动，通过构件 5 使筛体 6 做变速往复直线运动，筛面上的物料由于惯性而来回抖动，从而实现筛选。

在双曲柄机构中，常见的还有正平行四边形机构（又称正平行双曲柄机构）和反平行四边形机构（又称反平行双曲柄机构）。图 5-11a 所示为正平行四边形机构，由于两相对构件相互平行，呈平行四边形，因此，两曲柄 1 与 3 做同速同向转动，连杆 2 做平动。图 5-11b 所示的铲斗机构，采用正平行四边形机构，铲斗与连杆 2 固结，故做平动，可使其中物料在运行时不致泼出。

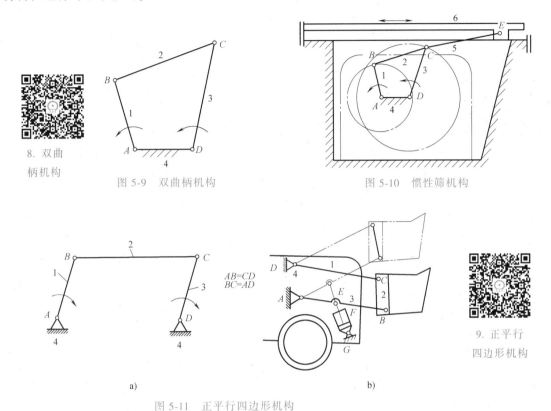

8. 双曲
柄机构

图 5-9　双曲柄机构

图 5-10　惯性筛机构

a)

图 5-11　正平行四边形机构

9. 正平行
四边形机构

图 5-12a 所示为反平行四边形机构，由于两相对构件相等，但 *AD* 与 *BC* 不平行，因此，曲柄 1 与 3 做不同速反向转动。图 5-13b 所示的车门机构，采用反平行四边形机构，以保证与曲柄 1、3 固结的车门，能同时开关。

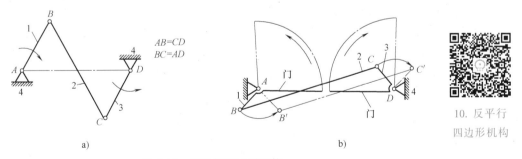

a)

b)

10. 反平行
四边形机构

图 5-12　反平行四边形机构

双曲柄机构的作用是：将等速转动转换为等速同向、不等速同向、不等速反向等多种转动。

3. 双摇杆机构

如图 5-13 所示铰链四杆机构的两个连架杆若都是摇杆，则称为双摇杆机构。图 5-14 所示为鹤式起重机的提升机构属于双摇杆机构。原动件连架杆 1 摆动时，连架杆 3 也随着摆动，并使连杆 2 上 E 点的轨迹近似水平直线，在该点所吊重物作水平移动，从而避免不必要的升降所引起的能量消耗。

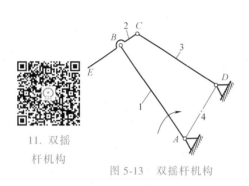

11. 双摇
杆机构

图 5-13　双摇杆机构

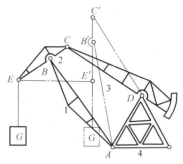

图 5-14　鹤式起重机的提升机构

三、铰链四杆机构基本类型的判别

1. 曲柄存在的条件

设最长构件长度为 l_{max}，最短构件长度为 l_{min}，其余两构件长度分别为 l'、l''，则曲柄存在条件为：

1）最短构件与最长构件长度之和小于或等于其余两构件长度之和。

$$l_{max}+l_{min} \leqslant l'+l'' \tag{5-1}$$

2）连架杆与机架两构件中有一个是最短杆。

当机构存在曲柄时，若最短杆为连架杆，则最短杆是曲柄；当最短杆为机架，则两个连架杆均为曲柄。

2. 铰链四杆机构基本类型的判别方法

1）在铰链四杆机构中，最短构件与最长构件的长度之和小于或等于其余两构件长度之和时，取不同构件为机架，则得到不同的机构。

① 若取最短构件为连架杆，则该机构为曲柄摇杆机构。

② 若取最短构件作为机架，则该机构为双曲柄机构。

③ 若取最短构件作为连杆，则该机构为双摇杆机构。

2）当最短构件与最长构件长度之和大于其余两构件长度之和（$l_{max}+l_{min}>l'+l''$）时，则该机构为双摇杆机构。

例 5-1　已知图 5-8 所示雷达天线机构，$l_1=40$mm，$l_2=110$mm，$l_3=l_4=150$mm。请判别该机构是否曲柄摇杆机构。

解　1）由图中得知，$l_1=l_{min}=40$，$l_2=110$，$l_3=l_4=l_{max}=150$。

2）按式（5-1）检查各构件长度间的关系：

$$l_{max}+l_{min}=150+40=190$$

$$l'+l''=150+110=260$$

满足式（5-1）要求。

3）构件 1 最短，它在机构中作连架杆，所以图示雷达天线机构是曲柄摇杆机构。

四、铰链四杆机构的演化

1. 曲柄滑块机构

在图 5-15a 所示的曲柄摇杆机构中，当曲柄 1 绕轴 A 转动时，铰链 C 将沿圆弧 $\overset{\frown}{\beta\beta}$ 往复摆动。在图 5-15b 所示的机构简图中，设将摇杆 3 做成滑块形式，并使其沿圆弧导轨 $\overset{\frown}{\beta'\beta'}$ 往复移动，显然其运动性质并未发生改变。但此时铰链四杆机构已演化为曲线导轨的曲柄滑块机构。如曲线导轨的半径无限延长时，曲线 $\overset{\frown}{\beta'\beta'}$ 将变为图 5-16a 所示的直线 mm，于是铰链四杆机构将变为常见的曲柄滑块机构。

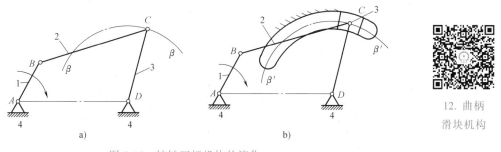

12. 曲柄
滑块机构

图 5-15　铰链四杆机构的演化

曲柄转动中心至滑块导轨的距离 e，称为偏距。若 $e = 0$，如图 5-16a 所示，称为对心曲柄滑块机构。若 $e \neq 0$，如图 5-16b 所示，称为偏置曲柄滑块机构。

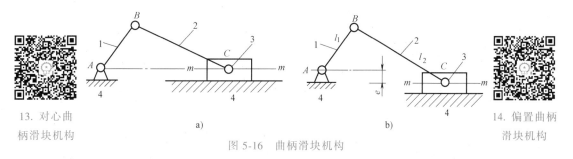

13. 对心曲
柄滑块机构

14. 偏置曲柄
滑块机构

图 5-16　曲柄滑块机构

在图 5-16 中，设构件 AB 的长度为 l_1，构件 BC 的长度为 l_2，保证 AB 杆成为曲柄的条件是

$$l_1 + e \leqslant l_2$$

曲柄滑块机构用于转动与往复移动之间的运动转换，广泛应用于内燃机、空气压缩机、冲床和自动送料机等机械设备中。

在图 5-17a 所示曲柄滑块机构中，若取不同构件作为机架时，该机构便演化为定块机构、摇块机构和导杆机构等。

2. 定块机构

在图 5-17b 所示的曲柄滑块机构中，如果将构件 3（即滑块）作为机架时，曲柄滑块机构便演化为定块机构。图 5-18 所示手压抽水机是定块机构的应用实例。摆动手柄 1，使构件 4 上下移动，实现抽水动作。

3. 摇块机构

在图 5-17c 所示曲柄滑块机构中，若取构件 2 作为机架，则可得摇块机构。这种机构广

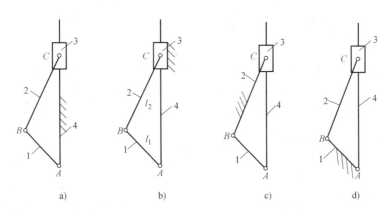

图 5-17　曲柄滑块机构的演化

泛应用于液压驱动装置中。如图 5-19 所示的货车自卸机构，是摇块机构的应用实例。当液压缸 3（即摇块）中的液压油推动活塞杆 4 运动时，车厢 1 便绕回转副中心 B 倾转，当达到一定角度时，物料就自动卸下。

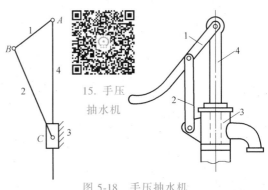

15. 手压抽水机

图 5-18　手压抽水机

4. 导杆机构

在图 5-17d 所示的曲柄滑块机构中，如取构件 1 作为机架，则曲柄滑块机构便演化为导杆机构。机构中，构件 4 称为导杆，滑块 3 相对导杆滑动，并和导杆一起绕 A 点转动，一般取连杆 2 为原动件。当 $l_1 < l_2$ 时，构件 2 和构件 4 都能做整周转动，此机构称为转动导杆机构。图 5-20a 所示插床插刀机构 $ABCD$ 部分，是本机构的应用实例。工作时，导杆 4 绕 A 轴回转，带动构件 5 及插刀 6，使插刀往复运动，进行切削。当 $l_1 > l_2$ 时，构件 2 能做整周转动，构件 4 只能在某一角度内摆动，则该机构成为摆动导杆机构（见图 5-20b）。图 5-20c 所示牛头刨床刨刀驱动机构 $ABCD$ 部分，是本机构的应用实例。工作时，导杆 4 摆动，并带动构件 5 及刨刀 6 使刨刀往复运动，进行刨削。

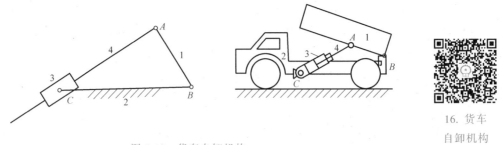

图 5-19　货车自卸机构

16. 货车
自卸机构

五、四杆机构的基本特性

四杆机构的基本特性包括运动特性和传力特性。了解机构的特性，对正确选择平面连杆机构的类型和设计平面连杆机构具有重要意义。

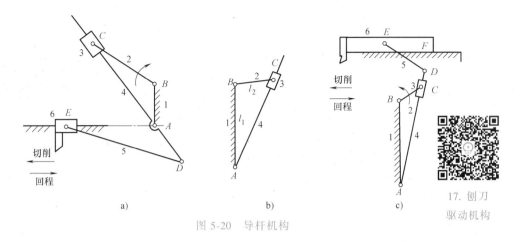

图 5-20　导杆机构

（一）四杆机构的运动特性

1. 极位

曲柄摇杆机构、摆动导杆机构和曲柄滑块机构中，当原动件曲柄做整周连续转动时，从动件做往复摆动或往复移动的两个极限位置，称为极位。如图 5-21 所示曲柄摇杆机构中，从动件摇杆所处的两个极限位置 C_1D、C_2D，即为该机构的极位。

2. 急回特性及行程速比系数

在图 5-21 所示的曲柄摇杆机构中，原动件曲柄 AB 转动一周过程中，曲柄 AB 与连杆 BC 有两次共线位置 AB_1 和 AB_2，这时从动件摇杆 CD 分别位于左、右两个极限位置 C_1D 和 C_2D，其夹角 ψ 称为摇杆摆角，它是从动件的摆动范围。曲柄的两个对应位置 AB_1 和 AB_2 所夹锐角 θ 称为极位夹角。

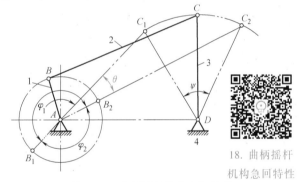

18. 曲柄摇杆机构急回特性

图 5-21　曲柄摇杆机构急回特性

设摇杆从 C_1D 到 C_2D 的行程为工作行程——该行程克服阻力对外作功。从 C_2D 到 C_1D 的行程为空回行程——该行程只克服运动副中的摩擦力。C 点在工作行程和空回行程的平均速度分别为 v_1 和 v_2。由于曲柄 AB 在两行程中的转角分别为 $\varphi_1 = 180° + \theta$ 和 $\varphi_2 = 180° - \theta$，所对应时间 t_1 和 t_2，且有 $t_1 > t_2$，因而 $v_2 > v_1$。机构空回行程速度大于工作行程速度的特性称为急回特性。它能满足某些机械的工作要求，如牛头刨床和插床，工作行程要求速度慢而均匀以提高加工质量，空回行程要求速度快以缩短非工作时间，提高工作效率。

机构的急回特性可以用行程速比系数 K 表示，即

$$K = \frac{v_2}{v_1} = \frac{\widehat{C_2C_1}/t_2}{\widehat{C_1C_2}/t_1} = \frac{t_1}{t_2} = \frac{180° + \theta}{180° - \theta} \tag{5-2}$$

行程速比系数 K 的大小表达了机构的急回程度。若 $K>1$，表示空行程速度 v_2 大于工作行程速度 v_1，机构具有急回特性。θ 越大，K 值越大，机构的急回作用越显著；反之，K 值越小，急回作用越不明显；极位夹角 θ 为零，则机构没有急回特性。由式 5-2 得

$$\theta = 180° \times \frac{K-1}{K+1} \qquad (5-3)$$

极位夹角 θ 是设计四杆机构的重要参数之一。原动件做等速转动，从动件做往复摆动（或移动）的四杆机构，都可以按机构的极位作出其摆角（或行程）和极位夹角。

图 5-22 所示为偏置曲柄滑块机构，原动件曲柄 AB 与连杆 BC 共线时，从动件滑块位于 C_1、C_2 两个极限位置，滑块的行程 $s = C_1C_2$，极位夹角 $\theta = \angle C_1AC_2$。

图 5-23 所示为摆动导杆机构，从动件导杆 3 的极限位置是其与原动件曲柄上 B 点轨迹圆相切的位置 B_1C、B_2C。由图可知，导杆摆角（行程）ψ 等于极位夹角 θ（AB_1 与 AB_2 所夹锐角），即 $\psi = \theta \neq 0$，此时机构必有急回特性。牛头刨床即利用此特性来提高生产率。

（二）机构的传力特性

1. 压力角与传动角

在图 5-24 所示的铰链四杆机构中，设 AB 为原动件，如不计各构件质量和运动副中的摩擦，连杆 BC 为二力构件，它作用于从动件 CD 上的力 $\boldsymbol{F}$ 是沿 BC 方向的。作用在从动件上的驱动力 $\boldsymbol{F}$ 与该力作用点的速度 v_C 方向之间所夹锐角称为压力角，以 α 表示。力 $\boldsymbol{F}$ 沿 v_C 方向的分力 $\boldsymbol{F}_t = \boldsymbol{F}\cos\alpha$，它能推动从动件作有效功，称为有效分力。沿 v_C 垂直方向的分力 $\boldsymbol{F}_n = F\sin\alpha$，它引起摩擦阻力，产生有害的摩擦功，称为有害分力。压力角 α 越小，有效分力 $\boldsymbol{F}_t$ 就越大。压力角可作为判断机构传力性能的标志。在连杆机构设计中，为测量方便，常用压力角的余角 γ 来判断传力性能，γ 称为传动角。因 $\gamma = 90° - \alpha$，故压力角 α 越小，γ 越大，机构传力性能越好；反之，压力角 α 越大，γ 越小，机构传力性能越差。压力角（或传动角）的大小反映了机构对驱动力的有效利用程度。

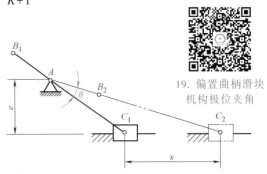
19. 偏置曲柄滑块机构极位夹角

图 5-22　偏置曲柄滑块机构极位夹角

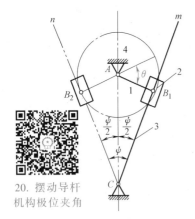
20. 摆动导杆机构极位夹角

图 5-23　摆动导杆机构极位夹角

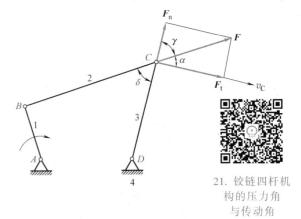
21. 铰链四杆机构的压力角与传动角

图 5-24　铰链四杆机构的压力角与传动角

机构运行时，α、γ 随从动件的位置不同而变化，为保证机构有良好的传力性能，要限制工作行程的最大压力角 α_{max} 或最小传动角 γ_{min}。对于一般机械 $\alpha_{max} \leqslant 50°$ 或 $\gamma_{min} \geqslant 40°$，对

于大功率机械 $\alpha_{max} \leqslant 40°$ 或 $\gamma_{min} \geqslant 50°$。

　　曲柄摇杆机构的最小传动角一般出现在曲柄 AB 与机架 AD 共线的两个位置。图 5-25a 表示 AB' 与 AD 重合，连杆与从动件间的夹角 $\delta = \delta_{min}$。图 5-25b 表示 AB'' 在 AD 的延长线上，$\delta = \delta_{max}$。由于 γ 应该是锐角，所以若 δ 是锐角，则 $\gamma_{min} = \delta_{min}$；若 δ 是钝角，则 $\gamma_{min} = 180° - \delta_{max}$。从两个 γ_{min} 中取较小者为该机构的最小传动角。

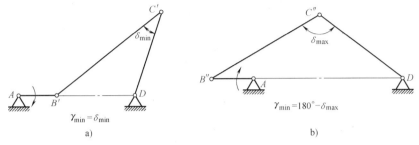

图 5-25　曲柄摇杆机构的 γ_{min}

22. 曲柄摇杆
机构的 γ_{min}

　　2. 止点位置

　　所谓止点位置就是指从动件的压力角 $\alpha = 90°$ 时机构所处的位置。在图 5-26 所示的曲柄摇杆机构中，摇杆 CD 为主动件，曲柄 AB 为从动件，则当摇杆 CD 处于 C_1D、C_2D 时，连杆 BC 与曲柄 AB 共线。若不计各构件质量，则这时连杆 BC 加给曲柄 AB 的力将通过铰链中心 A，$\alpha = 90°$，此时力对 A 点不产生力矩，因此不能使曲柄转动，机构处于止点位置。

　　对于传动机构来说，止点是不利的，应该采取措施使机构能顺利通过止点位置。对于连续运转的机器，可以利用从动件惯性来越过止点位置。例如缝纫机就是借助于带轮的惯性越过止点位置。

　　机构的止点位置并非总是起消极作用。工程实际中，也常利用止点位置来实现一定的工作要求。如图 5-27 所示的夹紧装置，当工件 5 被夹紧时，铰链中心 BCD 共线，工件加在构件 1 上的反作用力 F_n 无论多大，也不能使 3 转动。这就保证在去掉外力 F 之后，仍能可靠地夹紧工件。当需要取出工件时，只需向上扳动手柄，即能松开夹具。

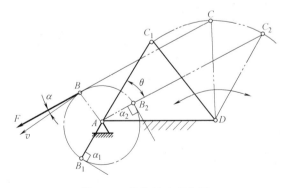

图 5-26　机构的止点位置

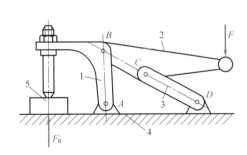

图 5-27　夹紧机构装置

　　六、平面四杆机构的设计

　　设计平面四杆机构，就是根据给定的运动条件，选定机构的形式，确定机构各构件尺寸参数。

四杆机构设计方法有解析法、几何作图法和图谱法等。作图法直观、解析法精确、图谱法方便。下面仅以几何作图法为例，介绍四杆机构设计的基本方法。

1. 按给定连杆两个位置设计四杆机构

已知连杆的两个位置 B_1C_1、B_2C_2 及其长度 l_{BC}，设计铰链四杆机构。

设计分析：按给定条件，画出设想的四杆机构（图 5-28）。由图可知，待求的铰链中心点 A、D 分别是 B 点的轨迹 B_1B_2 和 C 点的轨迹 C_1C_2 的圆心。

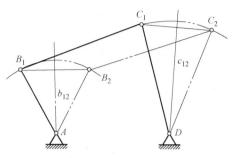

图 5-28　按给定连杆两个位置设计四杆机构

作图步骤：

1）选取比例尺 $\mu_L\left(\mu_L = \dfrac{构件实长}{构件图长}\right.$，其单位为 m/mm 或 mm/mm $\Big)$。

2）由设计条件，作 B_1B_2 中垂线 b_{12} 和 C_1C_2 中垂线 c_{12}。

3）在 b_{12} 上任取一点 A，在 c_{12} 上任取一点 D，连接 AB_1 和 C_1D，即得到各构件的长度为

$$l_{AB} = \mu_L \cdot AB_1 \qquad l_{CD} = \mu_L \cdot C_1D \qquad l_{AD} = \mu_L \cdot AD$$

由于 A、D 两点是任意选取的，所以有两组无穷多解，必须给出辅助条件，才能得出确定的解。

例 5-2　设计一砂箱翻转机构。翻台在位置 I 处造型，在位置 II 起模，翻台与连杆 BC 固连成一整体，$l_{BC} = 0.5\text{m}$，机架 AD 为水平位置，如图 5-29 所示。

解　由题意可知此机构的两个连杆位置，其设计步骤如下：

1）取 $\mu_L = 0.1\text{m/mm}$，则 $BC = l_{BC}/\mu_L = 0.5\text{m}/0.1\text{m/mm} = 5\text{mm}$，在给定位置作 B_1C_1、B_2C_2。

2）作 B_1B_2 中垂线 b_{12}、C_1C_2 中垂线 c_{12}。

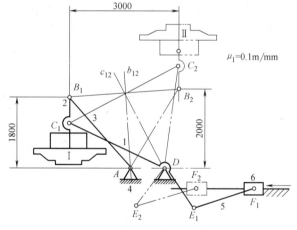

图 5-29　砂箱翻转机构

3）按给定机架位置作水平线，与 b_{12}、c_{12} 分别交得点 A、D。

4）连接 AB_1 和 C_1D，即得到各构件的长度为

$$l_{AB} = \mu_L \cdot AB_1 = 0.1\text{m/mm} \times 25\text{mm} = 2.5\text{m}$$

$$l_{CD} = \mu_L \cdot C_1D = 0.1\text{m/mm} \times 27\text{mm} = 2.7\text{m}$$

$$l_{AD} = \mu_L \cdot AD = 0.1\text{m/mm} \times 8\text{mm} = 0.8\text{m}$$

本题解是唯一的，给定的机架 AD 位置是辅助条件。

若给定连杆三个已知位置，其设计过程与上述基本相同。但由于有三个确定位置，相应

三点可定一圆，故一般情况下有确定解。

2. 按给定的行程速度变化系数 K 设计四杆机构

设计具有急回特性的四杆机构，一般是根据实际运动要求选定行程速比系数 K 的数值，然后根据机构极位的几何特点，结合其他辅助条件进行设计。具有急回特性的四杆机构有曲柄摇杆机构、偏置曲柄滑块机构和摆动导杆机构等，其中以典型的曲柄摇杆机构设计为基础。

已知摇杆长度 l_{CD}，摆角 ψ 和行程速比系数 K，该机构设计步骤如下：

1）根据实际尺寸确定适当的长度比例尺 μ_L（m/mm 或 mm/mm）。

2）按给定的行程速比系数 K，求出极位夹角 θ。

$$\theta = 180° \times \frac{K-1}{K+1}$$

3）如图 5-30 所示，任选固定铰链中心 D 的位置，按摇杆长度 l_{CD} 和摆角 ψ 作出摇杆两个极位 C_1D 和 C_2D。

4）连接 C_1 和 C_2，并作 C_1M 垂直于 C_1C_2。

5）作 $\angle C_1C_2N = 90°-\theta$，得 C_2N 与 C_1M 相交于 P 点。由图可见 $\angle C_1PC_2 = \theta$。

6）作 $\triangle PC_1C_2$ 的外接圆，在此圆周上任取一点 A 作为曲柄的固定铰链中心。连接 AC_1 和 AC_2，因同一圆弧的圆周角相等，故 $\angle C_1AC_2 = \angle C_1PC_2 = \theta$。

7）因在极位处，曲柄与连杆必共线，故 $AC_1 = BC-AB$，$AC_2 = BC+AB$，从而得曲柄 $AB = (AC_2 - AC_1)/2$，$BC = (AC_2+AC_1)/2$。于是 $l_{AB} = \mu_L AB$，$l_{BC} = \mu_L BC$，$l_{AD} = \mu_L AD$。

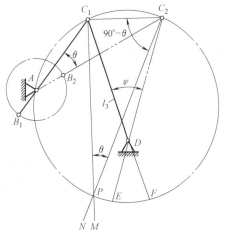

图 5-30 按给定的行程速比系数 K 设计四杆机构

由于 A 点是在 $\triangle C_1PC_2$ 外接圆上的任选的点，所以若仅按行程速比系数 K 设计，可得无穷多解。A 点位置不同，机构传动角的大小也不同。要获得良好的传动性能，还需借助其他辅助条件来确定 A 点位置。

第三节 凸 轮 机 构

阅读问题：

1. 凸轮机构可实现哪些运动的转换？常见的分类方法有哪些？

2. 什么是凸轮机构的位移线图？推程与推程运动角分别是怎么定义的？

3. 哪种从动件运动规律只能用于低速轻载的场合？

4. "反转法"中给整个机构加上 $-\omega$ 的转速后，从动件与凸轮的相对运动变化了吗？

5. 凸轮机构工作时，其压力角是否每处相同？

6. 凸轮基圆的大小对凸轮机构会有哪些影响？

试一试：绘制对心式尖顶直动从动件凸轮轮廓曲线。已知凸轮顺时针匀速转动，从动件位移线图如图 5-31 所示，基圆半径 $r_b = 30$mm，行程 $h = 20$mm。

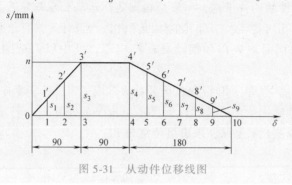

图 5-31 从动件位移线图

一、概述

（一）凸轮机构的组成和特点

在机器中，特别是自动化机器中，为实现某些特殊或复杂的运动，常采用凸轮机构。凸轮机构通常是由原动件凸轮、从动件和机架组成。其作用是将凸轮的连续转动或移动转换为从动件的连续或不连续的移动或摆动。与连杆机构相比，凸轮机构便于准确地实现给定的运动规律，但由于凸轮与从动件构成的高副是点接触或线接触，所以易磨损，另外高精度凸轮机构制造也比较困难。

（二）凸轮机构的应用和分类

图 5-32 所示为内燃机的配气机构。当凸轮 1 做等速转动时，其轮廓通过与气阀 2 的平底接触，推动气阀上、下移动，使气阀按内燃机工作循环的要求有规律地开启和闭合。

图 5-33 所示为自动机床的进给机构。当凸轮 1 等速转动时，其上曲线凹槽的侧面推动从动件扇形齿轮 2 绕 O 点做往复摆动，通过扇形齿轮和固结在刀架 3 上的齿条，控制刀架做进刀和退刀运动。

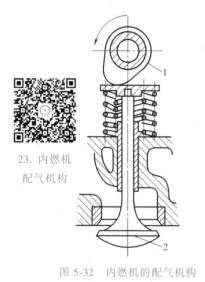

23. 内燃机
配气机构

图 5-32 内燃机的配气机构

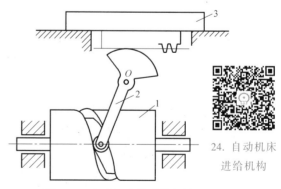

24. 自动机床
进给机构

图 5-33 自动机床的进给机构

工程实际中所使用的凸轮机构形式有多种多样，分类如下：

1. 按凸轮形状分类

按凸轮形状分类有：盘形凸轮（见图 5-32）、圆柱凸轮（见图 5-33）及移动凸轮（见图 5-34）。

2. 按从动件末端形状分类

1）尖顶从动件：如图 5-35a 所示，它以尖顶与凸轮接触，由于是点接触，又是滑动摩擦，所以摩擦、磨损都大，只限传递运动，不宜传力。

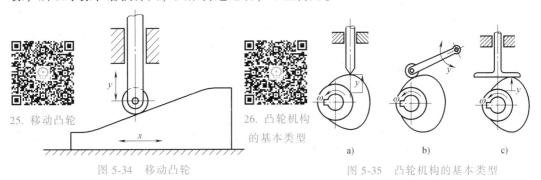

25. 移动凸轮

26. 凸轮机构的基本类型

图 5-34　移动凸轮　　　　　图 5-35　凸轮机构的基本类型

2）滚子从动件：如图 5-35b 所示，它以滚子与凸轮接触，由于是线接触，又是滚动摩擦，所以摩擦、磨损较小。

3）平底从动件：如图 5-35c 所示，它以平底与凸轮接触，平面与凸轮轮廓间有楔状空隙，便于形成油膜，可减少摩擦、降低磨损。

3. 按从动件运动形式分类

直动从动件（图 5-32）、摆动从动件（图 5-33、图 5-35b）。

4. 按凸轮运动形式分类

转动凸轮（图 5-32）、移动凸轮（图 5-34）。

5. 按使从动件与凸轮保持接触的锁合方式分类

1）力锁合：依靠重力或弹簧压力锁合，如图 5-32 所示。

2）形锁合：依靠凸轮几何形状锁合，如图 5-33 所示。

实际应用中的凸轮机构通常是上述类型的不同综合。如图 5-32 所示凸轮机构，便是直动从动件、平底、力锁合的盘形凸轮机构。

二、从动件常用运动规律

（一）凸轮机构运动过程及有关名称

以图 5-36a 所示尖顶直动从动件盘形凸轮机构为例，说明原动件凸轮与从动件间的运动关系及有关名称。图示位置是凸轮转角为零，从动件位移也为零，从动件尖顶位于离凸轮轴心 O 最近位置 A，称为起始位置。以凸轮轮廓最小向径 OA 为半径作的圆，称为基圆，基圆半径用 r_b 表示。从动件离轴心最近位置 A 到最远位置 B' 间移动的距离 h 称为行程。

（1）推程　当凸轮以等角速 ω 按顺时针方向转动时，从动件尖顶被凸轮轮廓由 A 推至到 B'，这一行程称为推程，凸轮相应转角 δ_0 称为推程运动角。推程常称为工作行程。

（2）远休止角　凸轮继续转动，从动件尖顶与凸轮的 BC 圆弧段接触，停留在远离凸轮轴心 O 的位置 B'，称为远休止，凸轮相应转角 δ_s 称为远休止角。

（3）回程　凸轮继续转动，从动件尖顶与凸轮轮廓 CD 段接触，在其重力或弹簧力作用

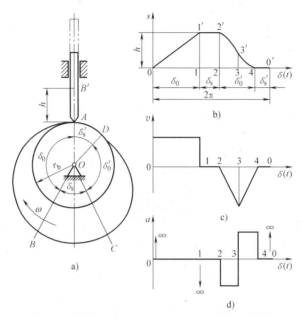

27. 盘型凸轮机构

图 5-36　凸轮机构的工作过程和从动件运动线图

下由最远位置 B' 回至最近位置，在 D 点与凸轮基圆接触。这一行程称为回程，凸轮相应转角 δ_0'，称为回程运动角。回程又称为空回行程。

（4）近休止角　凸轮继续转动，从动件尖顶与凸轮的 DA 圆弧段接触，停留在离凸轮轴心最近位置 A，称为近休止，凸轮相应转角 δ_s'，称为近休止角。

凸轮转过一周，从动件经历推程、远休止、回程、近休止四个运动阶段，是典型的升—停—回—停的双停歇循环。工程中，从动件运动也可以是一次停歇或没有停歇的循环。

行程 h 以及各阶段的转角，即 δ_0、δ_s、δ_0'、δ_s' 是描述凸轮机构运动的重要参数。

（二）位移线图

从动件的运动过程，可用位移线图表示。位移线图以从动件位移 s 或角位移 ϕ 为纵坐标，凸轮转角 δ 为横坐标。图 5-36b 是图 5-36a 所示凸轮机构的位移线图，它以 $01'$、$1'2'$、$2'3'$、$3'0'$ 等 4 条位移线分别表示该机构推程、远休止、回程、近休止 4 个运动过程。

由于凸轮以等角速 ω 转动，转角 $\delta = \omega t$，ω 是常数，故位移线图也可以时间 t 为横坐标。

（三）从动件常用运动规律

从动件运动规律，反映的是从动件位移或角位移与凸轮转角之间的关系，可以用线图表示，也可以用运动方程表示，还可以用表格表示。常用运动规律有如下几种：

1. 等速运动规律

从动件在推程（或回程）的运动速度为定值的运动规律，称为等速运动规律。

在图 5-36 所示的凸轮机构中，以推程为例，设凸轮以等角速度 ω 转动，当凸轮转过推程角时，从动件升为 h。从动件作等速运动规律运动线图可用图 5-37 表示。

由图可知，从动件在推程（或回程）开始和终止的瞬时，速度有突变，其加速度和惯性力在理论上为无穷大（实际上由于材料的弹性变形，其加速度和惯性力不可能达到无穷大），致使凸轮机构产生强烈的冲击、噪声和磨损，这种冲击称为刚性冲击。因此，等速运

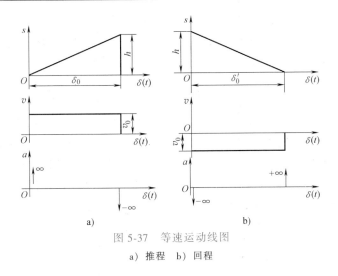

图 5-37 等速运动线图

a）推程　b）回程

动规律只适用于低速、轻载的场合。

2. 等加速等减速运动规律

从动件在一个行程 h 中，前半行程做等加速运动，后半行程做等减速运动的运动规律，称为等加速等减速运动规律。此处，从动件等加速上升的位移曲线是二次抛物线，其作图方法如图 5-38a 所示。在横坐标轴上找出代表 $\delta_0/2$ 的一点，将 $\delta_0/2$ 分成若干等分（图中为 4 等分），得 1、2、3、4 各点，过这些点做横坐标轴的垂线。又将从动件推程一半 $h/2$ 分成相应的等分（图中为 4 等分），再将点 O 分别与 $h/2$ 上各点 $1'$、$2'$、$3'$、$4'$ 相连接，得 $O1'$、$O2'$、$O3'$、$O4'$ 直线，它们分别与横坐标轴上的点 1、2、3、4 的垂线相交，最后将各交点连成一光滑曲线，该曲线便是等加速段的位移曲线。图 5-38a 为升程时做等加速等减速运动从动件的位移曲线。同理，不难作出回程时等加速等减速运动从动件的运动线图，如图 5-38b 所示。

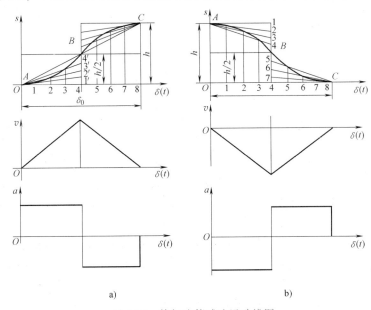

图 5-38　等加速等减速运动线图

a）推程　b）回程

由运动线图可知，这种运动规律的加速度在 A、B、C 三处存在有限的突变，因而会在机构中产生有限值的冲击力，这种冲击称为柔性冲击。与等速运动规律相比，其冲击程度大为减小。因此，等加速等减速运动规律适用于中速、中载的场合。

3. 简谐运动规律

当一质点在圆周上做匀速运动时，它在该圆直径上投影所形成的运动称为简谐运动。图 5-39a、b 分别为从动件做简谐运动时推程段、回程段的运动线图。由于其加速度线图为一余弦函数，故简谐运动规律又称为余弦加速度运动规律。由加速度线图可知，此运动规律在行程的始末两点加速度存在有限突变，故也存在柔性冲击，只适用于中速场合。但如果从动件做的是无停歇的升—降—升连续往复运动时，则得到连续的余弦曲线，运动中完全消除了柔性冲击，这种情况下可用于高速传动。

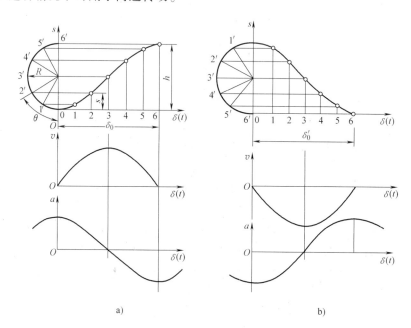

图 5-39　简谐运动线图

a）推程　b）回程

三、用图解法设计凸轮轮廓

设计凸轮机构，包括按使用要求选择凸轮类型、从动件运动规律（位移线图）和基圆半径等，据此绘制凸轮轮廓。下面介绍用图解法绘制凸轮轮廓。

凸轮机构工作时，凸轮与从动件都是运动的，而画在图样上的凸轮是静止的，为此，绘制凸轮轮廓曲线时常采用反转法。如图 5-40 所示，设凸轮绕轴 O 以等角速度 ω 顺时针转动。根据相对运动原理，假定给整个机构加上一个与 ω 相反的公共角速度 -ω，这样凸轮就固定不动了，而从动件连同机架一起以公共角速度 -ω 绕 O 轴转动。同时从动件沿移动副相对机架做与原来完全相同的往复移动。由于从动件尖顶始终与凸轮轮廓曲线接触，故从动件尖顶的运动轨迹，便是凸轮的理论轮廓线。这就是反转法原理。反转法原理适用于各种凸轮轮廓曲线的设计。

1. 尖顶对心直动从动件盘形凸轮轮廓曲线的绘制

直动从动件盘形凸轮机构中，从动件导路通过凸轮转动轴心，称为对心直动从动件盘形

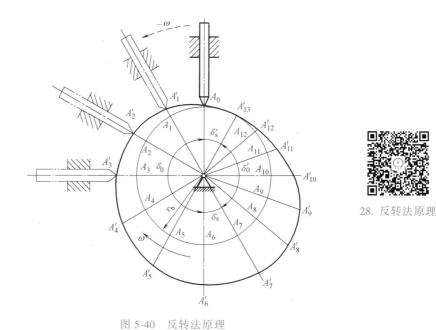

图 5-40 反转法原理

凸轮机构。

设已知某尖顶从动件盘形凸轮机构的凸轮按顺时针方向转动，从动件中心线通过凸轮回转中心，从动件尖顶距凸轮回转中心的最小距离为30mm。当凸轮转动时，在0°～90°范围内从动件匀速上升20mm，在90°～180°范围内从动件停止不动，在180°～360°范围内从动件匀速下降至原处。试绘制此凸轮轮廓曲线。

作图步骤如下：

1）选择适当的比例尺 μ_L，取横坐标轴表示凸轮的转角 δ，纵坐标轴表示从动件的位移 s。

2）按区间等分位移曲线横坐标轴。确定从动件的相应位移量。在位移曲线横坐标轴上，将0°～90°升程区间分成3等分，将180°～360°回程区间分成6等分，（90°～180°休止区间不需等分）。并过这些等分点分别作垂线1—1′，2—2′，3—3′，…，9—9′，这些垂线与位移曲线相交所得的线段，就代表相应位置从动件的位移量 s，即 $s_1 = 11′$，$s_2 = 22′$，$s_3 = 33′$，…，$s_9 = 99′$（图 5-41a）。

3）作基圆，作各区间的相应等分角线。以 O 为圆心，以 $OA_0 = 30$mm 为半径，按已选定的比例尺作圆，此圆称为基圆，如图 5-41b 所示。沿凸轮转动的相反方向，按位移曲线横坐标的等分方法将基圆各区间作相应等分，画出各等分角线 OA_0，OA_1，OA_2，…，OA_9。

4）绘制凸轮轮廓曲线。在基圆各等分角线的延长线上截取相应线段 $A_1A_1′ = s_1$，$A_2A_2′ = s_2$，$A_3A_3′ = s_3$，…，$A_9A_9′ = s_9$，得 $A_1′$，$A_2′$，$A_3′$，…，$A_9′$ 各点，将这些点连成一光滑曲线。即为所求的凸轮轮廓曲线（图 5-41b）。

2. 滚子对心直动从动件盘形凸轮轮廓曲线的绘制

绘制滚子从动件盘形凸轮轮廓曲线可分为两步：

1）把从动件滚子中心作为从动件的尖顶，按照尖顶从动件盘形凸轮轮廓曲线的绘制方法，绘制凸轮轮廓曲线 B，该曲线称为理论轮廓曲线，如图 5-42 所示。

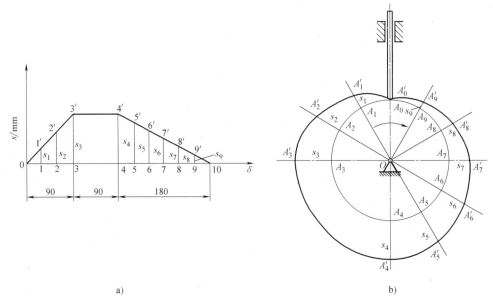

图 5-41　尖顶从动件盘形凸轮轮廓曲线的画法

2）以理论轮廓曲线上的各点为圆心，以已知滚子半径为半径作一族滚子圆，再作这些圆的光滑内切曲线 C，即得该滚子从动件盘形凸轮的工作轮廓曲线（图 5-42）。在作图时，为了更精确地定出工作轮廓曲线，在理论轮廓曲线的急剧转折处应画出较多的滚子小圆。

四、凸轮设计中应注意的几个问题

在设计凸轮机构时，必须保证凸轮工作轮廓满足以下要求：

1）从动件在所有位置都能准确地实现给定的运动规律。

2）机构传力性能要好，不能自锁。

3）凸轮结构尺寸要紧凑。

这些要求与滚子半径、凸轮基圆半径、压力角等因素有关。

1. 滚子半径的选择

当采用滚子从动件时，要注意滚子半径的选择。滚子半径选择不当，使从

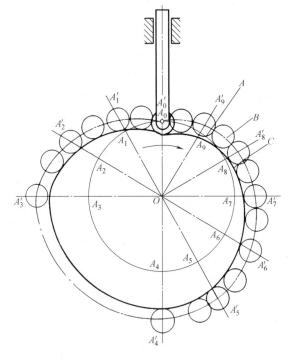

图 5-42　滚子从动件盘形凸轮轮廓曲线的画法

动件不能实现给定的运动规律，这种情况称为运动失真。如图 5-43a 所示，滚子半径 r_T 大于理论轮廓曲率半径 ρ 时，包络线会出现自相交叉现象（图 5-43a）中的阴影部分在制造时不可能制出，这时从动件不能处于正确位置，致使从动件运动失真。避免方法是保证理论轮廓最小曲率半径 ρ_{min} 大于滚子半径 r_T（图 5-43b），这时包络线不自交。通常 $r_T < \rho_{min} - 3mm$，对

于一般自动机械，r_T 取 $10 \sim 25\text{mm}$。

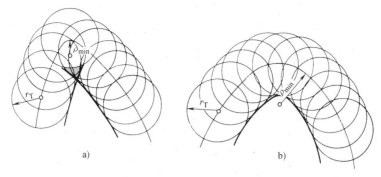

图 5-43　滚子半径的选择

a) $\rho_{\min} < r_T$　b) $\rho_{\min} > r_T$

如果出现运动失真情况时，可采用减小滚子半径的方法来解决。若由于滚子半径的结构等因素不能减小其半径时，可适当增大基圆半径 r_b 以增大理论轮廓线的最小曲率半径。

2. 凸轮机构的压力角

如图 5-44a 所示，凸轮机构的压力角，是凸轮对从动件的法向力 F_n（沿法线 n-n 方向）与该力作用点速度 v 方向所夹锐角 α，凸轮轮廓上各点的压力角是不同的。凸轮机构压力角的测量，可按图 5-44b 所示的方法，用量角器直接量取。

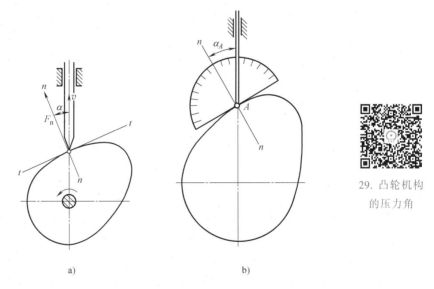

29. 凸轮机构的压力角

图 5-44　凸轮机构的压力角

凸轮机构的压力角与四杆机构的压力角概念相同，是机构传力性能参数。在工作行程中，当 α 超过一定数值，摩擦阻力足以阻止从动件运动，产生自锁现象。为此，必须限制最大压力角，使 $\alpha_{\max}$ 小于许用压力角 $[\alpha]$。一般推荐许用压力角 $[\alpha]$ 的数值如下：

直动从动件的推程　　　　　　　$[\alpha] \leqslant 30° \sim 40°$

摆动从动件的推程　　　　　　　$[\alpha] \leqslant 40° \sim 50°$

在空回行程，从动件没有负载，不会自锁，但为防止从动件在重力或弹簧力作用下，产生过高的加速度，取 $[\alpha]=70°\sim80°$。

凸轮机构的 $\alpha_{\max}$，可在作出的凸轮轮廓图中测量；也可根据从动件运动规律、凸轮转角 δ_0 和 h/r_b 比值，由诺模图查得。图 5-45 为对心直动从动件凸轮机构的诺模图。下面通过例题介绍诺模图的具体用法。

例 5-3　已知一尖顶对心直动从动件盘形凸轮机构，从动件按等速运动上升，行程 $h=10$mm，凸轮的推程运动角 $\delta_0=45°$，基圆半径 $r_b=25$mm，试检验推程的 $\alpha_{\max}$。

解　由图 5-45a 标尺线上部刻度，查得 $h/r_b=10$mm$/25$mm$=0.4$ 的点，再由上半圆圆周查得 $\delta_0=45°$ 的点，将两点连成直线并延长，与下半圆圆周交得 $\alpha_{\max}=26°$。$\alpha_{\max}<[\alpha]=30°\sim40°$，合格。也可按给定条件，作出凸轮轮廓校验。

3. 凸轮的基圆半径

基圆半径 r_b 是凸轮的主要尺寸参数，从避免运动失真、降低压力角的要求看，r_b 大比较好，但是从结构紧凑看，r_b 小比较好。基圆半径的确定可按运动规律、许用压力角由诺模图求得。

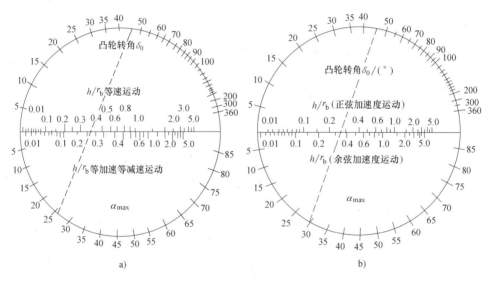

图 5-45　诺模图

另外，对于凸轮与轴做成一体凸轮轴结构，凸轮工作轮廓的最小半径（r_b-r_T）应比轴的半径大 $2\sim5$mm；对于凸轮与轴分开做的结构（图 5-46），（r_b-r_T）应比轮毂半径大 $30\%\sim60\%$。

例 5-4　设计一对心直动滚子从动件盘形凸轮机构，要求凸轮转过推程运动角 $\delta_0=45°$ 时，从动件按简谐运动规律上升，其升程 $h=14$mm，限定凸轮机构的最大压力角等于许用压力角，$\alpha_{\max}=30°$。试确定凸轮基圆半径。

解　由图 5-45b 下半圆查得 $\alpha_{\max}=30°$ 的点和上半圆查得 $\delta_0=45°$ 的点，将其两点连成一直线交标尺线下部刻度（h/r_b 线）于 0.35 处，于是，根据 $h/r_b=0.35$ 和 $h=14$mm，即可求得凸轮的基圆半径 $r_b=40$mm。

4. 凸轮机构的材料

凸轮工作时，往往承受的是冲击载荷，同时凸轮表面会有严重的磨损，其磨损值在轮廓上各点均不相同。因此，要求凸轮和滚子的工作表面硬度高、耐磨，对于经常受到冲击的凸

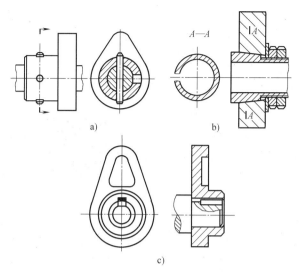

图 5-46　凸轮的结构

轮机构还要求凸轮心部有较大的韧性。当载荷不大、低速时可选用 HT250、HT300、QT800-2、QT900-2 等作为凸轮的材料。用球墨铸铁时，轮廓表面需经热处理，以提高其耐磨性。中速、中载的凸轮常用 45、40Cr、20Cr、20CrMn 等材料，并经表面淬火或渗碳淬火，使硬度达 55~62HRC。高速、重载凸轮可用 40Cr，表面淬火至 56~60HRC，或用 38CrMoAl，经渗氮处理至 60~67HRC。滚子的材料可用 20Cr，经渗碳淬火，表面硬度达 56~62HRC，也可用滚动轴承作为滚子。

第四节　间歇运动机构

阅读问题：

1. 棘轮机构的组成、传动原理是什么？基本类型有哪些？
2. 棘轮机构的特点及应用是什么？
3. 棘轮转角大小的调节方法有哪些？
4. 槽轮机构的组成、传动原理是什么？基本类型有哪些？
5. 槽轮机构的特点及应用是什么？

当主动件连续运动时，需要从动件做周期性间歇运动或停顿时，可以应用间歇运动机构。其种类很多，常用的有以下两种：

一、棘轮机构

1. 工作过程

棘轮机构主要由棘轮、棘爪和机架组成，如图 5-47 所示。棘轮 1 具有单向棘齿，用键与输出轴相联，棘爪 2 铰接于摇杆 3 上，摇杆 3 空套于棘轮轴，可自由转动。当摇杆顺时针方向摆动时，棘爪插入棘齿槽内，推动棘轮转动一定角度；当摇杆逆时针方向摆动时，棘爪沿棘齿背滑过，棘轮停止不动，从而获得间歇运动。止退爪 4 用以防止棘轮倒转和定位，扭簧 5 使棘爪紧贴在棘轮上。

　　棘轮机构可分为外棘轮机构（图 5-47）和内棘轮机构（图 5-48），它们的齿分别做在轮的外缘和内圈。棘轮机构又可分单向驱动和双向驱动的棘轮机构。单向驱动的棘轮机构常采用锯齿形齿（图 5-47）。双向驱动的棘轮机构常采用矩形齿（图 5-49），棘爪在图示位置，推动棘轮逆时针转动；棘爪转 180°后，推动棘轮顺时针转动。

　　2. 特点和应用

　　棘轮转过的角度是可以调节的。如图

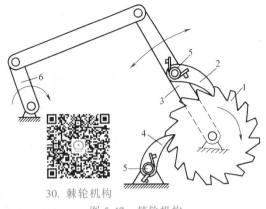

30. 棘轮机构

图 5-47　棘轮机构

5-47 所示，可采用改变曲柄 6 的长度来改变摇杆摆角；也可采用改变罩盖的位置，如图 5-50a 所示。棘轮装在罩盖 A 内，仅露出一部分齿，若转动罩盖 A（图 5-50b）则不用改变摇杆的摆角，就能使棘轮的转角由 α_1 变成 α_2。

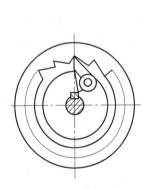

图 5-48　内棘轮机构

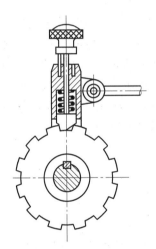

图 5-49　矩形齿的棘轮机构

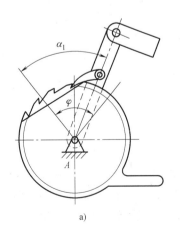

a)

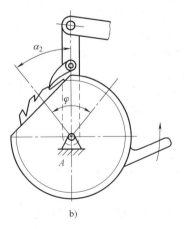

b)

图 5-50　棘轮转角的调节

棘轮机构结构简单、制造方便，棘轮的转角可以在一定的范围内调节。由于棘轮每次转角都是棘轮齿距角的倍数，所以棘轮转角的改变是有级的。棘轮转角的准确度差，运转时产生冲击和噪声，所以棘轮机构只适用于低速和转角不大的场合。棘轮机构常用在各种机床和自动机床的进给机构、转位机构中，如牛头刨床的横向进给机构。

二、槽轮机构

1. 工作过程

槽轮机构主要由带圆销的主动拨盘 1，带径向槽的从动槽轮 2 和机架组成，图 5-51 所示为外槽轮机构。当拨盘 1 以 ω_1 做匀速转动时，圆销 C 由左侧插入轮槽，拨动槽轮顺时针转动，然后在右侧脱离轮槽，槽轮停止不动，并由拨盘凸弧通过槽轮凹弧，将槽轮锁住。拨盘转过 $2\varphi_1$ 角，槽轮相应反向转过 $2\varphi_2$ 角。

31. 外槽轮机构

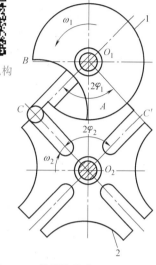

图 5-51　外槽轮机构

2. 特点和应用

槽轮机构结构简单、转位方便，但是转位角度受槽数 z 的限制，不能调节。在轮槽转动的起始位置，加速度变化大，冲击也大，只能用于低速自动机的转位和分度机构。如图 5-52 所示的电影放映机卷片机构，当拨盘 1 转动一周，槽轮 2 转过 1/4 周，卷过一张底片并停留一定时间。拨盘继续转动，重复上述过程。利用人眼视觉暂留的特性，可使观众看到连续的动作画面。又如图 5-53 所示是槽轮机构用于转塔车床刀架转位，刀架 3 装有 6 把刀具，与刀架一体的是六槽外槽轮 2，拨盘 1 回转一周，槽轮转过 60°，将下一工序刀具转换到工作位置。

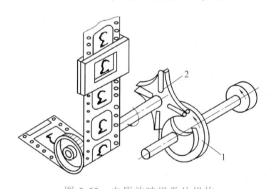

图 5-52　电影放映机卷片机构

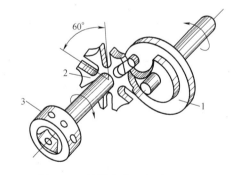

图 5-53　转塔车床刀架转位机构

第五节　螺旋机构

阅读问题：

1. 螺旋机构的组成、特点和应用是什么？分类方法有哪些？

2. 常用的螺纹有哪些牙型？传动用螺纹与联接用螺纹是否相同？

3. 螺纹的螺距与导程有什么区别?

4. 螺旋机构的位移与转角有什么关系?为了实现微距移动应采用哪种双螺旋机构?

5. 滚动螺旋机构有什么特点?

一、螺旋机构的应用和特点

螺旋机构在各种机械设备和仪器中得到广泛的应用,主要是用于将旋转运动转变为直线移动。图 5-54 所示的机床手摇进给机构是应用螺旋机构的一个实例,当摇动手轮使螺杆 2 旋转时,螺母 1 就带动溜板沿导轨面移动。

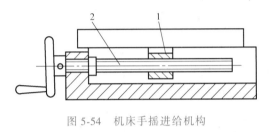

图 5-54 机床手摇进给机构

32. 机床手摇
进给机构

螺旋机构的主要优点是结构简单,制造方便,能将较小的回转力矩转变成较大的轴向力,能达到较高的传动精度,并且工作平稳,易于自锁。它的主要缺点是摩擦损失大,传动效率低,因此一般不用来传递大的功率。

螺旋机构中的螺杆常用中碳钢制成,而螺母则需用耐磨性较好的材料(如青铜、耐磨铸铁等)来制造。

二、螺纹的形成、类型及主要参数

如图 5-55 所示,将一直角三角形缠绕到直径为 d_2 的圆柱上,其斜边在圆上便形成一条螺旋线。

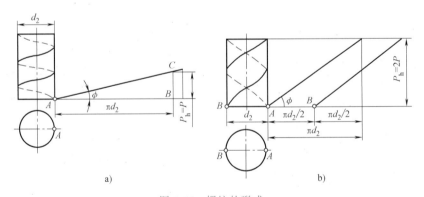

图 5-55 螺纹的形成

1. 螺纹的类型

根据螺纹截面形状的不同,螺纹分为矩形螺纹、梯形螺纹、锯齿形螺纹和三角形螺纹等。

根据螺旋线旋绕方向的不同,螺纹可分为右旋和左旋两种。当螺纹的轴线是铅垂位置时,正面的螺纹向右上方倾斜上升为右旋螺纹如图 5-56a、c 所示,反之为左旋螺纹,如图 5-56b 所示。一般机械中大多采用右旋螺纹。

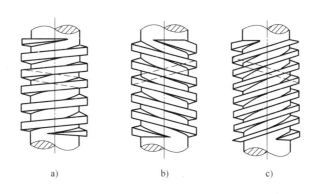

a)　　　　　　　　b)　　　　　　　　c)

图 5-56　螺旋旋向及线数

根据螺旋线数目的不同，螺纹又可分为单线和多线等几种。在图 5-56a 为单线螺纹，图 5-56b 为双线螺纹，图 5-56c 为三线螺纹。螺纹线数用 n 表示。

在圆柱外表面上形成的螺纹，称为外螺纹（图 5-54 中的螺杆 2）。在圆孔的内表面上形成的螺纹，称为内螺纹（见图 5-54 中的螺母 1）。

螺纹已标准化，表 5-1 所示为常用的螺纹类型、牙型和应用。

表 5-1　常用的螺纹类型、牙型和应用

类　型		牙 型 图	特 点 及 应 用
用于联接	三角形螺纹	普通螺纹	牙型角 $\alpha=60°$，牙较厚，牙根强度较高。同一公称直径，按螺距大小分为粗牙和细牙。一般情况下多用粗牙，而细牙用于薄壁零件或受动载的联接，还可用于微调机构的调整
		寸制螺纹	牙型角 $\alpha=55°$，尺寸单位是 in。螺距以每 in 长度内的牙数表示，也有粗牙、细牙之分。多在修配英、美等国家的机件时使用
		管螺纹	牙型角 $\alpha=55°$，公称直径近似为管子内径，以 in 为单位，是一种螺纹深度较浅的特殊寸制细牙螺纹，多用于压力在 1.57MPa 以下的管子联接
用于传动	矩形螺纹		牙型为正方形，牙厚为螺距的一半，牙根强度较低，尚未标准化。传动效率高，但精确制造困难。可用于传动

（续）

类　型		牙　型　图	特 点 及 应 用
用于传动	梯形螺纹	内螺纹 30° 外螺纹	牙型角 $\alpha = 30°$，效率比矩形螺纹低，但工艺性好，牙根强度高，广泛用于传动
	锯齿形螺纹	内螺纹 外螺纹 30° 3°	工作面的牙型斜角为 3°，非工作面的牙型斜角为 30°，综合了矩形螺纹效率高和梯形螺纹牙根强度高的特点，但只能用于单向受力的传动

2. 螺纹的主要参数

螺纹的主要参数如图 5-57 所示，包括：

1）大径（d、D）：螺纹的最大直径，标准中定为公称直径。外螺纹记为 d，内螺纹记为 D。

2）小径（d_1、D_1）：螺纹的最小直径，常作为强度校核的直径。外螺纹记为 d_1，内螺纹记为 D_1。

3）中径（d_2、D_2）：螺纹轴向剖面内，牙型上沟槽宽与牙间宽相等处的假想圆柱面直径。外螺纹记为 d_2，内螺纹记为 D_2。

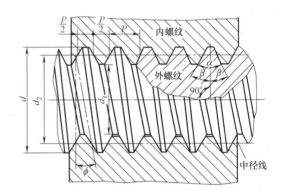

图 5-57　螺纹的主要参数

4）牙型角 α：在轴剖面内螺纹牙形两侧边的夹角。

5）牙型斜角 β：牙形侧边与螺纹轴线的垂线间的夹角，$\beta = \alpha / 2$。

6）螺距 P：在中径线上，相邻两螺纹牙对应点间的轴向距离。

7）导程 P_h：在同一条螺旋线上，相邻两螺纹牙在中径线上对应点间的轴向距离。由图 5-57 可知，导程 P_h 与螺距 P 及线数 n 的关系是：

$$P_h = nP \tag{5-4}$$

8）螺纹升角 ϕ：在中径圆柱上，螺旋线切线与端面的夹角。如图 5-55a 所示，其计算公式为

$$\tan\phi = \frac{P_h}{\pi d_2} = \frac{nP}{\pi d_2} \tag{5-5}$$

三、滑动螺旋机构的工作原理及类型

滑动螺旋机构按其具有的螺旋副数目，分为单螺旋机构和双螺旋机构两种。

（一）单螺旋机构

如图 5-58 所示，螺母与螺杆组成单个螺旋机构。当螺杆相对螺母转过 γ 角时，螺杆同时相对螺母沿轴线的位移 l 为

$$l = \frac{P_\mathrm{h}}{2\pi}\gamma \qquad (5\text{-}6)$$

螺杆位移 l 的方向，按螺纹的旋向，用右（左）手定则确定。四指握向代表转动方向，拇指指向代表移动方向。右旋螺纹用右手定则，左旋螺纹用左手定则。

（二）双螺旋机构

在双螺旋机构中，一个具有两段不同螺纹的螺杆与两个螺母组成两个螺旋副。通常将两个螺母中的一个固定，另一个移动（只能移动不能转动），并以转动的螺杆为主动件。如图5-59 所示。

设螺杆 3 上螺母 1、2 两处螺纹的导程分别为 P_h1、P_h2。依据两螺旋副的旋向，双螺旋机构可形成以下两种传动形式。

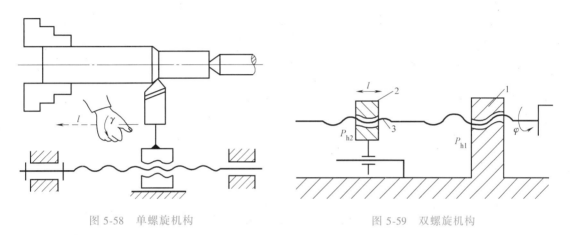

图 5-58　单螺旋机构　　　　　　　　图 5-59　双螺旋机构

1. 差动螺旋机构

当两螺旋副中的螺纹旋向相同时，则形成差动螺旋机构。图 5-59 中，若两处螺纹均为右旋，且 $P_\mathrm{h1} > P_\mathrm{h2}$。当螺杆转动一周时，螺母 1 固定不动，螺杆将右移 P_h1，同时带动螺母 2 右移 P_h1；但对于可移动的螺母 2，由于螺杆的转动将使其相对螺杆左移 P_h2，则螺母 2 的绝对位移为右移 $P_\mathrm{h1} - P_\mathrm{h2}$。因此，当螺杆转过 γ（rad）时，螺母 2 相对机架的位移

$$l = (P_\mathrm{h1} - P_\mathrm{h2})\frac{\gamma}{2\pi} \qquad (5\text{-}7)$$

由式（5-7）可知，当 P_h1 和 P_h2 相差很小时，位移 l 可以很小。利用这一特性，可将差动螺旋机构应用于各种微动装置中。如测微器、分度机构、精密机械进给机构及精密加工刀具等，如图 5-60 所示为应用差动螺旋机构的微调镗刀。

2. 复式螺旋机构

当两螺旋副中的螺纹旋向相反时，则形成复式螺旋机构。同理可知，复式螺旋机构中，螺母相对机架的位移 l 为

$$l = (P_\mathrm{h1} + P_\mathrm{h2})\frac{\gamma}{2\pi} \qquad (5\text{-}8)$$

复式螺旋机构中的螺母能产生很大的位移，可应用于需快速移动或调整的装置中，故也称为倍速机构。图 5-61 所示的铣床夹具就是复式螺旋机构的一种应用。

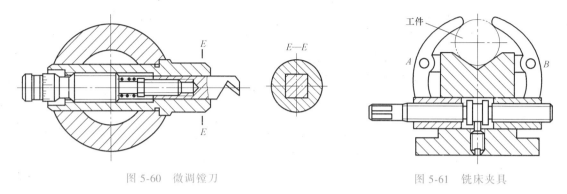

图 5-60 微调镗刀   图 5-61 铣床夹具

四、滚动螺旋机构简介

由于滑动螺旋机构的螺旋副摩擦阻力大、效率低、精度低,不能满足现代机械的传动要求。因此,在数控机床、汽车等许多机械中采用滚动螺旋机构 (图 5-62)。滚动螺旋是在螺杆和螺母上都制有螺旋滚道,滚道内充满滚珠,在螺母 (或螺杆) 上有滚珠返回通道,与螺旋滚道形成封闭的循环通路。螺杆与螺母通过滚珠沿螺旋滚道滚动而发生相对运动。这样就将螺旋副的滑动摩擦转变为滚动摩擦,提高了螺旋传动的效率和运转的平稳性。但滚动螺旋机构结构复杂,不能自锁,制造困难,成本高。

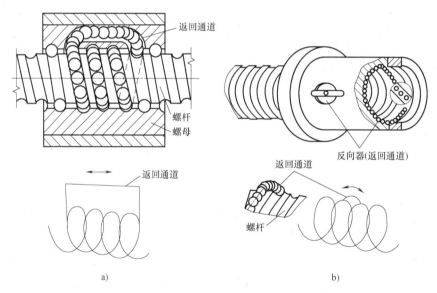

图 5-62 滚动螺旋传动

a) 外循环 b) 内循环

自测题与习题

一、自测题

1._____能把往复摆动转变成单向连续转动。

　　A. 曲柄摇杆机构　　　　B. 双曲柄机构　　　　C. 双摇杆机构　　　　D. 曲柄滑块机构

2. 在偏置曲柄滑块机构中，当滑块为原动件时，具有最大压力角的位置是_____的位置。

    A. 曲柄处于铅垂   B. 曲柄处于水平

    C. 曲柄与连杆共线   D. 曲柄与滑块导路垂直

3. 若要盘形凸轮的从动件在某段时间内停止不动，对应的凸轮轮廓应是_____曲线。

    A. 一段直线   B. 一段圆弧

    C. 抛物线   D. 以凸轮转动中心为圆心的圆弧

4. 在下列凸轮从动件的运动规律中，具有刚性冲击的是_____。

    A. 等加速等减速运动规律   B. 等速运动规律

    C. 简谐运动规律   D. 余弦加速度运动规律

5. 与棘轮机构相比较，槽轮机构适用于_____的场合。

    A. 转速较高，转角可调   B. 转速较低，转角可调

    C. 转速较低，转角固定   D. 转速较高，转角固定

6. 复式螺旋机构属于一种_____机构，机械中常用以实现快速移动。

    A. 螺纹旋向相同的双螺旋   B. 螺纹旋向相反的双螺旋

    C. 螺纹旋向相同的单螺旋   D. 螺纹旋向相反的单螺旋

二、习题

1. 铰链四杆机构有几种类型？如何判别？各类型功能是什么？

2. 哪些机构是由铰链四杆机构演化而来的？

3. 解释机构中的下列名词：1）曲柄；2）摇杆；3）滑块；4）导杆。

4. 判断以下概念是否准确，若不正确，请订正。

1）极位夹角就是从动件在两个极限位置的夹角。

2）压力角就是作用于构件上的力和速度的夹角。

3）传动角就是连杆与从动件的夹角。

5. 什么是机构的急回特性？在生产中怎样利用这种特性？

6. 什么是机构的止点位置？用什么方法可以使机构通过止点位置？

7. 比较连杆机构和凸轮机构的优缺点。

8. 书中介绍的凸轮机构中，三种基本运动规律各有何特点？各适用于何种场合？何谓刚性冲击和柔性冲击？如何避免刚性冲击？

9. 绘制凸轮轮廓时，在基圆上取各区间相应等分点顺序的方向与凸轮转动方向，为什么相反？

10. 基圆半径过大、过小，会出现什么问题？

11. 滚子从动件凸轮机构中，凸轮的理论轮廓沿径向减去滚子半径是否即为凸轮工作轮廓？

12. 棘轮机构有何工作特点？通常应用于哪些工作场合？

13. 棘轮机构为什么通常要加一个止退棘爪？双向驱动的棘轮机构其棘轮为何种齿形？为什么？

14. 槽轮机构有何工作特点？它被广泛应用于何种机械中？

15. 螺纹的常用牙型有哪几种？哪种牙型的传动效率最高？适用于传动的常用牙型是哪种？为什么？

16. 螺纹的哪一直径为公称直径？如何正确判别螺纹的旋向？

17. 根据图 5-63 中注明的尺寸，判断四杆机构的类型。

18. 图 5-64 所示四杆机构中，原动件 1 做匀速顺时针转动，从动件 3 由左向右运动时，求：

1）作机构极限位置图。

2）计算机构行程速度变化系数 K。

3）作出机构出现最小传动角（或最大压力角）时的位置图，并量出其大小。

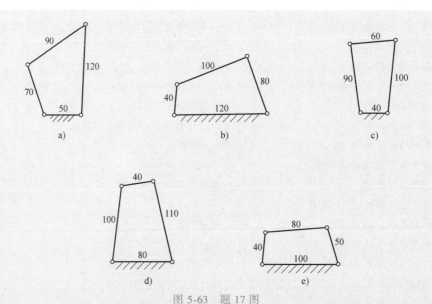

图 5-63　题 17 图

19. 如图 5-65 所示为一脚踏轧棉籽机构。铰链中心 A、D 在铅垂线上，要求踏板 CD 在水平位置上下各摆 15°，并给定 $l_{CD}=400\text{mm}$，$l_{AD}=800\text{mm}$，试求曲柄 AB 和连杆 BC 的长度。

图 5-64　题 18 图

图 5-65　题 19 图

20. 如图 5-66 所示设计一夹紧机构。已知连杆长度 $l_{BC}=40\text{mm}$ 和它的两个位置：B_1C_1 为水平位置，B_2C_2 为夹紧状态的止点位置，此时，原动件 CD 处于铅垂位置。

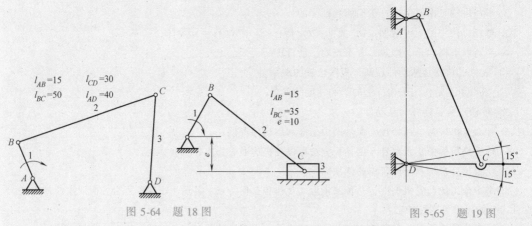

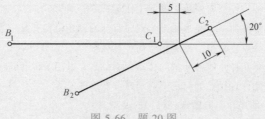

图 5-66　题 20 图

21. 试标出图 5-67 所示凸轮机构位移线图中的行程 h、推程运动角 δ_0、远休止角 δ_s、回程运动角 δ_0'、近休止角 δ_s'。

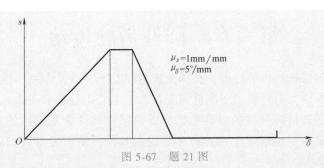

图 5-67 题 21 图

22. 一尖顶对心直动从动件盘形凸轮机构，凸轮按逆时针方向转动，其运动规律为：

凸轮转角 δ	0°~90°	90°~150°	150°~240°	240°~360°
从动件 位移 s	等速上升 40mm	停止	等加速、等减速 下降至原位	停止

求：1）画出位移曲线。

2）若基圆半径 $r_b = 45mm$，画出凸轮工作轮廓。

23. 如图 5-68 所示为螺旋机构，1 为机架、2 为螺杆、3 为滑块（螺母），A 处螺旋副为左旋，导程 $P_{hA} = 5mm$，B 处螺旋副为右旋，导程 $P_{hB} = 6mm$，C 处为移动副。当螺杆沿箭头所示方向旋转 2 圈时，求滑块移动距离 l 及位移方向。

24. 图 5-69 为机身微调支承机构。当旋转旋钮 1 时，螺杆 2 上下移动，以调整机身 3。若按图示方向旋转 1/4 圈，支承点调低 1mm，试确定 A、B 螺旋副螺纹的旋向及导程 P_{hA}、P_{hB} 的差值（$P_{hA} > P_{hB}$）。

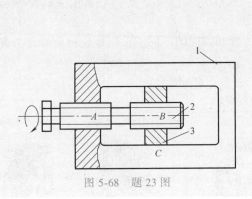

图 5-68 题 23 图

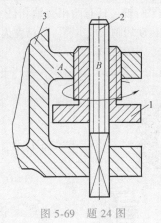

图 5-69 题 24 图

第六章　圆柱齿轮传动

齿轮传动由于其特殊的传动性能，在国家重器中发挥了重要作用。我国自主研发的对构齿轮传动，解决了太空太阳翼驱动中高低温变化大、承载能力要求高的难题，确保了空间站运行时太阳翼时刻保持精确可靠的对日指向，破解了空间站能量供给的难题。提出"对构齿轮传动"的陈兵奎是一位毕业于职业技术学院的校友。后续五章我们将学习机械中最常用的传动方法。

齿轮传动由主动轮、从动轮和支承件等组成，是通过轮齿间直接啮合来实现的一种机械传动，主要用来传递运动和动力，在机械中应用非常广泛。

第一节　齿轮传动概述

阅读问题：

1. 齿轮传动有什么特点？
2. 齿轮传动的分类方法有哪些？

一、齿轮传动的特点

齿轮传动与其他传动比较，具有瞬时传动比恒定、结构紧凑、工作可靠、寿命长、效率高、可实现平行轴、任意两相交轴和任意两交错轴之间的传动，适应的圆周速度和传递功率范围大。但齿轮传动的制造成本高、低精度齿轮传动时噪声和振动较大，不适宜于两轴间距离较大的传动。

二、齿轮传动的分类

齿轮传动的类型很多，按齿轮轴线间的位置和齿向的不同，常用齿轮传动的分类方法如图 6-1 所示。

33. 齿轮传动

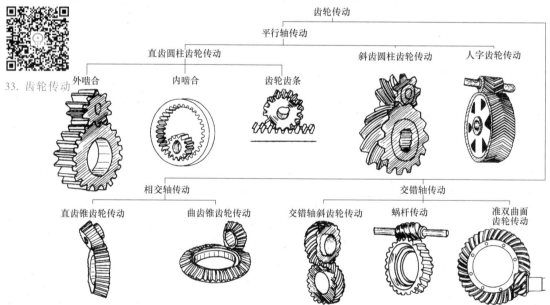

图 6-1　齿轮传动的分类

第二节　渐开线齿轮

阅读问题：

1. 直齿圆柱齿轮的基本参数有哪些？齿轮模数的变化对轮齿大小会产生什么影响？

2. 齿轮的直径、齿厚、齿高分别是怎么计算的？

3. 什么是公法线长度？为什么说齿轮公法线总是与基圆相切的？

试一试：某标准直齿圆柱齿轮的 $z=57$，现测得全齿高 $h=9\text{mm}$，试计算该齿轮的模数 m 和分度圆直径 d。

一、渐开线的形成及基本性质

齿轮齿廓有渐开线、摆线和圆弧三种，其中渐开线齿廓的齿轮应用最广泛。下面主要介绍渐开线齿轮。如图 6-2 所示，当直线 NK 沿着一固定的圆做纯滚动时，此直线上任一点 K 的轨迹称为该圆的渐开线。这个圆称为渐开线的基圆，直线 NK 称为渐开线的发生线。

由渐开线形成的过程可知，渐开线具有下列性质：

1）发生线沿基圆滚过的长度 $\overline{NK}$，等于基圆上被滚过的圆弧长 AN，即 $\overline{NK}=\overset{\frown}{AN}$。

2）发生线 NK 是渐开线在任意点 K 的法线。由图 6-2 可知，形成渐开线时，K 点附近的渐开线可看成以 N 为圆心，以 $\overline{NK}$ 为半径的一段圆弧。因此，N 点是渐开线在 K 点的曲率中心，NK 是渐开线上 K 点的法线。又由于发生线在各个位置与基圆相切，因此，渐开线上任意点的法线必与基圆相切。

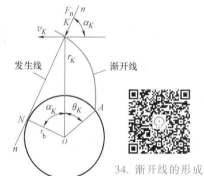

34. 渐开线的形成

图 6-2　渐开线的形成

3）图 6-2 中的 α_K 是渐开线上 K 点的法线与该点的速度方向线所夹的锐角，称为该点的压力角。渐开线各点处的压力角不等，r_K 越大（即 K 点离圆心 O 越远），其压力角越大；反之越小。基圆上的压力角等于零。

4）渐开线形状决定于基圆的大小。基圆半径越小，渐开线越弯曲；基圆半径越大，渐开线越平直；基圆半径无穷大时，渐开线为一条斜直线（齿条齿廓）。

5）基圆以内无渐开线。

二、标准直齿圆柱齿轮的几何计算

图 6-3 所示为渐开线直齿圆柱齿轮的一部分，齿轮轮齿两侧均为渐开线，整个轮缘由轮齿与齿槽组成。半径 r_a 所在的圆是齿顶圆，其直径用 d_a 表示；半径 r_f 所在的圆是齿根圆，其直径用 d_f 表示；齿轮齿廓渐开线所在的基圆直径用 d_b 表示。为了设计、制造方便，将齿轮上某个圆作为度量齿轮尺寸的基准，这个圆称为分度圆。分度圆半径和直径分别用 r 和 d

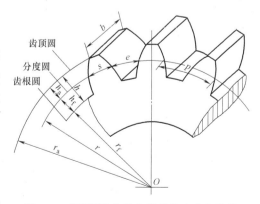

图 6-3　直齿圆柱齿轮各部分的名称和符号

表示。分度圆上，一个齿槽两侧齿廓间的弧长称为齿槽宽，用 e 表示；一个轮齿两侧齿廓间的弧长称为齿厚，用 s 表示；相邻两齿同侧齿廓之间的弧长称为分度圆齿距，用 p 表示，显然齿轮的齿距 $p=e+s$。分度圆与齿顶圆之间的径向高度称为齿顶高，用 h_a 表示；分度圆与齿根圆之间的径向高度称为齿根高，用 h_f 表示；齿顶圆和齿根圆之间的径向高度，称为齿高，用 h 表示，显然 $h=h_a+h_f$。齿轮几何尺寸均取决于齿轮的基本参数。

1. 直齿圆柱齿轮的基本参数

渐开线标准直齿圆柱齿轮的基本参数有：齿数 z、模数 m、压力角 α、齿顶高系数 h_a^*、顶隙系数 c^* 等。

（1）齿数 z　在齿轮整个圆周上齿的总数称为该齿轮的齿数，用符号 z 表示。齿数由设计计算确定。

（2）模数 m　分度圆的周长为

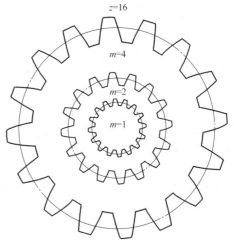

图 6-4　模数对齿轮尺寸的影响

$$\pi d = zp \quad 或 \quad d = \frac{zp}{\pi}$$

式中的 π 为无理数，为便于设计、制造和检验，把 $\frac{p}{\pi}$ 比值制定成标准值，称为模数，用 m 表示，即

$$m = \frac{p}{\pi}$$

因此，分度圆直径为

$$d = mz \qquad (6-1)$$

模数 m 是齿轮几何尺寸计算的重要参数。齿数相同的齿轮，模数越大，其尺寸越大，轮齿所能承受的载荷也越大，如图 6-4 所示。齿轮的模数已标准化，表 6-1 为国家标准中的模数系列，设计时应选择标准模数。

表 6-1　标准模数系列表（摘自 GB/T 1357—2008）

第一系列	1	1.25	1.5	2	2.5	3	4	5	6	8
	10	12	16	20	25	32	40	50		
第二系列	1.125	1.375	1.75	2.25	2.75	3.5	4.5	5.5	(6.5)	7
	9	11	14	18	22	28	36	45		

注：1. 本表用于渐开线圆柱齿轮。对斜齿轮是指法向模数。

　　2. 选用模数时，应优先采用第一系列，其次是第二系列，括号内的模数尽可能不用。

（3）压力角 α　如图 6-2 所示，渐开线 K 点的压力角 α_K 可用 $\cos\alpha_K = r_b/r_K$ 表示，因此，渐开线齿轮分度圆上的压力角可用下式表示：

$$\cos\alpha = \frac{r_b}{r} \qquad (6-2)$$

式中，r_b 为基圆半径，单位为 mm；r 为分度圆半径，单位为 mm。国家标准规定，标准齿轮的压力角 $\alpha = 20°$。

（4）齿顶高系数 h_a^* 和顶隙系数 c^*

齿顶高 $\qquad\qquad h_{\mathrm{a}} = h_{\mathrm{a}}^{*} m$

齿根高 $\qquad\qquad h_{\mathrm{f}} = (h_{\mathrm{a}}^{*} + c^{*}) m$

以上各式中，h_{a}^{*} 为齿顶高系数，c^{*} 为顶隙系数。国家标准中规定 h_{a}^{*}、c^{*} 的标准值为：

正常齿 $\qquad\qquad h_{\mathrm{a}}^{*} = 1，c^{*} = 0.25$

短齿 $\qquad\qquad h_{\mathrm{a}}^{*} = 0.8，c^{*} = 0.3$

一对轮齿啮合时，一个齿轮的齿顶圆到另一个齿轮的齿根圆之间的径向距离，称为顶隙。顶隙用 c 表示，标准齿轮顶隙 $c = c^{*} m$。顶隙不仅可避免传动时轮齿相互顶撞，而且还可储存润滑油。

2. 渐开线直齿圆柱齿轮几何尺寸计算

标准渐开线直齿圆柱齿轮几何尺寸计算公式列于表 6-2。

表 6-2 标准渐开线直齿圆柱齿轮几何尺寸的计算公式

名　称	符　号	外　齿　轮	内　齿　轮	齿　条
模数	m	经设计计算后取表 6-1 标准值		
压力角	α	$\alpha = 20°$		
顶隙	c	$c = c^{*} m$		
齿顶高	h_{a}	$h_{\mathrm{a}} = h_{\mathrm{a}}^{*} m$		
齿根高	h_{f}	$h_{\mathrm{f}} = (h_{\mathrm{a}}^{*} + c^{*}) m$		
齿高	h	$h = h_{\mathrm{a}} + h_{\mathrm{f}}$		
齿距	p	$p = \pi m$		
基圆齿距	p_{b}	$p_{\mathrm{b}} = p\cos\alpha = \pi m\cos\alpha$		
齿厚	s	$s = \dfrac{\pi m}{2}$		
齿槽宽	e	$e = \dfrac{\pi m}{2}$		
分度圆直径	d	$d = mz$		$d = \infty$
基圆直径	d_{b}	$d_{\mathrm{b}} = d\cos\alpha$		$d_{\mathrm{b}} = \infty$
齿顶圆直径	d_{a}	$d_{\mathrm{a}} = d + 2h_{\mathrm{a}}$	$d_{\mathrm{a}} = d - 2h_{\mathrm{a}}$	$d_{\mathrm{a}} = \infty$
齿根圆直径	d_{f}	$d_{\mathrm{f}} = d - 2h_{\mathrm{f}}$	$d_{\mathrm{f}} = d + 2h_{\mathrm{f}}$	$d_{\mathrm{f}} = \infty$

3. 内齿轮与齿条

如图 6-5a 所示为一圆柱内齿轮，内齿轮的齿廓是内凹的渐开线。其特点是：齿厚相当于外齿轮的齿槽宽，而齿槽相当于外齿轮的齿厚；内齿轮的齿顶圆小于分度圆，齿根圆大于分度圆。由于上述特点，内齿轮的齿顶圆直径与齿根圆直径的计算也不同于外齿轮，其计算公式见表 6-2。

图 6-5b 所示为一齿条，当外齿轮的齿数增加到无穷多时，齿轮上的圆变为互相平行的直线，渐开线齿廓就变成直线齿廓。这种齿轮的一部分就是齿条。齿条不论在分度线或与其平行的其他直线上，齿距 p 均相等，即 $p_{\mathrm{K}} = \pi m$；分度线上 $s = e$，其他直线上不相等；齿廓上各点处的压力角均相等，标准值为 20°。

4. 标准齿轮的公法线长度

在设计、制造和检验齿轮时，经常需要知道齿轮的齿厚（如控制齿侧间隙、控制加工

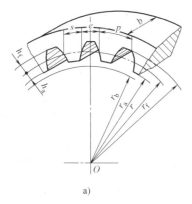

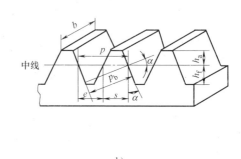

a)

b)

图 6-5　内齿轮与齿条

进刀量和检验加工精度等），因无法直接测量弧齿厚，故常需测量齿轮的公法线长度。所谓公法线长度是指齿轮卡尺跨过 k 个齿所量得的齿廓间的法向距离。

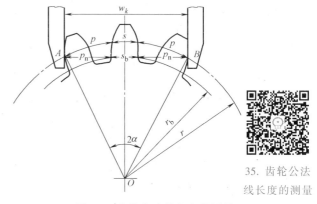

35. 齿轮公法线长度的测量

图 6-6　齿轮公法线长度的测量

如图 6-6 所示，卡尺的卡脚与齿廓相切于 A、B 两点（图中卡脚跨 3 个齿），设跨齿数为 k，卡脚与齿廓切点 A、B 的距离 AB 即为所测得的公法线长度，用 w_k 表示。由图可知：

$$w_k = (k-1)p_n + s_b = (k-1)p_b + s_b$$

经推导可得标准齿轮的公法线长度计算公式：

$$w_k = m\cos\alpha\left[(k-0.5)\pi + z(\tan\alpha - \alpha)\right]$$

当 $\alpha = 20°$ 时

$$w_k = m\left[2.9521(k-0.5) + 0.014z\right] \tag{6-3}$$

为保证测量准确，应使卡脚与齿廓分度圆附近相切。此时，跨齿数 k 由下式确定：

$$k = \frac{z}{9} + 0.5$$

计算得到的跨齿数应圆整为整数。公法线长度 w_k 和跨齿数 k 也可直接从机械设计手册中查得。

第三节　直齿圆柱齿轮的结构

阅读问题：

1. 齿轮的结构形式有哪几种？各适用于何种情况？

2. 齿轮的结构尺寸是怎么确定的？

齿轮的结构与毛坯种类、所选材料、几何尺寸、制造工艺及经济性等因素有关。通常是先按齿轮直径和材料选定合适的结构形式，然后再由经验公式或有关数据确定各部分尺寸。

齿轮常用的结构形式有如下几种：

1. 齿轮轴

对于直径较小的齿轮，齿根圆直径与轴径相差很小，应将齿轮与轴做成一体，称为齿轮轴。通常是齿轮键槽底部与齿根圆之间的径向尺寸 $x<2.5m_n$ 时，可将齿轮和轴做成一体，如图 6-7 所示。

2. 实心式齿轮

若齿根圆到键槽底部的径向尺寸 $x>2.5m_n$，直径 $d_a \leqslant 200$mm 时，做成实心齿轮，如图 6-8 所示。

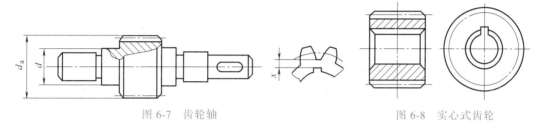

图 6-7　齿轮轴　　　　　　　　　　　　　图 6-8　实心式齿轮

3. 腹板式齿轮

当齿轮直径较大时，$d_a > 200 \sim 500$mm 时，为节约材料及减轻重量，通常做成腹板式，如图 6-9 所示。

4. 轮辐式齿轮

当 $d_a > 500$mm 时，齿轮毛坯锻造不便，往往改用铸铁或铸钢浇注。铸造齿轮常做成轮辐式结构，如图 6-10 所示。

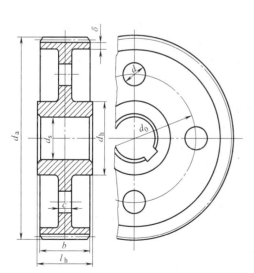

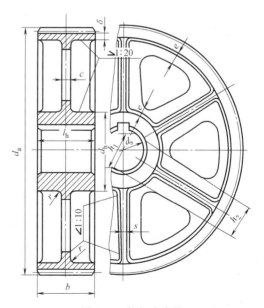

图 6-9　腹板式齿轮

$d_h = 1.6d_s$；$l_h = (1.2 \sim 1.5) d_s$，并使 $l_h \geqslant b$；
$c = 0.3b$；$\delta = (2.5 \sim 4) m_n$，但不小于 8mm；
d_0 和 d 按结构取定，当 d 较小时可不开孔

图 6-10　轮辐式齿轮

$d_h = 1.6d_s$（铸钢）；$d_h = 1.8d_s$（铸铁）；$l_h = (1.2 \sim 1.5) d_s$，
并使 $l_h \geqslant b$；$c = 0.2b$，但不小于 10mm；$\delta = (2.5 \sim 4) m_n$，
但不小于 8mm；$h_1 = 0.8d_s$；$h_2 = 0.8h_1$；$s = 0.15h_1$，
但不小于 10mm；$e = 0.8\delta$

第四节 渐开线标准直齿圆柱齿轮啮合传动

阅读问题：

1. 什么是齿轮啮合的节点？

2. 渐开线齿轮啮合传动有何特点？

3. 渐开线齿轮啮合传动的条件是什么？

试一试：已知相啮合的标准齿轮，$z_1 = 30$，$z_2 = 130$，$m = 2.5mm$、$\alpha = 200mm$，试作图确定其节点、节圆、啮合线、啮合角、实际啮合线段。

上面所讨论的是单个渐开线齿轮，而机器上所使用的齿轮总是成对的，下面介绍一对齿轮啮合传动的情况。

一、渐开线齿轮的啮合过程

如图 6-11 所示一对渐开线齿轮相啮合，由渐开线性质可知，N_1N_2 是两齿廓在啮合点的公法线，也是两基圆的内公切线，所以渐开线齿轮啮合时，各啮合点始终沿着两基圆的内公切线 N_1N_2 移动，N_1N_2 称为啮合线。设齿轮 1 为主动轮，齿轮 2 为从动轮。当一对齿轮开始啮合时，先以主动轮的齿根部分推动从动轮的齿顶，因此起始啮合点是从动轮的齿顶圆与啮合线的交点 B_2。当两轮继续转动时，主动轮轮齿上的啮合点向齿顶移动，而从动轮轮齿上的啮合点向齿根部移动。终止啮合点是主动轮的齿顶圆与啮合线的交点 B_1，此时两轮齿将脱离接触。线段 B_2B_1 为齿轮啮合点的实际轨迹，称为实际啮合线段。若将两齿顶圆加大，则 B_1 和 B_2 就越接近点

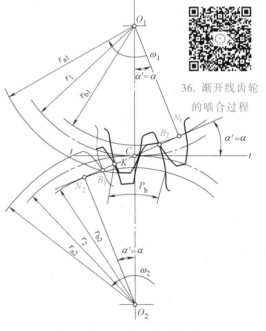

36. 渐开线齿轮的啮合过程

图 6-11 渐开线齿轮的啮合过程

N_1 和 N_2。但因基圆内无渐开线，故线段 N_1N_2 称为理论最大的啮合线段，称为理论啮合线段。

二、渐开线齿轮啮合传动特点

1. 传动比恒定

齿轮的传动比是指主、从动轮的角速度之比，习惯上也用主、从动轮的转速之比表示，即

$$i_{12} = \frac{\omega_1}{\omega_2} = \frac{n_1}{n_2}$$

由渐开线的性质可知，渐开线齿轮啮合时，同一方向的啮合线只有一条，所以它与两轮连心线的交点 C 必为一固定点（图 6-11）。可以证明，一对齿轮啮合传动过程中，如果啮合

线与两轮连心线始终交于一固定点，则两轮的传动比为一恒定值，且有

$$i_{12}=\frac{\omega_1}{\omega_2}=\frac{n_1}{n_2}=\frac{O_2C}{O_1C}=\frac{r_2'}{r_1'}=\frac{r_{b2}}{r_{b1}} \qquad (6\text{-}4)$$

从上式可知，由于 C 点为定点，$\dfrac{r_2'}{r_1'}$ 为定值，故瞬时传动比 i_{12} 恒定不变。这就保证了齿轮传动的平稳性。

O_1O_2 中心线与啮合线交一固定点 C，C 点称为节点。分别以 O_1 与 O_2 为圆心，过节点 C 所作的两个相切圆称为节圆，r_1'，r_2' 分别称为主、从动轮的节圆半径。由式（6-4）可知，一对齿轮传动时，两齿轮在节点处的速度相等，即 $v_1=\omega_1r_1'$，$v_2=\omega_2r_2'$，$v_1=v_2$，因此一对齿轮的啮合可以看作为两个节圆的纯滚动。

2. 中心距具有可分性

由上面的分析可知渐开线齿轮传动比还取决于基圆半径的大小。当一对齿轮制成后，其基圆半径已确定，因而传动比确定。在齿轮安装以后，中心距的微小变化不会改变瞬时传动比，这就给制造、安装、调试都提供了便利。

3. 传动的作用力方向不变

由前述可知，两齿廓无论在何点啮合，齿廓间作用的压力方向沿着法线方向，即啮合线方向。由于啮合线为与两轮基圆相切的固定直线，所以齿廓间作用的压力方向不变，这对齿轮传动的平稳性是很有利的。

啮合线 N_1N_2 与两节圆的公切线 u 所夹的锐角称为啮合角，用 α' 表示。

三、渐开线齿轮啮合传动的条件

1. 正确啮合的条件

一对渐开线齿轮要实现啮合传动，必须满足正确啮合条件。下面对图 6-12 所示的一对齿轮进行分析。

齿轮传动时，每一对轮齿仅啮合一段时间便要分离，而由后一对轮齿接替。为了保证每对轮齿都能正确地进入啮合，要求前一对轮齿在 K 点接触时，后一对轮齿能在啮合线上另一点 K' 正常接触。而 KK' 恰为齿轮 1 和齿轮 2 的法向齿距，即 $p_{n1}=p_{n2}$。由渐开线性质可知，法向齿距 p_n 与基圆齿距 p_b 相等，因此

$$p_{b1}=p_{b2}$$

而　　　　　　$p_b=p\cos\alpha=\pi m\cos\alpha$

得到　　　　　$m_1\cos\alpha_1=m_2\cos\alpha_2$

式中，m_1、m_2、α_1、α_2 分别为两轮的模数和分度圆压力角。由于 m、α 均已标准化，所以，得到正确啮合条件为

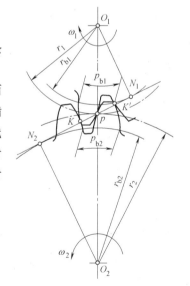

图 6-12　渐开线齿轮
正确啮合的条件

$$\left.\begin{array}{r}m_1=m_2=m\\ \alpha_1=\alpha_2=\alpha\end{array}\right\} \qquad (6\text{-}5)$$

可见直齿圆柱齿轮正确啮合的条件是：两轮的模数和压力角必须分别相等并为标准值。

2. 连续传动条件

如图 6-12 所示，由齿轮啮合过程可知，为使齿轮连续的进行传动，就必须使前一对轮齿尚未脱离啮合时，后一对轮齿已经进入啮合。这就要求实际啮合线必须大于或等于基圆齿距，即

$$\overline{B_2B_1} \geq p_b$$

此式称为连续传动条件。

上式可写成

$$\varepsilon = \frac{\overline{B_2B_1}}{p_b} \geq 1 \tag{6-6}$$

式中，ε 称为重合度。重合度 ε 越大，表明齿轮传动的连续性和平稳性越好。直齿圆柱齿轮的重合度 $\varepsilon \geq 1.1 \sim 1.4$。

重合度的大小，可通过作图法在啮合线 N_1N_2 上确定 B_2、B_1 点，量取 $\overline{B_2B_1}$，与 p_b 相比而得。

3. 标准安装的条件

一对标准齿轮节圆与分度圆相重合的安装称为标准安装，标准安装时的中心距称为标准中心距，以 a 表示。一对齿轮标准安装时，两个齿轮的传动可以看作是两个分度圆的纯滚动。在满足正确啮合的条件下，存在 $s_1 = e_2$，$e_1 = s_2$，此时，两轮可实现无侧隙啮合。这对避免传动的反向空程冲击是有实际意义的。

标准安装时，对于外啮合传动，如图 6-13 所示：

$$a = r_1' + r_2' = r_1 + r_2 = \frac{m}{2}(z_1 + z_2) \tag{6-7}$$

图 6-14 表示一内啮合标准齿轮传动，当按标准中心距安装时，两轮的各分度圆与各自的节圆重合相切，其标准中心距：

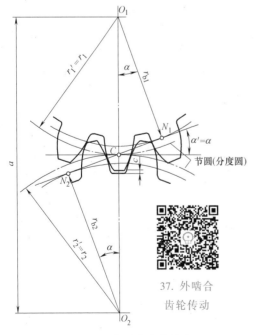

图 6-13   外啮合齿轮传动

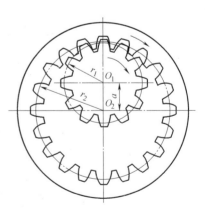

图 6-14   内啮合标准齿轮传动

$$a = r_2 - r_1 = \frac{m}{2}(z_2 - z_1) \qquad (6\text{-}8)$$

需要指出的是，分度圆和压力角是单个齿轮所具有的参数，节圆和啮合角是一对齿轮啮合时，才出现的几何参数。单个齿轮不存在节圆和啮合角。标准齿轮标准安装时，节圆与分度圆才重合，此时啮合角与压力角相等，即 $\alpha' = \alpha$。

第五节　渐开线齿轮的切齿原理与根切现象

阅读问题：

1. 盘状铣刀切齿属于哪种原理？为什么它的加工精度不高？主要用途是什么？
2. 插齿和滚齿加工不同齿数的齿轮时需要换刀吗？为什么？什么情况下需要换刀？
3. 标准齿轮的齿数过少时会出现什么情况？工程中可怎么解决？

一、渐开线齿轮的切齿原理

齿轮的切齿方法就其原理来说可分为仿形法和展成法两种。

1. 仿形法

这种方法的特点是所采用的成形刀具，在其轴向剖面内，切削刃的形状和被切齿轮齿槽的形状相同。常用的有盘状铣刀和指状铣刀。

图 6-15a 所示为用盘状铣刀切制齿轮的情况。切制时，铣刀转动，同时齿轮毛坯随铣床工作台沿平行于齿轮轴线的方向直线移动，切出一个齿

图 6-15　仿形法切齿

槽后，由分度机构将轮坯转过 $360°/z$ 再切制第二个齿槽，直至整个齿轮加工结束。图 6-15b 所示为用指状铣刀加工齿轮的情况，加工方法与用盘状铣刀时相似。指状铣刀常用于加工大模数（如 $m > 20\text{mm}$）的齿轮，并可以切制人字齿轮。

仿形法的优点是加工方法简单，不需要专门的齿轮加工设备。缺点是：由于铣制相同模数不同齿数的齿轮是用一组有限数目的齿轮铣刀来完成的，因此所选铣刀不可能与要求齿形准确吻合，加工出的齿形不够准确，轮齿的分度有误差，制造精度较低；由于切削是断续的，生产率低。所以仿形法常用于单件、修配或少量生产及齿轮精度要求不高的齿轮加工。

2. 展成法

展成法是目前齿轮加工中最常用的一种方法。用展成法加工齿轮，常用的刀具有齿轮型刀具（如齿轮插刀）和齿条型刀具（如齿条插刀、滚刀）两大类。

（1）齿轮插刀加工　图 6-16 所示为用齿轮插刀加工齿轮的情况。齿轮插刀是一个具有切削刃的渐开线外齿轮。插齿时，插刀与轮坯严格地按定比传动做展成运动（即啮合传动，如图 6-16b 所示），同时插刀沿轮坯轴线方向做上下往复的切削运动。为了防止插刀退刀时擦伤已加工的齿廓表面，在退刀时，轮坯还需做小距离的让刀运动。另外，为了切出轮齿的整个高度，插刀还需要向轮坯中心移动，做径向进给运动。

（2）齿条插刀加工　图 6-17 为用齿条插刀加工齿轮的情况。切制齿廓时，刀具与轮坯的展成运动相当于齿条与齿轮啮合传动，其切齿原理与用齿轮插刀加工齿轮的原理相同。

（3）齿轮滚刀加工　插齿加工其切削是不连续的，不仅影响生产率的提高，还限制了加工精度。因此，在生产中更广泛地采用齿轮滚刀切制齿轮。图 6-18 所

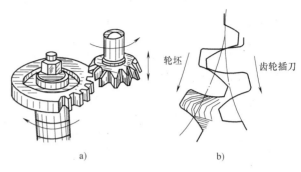

图 6-16　用齿轮插刀加工齿轮

示为用齿轮滚刀切制齿轮的情况。滚刀形状像一螺旋，它的轴向剖面为一齿条。当滚刀转动时，相当于齿条做轴向移动，滚刀转一周，齿条移动一个导程的距离。所以用滚刀切制齿轮的原理和齿条插刀切制齿轮的原理基本相同。滚刀除了旋转之外，还沿着轮坯的轴线缓慢地进给，以便切出整个齿高。

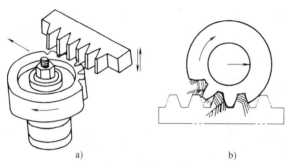

图 6-17　齿条插刀切齿

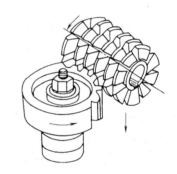

图 6-18　齿轮滚刀切齿

用展成法加工齿轮时，只要刀具和被加工齿轮的模数 m 和压力角 α 相同，则不管被加工齿轮的齿数多少，都可以用同一把齿轮刀具加工，而且生产率较高。所以在大批生产中多采用展成法。

二、根切现象与不根切的最少齿数

1. 根切现象

用展成法加工标准齿轮时，如果刀具的齿顶线超过了极限啮合点 N_1，轮齿根部的渐开线齿廓将会被刀具切去一部分，这种现象称为切齿干涉，又称根切，如图 6-19 所示。

产生严重根切的齿轮，会使轮齿的抗弯强度降低，并使重合度减小，影响传动的平稳性，对传动十分不利。因此应避免根切现象的产生。

2. 最少齿数 z_{min}

要避免根切，就必须使刀具的顶线不超过 N_1 点。刀具模数确定后，刀具齿顶高也为一定值。由于标准齿轮在分度圆上的齿厚 s 与齿槽宽 e 相等，为此加工时刀具的分度中线必须与轮坯分度圆相切。这样，齿顶线位置也就确定下来。当轮坯基圆半径越小，齿数越少，N_1 点就越接近 C，产生根切的可能性就越大。

如图 6-19 所示，按不根切条件，应使 $CB_2 \leqslant CN_1$。由 $\triangle O_1 N_1 C$ 得

$$CN_1 = r_1 \cos\alpha = \frac{mz}{2}\sin\alpha$$

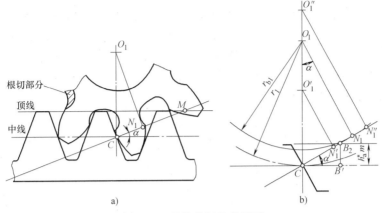

图 6-19　轮齿根切及其原因

a) 根切现象　b) 基圆大小的影响

由 $\triangle CB_2B'$ 得

$$CB_2 = \frac{h_a^* m}{\sin\alpha}$$

$$\frac{h_a^* m}{\sin\alpha} \leqslant \frac{mz}{2}\sin\alpha$$

故有

$$z \geqslant \frac{2h_a^*}{\sin^2\alpha}$$

上述即为切制标准齿轮不发生根切的条件。

令

$$z_{\min} = \frac{2h_a^*}{\sin^2\alpha} \qquad\qquad (6\text{-}9)$$

$z_{\min}$ 即为标准齿轮不发生根切的最少齿数。对于正常齿 $z_{\min} = 17$，允许少量根切时 $z_{\min} = 14$；对于短齿 $z_{\min} = 14$。

由上述可知，标准齿轮避免根切的措施是使齿轮齿数大于或等于最少齿数。

三、变位及变位齿轮

对于齿数少于 $z_{\min}$ 的齿轮，为了避免切齿干涉，可以采用将刀具移离齿坯，使刀具顶线低于极限啮合点 N_1 的办法来切齿。这种通过改变刀具与齿坯相对位置的切齿方法称为变位。变位后切制的齿轮称为变位齿轮。变位除了可防止齿轮切根外，还可以凑齿轮的中心距、改善齿轮的强度及实现齿轮的修复等。变位齿轮的设计计算请参考有关设计手册。

第六节　渐开线直齿圆柱齿轮传动的设计

阅读问题：

1. 齿轮传动容易出现哪种失效？对传动分别会产生哪些影响？

2. 齿轮制造最常用的是哪类材料？

3. 齿轮齿面上的法向啮合力及其分力的方向是怎么确定的？

4. 对齿轮进行接触疲劳强度或弯曲疲劳强度计算，分别是针对哪种传动失效提出的？

5. 载荷、材料、传动比一定的前提下，分度圆直径 d 和模数 m 两者中哪个对齿轮的接触强度影响大？哪个参数对齿轮的弯曲疲劳强度影响大？

试一试：某减速器中的一对外啮合直齿圆柱齿轮，齿面硬度均小于 350HBW，已知 $i=4.6$，经接触疲劳强度条件设计计算要求 $d_1 \geq 70.43\text{mm}$。

(1) 试确定这对齿轮的主要参数 z_1、z_2、m

(2) 按正常齿制计算 d_1、d_{f1}、d_{a1} 及传动中心距 a

(3) 如果弯曲疲劳强度校核通不过，应如何调整？

一、传动的失效形式

齿轮在传动过程中，常见失效形式有轮齿折断、齿面点蚀、齿面磨损、齿面胶合及塑性变形五种形式。

1. 轮齿折断

轮齿折断形式有两种：一种是在交变载荷作用下，齿根弯曲应力超过允许限度时，齿根处产生微小裂纹，随后裂纹不继扩展，最终导致轮齿疲劳折断；另外一种是短时过载或受冲击载荷发生突然折断，如图 6-20 所示。

防止轮齿折断的措施有：限制齿根上的弯曲应力，降低齿根处的应力集中，选用合适的齿轮参数和几何尺寸，强化处理（如喷丸、辗压）和良好热处理工艺等。

2. 齿面点蚀

轮齿齿面在载荷的反复交变作用下，当轮齿表面接触应力超过允许限度时，表面发生微小裂纹，以致小颗粒的金属剥落形成麻坑（图 6-21），称为齿面疲劳点蚀。点蚀的产生破坏了渐开线的完整性，从而引起振动和噪声，继而恶性循环，以致传动不能正常进行。

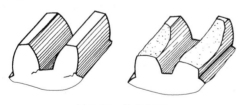

图 6-20　轮齿折断

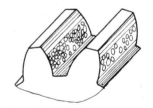

图 6-21　齿面疲劳点蚀

在润滑防护良好的闭式（有箱体防护）传动中，软齿面齿轮（硬度 ≤350HBS），易发生齿面点蚀。在开式（无箱体防护）齿轮传动中，齿面磨损大，看不到点蚀现象。

防止齿面点蚀的措施有：限制齿面接触应力，提高齿面硬度，降低齿面的表面粗糙度值，采用黏度高的润滑油等。

3. 齿面磨损

在开式传动中，轮齿工作面之间进入灰尘杂物时，会引起齿面磨损。齿面磨损后（图 6-22），齿厚变薄，渐开线齿廓被破坏，引起冲击、振动和噪声，最后导致轮齿因强度不足而折断。

防止磨损的措施有：提高齿面硬度，降低表面粗糙度值，改善工作条件，采用适当的防尘罩，在润滑油中加入减摩剂并保持润滑油的清洁等。

4. 齿面胶合

高速、重载传动中，由于齿面的压力大、相对滑动速度高，造成局部温度过高，使齿面油膜破裂，产生接触齿面金属粘着，随着齿面的相对运动，使金属从齿面上撕落。这种现象称为齿面胶合，如图 6-23 所示。

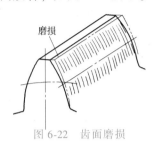

图 6-22 齿面磨损

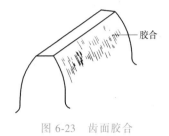

图 6-23 齿面胶合

防止胶合的措施有：提高齿面硬度，采用黏度较大或抗胶合性能好的润滑油，降低齿面粗糙度值等。

5. 齿面塑性变形

硬度不高的齿面在重载荷作用下，可能产生局部的塑性变形。这种失效常在过载严重和起动频繁的传动中出现。

防止的措施有：保证良好的润滑，减小表面粗糙度值，选用屈服强度较高的材料等。

二、齿轮材料选择

选择齿轮材料的要求是：应使齿轮的齿面具有较高的抗磨损、抗点蚀、抗胶合及抗塑性变形的能力，而齿根应有足够的抗折断能力。因此，对齿轮材料性能总的要求为齿面硬、齿心韧，同时应具有良好的加工和热处理的工艺性。

齿轮一般应选用具有良好力学性能的中碳结构钢和中碳合金结构钢；承受较大冲击载荷的齿轮，可选用合金渗碳钢；一些低速或中速低应力、低冲击载荷条件下工作的齿轮，可选用铸钢、灰铸铁或球墨铸铁；一些受力不大或在无润滑条件下工作的齿轮，可选用有色金属和非金属材料。

（1）调质钢齿轮　调质钢主要用于制造对硬度和耐磨性要求不是很高，对冲击韧度要求一般的中、低速和载荷不大的中、小型传动齿轮，如金属切削加工机床的变速箱齿轮、交换齿轮等，通常采用 45、40Cr、40MnB、35SiMn、45Mn2 等钢制造。一般常用的热处理工艺是经调质或正火处理后，再进行表面淬火（即硬齿面），有时经调质和正火处理后也可直接使用（软齿面）。对于精度要求高、转速快的齿轮，可选用渗氮用钢（38CrMoAl），经调质处理和渗氮处理后使用。

（2）渗碳钢齿轮　渗碳钢主要用于制造高速、重载、冲击较大的重要齿轮，如汽车变速箱齿轮、驱动桥齿轮、立式车床的重要齿轮等，通常采用 20CrMnTi、20CrMo、20Cr、18Cr2Ni4W、20CrMnMo 等钢制造，经渗碳淬火和低温回火处理后（硬齿面），表面硬度高，耐磨性好，心部韧性好，耐冲击。为了增加齿面的残余压应力，进一步提高齿轮的疲劳强度，还可进行喷丸处理。

（3）铸钢和铸铁齿轮　形状复杂、难以锻造成形的大型齿轮采用铸钢和铸铁等材料制造。对于工作载荷大、韧性要求较高的齿轮，如起重机齿轮等，选用 ZG270-500、ZG310-570、ZG340-640 等铸钢制造；对于耐磨性、疲劳强度要求较高，但冲击载荷较小的齿轮，如机油泵齿轮等，可选用球墨铸铁制造，如 QT500-7、QT600-3 等；对于冲击载荷很小的低精度、低速齿轮，可选用灰铸铁制造，如 HT200、HT250、HT300 等。

（4）有色金属齿轮和塑料齿轮　仪器、仪表中的齿轮，以及某些在腐蚀介质中工作的轻载齿轮，常选用耐蚀、耐磨的有色金属制造，如黄铜、铝青铜、锡青铜、硅青铜等。塑料齿轮主要用于制造轻载、低速、耐蚀、无润滑或少润滑条件下工作的齿轮，如仪表齿轮、无声齿轮，常用材料如尼龙、ABS、聚甲醛、聚碳酸酯等。

常用齿轮材料及其力学性能见表 6-3。由表可见，相同牌号的材料采用硬齿面时其许用应力值显著提高，所以条件许可时，选用硬齿面可使传动结构更紧凑。

表 6-3　常用齿轮材料及其力学性能

材料	热处理方法	抗拉强度 R_m/MPa	屈服强度 R_{eL}/MPa	齿面硬度 HBS	许用接触应力 $[\sigma_H]$/MPa	许用弯曲应力 $[\sigma_{bb}]$[1]/MPa
HT300		300		187~255	290~347	80~105
QT600-3		600		190~270	436~535	262~315
ZG310-570	正火	580	320	163~197	270~301	171~189
ZG340-640		650	350	179~207	288~306	182~196
45		580	290	162~217	468~513	280~301
ZG340-640		700	380	241~269	468~490	248~259
45	调质	650	360	217~255	513~545	301~315
35SiMn		750	450	217~269	585~648	388~420
40Cr		700	500	241~286	612~675	399~427
45	调质后			40~50HRC	972~1053	427~504
40Cr	表面淬火			48~55HRC	1035~1098	483~518
20Cr	渗碳后淬火	650	400	56~62HRC	1350	645
20CrMnTi		1100	850	56~62HRC	1350	645

①　$[\sigma_{bb}]$ 为轮齿单向受载的试验条件下得到的，若轮齿的工作条件为双向受载，则应将表中数值乘以 0.7。

三、齿轮精度等级的选择

为了防止齿轮因为制造误差过大而影响正常工作，国家标准提出了圆柱齿轮精度制，将圆柱齿轮的精度评定分为轮齿同侧齿面偏差（GB/T 10095.1—2008）、径向综合偏差和径向跳动（GB/T 10095.2—2008）三个方面的多个项目。另外，标准又将各个评定项目的精度分为 13 个等级（其中 2 个项目为 9 个等级），0 级最高，12 级最低，常用的是 6~9 级。齿轮传动设计中通过选择合适的精度等级来提出齿轮的制造要求。

齿轮精度等级的选择一般采用类比法，即根据齿轮传动的用途、使用要求和工作条件，查阅有关参考资料，并参照经过实践验证的类似产品的精度进行选用。在机械传动中应用最多的齿轮是既传递运动又传递动力，其精度等级与圆周速度密切相关，因此可根据计算出齿轮的最高圆周速度，参考表 6-4 确定齿轮的精度等级。

齿轮工作图上，齿轮精度的标注分为三部分：精度等级、带括号的对应检验项目和所属标准号。例如

$$7(F_p \backslash f_{pt} \backslash F_\alpha) \backslash 6(F_\beta) \ GB/T \ 10095.1$$

表 6-4　齿轮常用精度等级及应用举例

精度等级	圆周速度 $v/(\text{m/s})$			应　用　举　例
	直齿圆柱齿轮	斜齿圆柱齿轮	直齿锥齿轮	
6	$\leqslant 15$	$\leqslant 30$	$\leqslant 9$	精密机器、仪表、飞机、汽车、机床中的重要齿轮
7	$\leqslant 10$	$\leqslant 20$	$\leqslant 6$	一般机械中的重要齿轮；标准系列减速器；飞机、汽车、机床中的齿轮
8	$\leqslant 5$	$\leqslant 9$	$\leqslant 3$	一般机械中的齿轮；飞机、汽车、机床中不重要的齿轮；农业机械中的重要齿轮
9	$\leqslant 3$	$\leqslant 6$	$\leqslant 2.5$	工作要求不高的齿轮

若齿轮所选检验项目的公差同为某一公差等级，则在图样上可只标注精度等级和所属标准号。例如所选检验项目精度等级同为 7 级，由 GB/T 10095.1 标准规定时，可标注为

$$7\text{GB/T } 10095.1$$

若同为 8 级，且所选检验项目分属两个标准时，可标注为

$$8(f_{\text{pt}}、F_{\alpha}、F_{\beta}、F_{\text{r}})\text{GB/T } 10095.1 \sim 2$$

齿轮各检验项目及其允许值还应标注在齿轮工作图右上角的参数表中。

四、直齿圆柱齿轮传动设计

（一）齿轮受力分析及计算载荷

1. 齿轮受力分析

齿轮传动是靠轮齿间作用力传递功率的。为便于分析计算，现以节点作为计算简化点且忽略摩擦力的影响。如图 6-24 所示，齿廓间的总作用力 F_{n} 沿啮合线方向，F_{n} 称为法向力。在分度圆上 F_{n} 可分解成两个相互垂直的分力：指向轮心的径向力 F_{r} 和与分度圆相切的圆周力 F_{t}。

传动设计时，主动轮 1 传递的功率 $P_1(\text{kW})$ 及转速 $n_1(\text{r/min})$ 通常是已知的，为此，主动轮上的转矩 $T_1(\text{N} \cdot \text{mm})$ 可由下式求得：

$$T_1 = 9.55 \times 10^6 \frac{P_1}{n_1}$$

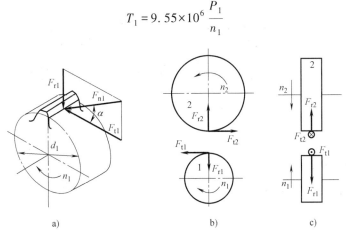

图 6-24　直齿圆柱齿轮的受力分析

F_{t}、F_{r} 和 F_{n} 分别为

$$F_{t1} = \frac{2T_1}{d_1} = -F_{t2}$$

$$F_{r1} = F_{t1}\tan\alpha = \frac{2T_1}{d_1}\tan\alpha = -F_{r2}$$ （6-10）

$$F_{n1} = \frac{F_{t1}}{\cos\alpha} = \frac{2T_1}{d_1\cos\alpha} = -F_{n2}$$

式中，d_1 为主动轮分度圆直径，单位为 mm；α 为分度圆压力角，$\alpha = 20°$。

各力的方向：F_{t1} 是主动轮上的工作阻力，故其方向与主动轮的转向相反；F_{t2} 是从动轮上的驱动力，其方向与从动轮的转向相同；F_{r1} 与 F_{r2} 指向各自的回转中心。

2. 计算载荷

按式（6-10）计算的 F_t、F_r、F_n 均是作用在轮齿上的名义载荷。在实际传动中受到很多因素的影响，如原动机和工作机的工作特性；轴与联轴器系统在运动中所产生的附加动载荷；齿轮受载后，由于轴的弯曲变形，使作用在齿面上的载荷沿接触线分布不均等。所以进行齿轮的强度计算时，应按计算载荷进行。计算载荷按下式确定

$$F_{nc} = KF_n$$ （6-11）

式中，K 为载荷系数，按表 6-5 查取。

表 6-5　载荷系数 K

原　动　机	工作机械的载荷特性		
	平稳和比较平稳	中等冲击	大的冲击
电动机、汽轮机	1~1.2	1.2~1.6	1.6~1.8
多缸内燃机	1.2~1.6	1.6~1.8	1.9~2.1
单缸内燃机	1.6~1.8	1.8~2.0	2.2~2.4

（二）齿面接触疲劳强度计算

如图 6-25 所示，齿面接触疲劳强度计算是以两齿廓曲面曲率半径为 ρ_1、ρ_2 的两圆柱体接触，在载荷 F 的作用下，为保证不产生点蚀，由弹性力学，得到接触区的强度校核公式为

$$\sigma_H = 671\sqrt{\frac{KT_1}{\psi_d d_1^3}\frac{u \pm 1}{u}} \leqslant [\sigma_H]$$ （6-12）

设计公式为

$$d_1 \geqslant \sqrt[3]{\left(\frac{671}{[\sigma_H]}\right)^2 \frac{KT_1}{\psi_d}\frac{u \pm 1}{u}}$$ （6-13）

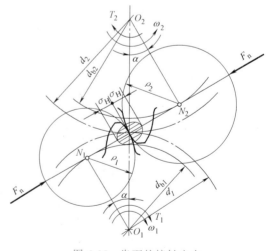

图 6-25　齿面的接触应力

式中，σ_H 为齿面接触应力，单位为 MPa；d_1 为小齿轮分度圆直径，单位为 mm；u 为齿数比，$u = \dfrac{大齿轮齿数}{小齿轮齿数}$；"+"用于外啮合；"-"用于内啮合；$[\sigma_H]$ 为许用接触应力，单位为 MPa，见表 6-3；ψ_d 为齿宽系数，见表 6-6，$\psi_d = b/d_1$，其中 b 为齿宽，单位为 mm。

表 6-6　圆柱齿轮齿宽系数 ψ_d

齿轮相对轴承的位置	轮齿表面硬度≤350HBW	两轮齿面硬度>350HBW
对称布置	0.8~1.4	0.4~0.9
不对称布置	0.6~1.2	0.3~0.6
悬臂布置	0.3~0.4	0.2~0.5

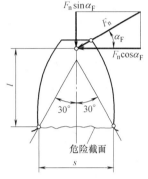

上述接触强度计算公式仅适用于齿轮材料为钢对钢的情况，对于钢对灰铸铁或灰铸铁对灰铸铁的传动，要将式中的系数 671 分别乘以 0.85 或 0.76。

设计时应注意：一对齿轮啮合时，根据作用力与反作用力原理，两齿面的接触应力是相等的，即 $\sigma_{H1} = \sigma_{H2}$；而两轮材料或热处理不同，其许用接触应力不相等，即 $[\sigma_{H1}] \neq [\sigma_{H2}]$，在强度计算时应将 $[\sigma_{H1}]$ 与 $[\sigma_{H2}]$ 中的较小值代入公式计算。

（三）齿轮弯曲疲劳强度计算

对齿根弯曲疲劳强度计算时，为使问题简化，将轮齿看作一悬臂梁，全部载荷由一对齿承担；齿根处为危险截面。可用 30°切线法确定，即作与轮齿对称中心线成 30°夹角并与齿根过渡圆角相切的斜线，两切点的连线为危险截面，如图 6-26 所示。如将作用于齿顶的法向力 F_n 分解为 $F_n\cos\alpha_F$ 和 $F_n\sin\alpha_F$ 两个分力，则弯矩 $M = (F_n\cos\alpha_F)l$，危险剖面处的抗弯截面模量为 W，

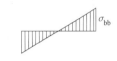

图 6-26　轮齿弯曲应力分析

从而求得最大弯曲应力为

$\sigma_{\max} = \dfrac{M_{\max}}{W}$，由此得到齿根弯曲疲劳强度计算公式为

$$\sigma_{bb1} = \frac{2KT_1}{\psi_d z_1^2 m^3} Y_{FS} \leqslant [\sigma_{bb1}] \tag{6-14}$$

$$\sigma_{bb2} = \sigma_{bb1} \frac{Y_{FS2}}{Y_{FS1}} \leqslant [\sigma_{bb2}] \tag{6-15}$$

设计公式为

$$m \geqslant \sqrt[3]{\frac{2KT_1}{z_1^2 \psi_d} \frac{Y_{FS}}{[\sigma_{bb}]}} \tag{6-15}$$

式中，σ_{bb} 为齿根弯曲应力，单位为 MPa；z_1 为小齿轮齿数；m 为齿轮模数，单位为 mm；$[\sigma_{bb}]$ 为许用弯曲应力，单位为 MPa，见表 6-3；Y_{FS} 齿形系数，决定于轮齿形状，见表 6-7。

设计时应注意：一对齿轮相啮合时，两齿轮模数相等，齿形不同，即 $Y_{FS1} \neq Y_{FS2}$，所以齿根弯曲应力不相等，即 $\sigma_{bb1} \neq \sigma_{bb2}$；同时，由于两轮的许用应力不等，即 $[\sigma_{bb1}] \neq [\sigma_{bb2}]$，所以设计计算时应将 $\dfrac{Y_{FS1}}{[\sigma_{bb1}]}$ 和 $\dfrac{Y_{FS2}}{[\sigma_{bb2}]}$ 中的较大者代入设计公式计算，算得的模数再

按表 6-1 圆整成标准值。

表 6-7　齿形系数 Y_{FS}

$z(z_V)$	17	18	19	20	21	22	23	24	25	26	27	28	29
Y_{FS}	4.51	4.45	4.41	4.36	4.33	4.30	4.27	4.24	4.21	4.19	4.17	4.15	4.13
$z(z_V)$	30	35	40	45	50	60	70	80	90	100	150	200	∞
Y_{FS}	4.12	4.06	4.04	4.02	4.01	4.00	3.99	3.98	3.97	3.96	4.00	4.03	4.06

注：斜齿轮按当量齿数 z_v 查表。

（四）设计步骤及参数的选择

1. 设计步骤

1）选择齿轮材料及热处理。通过分析齿轮的工作条件，确定材料的性能和组织要求，综合比较后选择材料牌号与热处理方法。齿轮材料的许用应力值见表 6-3。

2）确定传动的精度等级。在满足使用要求的前提下，尽量选择低的精度等级，这样可减少加工难度，降低制造成本。具体选择可参照表 6-4。

3）强度计算。对于闭式软齿面传动，通常按齿面接触疲劳强度确定 d_1，再校核齿根弯曲疲劳强度；对于闭式硬齿面传动，通常按齿根弯曲疲劳强度确定模数，再校核齿面接触疲劳强度；对于开式传动和铸铁齿轮传动，通常按齿根弯曲疲劳强度确定模数，并将模数增加 $10\% \sim 20\%$，以作为预留磨损裕量。

4）计算齿轮的几何尺寸。按表 6-2 所列公式计算。

5）确定齿轮结构形式。

6）绘制齿轮工作图。

2. 主要参数的选择

1）齿数 z。一般取 $z_1 = 20 \sim 40$。中心距一定时，适当增加齿数，能提高传动的平稳性。对于闭式硬齿面传动和开式传动，为了提高弯曲强度，可取较小值，但应 $z_1 \geq 17$。

2）模数 m。对于传递动力的齿轮，应保证 $m \geq 2\text{mm}$，以防止齿轮过载折断。

3）齿宽系数 ψ_d。按表 6-6 选取。$b = \psi_d d_1$ 算得的齿宽加以圆整作为 b_2，为防止两轮因装配后轴向错位，减少啮合宽度，小齿轮齿宽应在 b_2 的基础上增大，即 $b_1 = b_2 + (5 \sim 10)\text{mm}$。

4）齿数比 u。u 值不宜过大，以免大齿轮直径增大而使整个传动的外廓尺寸过大。通常 $u < 7$。当 $u > 7$ 时可采用多级传动。

（五）应用举例

例 6-1　某带式输送机单级圆柱齿轮减速器圆柱齿轮传动。已知 $i = 4.6$，$n_1 = 1440\text{r/min}$，传递功率 $P = 5\text{kW}$，单班制工作，单向运转，载荷平稳。试设计该齿轮传动。

解　（1）选择材料及热处理　该传动是闭式齿轮传动，属于转速不高、载荷不大，要求一般的小型传动，为了简化制造，降低成本，可采用软齿面钢制齿轮，查表 6-3，选择小齿轮材料为 45 钢，调质处理，硬度为 255HBW；大齿轮材料也为 45 钢，正火处理，硬度为 215HBW。

（2）选择精度等级　运输机为一般机械，速度不高，故选择 8 级精度。

（3）按齿面接触疲劳强度设计　软齿面闭式传动主要的失效形式为齿面点蚀。根据齿面接触疲劳强度，按式（6-13）确定尺寸

$$d_1 \geqslant \sqrt[3]{\left(\frac{671}{[\sigma_H]}\right)^2 \frac{KT_1}{\psi_d} \frac{u \pm 1}{u}}$$

式中，按表 6-5 选载荷系数 $K = 1.2$；转矩

$$T = 9.55 \times 10^6 \frac{P_1}{n_1} = \left(9.55 \times 10^6 \frac{5}{1440}\right) \text{N} \cdot \text{mm} = 33159.7 \text{N} \cdot \text{mm}$$

查表 6-3，取 $[\sigma_{H1}] = 530\text{MPa}$，$[\sigma_{H2}] = 500\text{MPa}$；由表 6-6，取 $\psi_d = 1.1$；$u = i = 4.6$。代入后计算小齿轮分度圆直径 d_1

$$d_1 \geqslant \sqrt[3]{\left(\frac{671}{[500]}\right)^2 \times \frac{1.2 \times 33159.7}{1.1} \times \frac{4.6+1}{4.6}} \text{mm} = 42.96\text{mm}$$

计算圆周速度 v

$$v = \frac{\pi d_1 n_1}{60 \times 1000} = \frac{3.14 \times 42.96 \times 1440}{60 \times 1000} \text{m/s} = 3.24\text{m/s}$$

因 $v < 5\text{m/s}$，取 8 级精度合适。

（4）确定主要参数，计算主要几何尺寸

1）齿数：取 $z_1 = 22$，则 $z_2 = z_1 u = 22 \times 4.6 = 101$

2）模数：$m = \dfrac{d_1}{z_1} \geqslant \dfrac{42.96}{22} \text{mm} = 1.953\text{mm}$

由表 6-1 取标准模数 $m = 2\text{mm}$。实际传动比 $i = \dfrac{101}{22} = 4.59$，$\Delta i = \dfrac{4.6-4.59}{4.6} = 0.2\%$，传动比误差小于允许范围 $\pm 5\%$。

3）分度圆直径：

$$d_1 = mz_1 = 2 \times 22\text{mm} = 44\text{mm} > 42.96\text{mm}$$

$$d_2 = mz_2 = 2 \times 101\text{mm} = 202\text{mm}$$

4）中心距：$a = \dfrac{m}{2}(z_1 + z_2) = \dfrac{2}{2}(22 + 101) \text{mm} = 123\text{mm}$

5）齿宽：$b = \psi_d d_1 = 1.1 \times 44\text{mm} = 48\text{mm}$，取 $b_2 = 48\text{mm}$，$b_1 = b_2 + 5 = 53\text{mm}$。

（5）校核弯曲疲劳强度

1）齿形系数 Y_{FS}：由表 6-7 查得，$Y_{FS1} = 4.30$，$Y_{FS2} = 3.96$。

2）弯曲疲劳许用应力 $[\sigma_{bb}]$：查表 6-3，得 $[\sigma_{bb1}] = 301\text{MPa}$，$[\sigma_{bb2}] = 280\text{MPa}$。

3）校核计算

$$\sigma_{bb1} = \frac{2KT_1}{\psi_d z_1^2 m^3} Y_{FS1} = \frac{2 \times 1.2 \times 33159.7}{1.1 \times 22^2 \times 2^3} \times 4.30\text{MPa} = 80.35\text{MPa}$$

$$\sigma_{bb2} = \sigma_{bb1} \frac{Y_{FS2}}{Y_{FS1}} = 80.35 \times \frac{3.96}{4.30}\text{MPa} = 73.99\text{MPa}$$

计算应力小于许用应力，所以齿轮弯曲强度足够。

（6）结构设计与工作图绘制　图 6-27 为大齿轮工作图（小齿轮工作图略）。

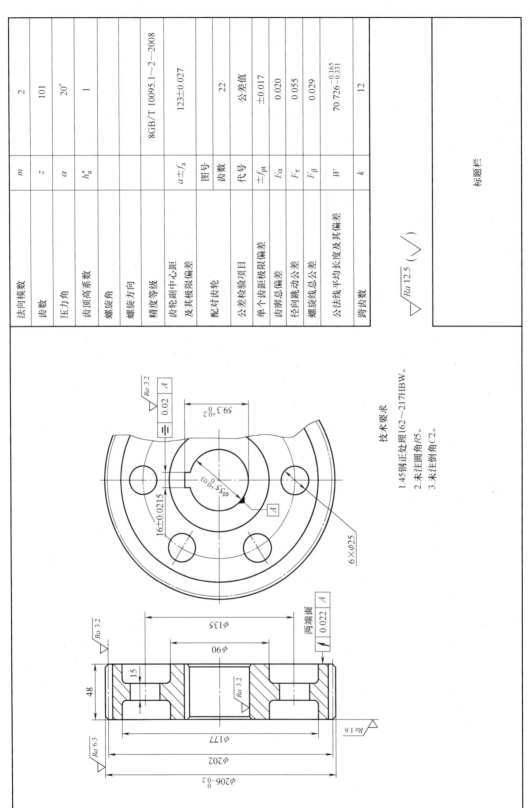

法向模数	m	2
齿数	z	101
压力角	α	$20°$
齿顶高系数	h_a^*	1
螺旋角		
螺旋方向		
精度等级		8GB/T 10095.1～2—2008
齿轮副中心距及其极限偏差	$a \pm f_a$	123 ± 0.027
配对齿轮	图号	
	齿数	22
公差检验项目	代号	公差值
单个齿距极限偏差	$\pm f_{pt}$	± 0.017
齿廓总偏差	F_α	0.020
径向跳动公差	F_r	0.055
螺旋线总公差	F_β	0.029
公法线平均长度及其偏差	W	$70.726^{-0.165}_{-0.331}$
跨齿数	k	12

标题栏

$\sqrt{Ra\,12.5}\;\left(\sqrt{}\right)$

技术要求

1. 45钢正火处理162～217HBW。
2. 未注圆角R5。
3. 未注倒角C2。

图 6-27   直齿圆柱大齿轮工作图

第七节 平行轴斜齿圆柱齿轮传动

阅读问题：

1. 斜齿圆柱齿轮特别适用于什么场合？为什么？

2. 斜齿轮的基本参数有哪几个？标准值在什么方向？其当量齿轮及当量齿数怎么确定？

3. 斜齿轮的直径、齿厚、齿高分别是怎么计算的？

4. 与直齿轮相比，斜齿轮的受力、强度计算有什么不同？

试一试：某减速器上一对外啮合标准直齿圆柱齿轮，$z_1 = 30$，$z_2 = 130$，$m = 2.5\text{mm}$，$a = 200\text{mm}$。为了提高传动平稳性现改用标准斜齿圆柱齿轮代替，并保持原有中心距、模数（法面），传动比允许变化 $\Delta i \leqslant \pm 1\%$，且 $\beta \leqslant 15°$。试确定这对斜齿圆柱齿轮的齿数和螺旋角。

一、斜齿圆柱齿轮传动特点

直齿圆柱齿轮的齿廓曲面实际上是发生面 S 在基圆柱上做纯滚动时，发生面上与基圆柱轴线平行的直线 KK 所展成的渐开线曲面（图 6-28a）。由于直齿圆柱齿轮的齿向线与轴线平行，所以啮合传动时，沿齿宽是同时进入啮合和同时退出啮合，在齿面上形成的接触线为平行轴线的直线，如图 6-28b 所示，轮齿承受载荷，表现为进入啮合时突然受载，退出啮合时突然卸载，因此传动时，轮齿上载荷有冲击，从而使平稳性下降、噪声增大，一般不适用于高速、重载的传动。

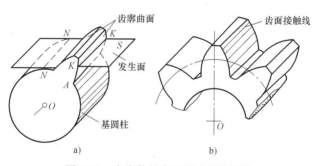

38. 直齿圆柱齿轮啮合特点

图 6-28 直齿轮的齿面形成及接触线

斜齿圆柱齿轮的齿廓曲面的形成原理与直齿圆柱齿轮相似，只是发生面上的直线 KK 不再与基圆轴线平行，而是成一定的角度 β_b（图 6-29a），故齿廓曲面是斜直线 KK 展成的渐开螺旋面。啮合传动时，齿面接触线的长度随啮合位置而变化，即接触线的长度由短变长，然后又由长变短，直至脱离啮合（图 6-29b），轮齿承受的载荷，是由小到大，再由大到小逐渐变化的。此外，当轮齿在 A 端啮合时，B 端还未啮合，当 A 端退出啮合时，B 端还在啮合，后面的每对齿又逐渐地进入啮合，所以同时参与啮合的齿对数多，即重合度大，承载能力大。

因此斜齿圆柱齿轮传动有如下特点：

1）传动平稳，冲击和噪声小，适用于高速传动。

2）重合度大，承载能力大，适用于重载机械。

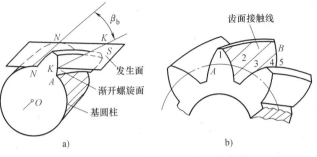

39. 斜齿圆柱
齿轮啮合特点

图 6-29　斜齿轮的齿面形成及接触线

3) 存在轴向力 F_a（图 6-30），需要安装能承受轴向力的轴承。采用人字齿轮虽可消除轴向力，但加工困难、精度较低，多在传递大功率的重载机械中使用。

二、斜齿圆柱齿轮的基本参数及几何尺寸计算

将斜齿圆柱齿轮沿分度圆柱面展成平面（图 6-31），图中阴影部分表示分度圆齿厚，空白处表示齿槽宽。轮齿的齿向线与轴线所夹的锐角 β，称为分度圆螺旋角，为了防止轴向力过大，一般 $\beta = 8° \sim 20°$。

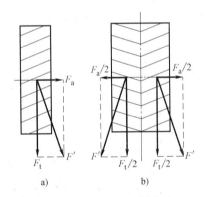

图 6-30　斜齿轮上的轴向力

a) 斜齿轮　b) 人字齿轮

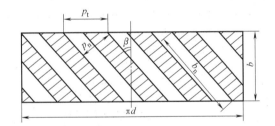

图 6-31　法面齿距与端面齿距

斜齿圆柱齿轮参数有端面参数（用下角标 t 表示），法面参数（用下角标 n 表示）。由图 6-31 可知，法面齿距与端面齿距关系为

$$p_n = p_t \cos\beta$$

因为　　$p_n = \pi m_n$，$p_t = \pi m_t$

所以　　　$m_n = m_t \cos\beta$

法向压力角 α_n 与端面压力角 α_t 关系为

$$\tan\alpha_n = \tan\alpha_t \cos\beta \qquad (6\text{-}16)$$

在加工斜齿轮时用的是加工直齿轮的刀具，加工时是沿着齿向方向进刀，刀具

表 6-8　外啮合标准斜齿圆柱齿轮几何尺寸计算公式

名　称	符　号	公　式
齿顶高	h_a	$h_a = h_{an} = h_{an}^* m_n = m_n$
齿根高	h_f	$h_f = (h_{an}^* + c_n^*) m_n = 1.25 m_n$
齿高	h	$h = h_a + h_f = 2.25 m_n$
顶隙	c	$c = c_n m_n = 0.25 m_n$
分度圆直径	d	$d = \dfrac{m_n z}{\cos\beta}$
齿顶圆直	d_a	$d_a = d + 2 m_n$
齿根圆直径	d_f	$d_f = d - 2 h_f = d - 2.5 m_n$
基圆直径	d_b	$d_b = d \cos\alpha_t$
中心距	a	$a = \dfrac{1}{2}(d_1 + d_2) = \dfrac{m_n}{2\cos\beta}(z_1 + z_2)$

的参数与斜齿轮法面参数相同，所以规定法面参数为标准值。其中 m_n 按表 6-1 选取，$\alpha_n = 20°$，$h_{an}^* = 1$，$c_n^* = 0.25$。表 6-8 是外啮合标准斜齿圆柱齿轮几何尺寸计算公式。

由表可知，斜齿圆柱齿轮传动的中心距与螺旋角 β 有关，当一对斜齿轮的模数 m_n、齿数 z 一定时，可以通过改变螺旋角 β 的方法调整安装中心距。这给需要凑中心距的设计带来方便。

三、斜齿轮传动的正确啮合条件和重合度

1. 正确啮合条件

一对外啮合的斜齿圆柱齿轮正确啮合时，不但模数和压力角分别相等，且两齿轮分度圆上的螺旋角大小相等，旋向相反，图 6-32 所示。旋向的判断方法与螺杆相同，其正确啮合条件为

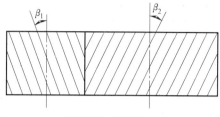

图 6-32　正确啮合

$$\left.\begin{array}{l} m_{n1} = m_{n2} = m_n \\ \alpha_{n1} = \alpha_{n2} = \alpha_n \\ \beta_1 = -\beta_2 \end{array}\right\} \tag{6-17}$$

2. 重合度

对于斜齿圆柱齿轮传动，其重合度受螺旋角 β 的影响，如图 6-33 所示，其值按下式计算

$$\varepsilon = \varepsilon_t + \varepsilon_\beta \tag{6-18}$$

其中，$\varepsilon_\beta = b\tan\beta/p_b$。由此可见，斜齿轮传动的重合度 ε 随齿宽 b 和螺旋角 β 的增大而增大，其值比直齿轮传动大得多，这是斜齿轮传动平稳，承载能力较高的主要原因。

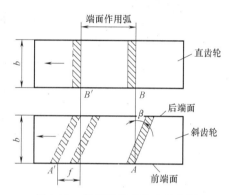

图 6-33　斜齿圆柱齿轮的重合度

四、斜齿圆柱齿轮的当量齿数

用刀具加工斜齿轮时，盘状铣刀是沿着齿向方向进刀的。这样加工出来的斜齿，其法向模数，法向压力角与刀具的模数和压力角相同，所以必须按照与斜齿轮法面齿形相当的直齿轮的齿数来选择铣刀。如图 6-34 所示，法向截面 n-n 截斜齿轮的分度圆柱为一椭圆，椭圆 C 点处齿槽两侧渐开线齿形与标准刀具外廓形状相同。

当量齿轮是一个假想的直齿圆柱齿轮，其

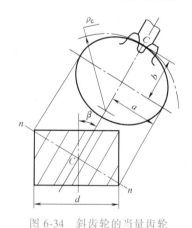

图 6-34　斜齿轮的当量齿轮

端面齿形与斜齿轮法面齿形相当。如图 6-34 所示，其分度圆半径等于 C 处曲率半径 ρ_c，模数和压力角分别为 m_n、α_n。当量齿轮的齿数为

$$z_v = \frac{z}{\cos^3\beta} \tag{6-19}$$

式中，z 为斜齿圆柱齿轮的实际齿数。

当量齿数 z_v 不一定是整数，也不必圆整，只要按照这个数值选取刀号即可，另外，在斜齿圆柱齿轮强度计算时，也要用到当量齿数的概念。

标准斜齿圆柱齿轮不发生根切的最少齿数为

$$z_{\min} = z_v \cos^3\beta \tag{6-20}$$

五、斜齿圆柱齿轮传动设计

1. 受力分析

图 6-35 所示平行轴为斜齿圆柱齿轮受力情况，与直齿圆柱齿轮不同，F_n 为空间作用力，它可分解成三个相互垂直的正交分力：

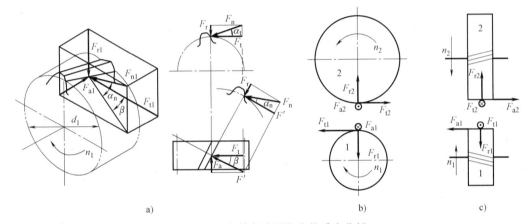

图 6-35　平行轴斜齿圆柱齿轮受力分析

圆周力

$$F_{t1} = \frac{2T_1}{d_1} = -F_{t2}$$

径向力

$$F_{r1} = F_{t1}\frac{\tan\alpha_n}{\cos\beta} = -F_{r2} \tag{6-21}$$

轴向力

$$F_{a1} = F_{t1}\tan\beta = -F_{a2}$$

法向力

$$F_{n1} = \frac{F_{t1}}{\cos\alpha_n\cos\beta}$$

式中，T_1 为小齿轮传递的转矩，单位为 N·mm；d_1 为小齿轮分度圆直径，单位为 mm；F_{t1}、F_{r1}、F_{a1} 分别为小齿轮的切向力、径向力和轴向力；F_{n1} 为法向力，各力单位为 N。α_n 为法向压力角，$\alpha_n = 20°$；β 为分度圆上的螺旋角（°）。

各力的方向：切向力 F_t 与径向力 F_r 的判别与直齿圆柱齿轮相同。轴向力 F_a 可采用螺旋法则判别：主动轮右旋齿轮用右手，左旋齿轮用左手，四指弯曲为齿轮转动方向，大拇指伸直方向为轴向力 F_{a1} 方向。从动轮轴向力 F_{a2} 与主动轮轴向力大小相等方向相反。

2. 强度计算

斜齿圆柱齿轮（钢制）的齿面接触疲劳强度校核和设计公式分别为

$$\sigma_H = 590\sqrt{\frac{KT_1}{\psi_d d_1^3}\frac{u \pm 1}{u}} \leqslant [\sigma_H] \tag{6-22}$$

$$d_1 \geqslant \sqrt[3]{\left(\frac{590}{[\sigma_H]}\right)^2\frac{KT_1}{\psi_d}\frac{u \pm 1}{u}} \tag{6-23}$$

弯曲疲劳强度校核和设计公式分别为

$$\sigma_{bb} = \frac{1.6KT_1 Y_{FS}\cos\beta}{bm_n^2 z_1} \leqslant [\sigma_{bb}] \tag{6-24}$$

$$m_n \geqslant \sqrt[3]{\frac{1.6KT_1}{\psi_d z_1^2} \frac{Y_{FS}\cos^2\beta}{[\sigma_{bb}]}} \tag{6-25}$$

式（6-22）～式（6-25）中，K 为载荷系数，查表 6-5；m_n 为法向模数，单位为 mm，计算得的法向模数 m_n 按表 6-1 取标准值；Y_{FS} 为齿形系数，按斜齿圆柱齿轮当量齿数 z_v（$z_v = z/\cos^3\beta$），由表 6-7 查取。

其他参数的含义、单位及选取方法与直齿圆柱齿轮传动相同。

斜齿圆柱齿轮传动设计步骤与直齿圆柱齿轮传动相同。

例 6-2　如图 6-36 所示，1 为电动机，2、6 为联轴器，4 为高速级齿轮传动，5 为低速级齿轮传动，3 为箱体，7 为滚筒。试设计带式输送机减速器的高速级齿轮传动。已知输入功率 $P_1 =$ 15kW，输入转速 $n_1 = 1460\text{r/min}$，传动比 $i_{12} =$ 4.8，载荷有中等冲击，双向运转；要求减速器结构紧凑。

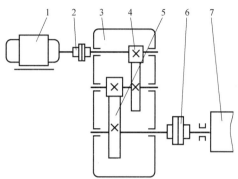

图 6-36　带式输送机

解　（1）材料选择　由于要求结构紧凑，故采用硬齿面齿轮传动。小齿轮选用 20Cr，渗碳淬火处理，齿面平均硬度为 60HRC；大齿轮选用 40Cr，表面淬火处理，齿面平均硬度为 52HRC。

（2）参数选择

1）齿数。取 $z_1 = 20$，则 $z_2 = iz_1 = 4.8 \times 20 = 96$

2）齿宽系数。两轮为硬齿面，非对称布置，查表 6-6，取 $\psi_d = 0.5$。

3）载荷系数。由于载荷为中等冲击，且采用硬齿面齿轮，应取大值，故取 $K = 1.6$。

4）初选螺旋角。取 $\beta = 14°$。

（3）确定许用应力　小齿轮查表 6-3，$[\sigma_{H1}] = 1350\text{MPa}$，$[\sigma_{bb1}] = 645\text{MPa}$，由于承受双向载荷，故 $[\sigma_{bb1}] = 645 \times 0.7\text{MPa} = 452\text{MPa}$，大齿轮查表 6-3，用插值法，$[\sigma_{H2}] = 1071\text{MPa}$，$[\sigma_{bb2}] = 503\text{MPa}$，因受双向载荷，故 $[\sigma_{bb2}] = 503 \times 0.7\text{MPa} = 352\text{MPa}$。

（4）计算小齿轮转矩

$$T_1 = 9.55 \times 10^6 P_1/n_1 = 9.55 \times 10^6 \frac{15}{1460}\text{N} \cdot \text{mm} = 9.81 \times 10^4 \text{N} \cdot \text{mm}$$

（5）按齿轮弯曲强度计算　齿形系数查表 6-7，按当量齿数 $z_v = \dfrac{z}{\cos^3\beta}$，得 $Y_{FS1} = 4.30$，$Y_{FS2} = 3.97$，齿形系数与许用弯曲应力的比值为 $\dfrac{Y_{FS1}}{[\sigma_{bb1}]} = \dfrac{4.30}{452} = 0.0095$，$\dfrac{Y_{FS2}}{[\sigma_{bb2}]} = \dfrac{3.92}{352} = 0.01128$，因 $\dfrac{Y_{FS2}}{[\sigma_{bb2}]}$ 较大，故将此值代入式（6-25）中，得齿轮的模数为

$$m_n \geqslant \sqrt[3]{\frac{1.6KT_1}{\psi_d z_1^2} \frac{Y_{FS}\cos^2\beta}{[\sigma_{bb}]}} = \sqrt[3]{\frac{1.6\times1.6\times9.81\times10^4}{0.5\times20^2} \frac{3.92\times\cos^2 14°}{352}} \text{mm} = 2.36\text{mm}$$

查表 6-1，取 $m_n = 2.5\text{mm}$。

（6）计算齿轮几何尺寸　齿轮传动中心距为

$$a = \frac{m_n (z_1+z_2)}{2\cos\beta} = \frac{2.5\times(20+96)}{2\cos 14°}\text{mm} = 149.44\text{mm}$$

将中心距取为 $a = 150\text{mm}$，以便加工，则螺旋角调整为

$$\beta = \arccos\frac{m_n (z_1+z_2)}{2a} = \arccos\frac{2.5\times(20+96)}{2\times150} = 14.835° = 14°50'6''$$

$$d_1 = \frac{m_n z_1}{\cos\beta} = \frac{2.5\times20}{\cos 14.835°}\text{mm} = 51.72\text{mm}$$

$$d_2 = \frac{m_n z_2}{\cos\beta} = \frac{2.5\times96}{\cos 14.835°}\text{mm} = 248.28\text{mm}$$

$$d_{a1} = d_1 + 2h_{an}^* m_n = 51.72 + 2\times1\times2.5\text{mm} = 56.72\text{mm}$$

$$d_{a2} = d_2 + 2h_{an}^* m_n = 248.28 + 2\times1\times2.5\text{mm} = 253.28\text{mm}$$

$$b = \psi_d d_1 = 0.5\times51.72\text{mm} = 25.86\text{mm}$$

取 $b_2 = 25\text{mm}$，$b_1 = 30\text{mm}$。由于取的标准模数比计算值大，故 b_2 向小圆整后仍能满足要求。

（7）校核接触强度

$$\sigma_H = 590\sqrt{\frac{KT_1}{\psi_d d_1^3} \frac{u\pm1}{u}} = 590\sqrt{\frac{1.6\times9.81\times10^4}{0.5\times51.72^3} \frac{4.8+1}{4.8}}\text{MPa} = 976.94\text{MPa} < [\sigma_H]$$

强度足够。

（8）结构设计可参照直齿轮完成。

自测题与习题

一、自测题

1. 两个渐开线齿轮齿形相同的条件是_____。

　　A. 分度圆相等　　　B. 基圆相等　　　C. 模数相等　　　D. 齿数相等

2. 在齿轮工作图上标注公法线平均长度及其偏差是为了控制_____。

　　A. 齿轮的齿厚　　　B. 齿轮的模数　　C. 压力角的大小　　D. 轮齿的高度

3. 渐开线齿轮的啮合具有_____的特点。

　　A. 模数为标准值　　　　　　　　　B. 啮合角不受中心距变化的影响

　　C. 中心距变化不影响传动比　　　　D. 啮合重合度大

4. 一对标准直齿圆柱齿轮的正确啮合条件，除压力角相等外还需_____。

　　A. 重合度大于1　　　　　　　　　B. 压力角与啮合角相等

　　C. 两轮分度圆相切　　　　　　　　D. 两轮的模数相等

5. 设计一闭式齿轮传动时，按齿面接触疲劳强度设计是为了避免轮齿_____失效。

    A. 点蚀   B. 磨损   C. 折断   D. 胶合

6. 在闭式软齿面减速齿轮传动中，若小齿轮采用 45 钢调质处理，大齿轮采用 45 钢正火处理，则工作对它们的齿面接触应力_____。

    A. $\sigma_{H1} > \sigma_{H2}$ B. $\sigma_{H1} < \sigma_{H2}$ C. $\sigma_{H1} \approx \sigma_{H2}$ D. $\sigma_{H1} = \sigma_{H2}$

7. 为了提高齿轮传动的弯曲疲劳强度，可采取_____的方法。

    A. 增大中心距   B. 增多齿数   C. 增大模数   D. 采用闭式传动

8. 斜齿圆柱齿轮_____处的模数、压力角为标准值。

    A. 端面   B. 法面   C. 轴向面   D. 基准面

二、习题

1. 标准直齿圆柱齿轮五个基本参数是什么？

2. 渐开线的基本性质有哪些？

3. 齿轮的分度圆与节圆有什么不同？

4. 为什么规定斜齿圆柱齿轮法面参数为标准值？

5. 斜齿圆柱齿轮当量齿轮的概念是什么？当量齿轮在齿轮设计计算中有何作用？

6. 渐开线标准直齿圆柱齿轮传动。已知传动比 $i_{12} = 4.5$，$z_1 = 24$，$m = 3\text{mm}$，正常齿制。试求这对齿轮中心距、两轮分度圆直径、齿顶圆直径、齿根圆直径和基圆直径。

7. 在一中心距 $a = 150\text{mm}$ 的旧箱体上，配上一对传动比 $i = 96/24$、模数 $m_n = 3\text{mm}$ 的斜齿圆柱齿轮，试问这对齿轮的螺旋角 β 应为多少？

8. 一单级闭式圆柱齿轮减速器，小齿轮材料为 45 钢，调质处理，大齿轮材料为 45 钢，正火处理。传递功率 $P = 5\text{kW}$，$n_1 = 960\text{r/min}$，$m = 3\text{mm}$，$z_1 = 24$，$z_2 = 81$，$b_1 = 60\text{mm}$，$b_2 = 55\text{mm}$，电动机驱动，单向运转，载荷平稳。验算接触疲劳强度和弯曲疲劳强度。

9. 设计电动机驱动的闭式斜齿圆柱齿轮传动。已知传递功率 $P_1 = 22\text{kW}$，$n_1 = 750\text{r/min}$，$i = 4.5$，齿轮精度等级为 8 级，齿轮相对轴承为不对称布置，载荷平稳、单向传动，两班制工作。

第七章 其他齿轮传动

第一节 锥齿轮传动

阅读问题：

1. 锥齿轮的形状有什么特点？特别适用于什么场合？

2. 什么是锥齿轮的背锥？锥齿轮当量齿轮的齿形与齿轮何处的齿形相对应？

3. 锥齿轮的基本参数有哪几个？标准参数位置在哪里？

4. 锥齿轮的齿顶圆直径与哪些参数有关？

试一试：$\Sigma = 90°$ 的圆锥齿轮传动，已知 $z_1 = 17$，$z_2 = 43$，$m = 8\text{mm}$，$h_a^* = 1$，$\alpha = 20°$。那么小齿轮的分度圆锥角和齿顶圆直径应为多少？

一、直齿锥齿轮传动的特点及应用

锥齿轮是用于传递两相交轴之间的运动和动力的一种齿轮机构（图 7-1）。其传动可以看成是两个锥顶共点的圆锥体相互做纯滚动，如图 7-1b 所示。锥齿轮的轮齿是均匀分布在一个截锥体上，从大端到小端逐渐收缩，其轮齿有直齿、曲齿多种形式。直齿锥齿轮易于制造，适用于低速、轻载传动。曲齿锥齿轮传动平稳，承载能力高，常用于高速重载传动，如汽车、坦克和飞机中的锥齿轮机构，但其设计和制造复杂。本节只讨论直齿锥齿轮传动。

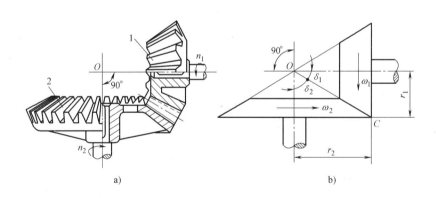

40. 锥齿轮传动

图 7-1 锥齿轮传动

由于锥齿轮的轮齿分布在截锥体上，因而圆柱齿轮中各有关的圆柱，在锥齿轮中均变成圆锥。例如分度圆锥、齿顶圆锥、齿跟圆锥和基圆锥。一对锥齿轮的轴交角 Σ 可根据机构的传动要求来决定，一般机械中多采用轴交角 $\Sigma = 90°$ 的传动。

二、直齿锥齿轮的几何计算

1. 基本参数和几何尺寸计算

为了制造和测量的方便，直齿锥齿轮规定以大端参数为标准值。基本参数有：大端模数 m

（表 7-1）、压力角 $\alpha = 20°$、分度圆锥角 δ、齿顶高系数 $h_a^* = 1$、顶隙系数 $c^* = 0.2$、齿数 z。

表 7-1　锥齿轮模数（摘自 GB/T 12368—1990）

…	1	1.5	2	2.25	2.5	2.75	3	3.25	3.5		3.75	4	4.5
	5	5.5	6	6.5	7	8	9	10	12	…			

一对直齿锥齿轮的正确啮合条件应为：两轮大端模数和压力角分别相等，即

$$\left.\begin{array}{l} m_1 = m_2 = m \\ \alpha_1 = \alpha_2 = \alpha \end{array}\right\} \tag{7-1}$$

在图 7-1 所示两轴相互垂直的锥齿轮机构中，δ_1、δ_2 分别为两轮的分锥角，由几何关系可知其传动比为

$$i = \frac{\omega_1}{\omega_2} = \frac{z_2}{z_1} = \frac{d_2}{d_1} = \frac{\sin\delta_2}{\sin\delta_1} = \tan\delta_2 = \cot\delta_1 \tag{7-2}$$

直齿锥齿轮有不等顶隙收缩齿和等顶隙收缩齿两种（图 7-2）。等顶隙收缩齿的顶隙从大端到小端保持不变（图 7-2b），现多采用等顶隙收缩齿锥齿轮，其几何尺寸计算公式列于表 7-2 中。

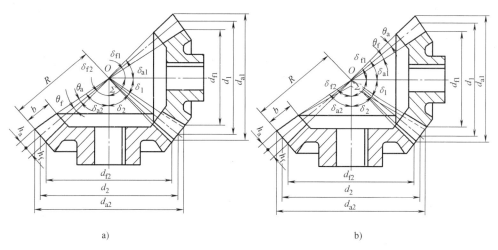

图 7-2　直齿锥齿轮的几何尺寸

a）不等顶隙收缩齿　b）等顶隙收缩齿

表 7-2　标准直齿锥齿轮几何尺寸计算（$\Sigma = 90°$）

名　称	代号	小 齿 轮	大 齿 轮	名　称	代号	小 齿 轮	大 齿 轮
分锥角	δ	$\tan\delta_1 = z_1/z_2$	$\delta_2 = 90° - \delta_1$	齿宽	b	$b \leqslant R/3$	
齿顶高	h_a	$h_a = h_a^* m = m$		齿根角	θ_f	$\tan\theta_f = h_f/R$	
齿根高	h_f	$h_f = (h_a^* + c^*) = 1.2m$		齿顶角	θ_a	$\theta_a = \theta_f$（等顶隙）	
齿高	h	$h = h_a + h_f = 2.2m$		顶锥角	δ_a	$\delta_{a1} = \delta_1 + \theta_a$	$\delta_{a2} = \delta_2 + \theta_a$
分度圆直径	d	$d_1 = mz_1$	$d_2 = mz_2$	根锥角	δ_f	$\delta_{f1} = \delta_1 - \theta_f$	$\delta_{f2} = \delta_2 - \theta_f$
齿顶圆直径	d_a	$d_{a1} = d_1 + 2h_a\cos\delta_1$	$d_{a2} = d_2 + 2h_a\cos\delta_2$	顶隙	c	$c = c^* m$	
齿根圆直径	d_f	$d_{f1} = d_1 - 2h_f\cos\delta_1$	$d_{f2} = d_2 - 2h_f\cos\delta_2$	分度圆齿厚	s	$s = \pi m/2$	
锥距	R	$R = \dfrac{m}{2}\sqrt{z_1^2 + z_2^2}$					

2. 锥齿轮的当量齿轮和当量齿数

如图 7-3 所示，锥齿轮大端的齿廓曲线分布
在以 O_1 为锥顶的圆锥面 O_1EE 上，该圆锥面称
为锥齿轮的背锥。背锥与以 O 为锥顶的分度圆
锥面 OEE 垂直相交。如将锥齿轮的背锥面展开
成平面，得一扇形齿轮。如果将扇形齿轮补全为
完整的直齿圆柱齿轮，则这一假想的圆柱齿轮称
为锥齿轮的当量齿轮。显然，这个当量齿轮的端
面齿形与锥齿轮的大端齿形相当。

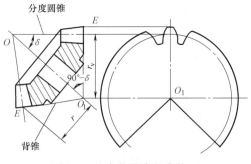

图 7-3　锥齿轮的当量齿轮

图 7-3 中，锥齿轮的分锥角为 δ，齿数为 z，分度圆半径为 r，当量齿轮的分度圆半径为
r_v，则 $r_v = r/\cos\delta$，而 $r = mz/2$，$r_v = mz_v/2$，所以

$$z_v = \frac{z}{\cos\delta} \tag{7-3}$$

用成形铣刀加工直齿圆锥齿轮时，铣刀的参数应与大端参数相同，铣刀的号码应根据当
量齿数选取。标准直齿锥齿轮不发生根切的最少齿数也可通过当量齿数来计算，即

$$z_{min} = z_{vmin}\cos\delta \tag{7-4}$$

3. 锥齿轮结构

锥齿轮的结构有齿轮轴（图 7-4，$x \leqslant (1.6 \sim 2)m$）、实心式（图 7-5）和腹板式（图 7-6）等。

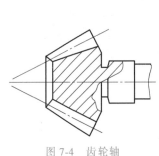

图 7-4　齿轮轴

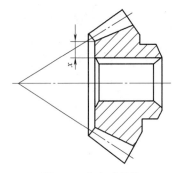

图 7-5　实心式齿轮

***三、直齿锥齿轮传动设计**

1. 受力分析

如图 7-7 所示为直齿锥齿轮的受力情况，略去摩擦力，法向力 F_n 作用在平均分度圆上
的空间力，可分解为三个相互垂直的正交分力：圆周力、径向力和轴向力。各力计算公式为

$$F_{t1} = \frac{2T_1}{d_{m1}} = -F_{t2}$$

$$F_{r1} = F_{t1}\tan\alpha\cos\delta_1 = -F_{a2} \tag{7-5}$$

$$F_{a1} = F_{t1}\tan\alpha\sin\delta_1 = -F_{r2}$$

式中，d_{m1} 为小齿轮的平均分度圆直径，$d_{m1} = (1 - 0.5\psi_R)d_1$；$\psi_R$ 为齿宽系数，$\psi_R = \dfrac{b}{R}$，一
般取 $\psi_R = 0.25 \sim 0.30$。

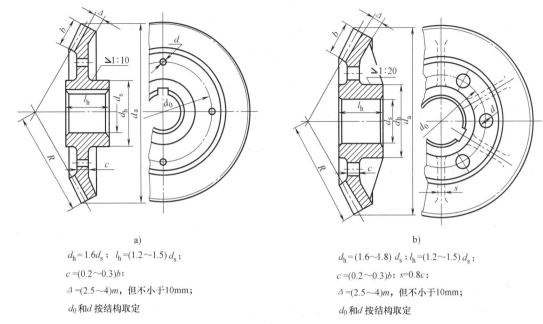

a)

$d_h=1.6d_s$；　$l_h=(1.2\sim1.5)\,d_s$；

$c=(0.2\sim0.3)b$；

$\varDelta=(2.5\sim4)m$，但不小于10mm；

d_0和d按结构取定

b)

$d_h=(1.6\sim1.8)\,d_s$；$l_h=(1.2\sim1.5)\,d_s$；

$c=(0.2\sim0.3)b$；$s=0.8c$；

$\varDelta=(2.5\sim4)m$，但不小于10mm；

d_0和d按结构取定

图 7-6　腹板式齿轮

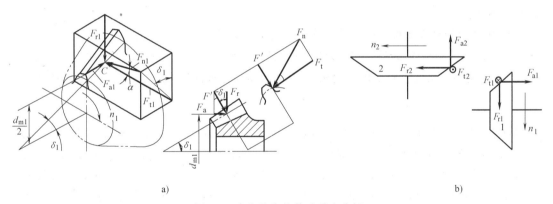

a)　　　　　　　　　　　　　b)

图 7-7　直齿锥齿轮传动受力分析

各力的方向：圆周力 F_t 与径向力 F_r 的判断与圆柱齿轮相同。轴向力 F_a 的方向，在主、从动轮上均为由小端指向大端。

2. 强度计算

直齿锥齿轮的强度可按齿宽中点处当量直齿圆柱齿轮强度计算的方法进行。当轴交角 $\Sigma=90°$ 时，其齿面接触疲劳强度校核和设计公式分别为

$$\sigma_H=Z_HZ_E\sqrt{\frac{4KT_1}{0.85\psi_R(1-0.5\psi_R)^2d_1^3u}}\leqslant[\sigma_H] \tag{7-6}$$

$$d_1\geqslant\sqrt[3]{\left[\frac{Z_HZ_E}{[\sigma_H]}\right]^2\frac{4KT_1}{0.85\psi_R(1-0.5\psi_R)^2u}} \tag{7-7}$$

齿根弯曲疲劳强度校核和设计公式分别为

$$\sigma_{bb} = \frac{4KT_1Y_{FS}}{0.85\psi_R(1-0.5\psi_R)^2m^3z_1^2\sqrt{1+u^2}} \leqslant [\sigma_{bb}] \tag{7-8}$$

$$m \geqslant \sqrt[3]{\frac{4KT_1Y_{FS}}{0.85\psi_R(1-0.5\psi_R)^2z_1^2[\sigma_{bb}]\sqrt{1+u^2}}} \tag{7-9}$$

式（7-6）~式（7-9）中，Y_{FS} 为齿形系数，按当量齿数 $z_v = \dfrac{z}{\cos\delta}$ 查表 6-7；ψ_R 为齿宽系数；m 为大端模数（mm）；$Z_H = 2.5$；对于钢制齿轮啮合，$Z_E = 189.8\sqrt{\text{N/mm}^2}$；其余符号意义及取值与直齿圆柱齿轮相同。

第二节 蜗杆传动

> 阅读问题：
>
> 1. 蜗杆传动有什么特点？
>
> 2. 蜗杆传动的类型有哪些？为什么最常用的是阿基米德圆柱蜗杆传动？
>
> 3. 蜗杆传动的基本参数有哪几个？标准值在什么位置？为什么把蜗杆分度圆直径定为基本参数？
>
> 4. 蜗轮的转速及方向与蜗杆的转速、方向有什么关系？
>
> 试一试：某蜗杆减速器的蜗轮已经丢失，测知蜗杆头数 $z_1 = 2$，螺旋导程角 $\gamma = 14°02'10''$（右旋），模数 $m = 8\text{mm}$，中心距 $a = 240\text{mm}$。计算蜗轮的螺旋角、齿数 z_2、分度圆直径 d_2。

一、蜗杆传动的特点和及应用

蜗杆传动（图 7-8）主要由蜗杆和蜗轮组成。用于传递空间两交错轴之间的回转运动和动力，通常两轴交角为 90°，一般蜗杆是主动件。蜗杆传动工作平稳，噪声低，结构紧凑，传动比大（单级传动比 8~80，在分度机构中可达到 1000）；但传动效率低，一般效率为 70%~80%，自锁时其效率低于 50%，易磨损、发热，制造成本高，轴向力较大。常用于传动比较大，结构要求紧凑，传动功率不大的场合。

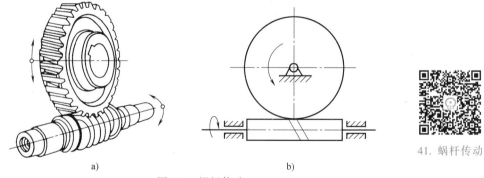

a)   b)

41. 蜗杆传动

图 7-8 蜗杆传动

根据蜗杆形状的不同，蜗杆传动可分为圆柱蜗杆传动（图 7-9a）和环形面蜗杆传动（图 7-9b）等。

按加工方法的不同，圆柱蜗杆又分为阿基米德蜗杆和渐开线蜗杆。阿基米德蜗杆螺旋面的形成与螺纹的形成相同（图7-10），在垂直于蜗杆轴线的截面上，齿廓为阿基米德螺旋线。由于阿基米德蜗杆制造简便，故应用较广。下面讨论的是两轴垂直交错的阿基米德蜗杆。

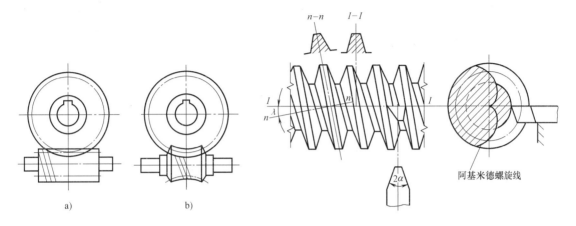

图 7-9　蜗杆传动的类型　　　　　　　　　图 7-10　阿基米德圆柱蜗杆

二、蜗杆传动的主要参数及几何计算

如图7-11所示，过蜗杆轴线与蜗轮轴线相垂直的平面称为中平面。在中平面上，蜗杆和蜗轮的啮合可看作齿条与渐开线齿轮的啮合。因此，蜗杆传动的参数和几何尺寸计算与齿轮传动相似，设计和加工都以中平面上的参数和尺寸为基准。

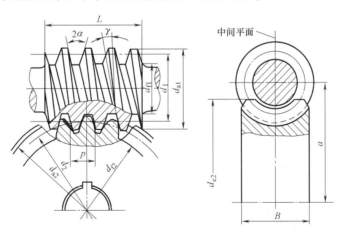

图 7-11　蜗杆传动的几何尺寸

1. 蜗杆传动的主要参数

（1）模数 m 和压力角 α　标准规定蜗杆、蜗轮在中平面内的模数和压力角为标准值。标准模数见表7-4，压力角 $\alpha = 20°$。为了正确啮合，在中平面内蜗杆蜗轮的模数、压力角应分别相等，即蜗轮的端面模数 m_{t2} 应等于蜗杆的轴向模数 m_{a1}，蜗轮的端面压力角 α_{t2} 应等于蜗杆的轴向压力角 α_{a1}。当轴交角 $\Sigma = 90°$ 时，蜗轮的螺旋角 β_2 还应等于蜗杆的导程角 γ。于是蜗杆蜗轮正确啮合条件表示为

$$\left.\begin{aligned} m_{t2} &= m_{a1} = m \\ \alpha_{t2} &= \alpha_{a1} = \alpha \\ \beta_2 &= \gamma \end{aligned}\right\} \tag{7-10}$$

（2）蜗杆头数 z_1 和蜗轮齿数 z_2　蜗杆传动的传动比为

$$i = \frac{n_1}{n_2} = \frac{z_2}{z_1}$$

蜗杆头数通常为 $z_1 = 1$，2，4，6。头数多，加工困难。要求传动比大或传递转矩大时，z_1 取小值；要求自锁 z_1 取 1；要求传递功率大、效率高、传动速度大时，z_1 取大值。蜗轮齿数 $z_2 = iz_1$，蜗轮齿数取值过少会产生根切，应大于 26，但不宜大于 80。若 z_2 过多会使结构尺寸过大，蜗杆刚度下降。z_1、z_2 的推荐值见表 7-3。

表 7-3　z_1、z_2 推荐值

传动比 i	7~13	14~27	28~40	>40
z_1	4	3	2~1	1
z_2	52~81	52~81	28~80	>40

（3）蜗杆分度圆直径 d_1　由于加工蜗轮所用的刀具是与蜗杆分度圆相同的蜗轮滚刀，因此加工同一模数的蜗轮，不同的蜗杆分度圆直径，就需要有不同的滚刀。为了限制刀具的数目和便于刀具的标准化，标准规定了蜗杆分度圆直径的标准系列，并与标准模数相匹配，见表 7-4。

表 7-4　蜗杆传动标准模数和直径（部分）（摘自 GB/T 10085—2018）

m/mm	d_1/mm	z_1	q	$m^2 d_1$/mm³	m/mm	d_1/mm	z_1	q	$m^2 d_1$/mm³
2	(18)	1,2,4	9.000	72	6.3	(50)	1,2,4	7.936	1985
	22.4	1,2,4,6	11.200	89.6		63	1,2,4,6	10.000	2500
	(28)	1,2,4	14.000	112		(80)	1,2,4	12.698	3175
	35.5	1	17.750	142		112	1	17.778	4445
2.5	(22.4)	1,2,4	8.960	140	8	(63)	1,2,4	7.875	4032
	28	1,2,4,6	11.200	175		80	1,2,4,6	10.000	5120
	(35.5)	1,2,4	14.200	221.9		(100)	1,2,4	12.500	6400
	45	1	18.000	281		140	1	17.500	8960
3.15	(28)	1,2,4	8.889	278	10	(71)	1,2,4	7.100	7100
	35.5	1,2,4,6	11.270	352		90	1,2,4,6	9.000	9000
	(45)	1,2,4	14.286	446.5		(112)	1,2,4	11.200	11200
	56	1	17.778	556		160	1	16.000	16000
4	(31.5)	1,2,4	7.875	504	12.5	(90)	1,2,4	7.200	14062
	40	1,2,4,6	10.000	640		112	1,2,4	8.960	17500
	(50)	1,2,4	12.500	800		(140)	1,2,4	11.200	21875
	71	1	17.750	1136		200	1	16.000	31250
5	(40)	1,2,4	8.000	1000	16	(112)	1,2,4	7.000	28672
	50	1,2,4,6	10.000	1250		140	1,2,4	8.750	35840
	(63)	1,2,4	12.600	1575		(180)	1,2,4	11.250	46080
	90	1	18.000	2250		250	1	15.625	64000

注：1. 括号中的数据尽可能不采用。

　　 2. q 为蜗杆直径系数。

与螺杆相同，蜗杆的旋向也分为左旋与右旋。如图 7-12 所示，将蜗杆的分度圆柱面展开成平面，蜗杆的导程角 γ 可由下式确定

$$\tan\gamma = \frac{z_1 p_{a1}}{\pi d_1} = \frac{z_1 \pi m}{\pi d_1} = \frac{z_1 m}{d_1}$$

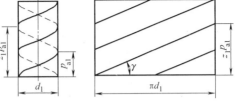

图 7-12 蜗杆导程角

若令 $q = \dfrac{z_1}{\tan\gamma}$，称为蜗杆直径系数。由此蜗杆直径也可表示为

$$d_1 = mq \tag{7-11}$$

（4）蜗轮分度圆 d_2 和中心距 a 蜗轮分度圆直径为

$$d_2 = mz_2$$

由于蜗杆分度圆直径为 $d_1 = mq$，所以蜗杆传动的中心距为

$$a = \frac{1}{2}(d_1 + d_2) = \frac{1}{2}m(q + z_2) \tag{7-12}$$

2. 蜗杆传动的几何尺寸计算

蜗杆和蜗轮的几何尺寸除上述蜗杆分度圆直径 d_1 和中心距 a 外，其余尺寸均可参照直齿圆柱齿轮的公式计算，但需注意，其顶隙系数有所不同，$c^* = 0.2$，标准阿基米德蜗杆传动的几何尺寸计算公式列于表 7-5。

表 7-5   标准阿基米德蜗杆传动的几何尺寸计算公式

名　称	符号	蜗　杆	蜗　轮	名　称	符号	蜗　杆	蜗　轮
齿顶高	h_a	$h_a = h_a^* m$		齿根圆直径	d_f	$d_{f1} = d_1 - 2h_f$	$d_{f2} = d_2 - 2h_f$
齿根高	h_f	$h_f = (h_a^* + c^*)m$		蜗杆导程角	γ	$\gamma = \arctan(z_1/q)$	
齿高	h	$h = (2h_a^* + c^*)m$		蜗轮螺旋角	β_2		$\beta_2 = \gamma$
分度圆直径	d	$d_1 = mq$	$d_2 = mz_2$	径向间隙	c	$c = c^* m = 0.2m$	
齿顶圆直径	d_a	$d_{a1} = d_1 + 2h_a$	$d_{a2} = d_2 + 2h_a$	中心距	a	$a = \dfrac{1}{2}m(q + z_2)$	

3. 蜗杆蜗轮结构

（1）蜗杆结构   蜗杆一般与轴做成一体，只有当 $d_{f1} \geqslant 1.7d_0$ 时，才采用蜗杆齿套装在轴上的形式。对于车制蜗杆（图 7-13a），取 $d_0 = d_{f1} - (2 \sim 4)$ mm；对于铣制蜗杆，轴径可大于 d_{f1}（图 7-13b）。

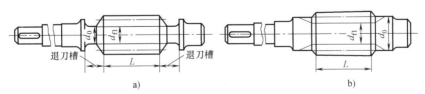

图 7-13   蜗杆的结构

（2）蜗轮结构   常用的蜗轮结构形式有以下几种形式：

1）整体式。用于铸铁蜗轮或分度圆直径小于 100mm 的青铜蜗轮（图 7-14a）。

2）轮箍式。由青铜齿圈和铸铁轮芯组成，齿圈与轮芯采用$\dfrac{H7}{s6}$或$\dfrac{H7}{r6}$配合，并用台肩和紧定螺钉固定，螺钉数 4~8 个（图 7-14b）。

3）螺栓联接式。当 $d_2>400\text{mm}$ 时，可采用螺栓联接式（图 7-14c）。

4）镶铸式。大批量生产，采用镶铸式（图 7-14d）。

*三、蜗杆传动的设计

（一）蜗杆传动的失效形式及材料选择

1. 传动的失效形式

蜗杆传动轮齿的失效形式和齿轮传动轮齿的失效形式基本相同。但是，由于传动时齿面间的滑动速度较大，传动效率低、发热量大，因而更容易产生胶合和磨损。其中闭式传动易产生胶合和点蚀，开式传动易产生齿面磨损和轮齿折断。又由于材料和结构上的原因，蜗杆的强度总是高于蜗轮的强度，所以失效常发生在蜗轮轮齿上。因此传动的强度计算，主要是针对蜗轮进行，作齿面接触强度和齿根弯曲强度的条件计算。

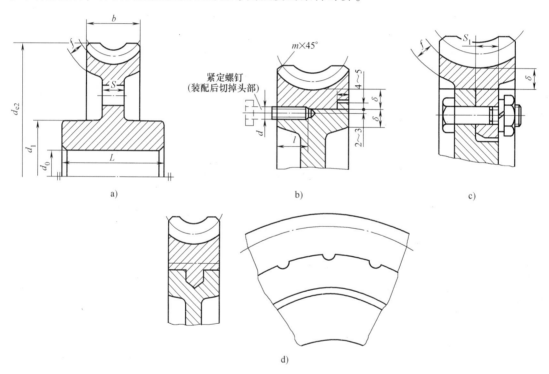

图 7-14　蜗轮的结构

$f=1.7m>10\text{mm}$，$\delta=2m>10\text{mm}$，$d_1=(1.6\sim1.8)\ d_0$，$L=(1.2\sim1.8)\ d_0$，$d=(0.075\sim0.12)d_0\geqslant5\text{mm}$

$l=2d$，$S=0.3b$；$S_1=0.25b$，$d_{e2}\leqslant d_{a1}+\dfrac{6m}{z_1+2}$

当 $z_1=1$、2 或 3，$b\leqslant0.75d_{a1}$

$z_1=4$，$b\leqslant0.67d_{a1}$

2. 蜗杆和蜗轮材料选择

根据传动的失效特点，蜗杆、蜗轮的材料不仅要求有足够的强度，更重要的是具有良好的减摩性、耐磨性和抗胶合能力，蜗杆、蜗轮的常用材料见表 7-6、表 7-7。

表 7-6　蜗杆常用材料及应用

蜗 杆 材 料	热 处 理	硬　　　　度	表面粗糙度 $Ra/\mu m$	应　　　用
40Cr　40CrNi	表面淬火	45~55HRC	1.6~0.8	中速、中载、一般传动
15CrMn　20CrNi	渗碳淬火	58~63HRC	1.6~0.8	高速、重载、重要传动
45	调质			低速、轻载、不重要传动

表 7-7　蜗轮常用材料及许用应力

材 料 牌 号	铸造方法	滑动速度 /(m/s)	许用接触应力 $[\sigma_H]$/MPa 滑动速度/(m/s)						
			0.5	1	2	3	4	6	8
ZCuSn10Pb1	砂模 金属模	≤25				134 200			
ZCuSn5Pb5Zn5	砂模 金属模 离心浇注	≤12				128 134 174			
ZCuAl9Mn2	砂模 金属模 离心浇注	≤10	250	230	210	180	160	120	90
HT150 HT200	砂模	≤2	130	115	90	—	—	—	—

注：1. 表中 $[\sigma_H]$ 是蜗杆齿面硬度大于 350HBW 条件下的值，若不大于 350HBW 时需降低 15%~20%。

　　2. 当传动为短时工作时，可将表中铸锡青铜的 $[\sigma_H]$ 值增加 40%~50%。

(二)蜗杆传动的强度计算

1. 蜗杆传动的受力分析

蜗杆传动的受力分析与斜齿轮传动相似。如图 7-15 所示，为简化计算，通常不计齿面间的摩擦力，作用在蜗轮齿面上的法向力 F_n 可分解三个相互垂直的正交分力：圆周力 F_t、径向力 F_r 和轴向力 F_a。由图 7-15 可知

$$F_{t1} = \frac{2T_1}{d_1} = -F_{a2}$$

$$F_{t2} = \frac{2T_2}{d_2} = -F_{a1} \qquad (7\text{-}13)$$

$$F_{r2} = F_{t2}\tan\alpha = -F_{r1}$$

式中，T_1 为蜗杆上的转矩，单位为 N·mm，$T_1 = 9.55 \times 10^6 \dfrac{P_1}{n_1}$；$P_1$ 为蜗杆的输入功率，单位为 kW；n_1 为蜗杆的转速，单位为 r/mm；T_2 为蜗轮转矩，单位为 N·mm；$T_2 = T_1\eta i$；η 为蜗杆传动效率；i 为传动比。

各力的方向：各力方向的判断规律与斜齿圆柱齿轮相同。蜗杆轴向力 F_{a1} 的方向应根据蜗杆螺旋线的旋向和蜗杆的回转方向，应用"左、右手法则"来确定。左旋用左手，右旋用右手，四个手指为蜗杆的回转方向，大拇指向即为蜗杆轴向力方向。已知蜗杆轴向力 F_{a1}

方向后，由作用力与反作用力定律就可确定蜗轮上的圆周力 F_{t2} 的方向，进而可确定蜗轮的转向 n_2。

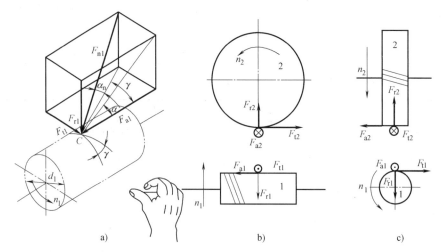

图 7-15 蜗杆传动受力分析

2. 蜗杆传动的强度计算

蜗轮齿面接触疲劳强度校核公式和设计公式分别为

$$\sigma_H = 500 \sqrt{\frac{KT_2}{d_1 d_2^2}} = 500 \sqrt{\frac{KT_2}{m^2 d_1 z_2^2}} \leqslant [\sigma_H] \tag{7-14}$$

$$m^2 d_1 \geqslant KT_2 \left(\frac{500}{z_2 [\sigma_H]}\right)^2 \tag{7-15}$$

式（7-14）和式（7-15）中，K 为载荷系数，$K = 1.1 \sim 1.4$，载荷平稳，传动精度高时，取小值；$[\sigma_H]$ 为许用接触应力，单位为 MPa，见表 7-7。

蜗轮轮齿弯曲疲劳强度所限定的承载能力，大都超过齿面的承载能力，只有在受到强烈冲击或采用脆性材料时才需计算，具体可参考有关资料。

3. 蜗杆传动的效率和热平衡计算

（1）蜗杆传动的效率 闭式蜗杆传动的功率损失包括三部分：轮齿啮合摩擦损失、轴承摩擦损失及零件搅动润滑油飞溅损失。后两项损失不大，一般效率为 0.95～0.97。因此，蜗杆传动总效率为

$$\eta = (0.95 \sim 0.97) \frac{\tan\gamma}{\tan(\gamma + \rho_v)} \quad （推导从略） \tag{7-16}$$

式中，γ 为蜗杆导程角，ρ_v 为当量摩擦角。

在初步估算时，蜗杆传动的总效率，可取下列近似数值：

闭式传动 $z_1 = 1$ $\eta = 0.65 \sim 0.75$

$z_1 = 2$ $\eta = 0.75 \sim 0.82$

$z_1 = 4, 6$ $\eta = 0.82 \sim 0.92$

自锁时 $\eta < 0.5$

开式传动 $z_1 = 1, 2$ $\eta = 0.6 \sim 0.7$

（2）蜗杆传动的热平衡计算　蜗杆传动效率低，发热量大，在闭式传动中，如果散热条件不好，会引起润滑不良而产生齿面胶合，因此要对闭式蜗杆传动进行热平衡计算。

蜗杆传动转化为热量所消耗的功率（W）为

$$P_s = 1000(1-\eta)P_1$$

箱体散发热量的相当功率（W）为

$$P_c = KA(t_1 - t_0)$$

平衡时，$P_s = P_c$ 可得到热平衡时润滑油的工作温度 t_1 的计算式

$$t_1 = \frac{1000(1-\eta)P_1}{KA} + t_0 \leqslant [t_1] \tag{7-17}$$

式中，P_1 为蜗杆传动输入功率，单位为 kW；η 为总效率；K 为传热系数，一般取 $K = 10 \sim 17$，单位为 W/（m² · ℃）；A 为散热面积，单位为 m²；t_0 为周围空气温度，单位为℃；$[t_1]$ 为齿面间润滑油许可的工作温度，$[t_1] = 70 \sim 90$℃。

如果润滑油的工作温度超过许用温度，可采用下述冷却措施：

1）增加散热面积。合理设计箱体结构，在箱体上铸出或焊上散热片。

2）提高表面散热系数。在蜗杆轴上装置风扇（图 7-16a），或在油池内装设蛇形冷却水管（图 7-16b），或用循环油冷却（图 7-16c）。

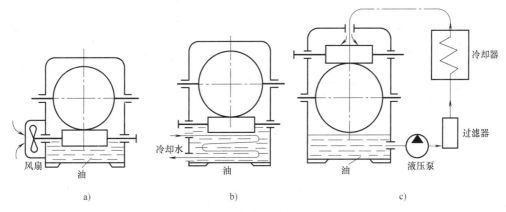

图 7-16　蜗杆传动散热方式

自测题与习题

一、自测题

1. 锥齿轮传动常用于 _____ 。

　　A. 两轴平行　　　　B. 两轴相交　　　　C. 两轴相错　　　　D. 闭式传动

2. 直齿锥齿轮 _____ 处的模数应为标准值。

　　A. 大端　　　　　　B. 小端　　　　　　C. 齿宽中点　　　　D. 中间平面

3. 分度圆锥角为 90° 的直齿圆锥齿轮，其当量齿轮是 _____ 。

　　A. 直齿条　　　　　B. 直齿轮　　　　　C. 斜齿条　　　　　D. 斜齿轮

4. 与齿轮传动相比较，蜗杆传动不具备的特点是_____。

    A. 传动平稳，噪声小   B. 传动比可以很大

    C. 在一定条件下能自锁   D. 制造成本低

5. 蜗杆传动的正确啮合条件中，应除去_____。

    A. $m_{t2} = m_{a1}$ B. $\alpha_{t2} = \alpha_{a1}$ C. $\beta_2 = \beta_1$ D. 螺旋方向相同

6. 计算蜗杆传动的传动比时，公式_____是错误的。

    A. $i = \omega_1/\omega_2$ B. $i = n_1/n_2$ C. $i = d_2/d_1$ D. $i = z_2/z_1$

二、习题

1. 直齿锥齿轮以哪个面的参数为标准值？

2. 直齿锥齿轮传动的正确啮合条件是什么？

3. 一对标准直齿锥齿轮传动，已知：$m = 5$mm，$z_1 = 24$，$z_2 = 48$，试求这对齿轮的主要几何尺寸。

4. 已知闭式直齿锥齿轮传动，$i = 3$，$z_1 = 17$，$P = 7.5$kW，$n_1 = 1460$r/min，电动机驱动，双向运转，载荷有中等冲击，要求结构紧凑，大、小齿轮材料采用 40Cr，表面淬火，试设计此传动。

5. 已知一圆柱蜗杆传动的模数 $m = 4$mm，蜗杆分度圆直径 $d_1 = 48$mm，蜗杆头数 $z_1 = 2$，传动比 $i = 20$。试计算蜗杆传动的主要几何尺寸。

6. 如图 7-17 所示的蜗杆传动，根据蜗杆或蜗轮的螺旋线旋向和回转方向，试求：（1）标全蜗杆或蜗轮的旋向和转向；（2）标出节点处蜗杆和蜗轮的三个啮合分力。

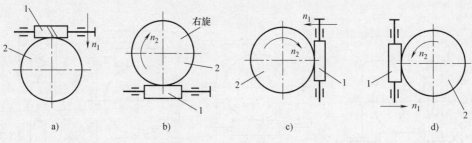

图 7-17 题 6 图

第八章 齿 轮 系

第一节 齿轮系的分类及功用

阅读问题：

1. 什么是轮系？轮系分哪几类？

2. 行星轮系与定轴轮系有何区别？

3. 轮系的功用有哪些？

在机械传动中，仅用一对齿轮往往不能满足工作要求，须采用一系列相互啮合的齿轮来传动。这种由一系列齿轮所组成的齿轮传动系统，简称为轮系。

一、轮系的类型

1. 定轴轮系

如图 8-1 所示轮系中，每个齿轮的几何轴线都是固定的。这种轮系，称为定轴轮系。

2. 行星轮系（周转轮系或动轴轮系）

在图 8-2 所示的轮系中，齿轮 2 既绕自身轴线转动，又绕齿轮 1 轴线 O_1 转动。这种至少有一个齿轮的几何轴线绕其他齿轮固定轴线回转的轮系，称为行星轮系。齿轮 2 称为行星轮，支持行星轮的构件 H 称为系杆或行星架，齿轮 1 和 3 称为太阳轮。

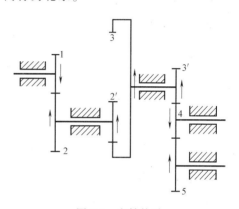

图 8-1 定轴轮系

42. 行星轮系

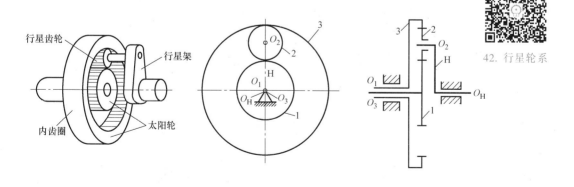

图 8-2 行星轮系

在工程实际中，除了采用单一的定轴轮系或单一的行星轮系外，有时也采用既含定轴轮系又含行星轮系的复合轮系，如图 8-3 所示，通常把这种轮系称为混合轮系。

谐波减速器是一种特殊的轮系，由柔轮、钢轮、谐波发生器三部分构成，通过错齿运动完成谐波传动中的大传动比减速功能。它是机器人中的核心零部件，结构尺寸小、承载能力大。就像是人的肌腱，让肢体的动作更加协调。长期被日本所垄断，中国的许多产品上都能看到日本公司的影子。近些年国内加大了研发力度，自主研发出这类先进减速器，技术上也实现了突破，传动精度和使用寿命都达到了国际最高水准。迈出了中国机器人掌握核心技术的关键一步。

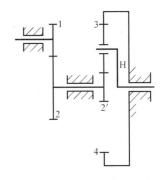

图 8-3　混合轮系

二、轮系的功用

轮系的用途较广泛，主要有以下几个方面：

1）获得大的传动比。

2）实现较远距离传动。

3）得到多种传动比。

4）合成或分解运动。

第二节　定轴轮系传动比计算

阅读问题：

1. 一对齿轮啮合时，主、从动齿轮的旋转方向是如何判断的？

2. 定轴轮系的传动比大小是怎么计算的？

3. 定轴轮系中各轮的转向关系是如何确定的？

试一试：图 8-4 所示为车床溜板箱手动操纵机构。$z_1 = 16$，$z_2 = 80$，$z_3 = 13$，模数 $m = 2.5\text{mm}$，与齿轮 z_3 啮合的齿条被固定在床身上。当溜板箱向左移动的速度为 1m/min 时，求手轮的转速和转向。

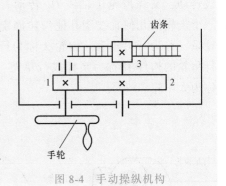

图 8-4　手动操纵机构

轮系中输入齿轮与输出齿轮角速度或转速比，称为轮系的传动比，即

$$i_{ab} = \frac{\omega_a}{\omega_b} = \frac{n_a}{n_b}$$

式中，下角标 a 和 b 分别表示输入轮和输出轮。

轮系传动比的计算，包括计算其传动比大小和确定其输入轴与输出轴的转向两个内容。

对于由圆柱齿轮组成的定轴轮系，由于一对外啮合圆柱齿轮的转向相反，而一对内啮合圆柱齿轮转向相同，故此外啮合圆柱齿轮传动比取负号，内啮合圆柱齿轮传动比取正号（图 8-1）。轮系中各对齿轮传动比为

$$i_{12} = \frac{n_1}{n_2} = -\frac{z_2}{z_1}$$

$$i_{2'3} = \frac{n_{2'}}{n_3} = \frac{z_3}{z_{2'}}$$

$$i_{3'4} = \frac{n_{3'}}{n_4} = -\frac{z_4}{z_{3'}}$$

$$i_{45} = \frac{n_4}{n_5} = -\frac{z_5}{z_4}$$

将上述各式连乘得

$$i_{12}i_{2'3}i_{3'4}i_{45} = \frac{n_1}{n_2}\frac{n_{2'}}{n_3}\frac{n_{3'}}{n_4}\frac{n_4}{n_5} = \left(-\frac{z_2}{z_1}\right)\left(\frac{z_3}{z_{2'}}\right)\left(-\frac{z_4}{z_{3'}}\right)\left(-\frac{z_5}{z_4}\right)$$

即有

$$i_{15} = \frac{n_1}{n_5} = (-1)^3\frac{z_2 z_3 z_4 z_5}{z_1 z_{2'} z_{3'} z_4}$$

上述结论可推广到定轴轮系的一般情形。设 n_1 与 n_K 分别代表定轴轮系首轮和末轮的转速，则定轴轮系传动比的计算式为

$$i_{1K} = \frac{n_1}{n_K} = (-1)^m\frac{\text{所有从动齿轮齿数的乘积}}{\text{所有主动齿轮齿数的乘积}} \tag{8-1}$$

式中，m 为轮系中外啮合次数。

如图 8-1 所示，也可用画箭头的方法确定主、从动轮的转向关系。

当定轴轮系中有锥齿轮、蜗杆蜗轮等齿轮机构时，其传动比的大小仍用式（8-1）计算。但由于一对空间齿轮轴线不平行，主、从动齿轮之间不存在转动方向相同或相反问题，所以不能用式（8-1）来确定首轮与末轮的转向关系，各轮的转向须用画箭头的方法来确定，如图 8-5 所示。

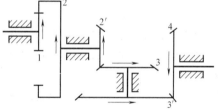

图 8-5　定轴轮系的齿轮转向

例 8-1　在图 8-6 所示的车床溜板箱进给刻度盘轮系中，运动由齿轮 1 输入，由齿轮 5 输出。各齿轮齿数为 $z_1 = 18$，$z_2 = 87$，$z_3 = 28$，$z_4 = 20$，$z_5 = 84$。试计算轮系的传动比 i_{15}。

解　由图 8-6 可以看出，该轮系为定轴轮系，所以按式（8-1）计算传动比

$$i_{15} = \frac{n_1}{n_5} = (-1)^2\frac{z_2 z_4 z_5}{z_1 z_3 z_4} = (-1)^2\frac{87 \times 84}{18 \times 28} = 14.5$$

因为传动比为正号，所以末轮 5 的转向与首轮 1 的转向相同。首、末两轮的关系也可以用画箭头的方法确定，如图 8-6 所示。

例 8-2　在图 8-7 所示的组合机床动力滑台轮系中，运动由电动机输入，由蜗轮输出。电动机转速 $n = 940\text{r/min}$，各齿轮齿数 $z_1 = 34$，$z_2 = 42$，$z_3 = 21$，$z_4 = 31$，蜗轮齿数 $z_6 = 38$，蜗杆头数 $z_5 = 2$，螺旋线方向为右旋。试确定蜗轮的转速和转向。

解　该轮系为定轴轮系。因轮系中有蜗杆蜗轮机构，所以只能用式（8-1）计算传动比的大小，蜗轮转向需用画箭头的方向确定。

传动比为

$$i_{16} = \frac{n_1}{n_6} = \frac{z_2 z_4 z_6}{z_1 z_3 z_5} = \frac{42 \times 31 \times 38}{34 \times 21 \times 2} = 34.64$$

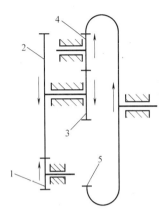

图 8-6　车床溜板箱进给刻度盘轮系

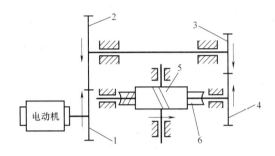

图 8-7　组合机床动力滑台轮系

蜗轮的转速为

$$n_6 = \frac{n_1}{i_{16}} = 940 \times \frac{1}{34.64} \text{r/min} \approx 27.14 \text{r/min}$$

蜗轮的转向如图 8-7 中箭头所示。

第三节　行星轮系传动比计算

阅读问题：

1. 行星轮系怎么转化为定轴轮系？

2. 转化轮系的传动比怎么计算？首末两轮的转向关系怎么确定？

3. 利用转化轮系求行星轮系转速大小的基本过程是什么？

4. 什么是混合轮系？其传动比计算的基本过程是什么？

试一试：图 8-8 所示行星轮系，已知各轮齿数为：$z_1 = 16$，$z_2 = 24$，$z_3 = 64$，轮 1 和轮 3 的转速为：$n_1 = 100 \text{r/min}$，$n_3 = -400 \text{r/min}$，转向如图示，试求 n_H 和 i_{1H}。

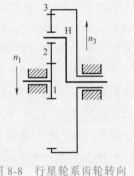

图 8-8　行星轮系齿轮转向

　　如图 8-9a 所示为典型的行星轮系。在行星轮系中，由于其行星齿轮的运动不是绕定轴的简单运动，因此其传动比的计算不能按定轴轮系传动比的方法计算。

　　行星轮系与定轴轮系的根本区别在于行星轮系中有一个转动的行星架，因此使行星齿轮既自转又公转。如果能设法使行星架固定不动，行星轮系就可转化成定轴轮系。为此，假如给整个轮系加上一个与行星架 H 转速等值反向的附加转速 "$-n_H$"（见图 8-9a），根据相对运动原理可知，各构件之间的相对运动关系并不改变，但此时行星架的转速变成 $n_H - n_H = 0$，即行星架静止不动（图 8-9b），于是，行星轮系转化为一假想的定轴轮系，这个假想的定轴轮系称为原行星轮系的转化机构。转化机构中各构件对行星架的相对转速分别用 n_1^H、n_2^H、n_3^H 及 n_H^H 表示，其大小见表 8-1。

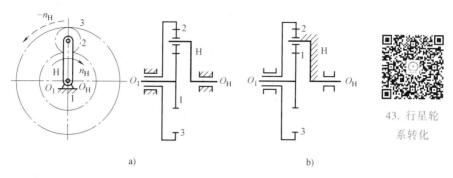

a)　　　　　　　　　　　　　　　　b)

43. 行星轮
系转化

图 8-9　简单行星轮系

表 8-1　构件在转化轮系中的相对转速

构　件	行星轮系中的转速	转化轮系中的转速	构　件	行星轮系中的转速	转化轮系中的转速
太阳轮 1	n_1	$n_1^H = n_1 - n_H$	太阳轮 3	n_3	$n_3^H = n_3 - n_H$
行星轮 2	n_2	$n_2^H = n_2 - n_H$	行星架 H	n_H	$n_H^H = n_H - n_H = 0$

上述行星轮系既已转化为定轴轮系，该转化机构的传动比就可按照定轴轮系的计算方法来计算，如图 8-9 所示轮系传动比为

$$i_{13}^H = \frac{n_1 - n_H}{n_3 - n_H} = -\frac{z_2 z_3}{z_1 z_2}$$

式中，齿数比前的负号，表示转化轮系中轮 1 与轮 3 的转向相反。

推广到一般情况，设行星轮系中，首轮为 1，末轮为 K，则可写出

$$i_{1K}^H = \frac{n_1 - n_H}{n_K - n_H} = (-1)^m \frac{\text{所有从动轮齿数的乘积}}{\text{所有主动轮齿数的乘积}} \tag{8-2}$$

式中，m 为转化轮系在齿轮 1、K 间外啮合次数。

应用式（8-2）时必须注意以下几点：

1）式中 1 为主动轮，K 为从动轮。中间各轮的主、从动地位从齿轮 1 按顺序判定。

2）将 n_1、n_K 和 n_H 已知值代入式（8-2）时，必须带有正、负号，两构件转向相同时取同号，两构件转向相反时取异号。

3）因为只有两轴平行时，两轴转速才能代数相加，故式（8-2）只用于齿轮 1、K 和行星架轴线平行的场合。对于锥齿轮组成的行星轮系，两太阳轮和行星架轴线必须平行，转化机构的传动比 i_{1K}^H 的正、负号可用画箭头的方法确定。

例 8-3　图 8-10 所示的轮系中，已知各齿轮齿数为 $z_1 = 33$，$z_2 = 20$，$z_{2'} = 26$，$z_3 = 75$。试求 i_{1H}。

解　这是一个行星轮系，其转化机构的传动比为

$$i_{13}^H = \frac{n_1 - n_H}{n_3 - n_H} = -\frac{z_2 z_3}{z_1 z_{2'}} = -\frac{20 \times 75}{33 \times 26} = -1.748$$

由于 $n_3 = 0$，故得

$$\frac{n_1 - n_H}{-n_H} = -1.748$$

由此得

$$i_{1H} = \frac{n_1}{n_H} = 1 + 1.748 = 2.748$$

计算结果 i_{1H} 为正值，表明行星架 H 与轮 1 转向相同。

例 8-4 图 8-11 所示的轮系中，已知 $z_1 = z_2 = 48$，$z_{2'} = 18$，$z_3 = 24$，$n_1 = 250r/\min$，$n_3 = 100r/\min$，转向如图所示，试求行星架 H 转速 n_H 的大小及方向。

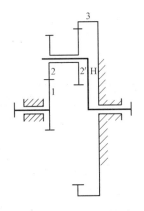

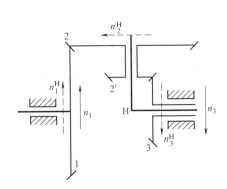

图 8-10 双联行星轮系　　　　　　　图 8-11 锥齿轮行星轮系

解 这是由锥齿轮组成的行星轮系。转化机构的传动比为

$$i_{13}^H = \frac{n_1^H}{n_3^H} = \frac{n_1 - n_H}{n_3 - n_H} = -\frac{z_2 z_3}{z_1 z_{2'}} = -\frac{48 \times 24}{48 \times 18} = -\frac{4}{3}$$

式中，"−"号表示在该轮系的转化机构中齿轮 1、3 的转向相反，是通过图中虚线箭头确定的。

将已知 n_1、n_3 的值代入上式。由于 n_1、n_3 的实际转向相反，故一个取正值，另一个取负值。若取 n_1 为正，n_3 为负，则

$$\frac{250 - n_H}{-100 - n_H} = -\frac{4}{3}$$

故此得

$$n_H = \frac{350}{7} r/\min = 50r/\min$$

行星架计算结果为正值，表明 H 的转向与齿轮 1 相同，与齿轮 3 相反。

例 8-5 在图 8-3 所示的轮系中，已知各轮的齿数 $z_1 = 18$，$z_2 = 27$，$z_{2'} = 18$，$z_3 = 27$，$z_4 = 60$，轮 1 的转速 $n_1 = 300r/\min$。求行星架 H 的转速 n_H。

解 由图可知轮 1、2 组成一定轴轮系，轮 2 与轮 2′为固联在同一轴上的两个齿轮，故 $n_2 = n_{2'}$。轮 2′、3、4 和行星架 H 组成一简单行星轮系，这是一个由定轴轮系和行星轮系组成的混合轮系。轮系的传动比应分别计算，再进一步求解。

轮 1、2 为定轴轮系，故按式 (8-1) 计算为

$$i_{12} = \frac{n_1}{n_2} = -\frac{27}{18} = -\frac{3}{2}$$

故

$$n_2 = -\frac{2}{3}n_1 = -\frac{2}{3} \times 300 = -200\text{r/min}$$

$$n_2 = n_{2'} = -200\text{r/min}$$

轮 2′、3、4 和行星架 H 为行星轮系，由式（8-2）

$$\frac{n_{2'} - n_H}{n_4 - n_H} = -\frac{z_4}{z_{2'}} = -\frac{60}{18} = -\frac{10}{3}$$

因轮 4 固定，所以 $n_4 = 0$，即

$$\frac{-200 - n_H}{-n_H} = -\frac{10}{3}$$

解得

$$n_H = -46.15\text{r/min}$$

由计算结果可知：n_2、n_H 均为负值，表明轮 2 和行星架 H 的转向相同，且它们与轮 1 的转向相反。

计算混合轮系传动比时，先将行星轮系与定轴轮系区分开，分别列出传动比的计算公式，再进一步求解。

自测题与习题

一、自测题

1. 轮系的下列功能中，_____功能必须依靠行星轮系实现。

    A. 实现变速传动   B. 实现大的传动比

    C. 实现分路传动   D. 实现运动的合成和分解

2. 定轴轮系出现下列情况：1）所有齿轮的轴线都不平行；2）所有齿轮轴线平行；3）首末两轮轴线平行；4）首末两轮轴线不平行。其中有_____种情况的传动比可以冠正负号。

    A. 1   B. 2   C. 3   D. 4

3. 如图 8-12 所示轮系属于_____轮系。

    A. 定轴   B. 行星   C. 混合   D. 转化

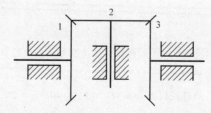

图 8-12 题 3 图

4. 一对外啮合圆柱齿轮传动，传动比公式计算正确的是_____。

    A. $i_{12} = z_1/z_2$ B. $i_{12} = -z_1/z_2$ C. $i_{12} = z_2/z_1$ D. $i_{12} = -z_2/z_1$

5. 定轴轮系的传动比大小等于所有_____齿数的连乘积与所有主动轮齿数的连乘积之比。

    A. 从动轮   B. 主动轮   C. 中间轮   D. 齿轮

6. $i_{13}^{H}=\dfrac{n_1-n_H}{n_3-n_H}=-\dfrac{z_3}{z_1}$ 是_____轮系传动比的计算式。

    A. 定轴   B. 行星   C. 转化   D. 混合

二、习题

1. 如图 8-13 所示轮系中，已知 $z_1=z_{2'}=15$，$z_2=45$，$z_3=30$，$z_{3'}=17$，$z_4=34$，试求传动比 i_{14}。

2. 某外圆磨床的进给机构如图 8-14 所示，已知各轮的齿数为：$z_1=28$，$z_2=56$，$z_3=38$，$z_4=57$，手轮与齿轮 1 相固联，横向丝杠与齿轮 4 相固联，其丝杠螺距为 3mm，试求当手轮转动 1/100 转时，砂轮架的横向进给量 s。

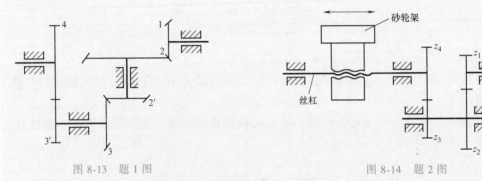

图 8-13　题 1 图   图 8-14　题 2 图

3. 图 8-15 所示齿轮系统中，已知 $z_1=z_2=20$，$z_3=30$，$z_4=45$，$n_1=500\text{r/min}$。试求行星架 H 的转速 n_H。

4. 图 8-16 所示微动进给机构中，已知：$z_1=z_2=z_4=16$，$z_3=48$，丝杠螺距 $h=4\text{mm}$，当手轮在慢速进给位置（轮 1 和轮 2 啮合）和快速进给位置（轮 1 和轮 4 啮合）时，求手轮回转一周时套筒移动的距离。

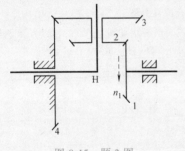 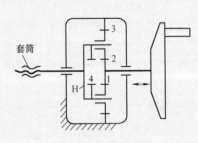

图 8-15　题 3 图   图 8-16　题 4 图

5. 图 8-17 所示为手动葫芦简图，S 为手动链轮，H 为起重链轮。已知各齿轮的齿数 $z_1=12$，$z_2=28$，$z_{2'}=14$，$z_3=54$。试求传动比 i_{SH}。

6. 图 8-18 所示的轮系中，已知各轮齿数分别为：$z_1=z_2=40$，$z_{2'}=20$，$z_3=18$，$z_4=24$，$z_{4'}=76$，$z_6=36$，试求该齿轮系的传动比。

7. 减速器箱体结构应满足哪些基本要求？并说明有哪些附件？

8. 减速器如何进行润滑？

9. 选择减速器的要点是什么？

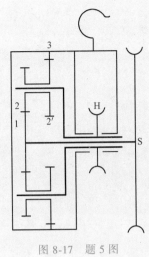

图 8-17 题 5 图

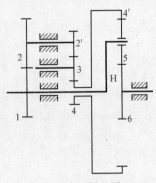

图 8-18 题 6 图

第九章 带 传 动

第一节 概 述

阅读问题：

1. 带传动分哪几类？

2. 摩擦带传动有何特点？特别适用于什么场合？

3. 为什么 V 带传动的承载能力会比平带大？

一、带传动的组成

带传动是一种常用的机械传动，如图 9-1 所示。它由主动带轮 1、从动带轮 2 和传动带 3 组成。

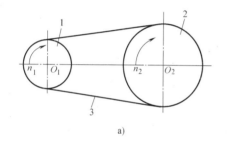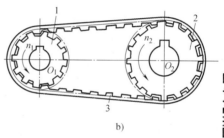

图 9-1　带传动的组成

a）摩擦式　b）啮合式

44. 摩擦式
带传动

二、带传动的主要类型

带传动按工作原理可分为摩擦式带传动和啮合式带传动。

1. 摩擦式带传动

按带的截面形状可分为平带传动（图 9-2a）、V 带传动（图 9-2b）、多楔带传动（图 9-2c）和圆带传动（图 9-2d）等传动类型。

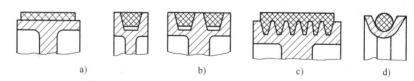

图 9-2　摩擦式带传动的类型

a）平带传动　b）V 带传动　c）多楔带传动　d）圆带传动

平带的横截面为扁平矩形，内表面为工作面，而 V 带的横截面为等腰梯形，两侧面为工作面。根据楔形面的受力分析可知，在相同压紧力和相同摩擦因数的条件下，V 带产生的摩擦力要比平带约大三倍，所以 V 带传动能力强，结构更紧凑，应用最广泛。

多楔带是以平带为基体，内表面具有等距纵向楔的环形传动带，其工作面为楔的侧面。它主要用于传递功率较大而要求结构紧凑的场合。

圆带的横截面为圆形，只用于小功率传动，如缝纫机、仪器等。

2. 啮合式带传动

啮合式带传动是靠带的齿与带轮上的齿相啮合来传递动力的，较典型的是图 9-1b 所示的同步带传动。同步带传动兼有带传动和齿轮传动的特点，传动功率较大（可达几百千瓦），传动效率高（$\eta = 0.98 \sim 0.99$），允许的线速度高（$v \leqslant 50\text{m/s}$），传动比大（$i \leqslant 12$），传动结构紧凑。传动时无相对滑动，能保证准确的传动比。同步带用聚氨酯或氯丁橡胶为基体，以细钢丝绳或玻璃纤维绳为抗拉体，抗拉强度高，受载后变形小。其主要缺点是制造和安装精度要求高，中心距要求严格。目前，同步带已广泛用于机器人、数控机床及纺织机械等传动装置中。

三、带传动的特点和应用

摩擦带传动有以下主要特点：

1）传动具有良好的弹性，能缓冲吸振，传动平稳，噪声小。

2）过载时，带会在带轮上打滑，具有过载保护作用。

3）结构简单，制造成本低，且便于安装和维护。

4）带与带轮间存在弹性滑动，不能保证准确的传动比。

5）带须张紧在带轮上，对轴的压力较大，传动效率低。

6）不适用于高温，易燃及有腐蚀介质的场合。

摩擦带传动适用于要求传动平稳、传动比要求不准确、中小功率的远距离传动。一般带传动的传递功率 $P \leqslant 50\text{kW}$，带速 $v = 5 \sim 25\text{m/s}$，传动比 $i = 3 \sim 5$。

本章主要讨论 V 带传动。

第二节　普通 V 带及其带轮

阅读问题：

1. 普通 V 带的结构组成是什么？截面型号有哪些？

2. b_p、d_d、L_d 是指什么？分别是怎么定义的？

3. V 带带轮的结构、材料有哪些？轮缘尺寸是怎么确定的？

试一试：某 V 带传动，采用 3 根 A 型带，$d_{d1} = 100\text{mm}$，请画出带轮轮缘截面图。

一、普通 V 带的结构和标准

图 9-3 所示为普通 V 带的结构，由抗拉体、顶胶、底胶以及包布组成。V 带的拉力基本由抗拉体承受，其有线绳（图 9-3a）和帘布（图 9-3b）两种结构。帘布结构制造方便，型号多，应用较广；线绳结构柔性好，抗弯强度高，适用于带轮直径较小，速度较高的场合。现在，生产中越来越多地采用线绳结构的 V 带。

普通 V 带的尺寸已标准化，按截面尺寸从小到大依次为 Y、Z、A、B、C、D、E 七种型号，其截面尺寸见表 9-1。其中 Y 型尺寸最小，只用于传递运动，常用 Z、A、B、C 等型号。

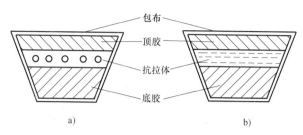

图 9-3　V 带的结构

a) 线绳结构　b) 帘布结构

V 带为无接头环形带。V 带绕在带轮上产生弯曲，外层受拉伸长，内面受压缩短，故内、外层之间必有一长度不变的中性层，其宽度 b_p 称为节宽（表 9-1 图）。V 带装在带轮上，和 b_p 相应的带轮直径称为基准直径 d_d（表 9-1 图）。在规定张紧力下，带轮基准直径上带的周线长度称为基准长度，用 L_d 表示（表 9-6）。

表 9-1　普通 V 带和 V 带轮槽截面尺寸（摘自 GB/T 13575.1—2008）

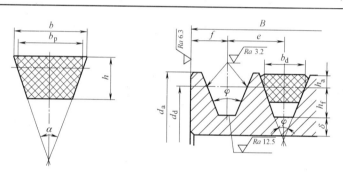

尺 寸 参 数			V 带 型 号						
			Y	Z	A	B	C	D	E
V 带	节宽 b_p/mm		5.3	8.5	11.0	14.0	19.0	27.0	32.0
	顶宽 b/mm		6.0	10.0	13.0	17.0	22.0	32.0	38.0
	高度 h/mm		4.0	6.0	8.0	11.0	14.0	19.0	23.0
	楔角 α		40°						
	每米带长质量 m/(kg/m)		0.023	0.060	0.105	0.170	0.30	0.630	0.970
V 带 轮	基准宽度 b_d/mm		5.3	8.5	11.0	14.0	19.0	27.0	32.0
	基准线至槽顶高度 h_{amin}/mm		1.6	2.0	2.75	3.5	4.8	8.1	9.6
	基准线至槽底深度 h_{fmin}/mm		4.7	7.0	8.7	10.8	14.3	19.9	23.4
	第一槽对称线至端面距离 f_{min}/mm		6	7	9	11.5	16	23	28
	槽间距 e/mm		8±0.3	12±0.3	15±0.3	19±0.4	25.5±0.5	37±0.6	44.5±0.7
	最小轮缘厚度 δ_{min}/mm		5	5.5	6	7.5	10	12	15
	轮缘宽度 B/mm		$B=(z-1)e+2f$（z 为轮槽数）						
	槽角 φ	32°	d_d/min	≤60	—	—	—	—	—	—
		34°		—	≤80	≤118	≤190	≤315	—	—
		36°		>60	—	—	—	—	≤475	≤600
		38°		—	>80	>118	>190	>315	>475	>600

二、V 带轮的材料与结构

带轮的材料一般为铸铁 HT150 或 HT200，转速高时可用铸钢等。

V 带轮由轮缘（用于安装 V 带轮的部分）、轮毂（带轮与轴相联接的部分）、轮辐（轮缘与轮毂相联接的部分）三部分组成，轮缘尺寸见表 9-1。根据带轮直径的大小，普通 V 带轮有实心轮、辐板轮、孔板轮、椭圆辐轮四种典型结构，如图 9-4 所示。

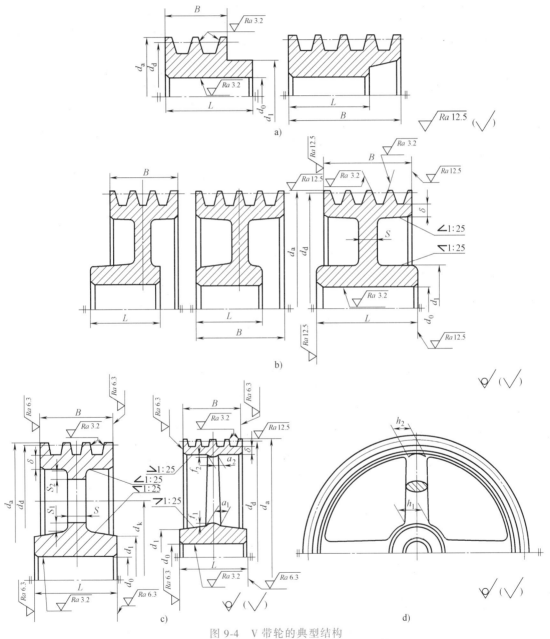

图 9-4 V 带轮的典型结构
a) 实心轮 b) 辐板轮 c) 孔板轮 d) 椭圆辐轮

$h_1 = 290\sqrt[3]{\dfrac{P}{nA}}$，式中，$P$ 为传递的功率，单位为 kW；n 为带轮转速，单位为 r/min；A 为轮辐数；h_1 的单位为 mm。

$h_2 = 0.8h_1$，$a_1 = 0.40h_1$，$a_2 = 0.8a_1$，$f_1 = 0.2h_1$，$f_2 = 0.2h_2$，$d_1 = (1.8 \sim 2)d_0$，$L = (1.5 \sim 2)d_0$

$S_1 \geqslant 1.5S$，$S_2 \geqslant 0.5S$，S 查有关表可得

第三节　带传动的工作能力分析

阅读问题：

1. 带上的作用力有哪些？工作前和工作后有无变化？最大有效圆周力与哪些因素有关？

2. 带上的工作应力有哪些？带上最大应力发生在何处？为什么有 d_{dmin} 的限制？

3. 带传动的弹性滑动是怎么产生的？对传动会产生什么影响？可以避免吗？

试一试：单根 A 型 V 带传动的初拉力 $F_0 = 204N$，主动带轮基准直径 $d_{d1} = 125mm$，转速 $n_1 = 960r/min$，包角 $\alpha_1 = 166°$，带与轮间的摩擦因数 $f_v = 0.48$。求传动：

（1）最大有效圆周力 F_{max}、不打滑前能传递的最大功率 P_{max}。

（2）初拉力、带轮直径、包角的变化会对有效拉力、工作应力、滑动系数产生什么影响？

一、带传动的受力分析

带传动未运转时，由于带是张紧在两带轮上的，带的上、下两边都受到相同的张紧力 F_0，即初拉力，如图 9-5a 所示。

带传动工作时，当主动轮 1 在转矩作用下以转速 n_1 旋转时，其对带的摩擦力 F_f 与带的运动方向一致，带又以摩擦力驱动从动轮以转速 n_2 转动，从动轮对带的摩擦力 F_f 与带的运动方向相反（图 9-5b）。带进入主动轮一边被进一步拉紧，拉力增大为 F_1，该边称为紧边，离开主动轮的一边带的拉力降为 F_2，该边称为松边。紧边拉力与松边拉力之差为带传动的有效圆周力 F。

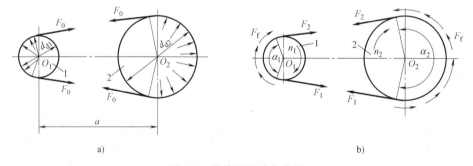

图 9-5　带传动的受力分析

a）未运转时　b）传动时

假设工作前后带的总长度保持不变，且认为带是弹性体，则带的紧边拉力的增加量等于松边拉力的减少量，即

$$F_1 - F_0 = F_0 - F_2$$

$$F_1 + F_2 = 2F_0 \tag{9-1}$$

有效圆周力　　　　　　　$F = F_1 - F_2 = \Sigma F_f$（摩擦力总和）　　　　　　　(9-2)

有效圆周力实际上等于带与带轮接触部分摩擦力的总和。在初拉力一定的情况下，带与

带轮之间的摩擦力是有限的，当所要传递的圆周力超过该极限值时，带将在带轮上打滑。它使带磨损加剧，从动轮转速急剧降低，甚至停止转动，失去正常工作能力。

有效圆周力 $F(N)$，带速 $v(m/s)$ 和传递功率 $P(kW)$ 之间的关系为

$$P = Fv/1000 \tag{9-3}$$

当 V 带即将打滑时，F_1 与 F_2 之间的关系可用柔韧体摩擦的欧拉公式表示，即

$$F_1 = F_2 e^{f_v \alpha} \tag{9-4}$$

式中，F_1 为紧边拉力，单位为 N；F_2 为松边拉力，单位为 N；e 为自然对数的底数；f_v 为当量摩擦因数；α 为小带轮的包角（rad）。

联立解式(9-1)、式(9-2)和式(9-4)可得

$$F_{\max} = 2F_0 \frac{e^{f_v \alpha} - 1}{e^{f_v \alpha} + 1} = 2F_0 \left[1 - \frac{2}{(e^{f_v \alpha} + 1)} \right] = F_1 \left(1 - \frac{1}{e^{f_v \alpha}} \right) \tag{9-5}$$

由式（9-5）可知，最大有效圆周力 $F_{\max}$ 与初拉力 F_0、包角 α、当量摩擦因数 f_v 成正比。

二、带传动的应力分析

带传动工作时，带中应力由下列三部分组成：

1. 两边拉力产生的拉应力

紧边拉应力　　　　　　　　　　　$\sigma_1 = F_1/A$

松边拉应力　　　　　　　　　　　$\sigma_2 = F_2/A$

式中，A 为带的横截面积，单位为 mm^2；σ_1、σ_2 的单位为 MPa。

2. 离心力产生的拉应力

带在带轮上做圆周运动时，带本身的质量将引起离心力 F_c，由此引起的离心应力作用于带的全长，其值为

$$\sigma_c = F_c/A = mv^2/A$$

式中，m 为每米带长的质量，单位为 kg/m，见表 9-1；v 为带速，单位为 m/s；σ_c 的单位为 MPa。

3. 弯曲应力

带绕在带轮上产生弯曲应力，V 带外层处的弯曲应力最大，由材料力学公式可得

$$\sigma_{bb} = 2Eh_a/d_d$$

式中，E 为带的弹性模量，单位为 MPa；h_a 为带的最外层到节面的距离（表 9-1），单位为 mm；d_d 为带轮基准直径，单位为 mm；σ_{bb} 的单位为 MPa。

由上式可知，当 h_a 越大，d_d 越小，带的弯曲应力 σ_{bb} 就越大。如果带传动的两个带轮直径不同，则带绕上小带轮时产生的弯曲应力更大。为了防止弯曲应力过大，对每种型号的 V 带，都规定了相应的最小带轮基准直径 $d_{d\min}$，见表 9-2。

表 9-2　V 带轮的最小带轮基准直径 $d_{d\min}$ 　　　　　　（单位：mm）

槽　　型	Y	Z	A	B	C	D	E
$d_{d\min}$	20	50	75	125	200	355	500

带在工作时的应力分布如图 9-6 所示。最大应力发生在紧边绕上小轮处，其值为

$$\sigma_{\max} = \sigma_1 + \sigma_c + \sigma_{bb1}$$

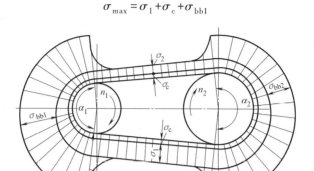

图 9-6　带在工作时的应力分布图

由于带是在变应力状态下工作的，当应力循环次数达到一定值时，带就会发生疲劳破坏。

三、带传动的弹性滑动及其传动比

带是弹性体，受力后将会产生弹性变形。由于紧边拉力 F_1 大于松边拉力 F_2，因此紧边的伸长量大于松边的伸长量，如图 9-7 所示。当传动带的紧边在 a 点进入主动轮 1 时，带的速度和轮 1 的圆周速度 v_1 相等，但在传动带随轮 1 由 a 点旋转至 b 点的过程中，带所受的拉力由 F_1 逐渐降到 F_2，其弹性伸长量亦将逐渐减小，这时带在带轮上必向后产生微小滑动，造成带的速度小于主动轮的圆周速度，至 b 点处带速已由 v_1 降为 v_2 了。

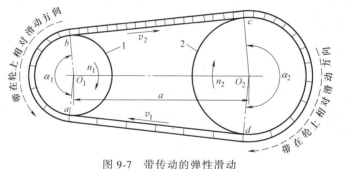

图 9-7　带传动的弹性滑动

45. 带传动的
弹性滑动

同理，传动带在从动轮 2 上由 c 点旋转至 d 点的过程中，由于拉力逐渐增大，其弹性伸长量亦将逐渐增加，这时带在带轮上必向前产生滑动，致使带的速度领先于从动轮的圆周速度，至 d 点处带的速度又增加到 v_1。

由于带两边拉力不相等致使两边弹性变形不相同，由此引起的带与带轮间的滑动称为带传动的弹性滑动。它在摩擦带传动中是不可避免的，是带传动不能保证准确传动比的原因。

由于弹性滑动引起的从动轮圆周速度的降低率称为带传动的滑动系数，用 ε 表示，即

$$\varepsilon = \frac{(v_1 - v_2)}{v_1} = \frac{(\pi d_{d1} n_1 - \pi d_{d2} n_2)}{\pi d_{d1} n_1} = 1 - \frac{d_{d2} n_2}{d_{d1} n_1} \tag{9-6}$$

从动轮转速的计算式为

$$n_2 = \frac{n_1 d_{d1}}{d_{d2}}(1-\varepsilon) \tag{9-7}$$

通常带传动的滑动系数 $\varepsilon = 0.01 \sim 0.02$，因 ε 值较小，非精确计算时可忽略不计。

第四节　普通 V 带传动的设计

阅读问题：

1. 带传动的失效形式有哪些？传动设计准则是什么？

2. 单根 V 带的基本额定功率 P_1 是怎么确定的？

3. 实际设计时 $[P_1]$ 还受到哪些因素的影响？

4. V 带传动设计计算的基本步骤是什么？

试一试：已知 V 带传动计算功率为 4.8kW，小轮转速为 1440r/min。

(1) 试选择 V 带型号，并确定小轮基准直径的选择范围；

(2) 传动中心距过大过小各有什么问题？初定中心距一般怎么确定？

(3) 确定小轮的最小基准直径，实际可选值可有哪几种？

(4) V 带的根数不应超过几根？过多有什么问题？

一、带传动的失效形式和设计准则

带传动的主要失效形式是打滑和带的疲劳破坏。因此，带传动的计算准则是：在保证不打滑的前提下，具有足够的疲劳强度和使用寿命。

二、单根 V 带的基本额定功率

通过实验和理论分析，可求得单根 V 带的基本额定功率 P_1（表 9-3）。当实际使用条件与实验条件不相符时，应对 P_1 值进行修正，因此单根 V 带在实际工作条件下允许传递的功率为

$$[P_1] = (P_1 + \Delta P_1)K_\alpha K_L \tag{9-8}$$

式中，$[P_1]$ 为单根 V 带在实际工作条件下允许传递的额定功率，单位为 kW；P_1 为单根 V 带所能传递的基本额定功率，单位为 kW，查表 9-3；ΔP_1 为 $i \neq 1$ 时，单根 V 带的额定功率增量，单位为 kW，查表 9-4；K_α 为小带轮包角修正因数，查表 9-5；K_L 为带长修正因数，查表 9-6。

表 9-3　单根 V 带的基本额定功率 P_1（摘自 GB/T 13575.1—2008）

（$\alpha_1 = \alpha_2 = 180°$，特定基准长度，载荷平稳）　　　　　　　（单位：kW）

带　型	小带轮直径 d_{d1}/mm	小带轮转速 n_1/(r/min)											
		200	300	400	500	600	700	800	950	1200	1450	1600	1800
Y	20	—	—	—	—	—	—	—	0.01	0.02	0.02	0.03	—
	31.5	—	—	—	—	—	0.03	0.04	0.04	0.05	0.06	0.06	—
	40	—	—	—	—	—	0.04	0.05	0.06	0.07	0.08	0.09	—
	50	0.04	—	0.05	—	—	0.06	0.07	0.08	0.09	0.11	0.12	—

（续）

带型	小带轮直径 d_{d1}/mm	小带轮转速 n_1/(r/min)											
		200	300	400	500	600	700	800	950	1200	1450	1600	1800
Z	50	0.04	—	0.06	—	—	0.09	0.10	0.12	0.14	0.16	0.17	—
	63	0.05	—	0.08	—	—	0.13	0.15	0.18	0.22	0.25	0.27	—
	71	0.06	—	0.09	—	—	0.17	0.20	0.23	0.27	0.30	0.33	—
	80	0.10	—	0.14	—	—	0.20	0.22	0.26	0.30	0.33	0.39	—
	90	—	—	0.14	—	—	0.22	0.24	0.28	0.33	0.36	0.40	—
A	75	0.15	—	0.26	—	—	0.40	0.45	0.51	0.60	0.68	0.73	—
	90	0.22	—	0.39	—	—	0.61	0.68	0.77	0.93	1.07	1.15	—
	100	0.26	—	0.47	—	—	0.74	0.83	0.95	1.14	1.32	1.42	—
	125	0.37	—	0.67	—	—	1.07	1.19	1.37	1.66	1.92	2.07	—
	160	0.51	—	0.94	—	—	1.51	1.69	1.95	2.36	2.73	2.94	—
B	125	0.48	—	0.84	—	—	1.30	1.44	1.64	1.93	2.19	2.33	2.50
	160	0.74	—	1.32	—	—	2.09	2.32	2.66	3.17	3.62	3.86	4.15
	200	1.02	—	1.85	—	—	2.96	3.30	3.77	4.50	5.13	5.46	5.83
	250	1.37	—	2.50	—	—	4.00	4.46	5.10	6.04	6.82	7.20	7.63
	280	1.58	—	2.89	—	—	4.61	5.13	5.85	6.90	7.76	8.13	8.46
C	200	1.39	1.92	2.41	2.87	3.30	3.69	4.07	4.58	5.29	5.84	6.07	6.28
	250	2.03	2.85	3.62	4.33	5.00	5.64	6.23	7.04	8.21	9.04	9.38	9.63
	315	2.84	4.04	5.14	6.17	7.14	8.09	8.92	10.05	11.53	12.46	12.72	12.67
	400	3.91	5.54	7.06	8.52	9.82	11.02	12.10	13.48	15.04	15.53	15.24	14.08
	450	4.51	6.40	8.20	9.80	11.29	12.63	13.80	15.23	16.59	16.47	15.57	13.29

表 9-4　$i\neq1$ 时单根 V 带的额定功率增量 ΔP_1　　　　（单位：kW）

带　型	小带轮转速 n_1/(r/min)	传　动　比　i									
		1.00~1.01	1.02~1.04	1.05~1.08	1.09~1.12	1.13~1.18	1.19~1.24	1.25~1.34	1.35~1.50	1.51~1.99	≥2.00
Z	400										
	700										
	800										
	950	0.00				0.01					
	1200							0.02			
	1450										
	1600										
	2000										
	2400										
	2800							0.03		0.04	
A	400	0.00	0.01	0.01	0.02	0.02	0.03	0.03	0.04	0.04	0.05
	700		0.01	0.02	0.03	0.04	0.05	0.06	0.07	0.08	0.09
	800		0.01	0.02	0.03	0.04	0.05	0.06	0.08	0.09	0.10
	950		0.01	0.03	0.04	0.05	0.06	0.07	0.08	0.10	0.11
	1200		0.02	0.03	0.05	0.07	0.08	0.10	0.11	0.13	0.15
	1450		0.02	0.04	0.06	0.08	0.09	0.11	0.13	0.15	0.17
	1600		0.02	0.04	0.06	0.09	0.11	0.13	0.15	0.17	0.19
	2000		0.03	0.06	0.08	0.11	0.13	0.16	0.19	0.22	0.24
	2400		0.03	0.07	0.10	0.13	0.16	0.19	0.23	0.26	0.29
	2800		0.04	0.08	0.11	0.15	0.19	0.23	0.26	0.30	0.34

（续）

带　型	小带轮转速 n_1/(r/min)	传动比 i									
		1.00~1.01	1.02~1.04	1.05~1.08	1.09~1.12	1.13~1.18	1.19~1.24	1.25~1.34	1.35~1.50	1.51~1.99	≥2.00
B	400	0.00	0.01	0.03	0.04	0.06	0.07	0.08	0.010	0.11	0.13
	700		0.02	0.05	0.07	0.10	0.12	0.15	0.17	0.20	0.22
	800		0.03	0.06	0.08	0.11	0.14	0.17	0.20	0.23	0.25
	950		0.03	0.07	0.10	0.13	0.17	0.20	0.23	0.26	0.30
	1200		0.04	0.08	0.13	0.17	0.21	0.25	0.30	0.34	0.38
	1450		0.05	0.10	0.15	0.20	0.25	0.31	0.36	0.40	0.46
	1600		0.06	0.11	0.17	0.23	0.28	0.34	0.39	0.45	0.51
	2000		0.07	0.14	0.21	0.28	0.35	0.42	0.49	0.56	0.63
	2400		0.08	0.17	0.25	0.34	0.42	0.51	0.59	0.68	0.76
	2800		0.10	0.20	0.29	0.39	0.49	0.59	0.69	0.79	0.89
C	200	0.00	0.02	0.04	0.06	0.08	0.10	0.12	0.14	0.16	0.18
	300		0.03	0.06	0.09	0.12	0.15	0.18	0.21	0.24	0.26
	400		0.04	0.08	0.12	0.16	0.20	0.23	0.27	0.31	0.35
	500		0.05	0.10	0.15	0.20	0.24	0.29	0.34	0.39	0.44
	600		0.06	0.12	0.18	0.24	0.29	0.35	0.41	0.47	0.53
	700		0.07	0.14	0.21	0.27	0.34	0.41	0.48	0.55	0.62
	800		0.08	0.16	0.23	0.31	0.39	0.47	0.55	0.63	0.71
	950		0.09	0.19	0.27	0.37	0.47	0.56	0.65	0.74	0.83
	1200		0.12	0.24	0.35	0.47	0.59	0.70	0.82	0.94	1.06
	1450		0.14	0.28	0.42	0.58	0.71	0.85	0.99	1.14	1.27

表 9-5　小带轮包角修正因数 K_α

包角 α/(°)	180	170	160	150	140	130	120	110	100	90
K_α	1.00	0.98	0.95	0.92	0.89	0.86	0.82	0.78	0.74	0.69

表 9-6　普通 V 带 L_d 与带长修正因数 K_L（摘自 GB/T 13575.1—2008）

Y L_d/mm	K_L	Z L_d/mm	K_L	A L_d/mm	K_L	B L_d/mm	K_L	C L_d/mm	K_L	D L_d/mm	K_L	E L_d/mm	K_L
200	0.81	405	0.87	630	0.81	930	0.83	1.565	0.82	2740	0.82	4660	0.91
224	0.82	475	0.90	700	0.83	1000	0.84	1760	0.85	3100	0.86	5040	0.92
250	0.84	530	0.93	790	0.85	1100	0.86	1950	0.87	3330	0.87	5420	0.94
280	0.87	625	0.96	890	0.87	1210	0.87	2195	0.90	3730	0.90	6100	0.96
315	0.89	700	0.99	990	0.89	1370	0.90	2420	0.92	4080	0.91	6850	0.99
355	0.92	780	1.00	1100	0.91	1560	0.92	2715	0.94	4620	0.94	7650	1.01
400	0.96	920	1.04	1250	0.93	1760	0.94	2880	0.95	5400	0.97	9150	1.05
450	1.00	1080	1.07	1430	0.96	1950	0.97	3080	0.97	6100	0.99	12230	1.11
500	1.02	1330	1.13	1550	0.98	2180	0.99	3520	0.99	6840	1.02	13750	1.15
		1420	1.14	1640	0.99	2300	1.01	4060	1.02	7620	1.05	15280	1.17
		1540	1.54	1750	1.00	2500	1.03	4600	1.05	9140	1.08	16800	1.19
				1940	1.02	2700	1.04	5380	1.08	10700	1.13		
				2050	1.04	2870	1.05	6100	1.11	12200	1.16		
				2200	1.06	3200	1.07	6815	1.14	13700	1.19		
				2300	1.07	3600	1.09	7600	1.17	15200	1.21		
				2480	1.09	4060	1.13	9100	1.21				
				2700	1.10	4430	1.15	10700	1.24				
						4820	1.17						
						5370	1.20						
						6070	1.24						

三、V 带传动的设计计算

1. 确定设计功率

$$P_d = K_A P \tag{9-9}$$

式中，P_d 为设计功率，单位为 kW；K_A 为工况因数，查表 9-7；P 为名义传递功率，单位为 kW。

表 9-7 工况因数 K_A

载荷性质	工 作 机	K_A					
		空、轻载起动			重载起动		
		每天工作时间/h					
		<10	10~16	>16	<10	10~16	>16
载荷变动最小	液体搅拌机、通风机和鼓风机($P \leqslant 7.5$kW)、离心机水泵和压缩机、轻型输送机	1.0	1.1	1.2	1.1	1.2	1.3
载荷变动小	带式输送机(不均匀载荷)、通风机($P > 7.5$kW)、发电机、金属切削机床、印刷机、压力机、旋转筛、木工机械	1.1	1.2	1.3	1.2	1.3	1.4
载荷变动较大	制砖机、斗式提升机、往复式水泵和压缩机、起重机、磨粉机、冲剪机床、橡胶机械、振动筛、纺织机械、重型输送机	1.2	1.3	1.4	1.4	1.5	1.6
载荷变动很大	破碎机(旋转式、颚式等)磨碎机(球磨、棒磨、管磨)	1.3	1.4	1.5	1.5	1.6	1.8

注：1. 空、轻载起动——电动机（交流起动、三角起动、直流并励），四缸以上的内燃机，装有离心式离合器、液力联轴器的动力机。

2. 重载起动——电动机（联机交流起动、直流复励或串励），四缸以下的内燃机。

3. 在反复起动、正反转频繁、工作条件恶劣等场合，K_A 应取表值的 1.2 倍。

2. 选择带的型号

据设计功率 P_d 和小带轮的转速 n_1，按图 9-8 选取。

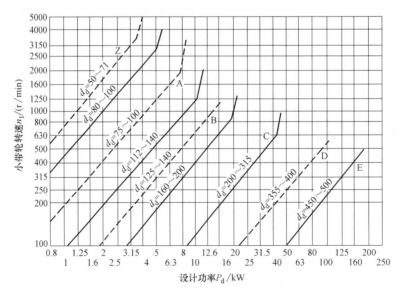

图 9-8　普通 V 带选型图

3. 确定带轮的基准直径 d_{d1}，d_{d2}

一般取 $d_{d1} \geqslant d_{dmin}$，并取标准值，表 9-8 规定了最小带轮基准直径 d_{dmin}。

大带轮的基准直径 d_{d2} 由下式算出

$$d_{d2} = i d_{d1}(1-\varepsilon)$$

然后再按表 9-8 选取系列值。

4. 验算带速

$$v = \frac{\pi d_{d1} n_1}{60 \times 1000} \tag{9-10}$$

式中，v 为带速，单位为 m/s；d_{d1} 为小带轮基准直径，单位为 mm；n_1 为小带轮转速，单位为 r/min。带速控制在 5~25m/s。

表 9-8　V 带轮基准直径（GB/T 13575.1—2008）

V 带轮型号	Y	Z	A	B	C	D	E
d_{dmin}	20	50	75	125	200	355	500
基准直径系列	28,31.5,40,50,56,63,71,75,80,90,100,106,112,118,125,132,140,150,160,180,200,212,224,250,280,315,355,375,400,450,500,560,630…						

5. 确定中心距 a 和带的基准长度 L_d

（1）初定中心距 a　若中心距未给出，可按下式初选中心距

$$0.7(d_{d1}+d_{d2}) \leqslant a_0 \leqslant 2(d_{d1}+d_{d2}) \tag{9-11}$$

若已给出了中心距，则 a_0 应取给定值。

（2）确定带的基准长度 L_d　按下式初定带的基准长度 L_{d0}

$$L_{d0} = 2a_0 + \pi \frac{d_{d1}+d_{d2}}{2} + \frac{(d_{d2}-d_{d1})^2}{4a_0} \tag{9-12}$$

由 L_{d0} 和 V 带型号，查表 9-6，选取相应的基准长度 L_d

（3）确定实际中心距 a

$$a \approx a_0 + (L_d - L_{d0})/2 \tag{9-13}$$

考虑安装、调整或补偿等因素，中心距 a 要有一定的调整范围，一般为

$$a_{max} = a + 0.03 L_d$$

$$a_{min} = a - 0.015 L_d$$

6. 验算小带轮包角

$$\alpha_1 = 180° - [(d_{d2}-d_{d1}) \times 57.3°]/a \tag{9-14}$$

要求 $\alpha_1 \geqslant 120°$，若 α_1 过小，可增大中心距或设置张紧轮。

7. 确定带的根数 Z

$$Z \geqslant P_d / [P_1] \tag{9-15}$$

式中，Z 为带的根数；P_d 为设计功率，单位为 kW；$[P_1]$ 为单根 V 带在实际工作条件下允许传递的额定功率，单位为 kW。

将 Z 圆整取整数。为使各根带间的受力均匀，带的根数 Z 不能太多，各种型号 V 带推荐最多使用根数 Z_{max}，见表 9-9。若超出允许范围，应加大带轮直径或选较大截面的带型，重新计算。

表 9-9　V 带最多使用根数 Z_{max}

V 带型号	Y	Z	A	B	C	D	E
Z_{max}	1	2	5	6	8	8	9

8. 计算单根 V 带的初拉力 F_0

初拉力 F_0 若过小，则带易在带轮上打滑；而 F_0 若过大，则轴承及轴受力较大。保证带传动正常工作的单根 V 带合适的初拉力

$$F_0 = 500 \left(\frac{2.5}{K_\alpha} - 1 \right) \frac{P_d}{Zv} + mv^2 \tag{9-16}$$

式中，m 为每米带长的质量，单位为 kg/m，查表 9-1。

9. 计算带对轴的压力（压轴力）F_r

为了进行轴和轴承的计算，需要确定 V 带对轴的压力 F_r，它等于 V 带紧边拉力 F_1 与松边拉力 F_2 的合力，如图 9-9 所示。

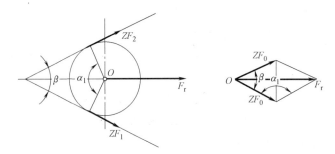

图 9-9　带作用在轴上的压力

若不考虑两边的拉力差，可近似地按两边均为 ZF_0 计算

$$F_r \approx 2ZF_0 \cos \frac{\beta}{2} = 2ZF_0 \sin \frac{\alpha_1}{2} \tag{9-17}$$

10. V 带轮的设计

带轮的设计主要是选择材料和结构形式，确定轮缘尺寸。

四、V 带传动的设计计算实例

下面以实例来说明带传动的设计方法与步骤。

设计一带式运输机的普通 V 带传动。已知电动机额定功率 $P = 5.5$kW，主动轮转速 $n_1 = 1440$r/min，从动轮转速 $n_2 = 450$r/min，两班制工作，要求中心距约为 500mm，载荷变动较小。

解

序号	计 算 项 目	计 算 内 容	计 算 结 果
1	确定设计功率	查表 9-7：$K_A = 1.2$ $P_d = K_A P = 1.2 \times 5.5$kW $= 6.6$kW	$K_A = 1.2$ $P_d = 6.6$kW
2	选择带型	据 $P_d = 6.6$kW 和 $n_1 = 1440$r/min 由图 9-8 选取	A 型
3	确定带轮基准直径	由表 9-8 确定 $d_{d1} = 125$mm $d_{d2} = i d_{d1} = \dfrac{1440}{450} \times 125 \times (1 - 0.02)$mm $= 392$mm，查表 9-8 取标准值	$d_{d1} = 125$mm $d_{d2} = 400$mm

（续）

序号	计算项目	计算内容	计算结果
4	验算带速	$v=\dfrac{\pi d_{d1}n_1}{60\times1000}=\dfrac{\pi\times125\times1440}{60\times1000}\text{m/s}=9.42\text{m/s}$	$5\text{m/s}<v<25\text{m/s}$ 故符合要求
5	验算带长	题目已知中心距 $a_0=500\text{mm}$ $L_{d0}=2a_0+\dfrac{\pi(d_{d1}+d_{d2})}{2}+\dfrac{(d_{d2}-d_{d1})^2}{4a_0}$ $=2\times500\text{mm}+\dfrac{\pi(125+400)}{2}+\dfrac{(400-125)^2}{4\times500}\text{mm}$ $=1862.06\text{mm}$ 表 9-6 选取相近的 $L_d=2000\text{mm}$	$L_d=2000\text{mm}$
6	确定中心距	$a=a_0+\dfrac{L_d-L_{d0}}{2}=500+\dfrac{2000-1862.06}{2}\text{mm}\approx569\text{mm}$ $a_{\min}=a-0.015L_d=569-0.015\times2000\text{mm}=539\text{mm}$ $a_{\max}=a+0.03L_d=569+0.03\times2000\text{mm}=629\text{mm}$	$a=569\text{mm}$
7	验算小带轮包角	$\alpha_1=180°-57.3°\times\dfrac{d_{d2}-d_{d1}}{a}$ $=180°-57.3°\times\dfrac{400-125}{569}=152.31°$	因 $\alpha_1>120°$，故符合要求
8	确定带的根数	据 d_{d1} 和 n_1 查表 9-3 得 $P_1=1.91\text{kW}$ 据带型和 i 查表 9-4 得 $\Delta P_1=0.17\text{kW}$ 查表 9-5：$K_\alpha=0.93$ 查表 9-6：$K_L=1.03$ $Z=\dfrac{P_d}{[P_1]}=\dfrac{P_d}{[(P_1+\Delta P_1)K_\alpha K_L]}$ $=\dfrac{6.6}{[(1.91+0.17)\times0.93\times1.03]}=3.31$	$P_1=1.91\text{kW}$ $\Delta P_1=0.17\text{kW}$ $K_\alpha=0.90$ $K_L=1.03$ 取 $Z=4$
9	单根 V 带的初拉力	查表 9-1　$m=0.105\text{kg/m}$ $F_0=500\left(\dfrac{2.5}{K_\alpha}-1\right)\dfrac{P_d}{Zv}+mv^2$ $=500\left(\dfrac{2.5}{0.93}-1\right)\dfrac{6.6}{4\times9.42}\text{N}+0.105\times9.42^2\text{N}$ $=156.16\text{N}$	$F_0=156.16\text{N}$
10	计算压轴力	$F_Q\approx2ZF_0\sin\dfrac{\alpha_1}{2}=2\times4\times156.16\times\sin\dfrac{152.31}{2}\text{N}$ $=1212.98\text{N}$	$F_Q=1212.98\text{N}$
11	带轮的结构尺寸	略	

第五节　带传动的使用与维护

阅读问题：

1. V 带传动为什么要张紧？具体方法有哪些？

2. 传动的安装和维护时应注意哪些问题？

一、V 带传动的张紧

为使 V 带具有一定的初拉力，新安装的带在套装后需张紧；V 带运行一段时间后，会产生磨损和塑性变形，使带松弛，初拉力减小，V 带传动能力下降。为了保证带传动的传动能力，必须定期检查与重新张紧。常用的张紧方法有下述两种：

1. 调整中心距

图 9-10a 所示，通过调节螺钉 3，使电动机 1 在滑道 2 上移动，直到所需位置；如图 9-10b 所示，通过螺栓 2 使电动机 1 绕定轴 O 摆动将带张紧，也可依靠电动机和机架的自重使电动机摆动实现带的自动张紧，如图 9-10c 所示。

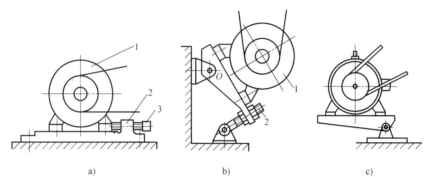

a)　　　　　　　　b)　　　　　　　　c)

图 9-10　调整中心距

2. 采用张紧轮

当中心距不能调节时，可采用张紧轮将带张紧，如图 9-11 所示。张紧轮一般放在松边内侧，使带只受到单向弯曲，并要靠近大轮，以保证小带轮有较大的包角，其直径宜小于小带轮直径。

二、带传动的安装和维护

1）安装 V 带时，先将中心距缩小后将带套入，然后慢慢调整中心距，直至张紧。

2）安装 V 带时，两带轮轴线应相互平行，各带轮相对应的轮槽的对称平面应重合，其误差不得超过 20′，如图 9-12 所示。

3）多根 V 带传动时，为避免各带受力不均，各带的配组公差应在同一档次。

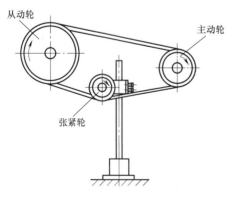

图 9-11　采用张紧轮

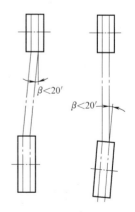

图 9-12　V 带轮的安装位置

4）为了避免各带受力不均匀，新旧带不能同时混合使用，更换时。要求全部同时更换。

5）定期对 V 带进行检查，以便及时调整中心距或更换 V 带。

6）为了保证安全，同时也防止油、酸、碱等对 V 带的腐蚀，带传动应加防护罩。

自测题与习题

一、自测题

1. 带传动中 V 带比平带传动能力大的主要原因是_____。

    A. 带的强度高 　　　　　　　　　　B. 没有接头

    C. 尺寸小 　　　　　　　　　　　　D. 接触面上的摩擦力大

2. 带传动中带轮轮槽角的大小有下列特点：_____。

    A. 小轮与大轮相同 　　　　　　　　B. 小轮比大轮大

    C. 小于 V 带楔角 　　　　　　　　　D. 等于 V 带楔角

3. V 带的型号确定后，限制小带轮最小直径的目的是_____。

    A. 防止带的弯曲应力过大 　　　　　B. 减小带的离心力

    C. 防止带的磨损 　　　　　　　　　D. 减小带的长度

4. 带传动工作时，产生弹性滑动是因为_____。

    A. 预紧力不够 　　　　　　　　　　B. 紧边和松边拉力不等

    C. 绕过带轮时有离心力 　　　　　　D. 带和带轮间摩擦力不够

5. 选择标准 V 带型号的主要依据是_____。

    A. 传递载荷和小轮转速 　　　　　　B. 计算功率和小轮转速

    C. 带的线速度 　　　　　　　　　　D. 带的圆周力

6. 某机床的 V 带传动中共有四根胶带，工作较长时间后，有一根产生疲劳撕裂而不能继续使用，则应_____。

    A. 更换已撕裂的那根 　　　　　　　B. 更换 2 根

    C. 更换 3 根 　　　　　　　　　　　D. 全部更换

二、习题

1. 与平带相比，普通 V 带传动有何特点？

2. 为什么常将带传动配置在传动装置的高速级？

3. 为什么普通 V 带轮的槽角小于普通 V 带的楔角？

4. 带传动的最大应力发生在何处？由哪几部分组成？

5. 弹性滑动和打滑是怎样产生的？对带传动各有什么影响？能否避免？

6. 试说明带传动设计中，如何确定下列参数：

1）带轮直径。

2）带速 v。

3）小带轮包角 α_1。

4）张紧力 F_0。

5）带的根数 Z。

6）传动比 i。

7. 带传动为什么要张紧？常用的张紧方法有哪些？

8. 新带和旧带为什么不能混用？

9. 某普通 V 带传动由电动机驱动，电动机转速 $n_1 = 1460 \text{r/min}$，传动比 $i = 3.5$，小带轮基准直径 $d_{d1} = 125 \text{mm}$，中心距 $a = 1000 \text{mm}$，传动用 3 根 B 型带，载荷平稳，两班制工作，试求此 V 带传动所能传递的功率。

10. 试设计一普通 V 带传动，已知：电动机功率 $P = 3 \text{kW}$，转速 $n_1 = 960 \text{r/min}$，传动比 $i = 2.5$，单班制工作，工作机有轻微冲击。

第十章 链 传 动

第一节 概 述

一、链传动的组成及类型

链传动是由主动链轮 1、从动链轮 2 和链条 3 等组成 (见图 10-1)。它是靠链条和链轮轮齿的啮合来传递平行轴间的运动和动力。

按用途的不同, 链传动分为传动链、起重链和牵引链。起重链和牵引链用于起重机械和运输机械。传动链主要用于一般机械传动。

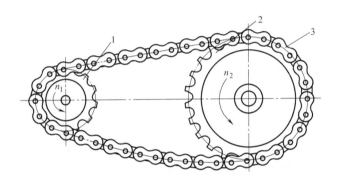

46. 链传动的组成

图 10-1　链传动的组成

根据结构的不同, 传动链又可分为滚子链、套筒链、齿形链和成形链, 分别如图 10-2 所示。

二、链传动的特点和应用

链传动主要有以下特点:

1) 由于是啮合传动, 链与链轮间没有滑动现象, 故能保证平均传动比不变。

2) 链传动不需要初拉力, 工作时对轴的作用力较小。

3) 可在高温、低温、多尘、油污、潮湿、泥沙等恶劣环境下工作。

4) 由于瞬时传动比不恒定, 传动平稳性较差, 有冲击和噪声, 且磨损后发生跳齿, 不宜用于高速和急速反向场合。

链传动适用于两平行轴线中心距较大、瞬时传动比无严格要求以及工作环境恶劣的场合, 广泛用于农业、采矿、冶金、石油化工及运输等各种机械中。目前, 链传动所能传递的功率可达 3600kW, 常用 $P \leqslant 100$kW 以下; 链速 v 可达 $30 \sim 40$m/s, 常用 $v \leqslant 15$m/s; 传动比最大可达 15, 一般 $i \leqslant 6$; 效率 $\eta = 0.94 \sim 0.97$; 中心距 $a \leqslant 6$m。

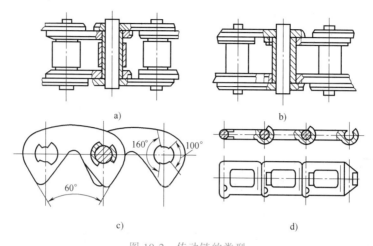

图 10-2 传动链的类型

a）滚子链   b）套筒链   c）齿形链   d）成形链

第二节   滚子链和链轮

阅读问题：

1. 为什么链节数应尽量取偶数？采用过渡链节有何缺点？

2. 滚子链的基本特性参数是什么？

3. 标准链轮的齿形有什么特征？

一、滚子链的结构和标准

滚子链有单排、双排和多排。单排滚子链的结构如图 10-3 所示，它由内链板 1、外链板 2、销轴 3、套筒 4、滚子 5 组成。

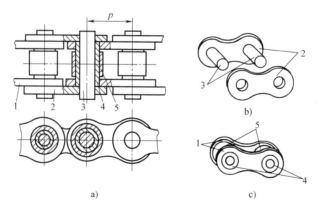

图 10-3 单排滚子链结构

a）滚子链构成   b）单排外链节   c）单排内链节

两片外链板与销轴采用过盈配合，构成外链节。两片内链板与套筒也构成过盈配合，构成内链节。销轴穿过套筒，将内、外链节连接成链条。套筒、销轴间为间隙配合，内、外链节可相对转动。滚子与套筒间也为间隙配合，当链与链轮啮合时，链轮齿面与滚子之间形成滚动摩擦，可减轻链条与链轮轮齿的磨损。链板制成 ∞ 字形，使链板各截面强度大致相等，并减轻重量。

滚子链的接头形式如图 10-4 所示。当链条的链节数为偶数时，内外链板正好相接，接头处用开口销或弹性锁片锁紧（图 10-4a、b），前者常用于大节距，后者一般用于小节距。当链条的链节数为奇数时，需要采用过渡链节（图 10-4c）。由于过渡链板是弯的，承载后其承受附加弯矩，使承载能力降低 20%，所以链节数尽量不用奇数。

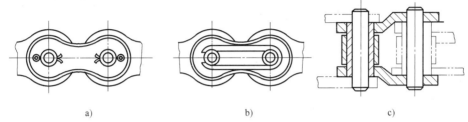

a) b) c)

图 10-4 滚子链的接头形式

a) 开口销 b) 弹性锁片 c) 过渡链节

滚子链上相邻两销轴中心间的距离称为节距，用 p 表示，它是链传动的基本特性参数。节距越大，链条各零件的尺寸越大，其承载能力也越大。因此，当传递的功率较大时，可采用多排链。图 10-5 所示为常用的双排链，排距用 p_t 表示。

多排链的承载能力与排数成正比。由于受到制造精度的影响，各排受力难以均匀，故排数不宜过多，一般不超过 4 排。

滚子链已标准化，它的基本参数与尺寸见表 10-1。

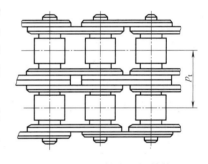

图 10-5 双排滚子链结构

表内的链号数乘以 25.4/16mm 即为节距值。链号中的后缀表示系列。其中 A 系列是我国滚子链的主体，供设计用，B 系列主要供维修用。

表 10-1 滚子链的基本参数与尺寸（摘自 GB/T 1243—2006）

链号	节距 p/mm	排距 p_t/mm	滚子直径 d_1/mm	内链节内宽 b_1/mm	销轴直径 d_2/mm	内链节外宽 b_2/mm	销轴长度 单排 b_4/mm	销轴长度 双排 b_5/mm	内链板高度 h_2/mm	极限拉伸载荷 Q_{min}/N 单排	极限拉伸载荷 Q_{min}/N 双排	单排质量 q/(kg/m)（概略值）
05B	8.00	5.64	5.00	3.00	2.31	4.77	8.6	14.3	7.11	4400	7800	0.18
06B	9.525	10.24	6.35	5.72	3.28	8.53	13.5	23.8	8.26	8900	16900	0.40
08B	12.7	13.92	8.51	7.75	4.45	11.30	17.0	31.0	11.81	17800	31100	0.70
08A	12.7	14.38	7.92	7.85	3.98	11.17	17.8	32.3	12.07	13800	27800	0.6
10A	15.875	18.11	10.16	9.40	5.09	13.84	21.8	39.9	15.09	21800	43600	1.0
12A	19.05	22.78	11.91	12.57	5.96	17.75	26.9	49.8	18.1	31300	62600	1.5
16A	25.4	29.29	15.88	15.75	7.94	22.60	33.5	62.7	24.13	55600	111200	2.6
20A	31.75	35.76	19.05	18.90	9.54	27.45	41.1	77	30.17	87000	174000	3.8

（续）

链号	节距 p/mm	排距 p_t/mm	滚子直径 d_1/mm	内链节内宽 b_1/mm	销轴直径 d_2/mm	内链节外宽 b_2/mm	销轴长度 单排 b_4/mm	销轴长度 双排 b_5/mm	内链板高度 h_2/mm	极限拉伸载荷 Q_{min}/N 单排	极限拉伸载荷 Q_{min}/N 双排	单排质量 q/(kg/m)（概略值）
24A	38.10	45.44	22.23	25.22	11.11	35.45	50.8	96.3	36.20	125000	250000	5.6
28A	44.45	48.87	25.4	25.22	12.71	37.18	54.9	103.6	42.23	170000	340000	7.5
32A	50.8	58.55	28.58	31.55	14.29	45.21	65.5	124.2	48.26	223000	446000	10.1
40A	63.5	71.55	39.68	37.85	19.55	54.88	80.3	151.9	60.33	347000	694000	16.1
48A	76.2	87.83	47.63	47.35	23.81	67.81	95.5	183.4	72.39	500000	1000000	22.6

注：使用过渡链节时，其极限拉伸载荷按表列数值80%计算。

二、滚子链链轮

滚子链链轮是链传动的主要零件。链轮齿形应保证链条能平稳而顺利地进入和退出啮合，受力均匀，不易脱链，并便于加工。

链轮的齿形有国家标准。GB/T 1243—2006规定了滚子链链轮的端面齿槽形状，如图10-6所示，即为三圆弧（dc、ba、aa'）和一直线（$\overline{cb}$）齿形。

当链轮采用标准齿形时，在链轮零件图上不必绘制其端面齿形，只需注明链轮的基本参数和主要尺寸，并注明"齿形按 GB/T 1243—2006 规定制造"即可。

链轮的主要尺寸及计算公式见表10-2。链轮的轴向齿廓可查表10-3。

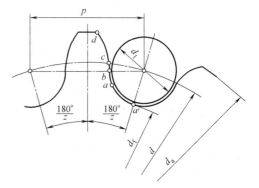

图 10-6　链轮端面齿形

链轮的结构与链轮的直径有关。小直径可制成实心式（图10-7a）；中等直径的可制成孔板式（图10-7b），大直径时常采用齿圈可更换的组合式（图10-7c）或焊接式结构（图10-7d）。

表 10-2　滚子链链轮主要尺寸及计算公式

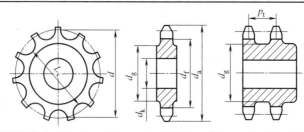

名称	符号	公式	说明
分度圆直径	d	$d = \dfrac{p}{\sin(180°/z)}$	
齿顶圆直径	d_a	$d_{amax} = d + 1.25p - d_1$ $d_{amin} = d + \left(1 - \dfrac{1.6}{z}\right)p - d_1$	可在 d_{amax} 与 d_{amin} 范围内选取。但当选用 d_{amax} 时，应注意用展法加工时，d_a 要取整数
分度圆弦齿高	h_a	$h_{amax} = \left(0.625 + \dfrac{0.8}{z}\right)p - 0.5d_1$ $h_{amin} = 0.5(p - d_1)$	h_a 是为简化放大齿形图的绘制而引入的辅助尺寸。h_{amax} 相应于 d_{amax}，h_{amin} 相应于 d_{amin}

（续）

名　称	符号	公　式	说　明
齿根圆直径	d_f	$d_f = d - d_1$	
最大齿根距离	L_x	奇数齿：$L_x = d\cos\dfrac{90°}{z} - d_1$ 偶数齿：$L_x = d_f = d - d_1$	
最大齿侧凸缘（或排间槽）直径	d_g	$d_g = p\cot\dfrac{180°}{z} - 1.04h_2 - 0.76\text{mm}$	h_2—内链板高度；d_g 要取为整数

表 10-3　轴向齿廓（摘自 GB/T 1243—2006）

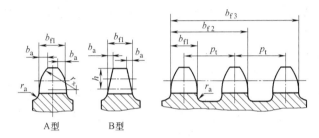

A型　　　　B型

名　称		计　算　公　式	
		$p \leqslant 12.7\text{mm}$	$p > 12.7\text{mm}$
齿宽 b_{f1}	单排	$0.93b_1$	$0.95b_1$
	双排、三排	$0.91b_1$	$0.93b_1$
	四排以上	$0.88b_1$	
齿边倒角宽 b_a		$b_a = 0.13p$	
齿侧半径 r_x		$r_x = p$	
倒角深 h		$h = 0.5p$	
齿侧凸缘（或排间槽）圆角半径 r_a		$r_a \approx 0.04p$	
链轮齿全宽 b_{fm}		$b_{fm} = (m-1)p_t + b_{f1}$（$m$ 为排数）	

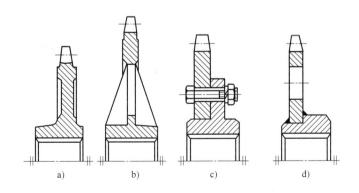

a)　　　　b)　　　　c)　　　　d)

图 10-7　链轮的结构

a) 实心式　b) 孔板式　c) 组合式　d) 焊接式

第三节 滚子链传动的设计

阅读问题：

1. 链传动的失效形式有哪些？脱链主要是因什么失效引起的？

2. 链传动设计时，确定滚子链型号的基本步骤是怎样的？

3. 链传动布置有哪些要求？

一、链传动的失效形式

（1）链板的疲劳破坏　在传动中，由于松、紧边拉力不同，使得滚子链各元件都受变应力作用。经过一定循环次数后，链板将出现疲劳破坏。在正常润滑条件下，链板疲劳强度是决定链传动承载能力的主要因素。

（2）滚子和套筒的冲击破坏　经常起动、反转、制动会使链传动产生较大的惯性冲击，使销轴、套筒、滚子产生冲击疲劳破坏。

（3）铰链的磨损　链传动时，相邻链节间要发生相对转动，因而使销轴与套筒、套筒与滚子间发生摩擦，引起磨损，而磨损后会使链节距变大，极易引起跳齿或脱链。

（4）销轴与套筒的胶合　在高速、重载时，链条所受冲击载荷、振动较大，销轴与套筒接触表面难以维持连续的油膜，导致摩擦严重而产生高温，易发生胶合。

（5）链条的过载拉断　低速、重载，链条会因静强度不足而被拉断。

二、额定功率曲线

链传动的不同失效形式限定了传动的承载能力。在特定的实验条件下（小链轮齿数 $z_1 = 19$、链节数 $L_p = 100$），并根据理论计算可求得链传动不发生失效时所能传递的额定功率 P_0。为便于应用，将它绘制成额定功率曲线。图 10-8 所示为 A 系列滚子链的额定功率曲线。当传动工作在额定功率曲线的凸峰左侧时，其失效形式为链板疲劳；当传动工作在额定功率曲线的凸峰右侧时，其失效形式为滚子、套筒的冲击疲劳。

三、滚子链传动的设计计算

1. 链传动的平均速度及传动比

1）平均速度。链轮转动一周，链条转过的长度为 zp，则链的平均速度为

$$v_{av} = \frac{z_1 p n_1}{60 \times 1000} = \frac{z_2 p n_2}{60 \times 1000} \tag{10-1}$$

式中，v_{av} 为平均链速，单位为 m/s；z_1，z_2 分别为主动链轮和从动链轮的齿数；n_1，n_2 主动链轮和从动链轮的转速，单位为 r/min；p 为节距，单位为 mm。

2）链传动的平均传动比

$$i_{av} = n_1 / n_2 = z_2 / z_1 \tag{10-2}$$

2. 功率计算

1）当 $v \geq 0.6\text{m/s}$ 时，链传动能传递的功率为

$$K_A P \leq P_0 K_z K_L K_m$$
$$P \leq P_0 K_z K_L K_m / K_A \tag{10-3}$$

式中，P 为链传动所能传递的功率，单位为 kW；P_0 为特定条件下单排链传递的额定功率，

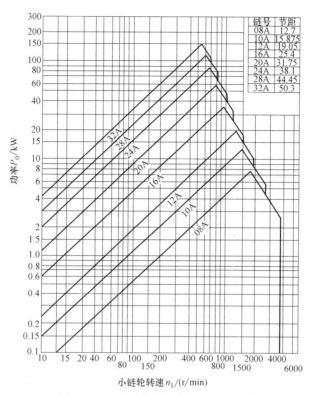

链号	节距
08A	12.7
10A	15.875
12A	19.05
16A	25.4
20A	31.75
24A	38.1
28A	44.45
32A	50.3

图 10-8　A 系列滚子链的额定功率曲线

单位为 kW；K_z 为小链轮齿数因数，查表 10-4，当传动工作在额定功率曲线的凸峰右侧时查 K_z'；K_L 为链长因数，查表 10-5，当传动工作在额定功率曲线的凸峰右侧时查 K_L'；K_m 为多排链因数，查表 10-6；K_A 为工况因数，查表 10-7。

表 10-4　小链轮齿数因数 K_z

z_1	17	19	21	23	25	27	29	31	33	35
K_z	0.887	1.00	1.11	1.23	1.34	1.46	1.58	1.70	1.82	1.93
K_z'	0.846	1.00	1.16	1.33	1.51	1.69	1.89	2.08	2.29	2.50

表 10-5　链长因数 K_L

链节数 L_p	50	60	70	80	90	100	110	120	130	140	150	180	200	220
K_L	0.835	0.87	0.92	0.945	0.97	1.00	1.03	1.055	1.07	1.10	1.135	1.175	1.215	1.265
K_L'	0.70	0.76	0.83	0.90	0.95	1.00	1.055	1.10	1.15	1.175	1.26	1.34	1.415	1.50

注：L_p 为其他数值时，用插值法求 K_L 和 K_L'。

表 10-6　多排链因数 K_m

排数	1	2	3	4
K_m	1.0	1.7	2.5	3.3

表 10-7　工况因数 K_A

载荷种类	原　动　机	
	电动机或汽轮机	内燃机
载荷平稳	1.0	1.2
中等冲击	1.3	1.4
较大冲击	1.5	1.7

设计时，先计算出所需的额定功率 P_0

$$P_0 = K_A P / (K_z K_L K_m) \qquad (10\text{-}4)$$

再根据 P_0 和小链轮的转速 n_1，查图 10-8 确定滚子链的型号。

2）当 $v<0.6\text{m/s}$ 时，为低速链传动，因其主要失效形式是链条的静力拉断，故应按静强度校核。根据已知条件，可参考图 10-8 初选链号，然后校核链的静强度安全因数 S，其计算公式为

$$S = Qm/(K_\text{A}F) \geqslant [S] \tag{10-5}$$

式中，S 为安全因数；Q 为单排链的极限拉伸载荷，单位为 N；m 为链条排数；K_A 为工况因数；F 为链的工作拉力，单位为 N；$[S]$ 为静强度安全系数许用值，取 $[S]=4\sim8$。

3. 链传动主要参数的选择

1）传动比 i。通常链传动的传动比 $i\leqslant7$，推荐 $i=2\sim3.5$。

2）齿数 z_1、z_2。选择时可参照表 10-8。

表 10-8　小链轮齿数推荐值

链速 $v/(\text{m/s})$	<0.6	0.6~3	3~8	>8
齿数 z_1	$\geqslant13\sim14$	$>15\sim17$	$\geqslant19\sim21$	$\geqslant23$

4. 中心距 a 和链节数 L_p

一般取中心距 $a_0=(30\sim50)p$，推荐 $a_0=40p$，最大中心距 $a_{\max}=80p$。链条的长度常用链节数 L_p 表示，链条总长为 $L=pL_\text{p}$

$$L_\text{p} = 2\frac{a_0}{p} + \frac{z_1+z_2}{2} + \left(\frac{z_2-z_1}{2\pi}\right)^2 \frac{p}{a_0} \tag{10-6}$$

计算出的 L_p 应圆整成相近的偶数。

由 L_p 计算理论中心距 a：

$$a = \frac{p}{4}\left[\left(L_\text{p}-\frac{z_1+z_2}{2}\right) + \sqrt{\left(L_\text{p}-\frac{z_1+z_2}{2}\right)^2 + 8\left(\frac{z_2-z_1}{2\pi}\right)^2}\right] \tag{10-7}$$

链的实际中心距 a' 为：$a'=a-\Delta a$；通常 $\Delta a=(0.002\sim0.004)a$。

一般机械设计手册都备有介绍链传动的设计方法、步骤和实例等资料，设计时可参照手册。

四、链传动的布置

链传动的布置是否合理，对传动的工作能力及使用寿命都有较大影响，布置时应注意：

1）两轮轴线应布置在同一水平面内（图 10-9a），或两轮中心线与水平面成 45°以下的

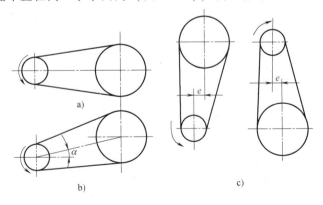

图 10-9　链传动的布置

倾斜角（图 10-9b）。

2）应尽量避免垂直传动，不得已时使上、下链轮左右偏离一段距离 e（图 10-9c）。

3）紧边放在上边，避免松边在上边时链条下垂而出现咬链现象。

自测题与习题

一、自测题

1. 与带传动相比，链传动的主要特点之一是 _____。

   A. 缓冲减振   B. 无需大的初拉力

   C. 工作平稳无噪声   D. 过载保护

2. 链号为 16A 的滚子链，节距为 _____。

   A. 12.7mm   B. 19.05mm   C. 25.4mm   D. 31.75mm

3. 在滚子链中尽量避免使用过渡链节的主要原因是 _____。

   A. 过渡链节制造困难   B. 装配较困难

   C. 要使用较长的销轴   D. 弯链板要承受附加弯矩

4. 链条的链节数宜选择 _____。

   A. 偶数   B. 奇数

   C. 5 的倍数   D. 链轮齿数的倍数

5. 当载荷大、速度高时，链传动宜选择小节距的多排链，但一般不多于 4 排，其原因是 _____。

   A. 安装困难   B. 滚子容易产生点蚀

   C. 各排链受力不均匀   D. 链板会产生疲劳破坏

6. 在正常润滑的条件下，决定链传动能力的主要因素是 _____。

   A. 链板的疲劳强度   B. 销轴与套筒的抗胶合能力

   C. 链条的静力强度   D. 滚子和套筒的冲击疲劳强度

二、习题

1. 链传动与带传动相比有哪些特点？

2. 为什么一般情况下链传动的瞬时传动比不是恒定的？

3. 为什么链节节数常取偶数，而链轮齿数取奇数？

4. 试设计螺旋输送机中的滚子链传动。已知：$P = 5.5$kW，转速 $n_1 = 970$r/min，传动比 $i = 2.5$，按推荐方式润滑，工作载荷平稳，中心距可调。

第十一章 联 接

曾有传言，中国高铁上必须使用日本生产的"永不松动"螺母才能安全运营。事实上，我国有多项性能优异的螺纹防松紧固件。早在 2002 年青藏铁路建设中就应用了自主发明的螺纹新型防松结构，实现了轨道紧固件常年免维护。依靠螺母与垫片上的吻合结构实现自紧，自紧能力强大且具备防震能力，比日本螺母防松性能更好。现在国内有少量机车还在使用日本螺母，是因为早期与日本企业合作引进的原因，并非不可替代。本章介绍几种常用的联接方法。

由于使用、制造、装配、维修及运输等原因，机器中有相当多的零件需要彼此联接。起联接作用的零件，如螺栓、螺母、键以及铆钉等，称为联接件；需要联接起来的零件，如齿轮与轴、箱盖与箱体等，称为被联接件。有些联接没有联接件，如成形联接等。

联接可以分可拆联接和不可拆联接。可拆联接是指联接拆开时，不会损坏联接件和被联接件，如螺纹联接、键联接、花键联接、成形联接和销联接等。不可拆联接是指联接拆开时，会损坏联接件或被联接件，如铆接、焊接和粘接等。机械联接还可分为动联接和静联接。在机器工作时，被联接零件间可以有相对运动的称为动联接，如各种运动副、变速器中滑移齿轮的联接。反之，称为静联接，如减速器中箱体与箱盖的联接。

第一节 键 联 接

阅读问题：

1. 键联接的类型有哪些？其特点与应用场合是什么？

2. 为什么说平键联接的对中性要比楔键、切向键好？

3. 平键的类型及尺寸怎么选？

4. 平键联接强度计算的内容有哪些？如何提高联接的承载能力？

试一试：用于静联接的平键联接在不改变键截面尺寸 $b \times h$ 的情况下，能用于相同载荷的动联接吗？

键联接主要用于轴与轴上零件（如齿轮、带轮）之间的周向固定，用以传递转矩，其中有的键联接也兼有轴向固定或轴向导向的作用。键是标准件，它可以分为平键、半圆键、楔键和切向键等几类。平键联接和半圆键联结构成松键联接，楔键和切向键联接构成紧键联接。

一、松键联接

松键联接依靠两侧面传递转矩。键的上表面与轮毂键槽底面有间隙（图 11-1），不影响轴与轮毂的同心精度，装拆方便。

1. 平键联接

如图 11-1a 所示，这种平键联接结构简单，装拆方便，对中性好，应用最广泛。但它不能承受轴向力，故对轴上零件不能起到轴向固定作用。按用途不同，平键可以分为普通平键、导向平键和滑键三种。普通平键用于静联接，导向平键和滑键用于动联接。

（1）普通平键 这种键应用最广。按键的端部形状可分为圆头（A 型）、方头（B 型）和单圆头（C 型）三种，如图 11-1b、c、d 所示。平键联接和键槽尺寸见表 11-1。

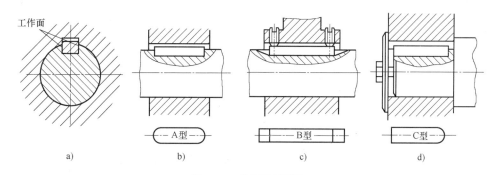

图 11-1　普通平键联接

a）平键联接　b）圆头　c）方头　d）单圆头

表 11-1　平键联接和键槽的尺寸（GB/T 1095—2003、GB/T 1096—2003）

（单位：mm）

轴	键	键 槽										
		宽 度 *b*					深 度				半径 *r*	
公称直径 *d*（参考值）	公称尺寸 *b×h*	公称尺寸 *b*	极 限 偏 差					轴 t_1		毂 t_2		
			松联接		正常联接		紧密联接					
			轴 H9	毂 D10	轴 N9	毂 JS9	轴和毂 P9	公称尺寸	极限偏差	公称尺寸	极限偏差	最小	最大
自 6~8	2×2	2	+0.025 0	+0.060 +0.020	-0.004 -0.029	±0.0125	-0.006 -0.031	1.2	+0.10 0	1	+0.10 0	0.08	0.16
>8~10	3×3	3						1.8		1.4			
>10~12	4×4	4	+0.030 0	+0.078 0.030	0 -0.030	±0.015	-0.012 -0.042	2.5		1.8		0.16	0.25
>12~17	5×5	5						3.0		2.3			
>17~22	6×6	6						3.5		2.8			
>22~30	8×7	8	+0.036 0	+0.098 +0.040	0 -0.036	±0.018	-0.015 -0.051	4.0		3.3		0.25	0.40
>30~38	10×8	10						5.0		3.3			
>38~44	12×8	12	+0.043 0	+0.120 +0.050	0 -0.043	±0.0215	-0.018 -0.061	5.0	+0.20 0	3.3	+0.20 0		
>44~50	14×9	14						5.5		3.8			
>50~58	16×10	16						6.0		4.3			
>58~65	18×11	18						7.0		4.4			
>65×75	20×12	20	+0.052 0	+0.149 +0.065	0 -0.052	±0.026	-0.022 -0.074	7.5		4.9		0.40	0.60
>75~85	22×14	22						9.0		5.4			
>85~95	25×14	25						9.0		5.4			
>95~110	28×16	28						10.0		6.4			
键的长度系列	6,8,10,12,14,16,18,20,22,25,28,32,36,40,45,50,56,63,70,80,90,100,110,125,140,160,180,200,220,250,280,320												

注：1. 在工作图中，轴槽深用 t_1 或（$d-t_1$）标注，轮毂槽深用（$d+t_2$）标注。

2.（$d-t_1$）和（$d+t_2$）两组组合尺寸的极限偏差按相应的 t_1 和 t_2 极限偏差选取，但（$d-t_1$）极限偏差值应取负号（-）。

采用圆头平键时，轴上的键槽采用端铣刀在立式铣床上加工（图 11-2a），键在轴上的键槽中固定良好，但轴上键槽端部的应力集中较大。采用方头平键时，轴上键槽采用圆盘铣刀加工（图 11-2b），键槽两端的应力集中较小，但键在轴上的轴向固定不好；当键的尺寸较大时，需用紧定螺钉把键压紧在轴上的键槽中（图 11-1c）。单圆头平键常用于轴端与轮毂的联接。轮毂上的键槽一般用插刀或拉刀加工，因此都是开通的。

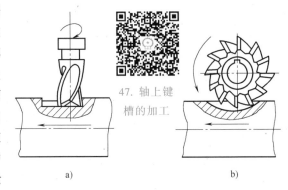

47. 轴上键槽的加工

图 11-2　轴上键槽的加工
a）端铣刀加工　b）圆盘铣刀加工

（2）导向平键　导向平键是一种较长的平键，用螺钉固定在轴槽中，为了便于拆装，在键上制有起键螺钉孔（图 11-3a）。键与轮毂采用间隙配合，轮毂可沿键做轴向滑移。常用于变速器中的滑移齿轮与轴的联接。

（3）滑键　当轴上滑移距离较大时（如台钻主轴与带轮的联接等），因为滑移距离较大时，用过长的平键，制造困难。滑键（图 11-3b）固定在轮毂上，轮毂带动滑键在轴槽中做轴向移动，因而需要在轴上加工长的键槽。

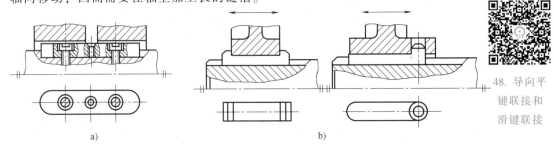

48. 导向平键联接和滑键联接

图 11-3　导向平键联接和滑键联接
a）导向平键联接　b）滑键联接

2. 半圆键联接

如图 11-4 所示，半圆键用于静联接，它靠键的两个侧面传递转矩。轴上键槽用半径与键相同的盘状铣刀铣出，因而键在轴槽中能绕其几何中心摆动，以适应轮毂槽由于加工误差所造成的斜度。半圆键联接的优点是轴槽的加工工艺性较好，装配方便，缺点是轴上键槽较深，对轴的强度削弱较大。一般只宜用于轻载，尤其适用于锥形轴端的联接。标准为 GB/T 1098—2003。

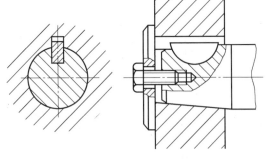

二、紧键联接

1. 楔键联接

图 11-4　半圆键联接

楔键联结用于静联接，如图 11-5 所示。楔键的上表面和与它配合的轮毂槽底面均有 1∶100 的斜度。装配后，键的上、下表面与毂和轴上键槽的底面压紧，因此键的上下表面为工作面，键的两侧面与键槽都留有间隙。工作时，靠键楔紧的摩擦力来传递转矩，同时还能承受单向轴向载荷。这类键由于装配楔紧时破坏了轴与轮毂的对中性；另外，在冲击、振动和承受变载荷时易产生松动。因此楔键联结仅适用于对传动精度要求不高、低速和载荷平稳的场合。

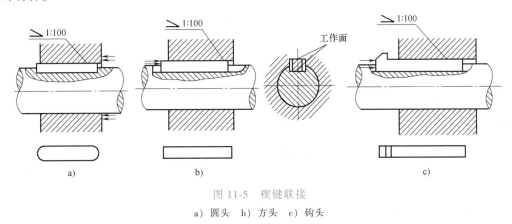

图 11-5　楔键联接

a）圆头　b）方头　c）钩头

楔键分普通楔键和钩头型楔键，普通楔键又分圆头和方头两类。钩头楔键便于拆装，用于轴端时，为了安全，应加防护罩。

2. 切向键联接

切向键是由一对普通楔键组成，如图 11-6a 所示。装配后两键的斜面相互贴合，共同楔紧在轴毂和轴之间，键的上下两平行窄面是工作面，依靠其与轴和轮毂的挤压传递单向转矩，如图 11-6b 所示。当要传递双向转矩时，须用两对互成 120°~130° 的切向键（图 11-6c）。切向键联接主要用于轴径大于 100mm，对中性要求不高而载荷很大的重型机械，如矿山机械。

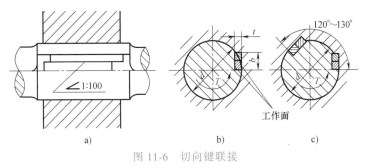

图 11-6　切向键联接

三、平键联接的选用和强度计算

（一）键的选择

（1）键的类型选择　选择键的类型应考虑以下一些因素：对中性要求，传递转矩的大小，轮毂是否需要沿轴向滑移及滑移距离大小，键在轴的中部或端部等。

（2）键的尺寸选择　平键的主要尺寸为键宽 b、键高 h 和键长 L。设计时，根据轴的直径从标准中（表 11-1）选取平键的宽度 b 和高度 h；键长 L 略短于轮毂的宽度（一般比轮毂宽度短 5~10mm），并符合标准中规定的长度系列。

（二）平键的强度校核

平键联接工作时的受力情况如图 11-7 所示，键受到剪切和挤压的作用。实践证明，标准平键联接，其主要失效形式是键、轴和轮毂中强度较弱的工作表面被压溃（对静联接）或磨损（对动联接）。因此，通常只需校核挤压强度（对静联接）或压强（对动联接）。

设载荷沿键长均匀分布，则挤压强度条件为

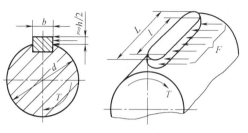

图 11-7　平键联接的受力分析

$$\sigma_{\mathrm{p}} = \frac{4T}{dhl} \leqslant [\sigma_{\mathrm{p}}] \qquad (11\text{-}1)$$

式中，T 为传递的转矩，单位为 N·mm；d 为轴的直径，单位为 mm；h 为键的高度，单位为 mm；l 为轴向工作长度，对 A 型键：$l = L - b$，对 B 型键：$l = L$，对 C 型键：$l = L - \dfrac{b}{2}$，单位为 mm；$[\sigma_{\mathrm{p}}]$ 为较弱材料的许用挤压应力，单位为 MPa，其值查表 11-2，对动联结则以压强 p 和许用压强 $[p]$ 代替式中的 σ_{p} 和 $[\sigma_{\mathrm{p}}]$。

表 11-2　键联接的许用应力　　　　　　　　　　（单位：MPa）

许用应力	联接工作方式	键或毂、轴的材料	载 荷 性 质		
			静 载 荷	轻 微 冲 击	冲　　击
$[\sigma_{\mathrm{p}}]$	静联接	钢	120~150	100~120	60~90
		铸铁	70~80	50~60	30~45
$[p]$	动联接	钢	50	40	30

注：如与键有相对滑动的被联接件表面经过淬火，则动联接的许用压强 $[p]$ 可提高 2~3 倍。

如校核结果联接的强度不够，则可采取以下措施：

1）适当增加轮毂和键的长度，但键长不宜超过 $2.5d$。

2）用两个键按相隔 180° 布置，考虑到载荷在两个键上分布的不均匀性，强度计算时，只按 1.5 个键计算。

第二节　花　键　联　接

阅读问题：

1. 花键的结构与平键有何不同？其特点、应用场合是什么？

2. 花键联接有哪些类型？哪种类型的花键最常用？

在轴上加工出多个键齿称为外花键，在轮毂孔上加工出多个键槽称为内花键，二者组成的联接称为花键联接，如图 11-8 所示，花键齿的侧面为工作面，靠轴与毂的齿侧面的挤压传递转矩。由于多键传递载荷，所以它比平键联接的承载能力高，对中性和导向性好；由于键槽浅，齿根应力集中小，故对轴的强度削弱小。一般用于定心精度要求高和载荷大的静联接和动联接，如汽车、飞机和机床等都广泛地应用花键联接。但花键联接的制造需要专用设备，故成本较高。

花键已标准化，常用花键按其齿形分为矩形花键和渐开线花键两类。

1. 矩形花键

矩形花键如图 11-9 所示,键的剖面形状为矩形,加工方便,标准规定,用热处理后磨削过的小径定心,即外花键和内花键的小径为配合面。它的定心精度高,稳定性好,因此应用广泛。

2. 渐开线花键

渐开线花键的齿廓为渐开线,如图 11-10 所示。它可用制造齿轮的方法加工,工艺性较好,制造精度也较高。与矩形花

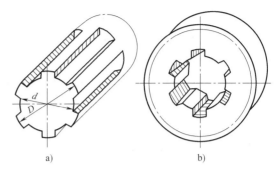

图 11-8 外花键和内花键

a) 外花键 b) 内花键

键相比,渐开线花键的根部较厚,应力集中小,承载能力大;渐开线花键的定心方式为齿形定心,它具有自动对中作用,并有利于各键的均匀受力;但加工小尺寸的渐开线内花键的拉刀制造复杂,成本较高。因此,它适用于载荷较大、定心精度要求较高和尺寸较大的联接。渐开线花键的标准压力角为 30° 和 45°。

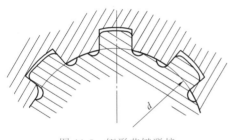

图 11-9 矩形花键联接

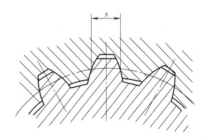

图 11-10 渐开线花键联接

第三节 销 联 接

阅读问题:

1. 销联接的主要用途有哪些?

2. 常用的销有哪几种? 各用于何种场合?

销联接通常用来固定零件间的相互位置 (图 11-11a),它是组合加工和装配时的重要辅助结构 (图 11-11b);同时也可用于轴与轮毂的联接,以传递不大的载荷 (图 11-11c),还

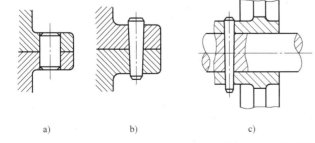

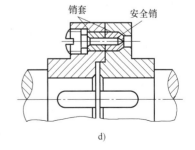

图 11-11 销联接

可以作为安全装置中的过载剪断元件（图 11-11d）。

销为标准件，其材料根据用途可选用 35、45 钢。按销形状的不同，可分为圆柱销、圆锥销、开口销、异形销等。圆柱销利用微量过盈固定在铰制孔中，多次拆装后定位精度和联接紧固性会下降；圆锥销具有 1：50 的锥度，小头直径为标准值（图 11-12a）。圆锥销安装方便，且多次装拆对定位精度的影响也不大，应用较广。为确保销安装后不致松脱，圆锥销的尾端可制成开口的，如图 11-12b 所示的开尾圆锥销。为方便销的拆卸，圆锥销的上端也可做成带内、外螺纹的，如图 11-12c、d 所示。开口销（图 11-13）常用低碳钢丝制成，是一种防松零件。

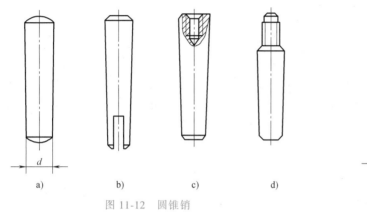

图 11-12　圆锥销

图 11-13　开口销

第四节　螺 纹 联 接

阅读问题：
1. 螺纹联接的类型有哪些？各适合于哪些场合？
2. 螺纹联接为什么要防松？具体方法有哪些？
3. 螺纹联接的强度计算可分几种情况？
4. 螺栓性能等级标记的含义是什么？
5. 螺纹危险截面直径一般是指何处的直径？

螺纹联接是利用螺纹零件构成的可拆联接，其结构简单，装拆方便，成本低，广泛用于各类机械设备中。

联接螺纹采用自锁性好的普通螺纹。最常用的普通螺纹，其牙型角 $\alpha = 60°$，根据螺距不同有粗牙和细牙之分。一般联接采用粗牙螺纹，因细牙螺纹经常拆装容易产生滑牙。但细牙螺纹螺距小，小径和中径较大，升角小，自锁性好，所以细牙螺纹多用于强度要求较高的薄壁零件或受变载、冲击及振动的联接中。例如，轴上固定零件的圆螺母即为细牙螺纹。

一、螺纹联接基本类型、结构尺寸应用

螺纹联接的主要类型有螺栓联接、双头螺柱联接、螺钉联接以及紧定螺钉联接。它们的基本类型、特点和应用见表 11-3。

表 11-3　螺纹联接的基本类型、特点及应用

类型	构　造	主 要 尺 寸 关 系	特点、应用
螺栓联接	普通螺栓联接 	螺纹余量长度 l_1 　普通螺栓联接 　静载荷 $l_1 \geqslant (0.3 \sim 0.5)d$ 　变载荷 $l_1 \geqslant 0.75d$ 　冲击、弯曲载荷 $l_1 \geqslant d$	被联接件无需切制螺纹,使用不受被联接件材料的限制。结构简单,装拆方便,成本低,应用广泛。用于通孔,能从被联接件两边进行装配的场合
螺栓联接	铰制孔螺栓联接 	铰制孔用螺栓联接 l_1 尽可能小 螺纹伸出长度 $l_2 \approx (0.2 \sim 0.3)d$ 螺栓轴线到被联接件边缘的距离 $e = d + (3 \sim 6)\,\mathrm{mm}$	螺杆与孔之间紧密配合。用螺杆承受横向载荷或固定被联接件的相互位置。工作时,螺栓一般受剪切力,故也常称为受剪螺栓联接
双头螺柱联接		螺纹旋入深度 l_3,当螺纹孔零件为: 　钢或青铜 $l_3 \approx d$ 　铸铁 $l_3 \approx (1.25 \sim 1.5)d$ 　铝合金 $l_3 \approx (1.5 \sim 2.5)d$ 螺纹孔深度 $l_4 \approx l_3 + (2 \sim 2.5)P$ 钻孔深度 $l_5 \approx l_4 + (0.5 \sim 1)d$ l_1、l_2、e 同上	双头螺柱的两端都有螺纹,其中一端旋紧在一被联接件的螺孔中内;另一端则穿过另一被联接件的孔,与螺母旋合而将两被联接件联接。常用于被联接件之一太厚,结构要求紧凑或经常拆卸的场合
螺钉联接		l_1、l_3、l_4、l_5、e 同上	不用螺母,而且能有光整的外露表面。应用与双头螺柱相似,但不宜用于经常拆卸的联接,以免损坏被联接件的螺孔
紧定螺钉联接		$d \approx (0.2 \sim 0.3)d_g$ 转矩大时取大值	旋入被联接件之一的螺纹孔中,其末端顶住另一被联接件的表面或顶入相应的坑中,以固定两个零件的相互位置,并可传递不大的力或转矩

二、螺纹联接件

螺纹联接件的类型很多，其中常用的有螺栓、双头螺柱、螺钉、紧定螺钉、螺母、垫圈以及防松零件等。其结构形式和尺寸均已标准化。它们的公称尺寸均为螺纹的大径，设计时可根据标准选用。其常用类型、结构特点及应用见表 11-4。

三、螺纹联接件的防松装置

联接螺纹都能满足自锁条件，且螺母和螺栓头部支承面处的摩擦也能起防松作用，故在静载荷下，螺纹联接不会自动松脱。但在冲击、振动或变载荷的作用下，或当温度变化很大时，螺纹副间的摩擦力可能减小或瞬时消失。这种现象多次重复，联接就会松开，影响联接的牢固和紧密，甚至会引起严重事故。因此在设计螺纹联接时，必须考虑防松措施。防松的根本问题是防止螺母和螺栓的相对转动，防松方法很多，常用的防松方法见表 11-5。

表 11-4　常用标准螺纹联接件类型、结构特点及应用

类　型	图　　　例	结构特点及应用
六角头螺栓		螺栓精度分 A、B、C 三级，通常多用 C 级。杆部可以是全螺纹或一段螺纹
双头螺柱		两端均有螺纹，两端螺纹可以相同或不同。有 A 型和 B 型两种结构。一端拧入厚度大不便穿透的被联接件，另一端用螺母
螺钉		头部形状有圆头、扁圆头、六角头、圆柱头和沉头等。起子槽有一字槽、十字槽、内六角孔等。十字槽强度高，便于用机动工具。内六角可代替普通六角头螺栓，用于要求结构紧凑的地方

（续）

类　型	图　　　例	结构特点及应用
紧定螺钉	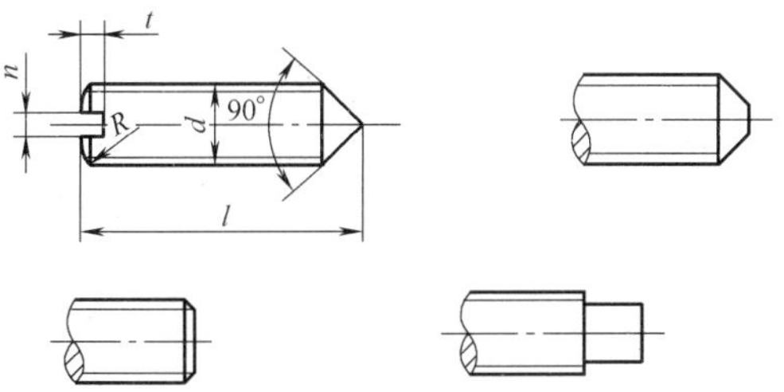	紧定螺钉的末端形状,常用的有锥端、平端和圆柱端,锥端适用于被紧定零件的表面硬度较低或不经常拆卸的场合;平端接触面积大,不伤零件表面。常用于顶紧硬度较大的平面或经常拆卸的场合;圆柱端压入轴上的凹坑中,适用于紧定空心轴上的零件位置
六角螺母	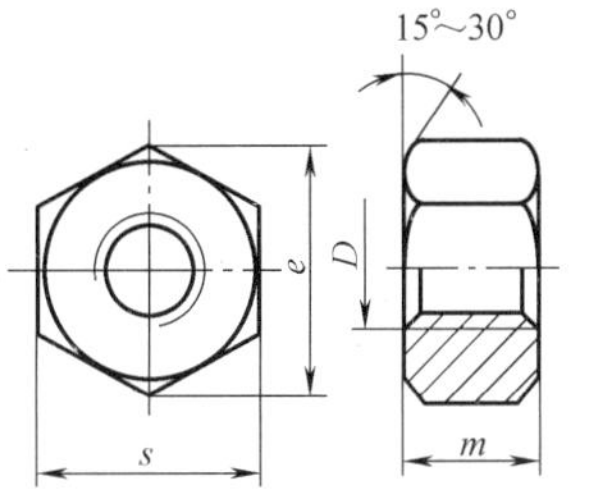	根据螺母厚度不同,分为标准的和薄的两种。薄螺母常用于受剪力的螺栓上或空间尺寸受限制的场合。螺母的制造精度和螺栓相同,分为 A、B、C 三级,分别与相同级别的螺栓配用
圆螺母	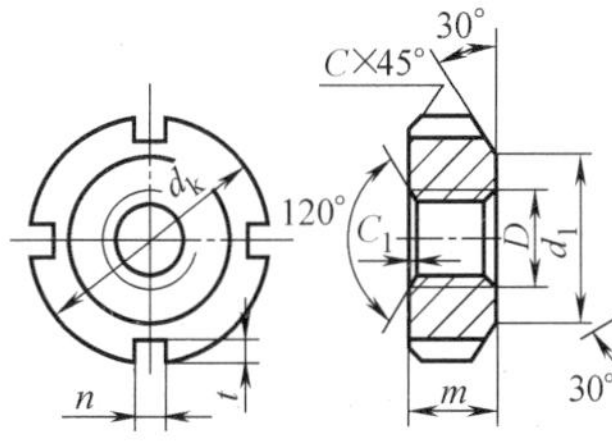 圆螺母 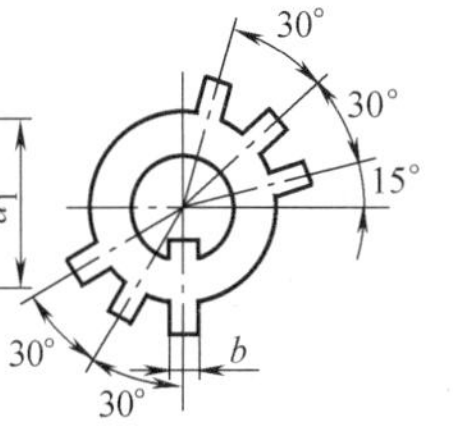　　　止动片	圆螺母常与止退垫圈配用,装配时将垫圈内舌插入轴上的槽内,而将垫圈的外舌嵌入圆螺母的槽内,螺母即被锁紧。常作为滚动轴承的轴向固定用
垫圈	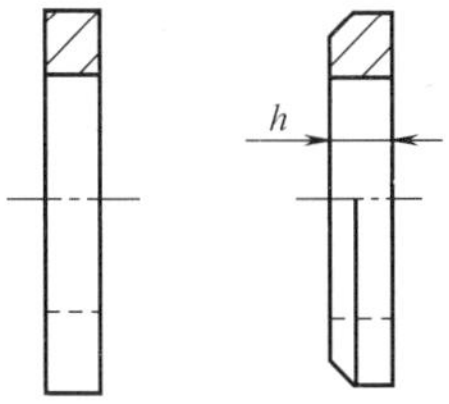 平垫圈 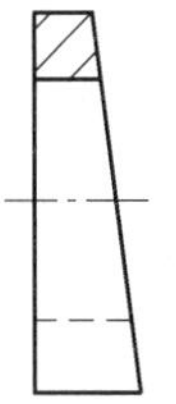　　　斜垫圈	垫圈是螺纹联接中不可缺少的附件,放置在螺母和被联接件之间,起保护支承表面等作用。平垫圈按加工精度不同,分为 A 级和 C 级两种。用于同一螺纹直径的垫圈又分为特大、大、普通和小四种规格,特大垫圈主要在铁木结构上使用。斜垫圈只用于倾斜的支承面上

表 11-5　螺纹联接常用的防松方法

防松方法		结　构　形　式	特　点　和　应　用
摩擦防松	对顶螺母	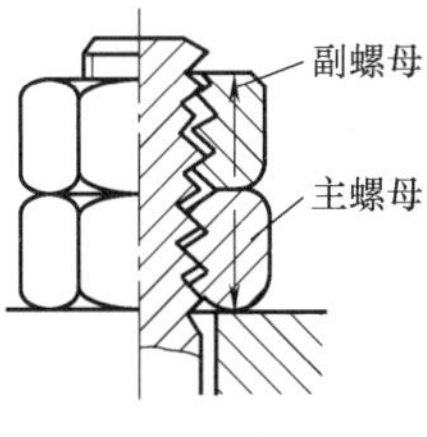 副螺母 主螺母	用两个螺母对顶着拧紧,使旋合螺纹间始终受到附加的压力和摩擦力的作用。结构简单,但联接的高度尺寸和重量加大。适用于平稳、低速和重载的联接

（续）

防松方法	结　构　形　式	特　点　和　应　用
摩擦防松 弹簧垫圈		拧紧螺母后弹簧垫圈被压平，垫圈的弹性恢复力使螺纹副轴向压紧，同时垫圈斜口的尖端抵住螺母与被联接件的支承面，也有防松的作用。结构简单，应用方便，广泛用于一般的联接
尼龙圈锁紧螺母和金属锁紧螺母	尼龙圈锁紧螺母　　　金属锁紧螺母	尼龙圈锁紧螺母是利用螺母末端的尼龙圈箍紧螺栓，横向压紧螺纹来防松 金属锁紧螺母是利用螺母末端椭圆口的弹性变形箍紧螺栓，横向压紧螺纹来防松 结构简单，防松可靠，可多次拆装而不降低防松性能，适用于较重要的联接
机械防松 开口销和槽形螺母		拧紧槽形螺母后，将开口销插入螺栓尾部小孔和螺母的槽内，再将销的尾部分开，使螺母锁紧在螺栓上 适用于有较大冲击、振动的高速机械中的联接
止动垫圈		将垫圈套入螺栓，并使其下弯的外舌放入被联接件的小槽中，再拧紧螺母，最后将垫圈的另一边向上弯，使之和螺母的一边贴紧，但螺栓需另有约束，则可防松 结构简单，使用方便，防松可靠

（续）

防松方法		结 构 形 式	特 点 和 应 用
机械防松	串联钢丝	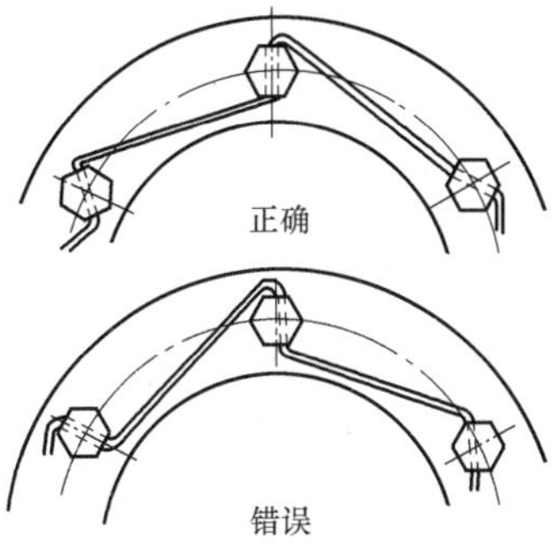 正确 错误	用低碳钢丝穿入各螺钉头部的孔内,将各螺钉串联起来,使其相互约束,使用时必须注意钢丝的穿入方向 适用于螺钉组联接,防松可靠,但装拆不便
破坏螺纹副运动关系	冲点和点焊	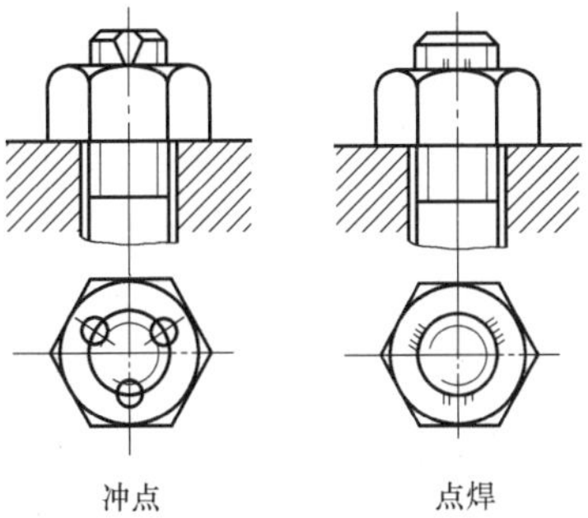 冲点　　　点焊	螺母拧紧后,在螺栓末端与螺母的旋合缝处冲点或焊接来防松 防松可靠,但拆卸后联接不能重复使用,适用于不需拆卸的特殊联接
	胶合	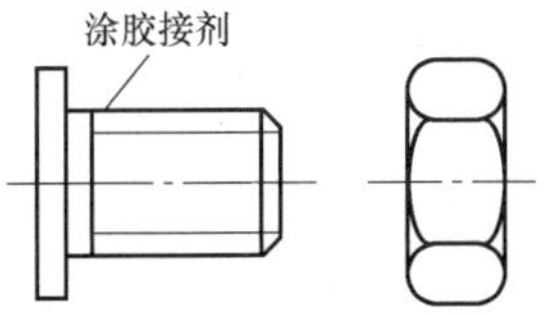 涂胶接剂	在旋合的螺纹间涂以胶接剂,使螺纹副紧密胶合。防松可靠,且有密封作用

* 四、螺栓联接的强度计算

螺栓联接中的单个螺栓受力分为受轴向拉力和横向剪力两种,前者的失效形式多为螺纹部分的塑性变形或断裂,如果联接经常装拆也可能导致滑扣。后者在工作时,螺栓结合面处受剪,并与被联接孔相互挤压,其失效形式为螺杆被剪断,螺杆或孔壁被压溃等。根据上述失效形式,对受轴向拉伸螺栓主要以拉伸强度条件作为计算依据;对受剪螺栓则是以螺栓的剪切强度条件、螺栓杆或孔壁的挤压强度条件作为计算依据。螺纹其他各部分的尺寸通常不需要进行强度计算,可按螺纹的公称直径（螺纹大径）直接从标准中查取。

（一）受轴向拉伸的螺栓联接

1. 松螺栓联接

螺栓的强度条件为

$$\sigma = \frac{F_p}{\pi d_1^2/4} \leqslant [\sigma] \tag{11-2}$$

式中,d_1 为螺纹小径,单位为 mm;F_p 为螺纹承受的轴向工作载荷,单位为 N;$[\sigma]$ 为松螺栓联接的许用应力，单位为 MPa。

图 11-14 所示吊钩尾部的螺纹联接即属松螺栓联接。螺栓装配时，螺母不需要拧紧，在承受工作载荷之前螺栓并不受力。螺栓的轴向工作载荷由外载荷确定，即 $F_p = F$。

2. 紧螺栓联接

紧螺栓联接装配时需要拧紧，加上外载荷之前，螺栓已承受预紧力。拧紧时，螺栓既受拉伸，又因旋合螺纹副中摩擦阻力矩的作用而受扭转，故在危险截面上既有拉应力，又有扭转切应力。考虑到预紧力及拧紧过程中的受载，根据第四强度理论，对于标准普通螺纹的螺栓，其螺纹部分的强度条件可简化为

$$\sigma_e = \frac{1.3 \times 4 F_p}{\pi d_1^2} \leqslant [\sigma] \qquad (11\text{-}3)$$

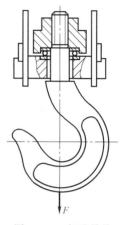

图 11-14　起重吊钩

式中，σ_e 为螺栓的当量拉应力；其他符号含义同式（11-2）。

（1）只受预紧力的紧螺栓联接　受横向外载荷和结合面内受转矩作用的普通螺栓联接，均为只受预紧力 F_0 作用下的紧螺栓联接。图 11-15 所示为受横向外载荷的普通螺栓联接，外载荷 F 与螺栓轴线垂直，螺栓杆与孔之间有间隙。又如图 11-16 所示为结合面内受转矩 T 作用的普通螺栓联接，工作转矩 T 也是靠结合面的摩擦力来传递的。这些联接中，外载荷靠被联接件结合面间的摩擦力来传递，因此在施加外载荷前后螺栓所受的轴向拉力不变，均等于预紧力 F_0。即 $F_p = F_0$。

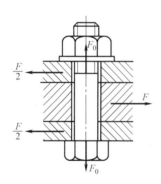

图 11-15　只受预紧力的螺栓联接

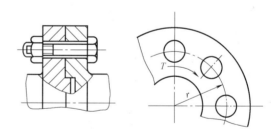

图 11-16　受转矩 T 作用的紧螺栓联接

预紧力 F_0 的大小可通过结合面之间的最大摩擦力应大于外载荷 F 这一条件确定，计算时为了确保联接的可靠性，常将横向外载荷放大（10~30）%。

（2）受轴向外载荷的紧螺栓联接　除承受预紧力外，同时承受外载荷。如图 11-17 所示的气缸盖螺栓联接就是这种联接的典型实例。根据变形协调条件，螺栓所受的总工作载荷 F_p 为外载荷 F 与被联接件的剩余预紧力 F_0' 之和，即

$$F_p = F + F_0' \qquad (11\text{-}4)$$

为了防止轴向外载荷 F 骤然消失时，联接出现冲击以及保证联接的紧密性和可靠性，剩余预紧力必须大于零。表 11-6 给出了剩余预紧力的用值。当选定剩余预紧力 F_0' 后，即可按式（11-4）求出螺栓所受的总工作载荷 F_p。

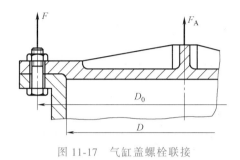

图 11-17　气缸盖螺栓联接

表 11-6　剩余预紧力 F_0' 用值

联接类型		剩余预紧力 F_0'
一般紧固联接	工作拉力 F 无变化	$F_0' = (0.2 \sim 0.6)F$
	工作拉力 F 有变化	$F_0' = (0.6 \sim 1.0)F$
有密封要求紧密联接		$F_0' = (1.5 \sim 1.8)F$

（二）受横向载荷的配合（铰制孔）螺栓联接

如图 11-18 所示的铰制孔用螺栓联接，工作时螺杆在联接结合面处受剪切，螺杆与孔壁之间受挤压。这种螺栓联接在装配时也需要适当拧紧，但预紧力很小，一般计算时都略去不计，其强度计算按剪切强度条件和挤压强度条件进行。

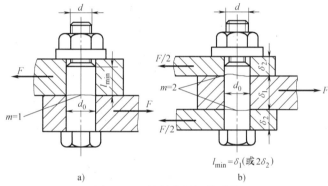

a)　　　　　　　　　　b)

图 11-18　铰制孔用螺栓联接

（三）螺纹联接许用应力

螺纹联接许用应力与联接是否拧紧，是否控制预紧力，受力性质（静载荷、动载荷）和材料等有关，紧螺栓联接的许用应力

$$[\sigma] = R_e / S \tag{11-5}$$

式中，R_e 为屈服强度，单位为 MPa，联接件常用材料力学性能见表 11-7；S 为安全因数，见表 11-8，松螺栓联接可取 $S = 1.2 \sim 1.7$。

铰制孔螺栓的许用应力由被联接件的材料决定，其值见表 11-9。

表 11-7　螺栓、螺钉、螺柱和螺母的力学性能等级（摘自 GB/T 3098.1—2000 和 GB/T 3098.2—2015）

			力学性能等级								
			4.6	4.8	5.6	5.8	6.8	8.8 $d \leqslant 16mm$	8.8 $d > 16mm$	9.8 $d \leqslant 16mm$	10.9	12.9
螺栓、螺钉、螺柱	抗拉强度极限 R_m/MPa	公称值	400		500		600	800		900	1000	1200
	下屈服强度 R_{eL}/MPa	公称值	240		300							
	布氏硬度 HBW		114	124	147	152	181	245	250	286	316	380
	推荐材料		低碳钢或中碳钢					低碳合金钢或中碳钢			40Cr 15MnVB	30CrMnSi 15MnVB

（续）

		力学性能等级									
		4.6	4.8	5.6	5.8	6.8	8.8 $d \leqslant 16mm$	8.8 $d > 16mm$	9.8 $d \leqslant 16mm$	10.9	12.9
相配合螺母	性能级别	4		5		6	8		10	10	12
	推荐材料	低碳钢					低碳合金钢或中碳钢			40Cr 15MnVB	30CrMnSi 15MnVB

注：1. 性能等级的标记代号含义："·"前的数字为公称抗拉强度极限 R_m 的 1/100，"·"后的数字为屈强比的 10 倍，即 $(\sigma_a / \sigma_b) \times 10$。

2. 规定性能等级的螺栓、螺母在图样上只注力学性能等级，不应再标出材料。

表 11-8 受拉紧螺栓联接的安全因数 S

控制预紧力		1.2~1.5				
不控制预紧力	材料	静载荷			动载荷	
		M6~M16	M16~M30	M30~M60	M6~M16	M16~M30
	碳钢	4~3	3~2	2~1.3	10~6.5	6.5
	合金钢	5~4	4~2.5	2.5	7.5~5	5

注：所谓控制预紧力是指拧紧时采用测力扳手等，以获得准确的预紧力；不控制预紧力是指拧紧时只凭经验控制力的大小。

表 11-9 铰制孔螺栓的许用应力

被联接件材料		剪 切		挤 压	
		许用应力	S	许用应力	S
静载荷	钢	$[\tau] = \sigma_s / S$	2.5	$[\sigma_p] = \sigma_s / S$	1.25
	铸铁			$[\sigma_p] = \sigma_b / S$	2~2.5
动载荷	钢、铸铁	$[\tau] = \sigma_s / S$	3.5~5	$[\sigma_p]$ 按静载荷取值的 70%~80% 计	

例 11-1 在图 11-17 所示的气缸盖螺栓联接中，已知气缸的气压 $p = 0 \sim 1.2MPa$，气缸直径 $D = 250mm$，缸体与缸盖用 12 个普通螺栓联接，安装时不控制预紧力。试确定螺栓的公称直径。

解

（1）单个螺栓承受的工作载荷 F 作用在气缸盖上的总轴向载荷为 $F_A = \dfrac{\pi D^2}{4} p$，单个螺栓的外载荷为

$$F = \frac{\pi D^2}{4z} p = \frac{\pi \times 250^2}{4 \times 12} \times 1.2N = 4908.7N$$

（2）单个螺栓承受的总工作载荷 F_p 由于气缸有紧密性要求，由表 11-6 选取剩余预紧力 $F_0' = 1.5F$，故总工作载荷为

$$F_p = F + F_0' = (1 + 1.5)F = 12271.8N$$

（3）确定螺栓直径 d 由表 11-7 选取螺栓性能等级为 4.8 级，$\sigma_s = 320MPa$；初步选择螺栓直径 $d = 16mm$，由表 11-8 取安全因数 $S = 3$；许用拉应力 $[\sigma] = \sigma_s / S = 320/3MPa = 107MPa$，由式（11-3）得

$$d_1 \geqslant \sqrt{\frac{4 \times 1.3 F_p}{\pi[\sigma]}} = \sqrt{\frac{4 \times 1.3 \times 12271.8}{\pi \times 107}} \, \text{mm} = 13.78 \text{mm}$$

查螺纹标准可知，取 M16 螺栓（小径 $d_1 = 13.835$mm）合适。

第五节 联 轴 器

阅读问题：

1. 联轴器的性能要求有哪些？如何分类？

2. 滑块联轴器有补偿位移和缓冲吸振的能力吗？

3. 联轴器选用的基本内容有哪些？

联轴器主要用于联接两轴，使两轴一起转动并传递转矩。这种联接形式，只有当机器停止后拆开联轴器，才能将两轴分离。也有用作安全装置的安全联轴器，其作用是：在机器工作时，如果转矩超过规定值，这种联轴器可自行断开，保证机器中的主要零件不致过载而损坏。

一、联轴器的分类

联轴器所联接的两轴，由于制造和安装误差以及承载后变形、受热变形和基础下沉等一系列原因，都可能使两轴的轴线不重合而产生某种形式的相对位移，如图 11-19 所示。这就要求联轴器在结构上具有补偿轴线一定位移量的能力。

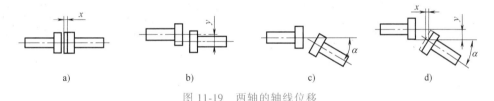

图 11-19　两轴的轴线位移

a）轴向位移 x　b）径向位移 y　c）角度位移 α　d）综合位移 x、y、α

联轴器类型较多，其中大多数已标准化了，设计时只需查阅有关手册选用。联轴器根据对各种相对位移有无补偿能力，可分刚性联轴器和挠性联轴器两大类，挠性联轴器又按是否具有弹性元件，又可分为无弹性元件的和有弹性元件的两种。

各种联轴器及其常用的类型如下：

联轴器 { 刚性——套筒联轴器，凸缘联轴器等

挠性 { 无弹性元件——滑块联轴器、万向联轴器、齿式联轴器等

金属弹性元件——蛇形弹簧联轴器等

非金属弹性元件——弹性套柱销联轴器、弹性柱销联轴器等

下面介绍几种常用的联轴器。

二、常用联轴器的结构、特点和应用

（一）刚性联轴器

1. 套筒联轴器

套筒联轴器是用一个套筒，通过键或销等零件使两轴相联接，如图 11-20 所示。其结构

简单，径向尺寸小；但传递转矩较小，不能缓冲、吸振。两轴线要求严格对中，装拆时必须做轴向移动。它适用于工作平稳，无冲击载荷的低速、轻载、小尺寸轴，常用于机床传动系统中。另外，如果销的尺寸设计得恰当，过载时销就会被剪断，因此也可用作安全联轴器。

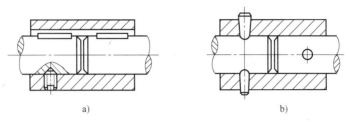

图 11-20　套筒联轴器

2. 凸缘联轴器

凸缘联轴器由两个带有凸缘的半联轴器用键及联接螺栓组成（图 11-21）。它有两种对中方法：一种是用一个半联轴器上的凸肩与另一个半联轴器上的凹槽相嵌合而对中（图 11-21a）；另一种是用铰制孔用螺栓对中（图 11-21b）。前一种方法对中精度高。当要求两轴分离时，后者只要卸下螺栓即可，不用移轴，因此装卸比前者简便。

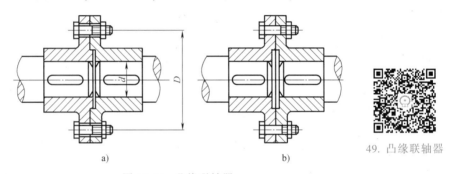

49. 凸缘联轴器

图 11-21　凸缘联轴器

凸缘联轴器结构简单，成本低，能传递较大的转矩，但它对两轴的对中性要求很高，不能缓冲减振。因此主要用于联接的两轴能严格对中，转矩较大，载荷平稳的场合。

（二）无弹性元件挠性联轴器

1. 滑块联轴器

滑块联轴器由两个端面开有径向凹槽的半联轴器 1、3 和一个两端具有相互垂直的凸榫的中间滑块 2 所组成（图 11-22），滑块上的凸榫分别嵌入两个半联轴器相应的凹槽中。由于凸榫可在半联轴器的凹槽中滑动，故可补偿两轴之间的位移。凹槽和滑块工作面需润滑。

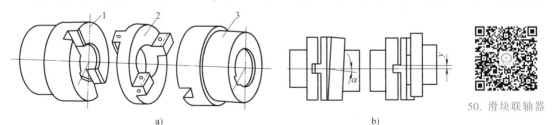

50. 滑块联轴器

图 11-22　滑块联轴器

滑块联轴器结构简单，径向尺寸小；但不耐冲击，易于磨损，适用于低速（$n < 300\text{r/min}$）、两轴线的径向位移量 $y \le 0.04d$（d 为轴的直径）的情况。所以常用于轴线间相对径向位移较大、冲击小、转速低、传递转矩较大的两轴联接。如带式运输机的低速轴就采用这种联轴器。

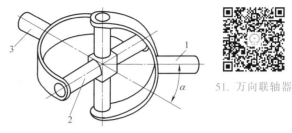

51. 万向联轴器

图 11-23 万向联轴器示意图

2. 万向联轴器

万向联轴器如图 11-23 所示，它由两个叉形接头 1、3 和十字销 2 铰接而成。万向联轴器主要用于两轴有较大偏斜角的场合，两轴间的夹角 α 最大可达 $35° \sim 45°$。但 α 角越大，传动效率越低。万向联轴器单个使用时，当主动轴以等角速度转动时，从动轴做变角速度回转，从而在传动中引起附加动载荷，且夹角 α 愈大，两轴的瞬时角速度相差愈大。为了避免这种现象，可采用两个万向联轴器成对使用（称双万向联轴器），如图 11-24 所示，这时中间轴的两叉形接头必须在同一平面内，两个万向联轴器的夹角 α 必须相等。

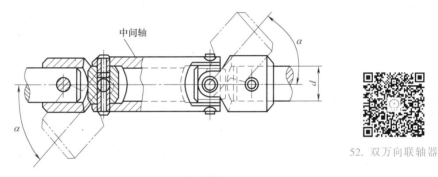

52. 双万向联轴器

图 11-24 双万向联轴器

万向联轴器能补偿较大的角位移，结构紧凑，使用维护方便，广泛用于汽车、工程机械等传动系统中。

（三）有弹性元件挠性联轴器

由于有弹性元件挠性联轴器装有至少一个零件是弹性元件，因而不仅可以补偿两轴间的相对位移，而且具有缓和冲击和消减振动的能力。因而广泛应用于转速较高，载荷较大、有冲击、频繁起动和经常反向转动的两轴间的联接。

1. 弹性套柱销联轴器

这种联轴器的构造与凸缘联轴器相

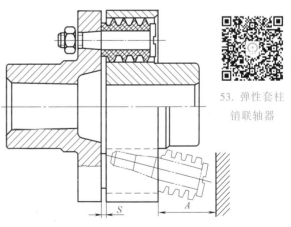

53. 弹性套柱销联轴器

图 11-25 弹性套柱销联轴器

似，不同之处是用带有弹性套的柱销代替了联接螺栓，如图 11-25 所示。弹性套柱销联轴器已经标准化了，其规格尺寸可按 GB/T 4323—2017 查取。弹性套常用耐油橡胶制成，剖面形状为梯形以提高弹性。弹性套的变形可以补偿两轴的径向位移和角位移，并有缓冲吸振作用。其半联轴器与轴配合孔可制成圆柱形或圆锥形。设计中应注意留出安装距离 A；为了补偿轴向位移，安装时应注意留出相应大小的间隙 S。弹性套柱销联轴器制造简单，装拆方便，但弹性套易磨损，寿命较短。它适用于载荷平稳，经常正反转动、起动频繁和中小功率的两轴联接，多用于电动机的输出与工作机械的联接上。

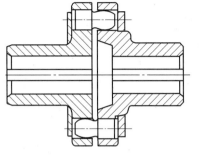

图 11-26　弹性柱销联轴器

2. 弹性柱销联轴器

弹性柱销联轴器的结构（图 11-26）与弹性套柱销联轴器相似，差别主要在于用尼龙销代替了橡胶套柱销，它利用弹性柱销将两个半联轴器联接起来，使其传递转矩的能力增大。为防止柱销滑出，两侧装有挡板。柱销的材料用尼龙 6，也可用酚醛布棒等其他材料制造。其规格尺寸可按标准 GB/T 5014—2017。

这种联轴器的结构更简单，制造、安装方便，寿命长，具有缓冲吸振和补偿较大轴向位移的能力，但允许径向和角位移量小。它适用于轴向窜动量大，经常正反转、起动频繁和转速较高的场合。由于尼龙柱销对温度较敏感，使用弹性柱销联轴器时，其工作温度限制在 $-30 \sim 150^{\circ}\text{C}$ 的范围内。

三、联轴器的选用

联轴器主要性能参数为：额定转矩 T、许用转矩 $[T]$、许用转速 $[n]$、位移补偿量和被联接轴的直径范围等。选用联轴器时，通常先根据使用要求和工作条件确定合适的类型，再按转矩、轴径和转速选择联轴器的型号，必要时应校核其薄弱件的承载能力。

考虑工作机起动、制动、变速时的惯性力和冲击载荷等因素，应按计算转矩 T_c 选择联轴器。计算转矩 T_c 和额定转矩 T 之间的关系为

$$T_c = KT \tag{11-6}$$

式中，K 为工况因数，见表 11-10，一般刚性联轴器选用较大的值，挠性联轴器选用较小的值；从动件的转动惯量小、载荷平稳时取较小值。

表 11-10　工况因数 K

原动机	工 作 机 械	K
电动机	带运输机、鼓风机、连续运转的金属切削机床	1.25 ~ 1.5
	链式运输机、刮板运输机、螺旋运输机、离心泵、木工机械	1.5 ~ 2.0
	往复运动的金属切削机床	1.5 ~ 2.0
	往复式泵、往复式压缩机、球磨机、破碎机、冲剪机	2.0 ~ 3.0
	起重机、升降机、轧钢机	3.0 ~ 4.0
涡轮机	发电机、离心泵、鼓风机	1.2 ~ 1.5
往复式发动机	发电机	1.5 ~ 2.0
	离心泵	3 ~ 4
	往复式工作机	4 ~ 5

所选型号联轴器必须同时满足：$T_c \leqslant [T]$，$n \leqslant [n]$。

联轴器与轴一般采用键联接，有平键单键和平键双键。轴孔又分为圆柱形长孔、短孔和

圆锥孔等多种，具体见设计手册。

第六节 离 合 器

阅读问题：
1. 离合器的性能要求是什么？分类方法有哪些？
2. 牙嵌离合器与摩擦离合器的性能特点和适用场合有何区别？

离合器主要用于机器运转过程中随时将主动、从动轴接合或分离，使机器能空载起动，起动后又能随时接通、中断，以完成传动系统的换向、变速、调整、停止等工作。

一、离合器的分类

离合器的类型很多，按实现两轴接合和分离的过程可分为操纵离合器和自动离合器两大类。前者按操纵方式不同又可分为机械离合器、电磁离合器、液压离合器和气压离合器；后者按不同特性可分为超越离合器、离心离合器和安全离合器等，它们能在特定工作条件下，自动接合或分离。

按离合的工作原理不同，离合器又可分为嵌合式离合器和摩擦式离合器。前者结构简单，尺寸较小，承载能力大，主、从动轴可同步转动，但接合时有冲击，只能在停机或低速时接合；后者离合平稳，可实现高速接合，且具有过载打滑的保护作用，但主、从动轴不能严格同步，且接合时产生磨损，传递转矩较小，适用于高速、低转矩的工作场合。

二、常用离合器的结构和特点

1. 牙嵌离合器

牙嵌离合器由两个端面上带牙的半离合器1、2组成（图11-27）。半离合器1用平键固定在主动轴上，半离合器2用导向键3或花键与从动轴联接，操纵机构通过滑环4的轴向移动来操纵离合器的结合和分离。为了便于两轴对中，在半离合器1上固装一个对中环5，从动轴可在对中环中自由转动。

牙嵌离合器常用的牙形有：三角形、梯形、矩形和锯齿形，如图11-28所示。三角形牙用于传递中、小转矩的低速离合器；矩形牙无轴向分力，

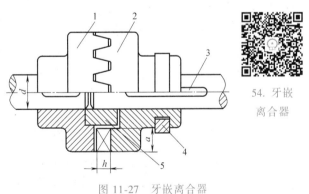

54. 牙嵌
离合器

图 11-27 牙嵌离合器

但接合与分离困难，磨损后无法补偿，冲击也较大，故使用较少；梯形牙强度较高，传递转矩较大，能自动补偿牙面磨损后造成的间隙，从而减少冲击，结合面间有轴向分力，容易分离，因而应用较广；锯齿形牙强度最高，但只能传递单向转矩。

2. 圆盘摩擦离合器

摩擦离合器依靠主动、从动盘接触面产生的摩擦力矩来传递转矩，它可分为单片式和多片式两种。

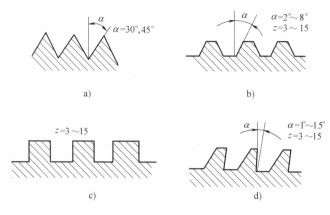

图 11-28 牙嵌离合器的牙型

a) 三角形 b) 梯形 c) 矩形 d) 锯齿形

　　单片离合器简图如图 11-29 所示，圆盘 1 紧配在主动轴上，圆盘 2 通过导向键 3 与从动

轴联接并可在轴上移动，操纵滑环 4 可使两圆盘
结合或分离。工作时轴向压力 F_Q 使圆盘的工作表
面产生摩擦力，以传递转矩。单片离合器结构简
单，但径向尺寸较大，只能传递不大的转矩。

　　多片离合器有两组摩擦片，如图 11-30 所示。
主动轴 1 与外壳 2 相联接，外壳内装有一组外摩
擦片 4，形状如图 11-31a 所示，其外缘凸齿插入
外壳 2 上的凹槽内，与外壳一起转动，其内孔不
与任何零件接触。从动轴 10 与套筒 9 相连，套筒
内装有另一组内摩擦片 5，形状如图 11-31b 所示，
其外缘不与任何零件接触，而内孔凸齿与套筒 9

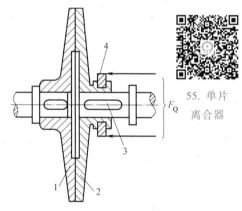

55. 单片
离合器

图 11-29 单片离合器

上的纵向凹槽相联接，因而带动套筒 9 一起回转。滑环 7 由操纵机构控制，当滑环左移时使杠
杆 8 绕支点顺时针转动，通过压板 3 将两组摩擦片压紧，离合器处于结合状态；滑环 7 向右移

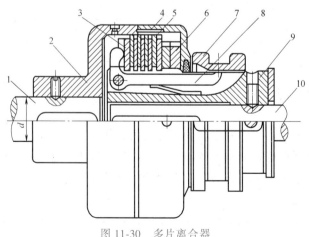

图 11-30 多片离合器

动，则实现分离。螺母 6 可调节摩擦盘之间的压力。内摩擦片 5 也可作成碟形（图 11-31c），则分离时能自动弹开。

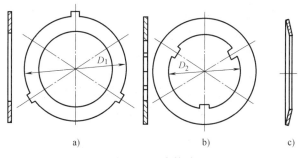

a)   b)   c)

图 11-31 摩擦片

摩擦离合器与牙嵌离合器相比，有下列优点：不论在何种速度时，两轴都可以结合或分离；结合过程平稳，冲击、振动较小；过载时打滑，以保护重要零件不致损坏。其缺点是外廓尺寸较大；在结合、分离过程中要产生滑动摩擦，故磨损和发热量较大。一般对钢制摩擦片限制其表面最高温度不超过 300~400℃，整个离合器的平均温度不大于 100~200℃。为了减轻磨损和有利于散热，可以把摩擦离合器浸入油中工作。根据是否浸油而把摩擦离合器分为干式和油式两种。前者反应灵敏；后者磨损小，散热快。

自测题与习题

一、自测题

1. 某齿轮靠平键固定在轴上，并做单向运转，此平键的工作面是_____。

  A. 两端面   B. 两侧面   C. 一侧面   D. 上下两面

2. 设计键联接时，键的截面尺寸 $b \times h$ 通常根据_____由标准中选择。

  A. 传递转矩的大小   B. 传递功率的大小

  C. 轴的直径   D. 轮毂的长度

3. 常用的螺纹联接中，自锁性最好的是_____螺纹。

  A. 三角形   B. 梯形   C. 锯齿形   D. 矩形

4. 当两个被联接件之一太厚，不宜制成通孔，且需要经常拆装时，往往采用_____联接。

  A. 螺栓   B. 螺钉   C. 双头螺柱   D. 紧定螺钉

5. 如果被联接的两轴间有一定夹角，可选用下列的_____联轴器。

  A. 万向   B. 齿式   C. 弹性套柱销   D. 凸缘

6. 车床车螺纹时要求主轴转动一转时，刀具均匀地移动一个导程，这时车床主轴到刀具的传动链上不能选用_____离合器。

  A. 牙嵌式   B. 机械式   C. 操纵式   D. 摩擦式

二、习题

1. 键联接的主要类型有哪些？各有何特点？

2. 图 11-21a 所示凸缘联轴器与轴端用普通平键联接，已知轴的直径 $d = 80mm$，铸铁轮毂长 $L = 1.5d$，载荷有轻微冲击。试确定平键联接的尺寸，并计算其能够传递的最大转矩。

3. 螺纹联接的基本类型有哪些？请说明其特点和应用场合。

4. 螺纹联接常用的防松方法有哪些？各适用于哪些场合？

5. 已知图 11-21 所示的凸缘联轴器，材料为灰铸铁 HT250，传递的转矩 $T = 2000\mathrm{N \cdot m}$，用均布在 $D = 215\mathrm{mm}$ 圆周上的 8 个螺栓联接，螺栓的材料为 Q235，螺栓与孔接触表面受挤压最小长度 $L_{\min} = 10\mathrm{mm}$，摩擦因数取 0.15。试确定螺栓的直径 d。（1）当用普通螺栓时；（2）当用铰制孔螺栓时。

6. 常用联轴器有哪些类型？各有什么优缺点？在选用联轴器的类型时应考虑哪些因素？

7. 圆盘摩擦离合器与牙嵌离合器的工作原理有什么不同？各有什么优缺点？

8. 某运输机传动装置中，电动机与减速器采用联轴器相联接。已知电动机功率 $P = 15\mathrm{kW}$，转速 $n = 1460\mathrm{r/min}$，轴径 $d = 42\mathrm{mm}$，减速器输入轴轴端直径 $d = 45\mathrm{mm}$。试选择该联轴器的类型和型号。

第十二章　支承零部件

支承零部件包括轴和轴承，主要功能是将传动零件（如齿轮、带轮、凸轮、联轴器等）可靠地支承在机架上，以传递动力和转矩。2022 年，我国超大型盾构机用直径 8 米、重达 41 吨的主轴承研制成功，打破了盾构机主轴承长期被国外企业所垄断的局面。该主轴承的研制成功标志着我国已经掌握超大直径轴承的自主设计、材料制备、精密加工、安装调试和检测评价等集成技术。本章主要介绍支承零部件的结构特点、强度计算及基本选用方法。

第一节　轴

阅读问题：

1. 什么是轴？轴怎么分类？

2. 轴的结构设计应关注哪些问题？

3. 轴上零件的定位、固定方式有哪些？最常用的是哪种？

4. 轴结构的工艺性应注意哪些问题？

5. 轴的最小直径怎么估算？n 降低时 d 怎么变化？

6. 轴弯扭组合强度计算的基本过程是什么？

试一试：画出图 12-1 所示减速器转轴的轴系结构图，确定各段直径并进行强度校核。该轴由电动机驱动，载荷平稳，轴传递的功率 $P = 4.2\text{kW}$，转速 $n = 95\text{r/min}$，轴上的直齿圆柱齿轮，齿数 $z = 79$，模数 $m = 2\text{mm}$。

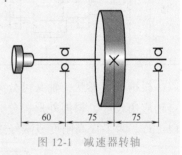

图 12-1　减速器转轴

轴的主要功用是支承旋转零件（如齿轮、带轮、联轴器等），以传递运动和动力，是组成机器的重要零件之一。

一、轴的分类

根据承载情况不同，轴可分为心轴、传动轴和转轴三类。各类轴的承载情况及特点见表 12-1。

表 12-1　心轴、传动轴和转轴的承载情况及特点

种类	举　例		受力简图	特　点
心轴	固定心轴			只承受弯矩，不承受转矩　起支承作用	截面上的弯曲应力 σ_W 为静应力 $$\sigma_\text{W} = \frac{M}{W_Z}$$ M——截面上的弯矩 W_Z——抗弯截面系数

（续）

种类	举　例	受力简图	特　点
心轴	转动心轴 F 　　F F_R 　　F_R	ω	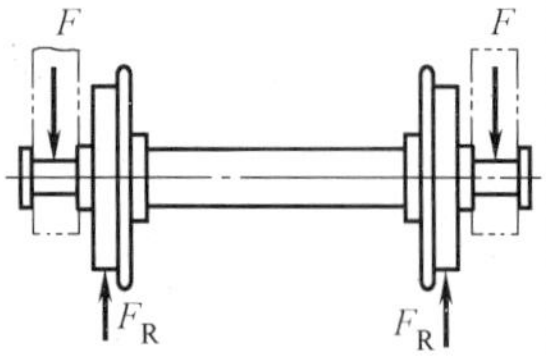 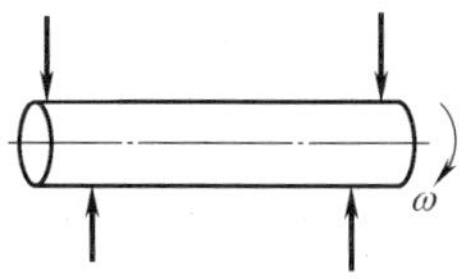 只承受弯矩,不承受转矩 起支承作用	截面上的弯曲应力 σ_W 为变应力 $$\sigma_W = \frac{M}{W_Z}$$
传动轴	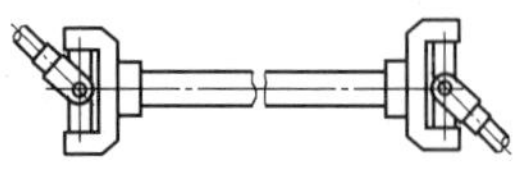	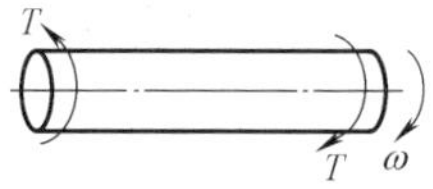 T 　　T 　ω	主要承受转矩,不承受弯矩或承受很小弯矩;仅起传递动力的作用;截面上的扭转切应力 $$\tau_T = \frac{T}{W_T}$$ T——截面上的转矩 W_T——抗扭截面系数
转轴	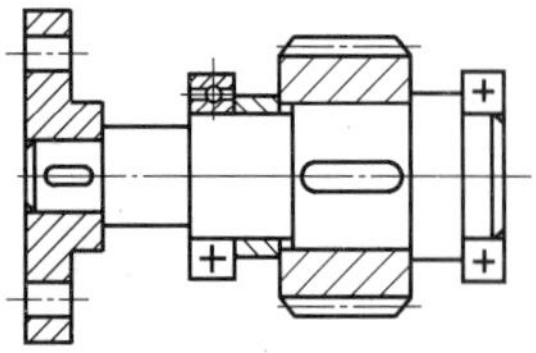	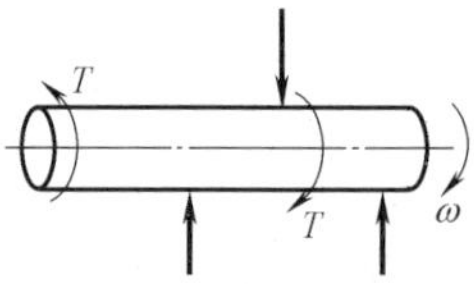 T 　　T 　ω	既承受弯矩又承受转矩;是机器中最常用的一种轴;截面上受弯曲应力 σ_W 和扭转切应力 τ_T 的复合作用,其当量应力 $$\sigma_e = \frac{M_e}{W}$$ M_e——截面上的当量弯矩 W——抗弯截面系数

　　根据轴线形状,轴又可分为直轴（图 12-2）、曲轴（图 12-3）、挠性钢丝轴（图 12-4）。直轴应用较广,根据外形,分为直径无变化的光轴（图 12-2a）和直径有变化的阶梯轴（图 12-2b）。为了提高刚度或减轻重量,有时制成空心轴（图 12-2c）。

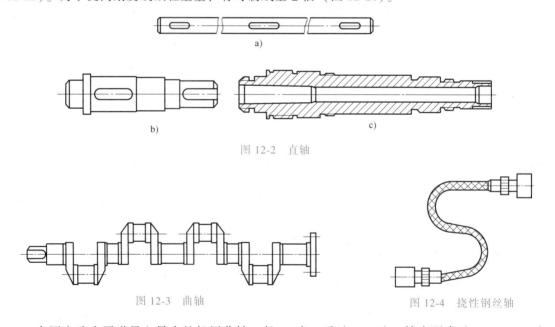

a)

b) 　　　　　　　　　　　c)

图 12-2　直轴

图 12-3　曲轴　　　　　　　　图 12-4　挠性钢丝轴

　　中国人造出了世界上最大的船用曲轴,长 23 米,重达 452 吨,精度要求达 0.02mm。它就像是一枚定海神针,让飘扬过海的巨轮不再畏惧惊涛骇浪。

本章以应用较广的实心阶梯轴为例，讨论有关设计问题。

二、轴的材料

轴的主要失效形式为疲劳破坏，轴的材料应具有较好的强度、韧性及耐磨性。一般用途的轴常用优质碳素结构钢，如 35、45、50 钢；轻载或不重要的轴可采用 Q235、Q275 等普通碳素钢；重载重要的轴可选用合金结构钢，其力学性能高，但价格较贵，选用时应综合考虑。

轴的常用材料及其主要力学性能见表 12-2。

表 12-2　轴的常用材料及其主要力学性能

材　料		热处理	毛坯直径 /mm	力　学　性　能				备　注
类别	牌号			硬度 HBW	抗拉强度 R_m/ MPa	屈服强度 R_{eH}/ MPa	弯曲疲劳极限 R_{-1} /MPa	
碳素结构钢	Q235		≤16	—	460	235	200	用于不重要或承载不大的轴
			≤40	—	440	225		
	45	正火	≤100	170~217	600	300	275	应用最广
		调质	≤200	217~255	650	360	300	
合金钢	40Cr	调质	≤100	241~266	750	550	350	用于承载较大而无很大冲击的重要轴
			>100~300	241~266	700	550	340	
	35SiMn （42SiMn）	调质	≤100	229~286	800	520	400	性能接近 40Cr，用于中小型轴
			>100~300	217~269	750	450	350	
	40MnB	调质	25	—	1000	800	485	性能接近 40Cr，用于重要轴
			≤200	241~286	750	500	335	
	20Cr	渗碳淬火回火	15	表面 50~60HRC	850	550	375	用于要求强度和韧性均较高的轴
			≤60		650	400	280	
	20CrMnTi		15	表面 50~62HRC	1100	850	525	

三、轴的结构设计

如图 12-5 所示为单级圆柱齿轮减速器的输出轴，该轴系由联轴器、轴、轴承盖、轴承、套筒、齿轮等组成。对轴的要求是：根据受力情况设计合理的尺寸，以满足强度和刚度需要；还必须满足轴上零件可靠地定位和紧固；同时便于加工制造、装拆和调整。

1. 零件在轴上的定位和固定

零件在轴上的轴向定位和固定可采用轴环（图 12-5 中Ⅰ处）、轴肩（图 12-5 中Ⅱ处）、套筒（图 12-6a）、螺母（图 12-6b）、轴端挡圈（图 12-6c、d）及圆锥表面（图 12-6d）等方法。

零件在轴上的周向定位和固定可采用键联结，花键联接（图 12-7），螺钉联接、销联接（图 12-8）、过盈配合等方法。

2. 结构工艺要求

一般将轴设计成阶梯形，目的是增加强度和刚度，便于装拆，易于轴上零件的固定；区别不同轴段的精度及表面粗糙度等满足不同的需要。

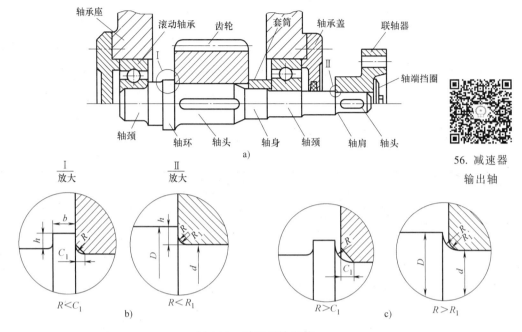

56. 减速器
输出轴

图 12-5   减速器输出轴

a）轴的组成   b）轴向定位正确   c）轴向定位不正确

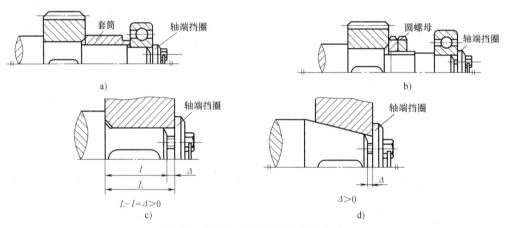

图 12-6   轴上零件的定位和固定方式

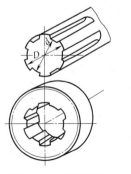

图 12-7   花键联接

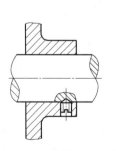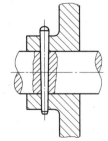

图 12-8   螺钉、销钉联接

考虑到轴上零件的轮毂端面贴紧轴肩定位面，在切螺纹或磨削轴段的轴肩处，应留有螺纹退刀槽和砂轮越程槽（图 12-9）。

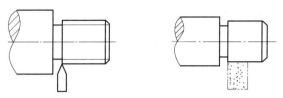

图 12-9　螺纹退刀槽和砂轮越程槽

为了减少应力集中，轴肩、轴环过渡要缓和，并做成圆角，但这种圆角必须小于零件轮毂孔端面的圆角半径或倒角（图 12-5b），与轴径 d 相对应的圆角 R 及轴环、轴肩尺寸 b、h 的数值见表 12-3。

当轴上有多个键槽时，应尽可能安排在同一条直线上，使加工键槽时无须多次装夹换位。轴两端、轴环和轴肩端部要倒角，以免划伤人手及相配零件。

轴直径尽量采用标准系列，在滚动轴承、联轴器配合处的直径，必须符合滚动轴承、联轴器内径的标准系列；螺纹处的直径应符合螺纹标准系列。轴的标准直径见表 12-4。

表 12-3　轴环与轴肩尺寸 R、b、h_{min}　　　　（单位：mm）

轴径 d	>10~18	>18~30	>30~50	>50~80	>80~100
R	0.8	1.0	1.6	2.0	2.5
h_{min}	1.0	1.5	2.5	4.5	5.5
b	$b=(0.1~0.15)d$　或 $b=1.4h$				

表 12-4　轴的标准直径　　　　（单位：mm）

10	11	12	14	16	18	20	22	25	28	30	32	36
40	45	50	56	60	63	71	75	80	85	90	95	100

四、轴的强度计算

1. 传动轴的强度计算（只承受扭矩的轴）

对于圆截面的传动轴，其扭转强度条件为

$$\tau_{max} = \frac{T}{W_T} \leq [\tau] \tag{12-1}$$

式中，τ_{max} 为最大扭转切应力，单位为 MPa；$[\tau]$ 为许用扭转切应力，单位为 MPa；T 为轴传递的转矩，单位为 N·mm，$T = 9.55 \times 10^6 \dfrac{P}{n}$；$W_T$ 为抗扭截面系数（mm^3），实心圆轴：$W_T = 0.2d^3$；P 为传递的功率，单位为 kW；n 为轴的转速，单位为 r/min；d 为轴的直径，单位为 mm。

选定轴的材料后，许用切应力 $[\tau]$ 已确定。轴直径为

$$d \geqslant \sqrt[3]{\frac{9.55 \times 10^6}{0.2[\tau]} \frac{P}{n}} = C\sqrt[3]{\frac{P}{n}} \tag{12-2}$$

式中，C 为与轴的材料和载荷有关的因数，可由表 12-5 查取。

表 12-5　许用切应力 $[\tau]$ 及 C 值

轴的材料	Q235,20	35	45	40Cr,35SiMn
$[\tau]$/MPa	12~20	20~30	30~40	40~52
C	160~135	135~118	118~106	106~97

2. 转轴的强度计算

由于转轴承受弯扭组合作用，同时轴上零件的位置与轴承和轴承支承间的距离通常尚未确定，所以对转轴的设计，只能先按扭转强度初步估算轴的最小直径，待轴系结构确定后，轴上所受载荷大小、方向、作用点及支承跨距已确定，再按弯扭组合强度校核。

强度校核公式为

$$\sigma_e = \frac{M_e}{W} = \frac{\sqrt{M^2 + (\alpha T)^2}}{0.1d^3} \leq [\sigma_{-1}]_{bb} \tag{12-3}$$

式中，σ_e 为当量应力，单位为 MPa；M_e 为当量弯矩，单位为 N·mm；M 为合成弯矩，单位为 N·mm；T 为轴传递的转矩，单位为 N·mm；W 为轴危险截面的抗弯截面系数，单位为 mm³，$W = 0.1d^3$；α 为由转矩性质而定的折合因数，转矩不变时 $\alpha \approx 0.3$，转矩为脉动循环变化时 $\alpha \approx 0.6$，对频繁正反转的轴，转矩可认为对称循环变化 $\alpha \approx 1$；$[\sigma_{-1}]_{bb}$ 为对称循环状态下的许用弯曲应力，见表 12-6。

表 12-6　轴的许用弯曲应力　　　　　　　　　　（单位：MPa）

材　　　料	σ_b	$[\sigma_{-1}]_{bb}$	$[\sigma_{+1}]_{bb}$	$[\sigma_0]_{bb}$
碳钢	400	40	130	70
	500	45	170	75
	600	55	200	95
	700	65	230	110
合金钢	800	75	270	130
	900	80	300	140
	1000	90	330	150
	1200	110	400	180

计算轴的直径时，可将式（12-3）改为

$$d \geq \sqrt[3]{\frac{M_e}{0.1[\sigma_{-1}]_{bb}}} \tag{12-4}$$

当轴上开有一个键槽时，轴径应增大 3% 左右，有两个键槽时，轴径应增大 7% 左右。然后按表 12-4 圆整成标准值。

由式 12-4 求得的直径如小于或等于由结构确定的轴径，则说明原轴径强度足够；否则应加大各轴段的直径。

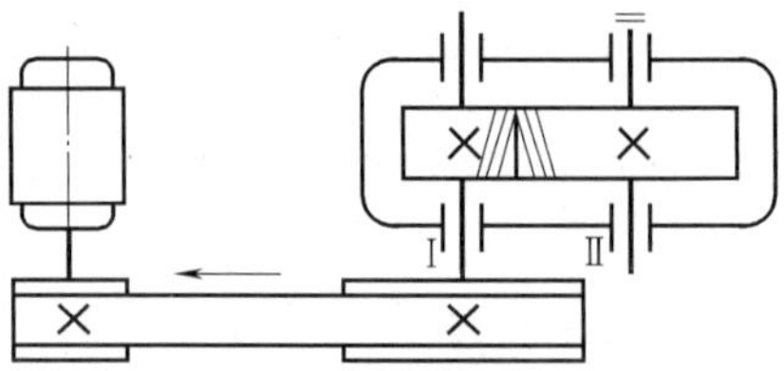

例 12-1　设计带式输送机减速器（图 12-10）的输出轴（图 12-11）。已知该轴传递功率为 $P = 5kW$，

图 12-10　带式输送机减速器

转速 $n = 140r/min$，齿轮分度圆直径 $d = 280mm$，螺旋角 $\beta = 14°$，法向压力角 $\alpha_n = 20°$。作用在右端联轴器上的力 $F = 380N$，方向未定。$L_1 = 200mm$，$L_2 = 150mm$，载荷平稳，单向运转。

轴的材料为 45 钢调质处理。

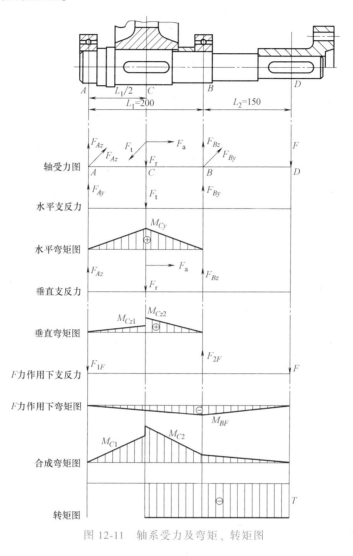

图 12-11 轴系受力及弯矩、转矩图

解 （1）确定许用应力 查表 12-2 查得 $R_m = 650\text{MPa}$，由表 12-6 用插入法可得 $[\sigma_{-1}]_{bb} = 60\text{MPa}$。

（2）按扭转强度估算轴的最小直径 输出轴与联轴器相接，输出端最小直径为

$$d_D \geqslant C \sqrt[3]{\frac{P}{n}}$$

查表 12-5，45 钢取 $C = 118$，则

$$d_D \geqslant 118 \sqrt[3]{\frac{5}{140}}\,\text{mm} = 38.86\text{mm}$$

考虑键槽的影响，取 $d_D = 38.86 \times 1.03\text{mm} = 40.03\text{mm}$，圆整后取标准直径 $d_D = 42\text{mm}$。

（根据轴系结构关系可确定轴 C 处直径 $d_C = 65\text{mm}$）

（3）齿轮上作用力的计算

齿轮所受的转矩为

$$T = 9.55 \times 10^6 \frac{P}{n} = 9.55 \times 10^6 \frac{5}{140} \text{N} \cdot \text{mm} = 341071 \text{N} \cdot \text{mm}$$

齿轮作用力

圆周力
$$F_t = \frac{2T}{d} = \frac{2 \times 341071}{280} \text{N} = 2436 \text{N}$$

径向力
$$F_r = \frac{F_t \tan\alpha_n}{\cos\beta} = \frac{2436 \times \tan 20°}{\cos 14°} \text{N} = 914 \text{N}$$

轴向力
$$F_a = F_t \tan\beta = 2436 \times \tan 14° \text{N} = 607 \text{N}$$

（4）画出轴的空间受力图   如图 12-10 所示。

（5）求水平支反力，画水平弯矩图

水平支反力
$$F_{Ay} = F_{By} = \frac{F_t}{2} = \frac{2436}{2} \text{N} = 1218 \text{N}$$

水平弯矩
$$M_{Cy} = F_{Ay} \frac{L_1}{2} = 1218 \times \frac{200}{2} \text{N} \cdot \text{mm} = 121.8 \text{N} \cdot \text{m}$$

（6）求垂直支反力，画垂直弯矩图

垂直面支反力
$$F_r \frac{L_1}{2} - F_a \frac{d}{2} - F_{Az} L_1 = 0$$

$$F_{Az} = \frac{F_r \dfrac{L_1}{2} - F_a \dfrac{d}{2}}{L_1} = \frac{914 \times \dfrac{200}{2} - 607 \times \dfrac{280}{2}}{200} \text{N} = 32 \text{N}$$

$$F_{Bz} = F_r + F_{Az} = (914 - 32) \text{N} = 882 \text{N}$$

垂直弯矩
$$M_{Cz1} = F_{Az} \frac{L_1}{2} = 32 \times \frac{200}{2} \text{N} \cdot \text{mm} = 3.2 \text{N} \cdot \text{m}$$

$$M_{Cz2} = F_{Bz} \frac{L_1}{2} = 882 \times \frac{200}{2} \text{N} \cdot \text{mm} = 88.2 \text{N} \cdot \text{m}$$

（7）求 F 力在支承点的反力及弯矩

$$F_{1F} = \frac{FL_2}{L_1} = \frac{380 \times 150}{200} \text{N} = 285 \text{N}$$

F 力在 B 点产生的弯矩

$$M_{BF} = FL_2 = 380 \times 150 \text{N} \cdot \text{mm} = 57 \text{N} \cdot \text{m}$$

F 力在 C 点产生的弯矩

$$M_{CF} = F_{1F} \frac{L_1}{2} = 285 \times \frac{200}{2} \text{N} \cdot \text{mm} = 28.5 \text{N} \cdot \text{m}$$

（8）求合成弯矩，并画合成弯矩图

按最不利因素考虑，将联轴器所产生的附加弯矩直接相加，得

$$M_{C1} = \sqrt{M_{Cy}^2 + M_{Cz1}^2} + M_{CF} = (\sqrt{121.8^2 + 3.2^2} + 28.5) \text{N} \cdot \text{m} = 150.3 \text{N} \cdot \text{m}$$

$$M_{C2} = \sqrt{M_{Cy}^2 + M_{Cz2}^2} + M_{CF} = (\sqrt{121.8^2 + 88.2^2} + 28.5) \text{N} \cdot \text{m} = 178.9 \text{N} \cdot \text{m}$$

（9）求转矩，画转矩图

$$T = F_t \frac{d}{2} = 2436 \times \frac{280}{2} \text{N} \cdot \text{mm} = 341 \text{N} \cdot \text{m}$$

由图可知，C—C 截面最危险，求当量弯矩

$$M_e = \sqrt{M_C^2 + (\alpha T)^2}$$

由于轴的应力为脉动循环应力，取

得

$$M_e = \sqrt{178.9^2 + (0.6 \times 341)^2} \text{N} \cdot \text{m} = 271.8 \text{N} \cdot \text{m}$$

则

$$d_C \geqslant \sqrt[3]{\frac{M_e}{0.1 [\sigma_{-1}]_{bb}}} = \sqrt[3]{\frac{271.8 \times 10^3}{0.1 \times 60}} \text{mm} = 35.65 \text{mm}$$

考虑 C 截面处键槽的影响，直径增加 3%。

$$d_C = 1.03 \times 35.65 \text{mm} = 36.72 \text{mm}$$

结构设计确定 C 处直径为 65mm，强度足够。

（10）绘制轴的零件图（略）。

第二节　滚　动　轴　承

阅读问题：

1. 滚动轴承由哪几部分组成？滚动体形状有哪些？
2. 滚动轴承的结构特性包括哪些内容？分别会对轴承的使用产生哪些影响？
3. 常用滚动轴承的类型有哪些？各有何特点？
4. 滚动轴承类型选择时主要考虑哪些因素？为什么转速高时要选择球轴承？
5. 滚动轴承的基本代号分几段？分别代表什么内容？
6. 常用的轴系支承结构形式有哪些？其特点及用途是什么？
7. 轴承组合结构的调整内容有哪些？分别是怎么实现的？

试一试：确定本章上一节图 12-5 减速器转轴的轴承类型、规格代号、轴承的支承结构形式、轴承间隙的调整方法。

一、滚动轴承结构、类型和代号

（一）滚动轴承的结构

滚动轴承由外圈 1、内圈 2、滚动体 3 及保持架 4 组成，如图 12-12 所示。内圈装在轴颈上，外圈装在机座或零件的轴承孔内。工作时内圈与轴一起转动，外圈不动，滚动体在内、外圈间的滚道（凹槽）上滚动。保持架的作用是把滚动体均匀地隔开，以减少滚动体间的摩擦和磨损。

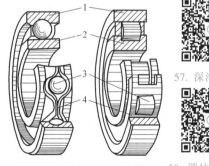

图 12-12　滚动轴承的基本结构

57. 深沟球轴承

58. 圆柱滚子轴承

滚动体有多种形式，常用的滚动体有球、圆柱滚子、圆锥滚子、球面滚子和滚针等（图 12-13），以适应对滚动体的不同要求。

（二）滚动轴承的结构特性

（1）公称接触角   滚动体与套圈接触处的法线与轴承的径向平面（垂直于轴心线的平面）之间的夹角称为公称接触角，如图 12-14 所示。公称接触角越大，承受轴向载荷的能力也越大。滚动轴承的分类及受力分析都与其有关。

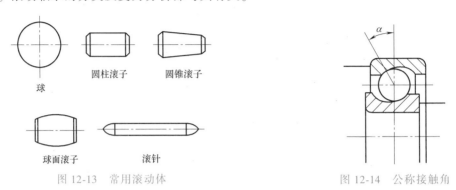

图 12-13   常用滚动体   图 12-14   公称接触角

（2）游隙   滚动轴承的游隙是指轴承的内、外套圈与滚动体之间的间隙量，将内圈或外圈中一个套圈固定，另一套圈上下（径向）、左右（轴向）方向移动时的相对移动量。沿径向移动量为径向游隙 Δr，沿轴向移动量为轴向游隙 Δa，如图 12-15 所示。

（3）角偏位   由于制造、安装误差或轴的变形等都会引起轴承与座孔轴线不同轴，两轴线之间所夹锐角 θ 称为角偏位。此时，应使用能适应这种轴线夹角变化的调心轴承（图12-16）。

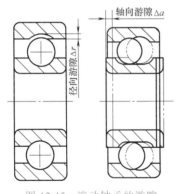

图 12-15   滚动轴承的游隙

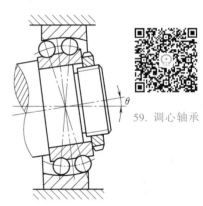

59. 调心轴承

图 12-16   调心轴承

（三）滚动轴承的类型及应用

滚动轴承按滚动体形状分为球轴承和滚子轴承两大类。

（1）球轴承   球状滚动体与内、外圈滚道为点接触，故承载荷能力、耐冲击能力低，但极限转速较高，价格便宜。

（2）滚子轴承   滚动体与内、外圈滚道为线接触，承载能力、耐冲击能力较高，但极限转速低，价格较贵。

常用滚动轴承的名称、特性及应用见表 12-7。

（四）滚动轴承的代号

为了便于生产、设计和选用，国家标准 GB/T 272—2017 规定了滚动轴承代号。滚动轴承代号由前置代号、基本代号和后置代号组成，用数字和字母表示。滚动轴承代号构成见表 12-8。

表 12-7　常用滚动轴承的名称、特性及应用

名称及代号	结构简图	承载方向	主要特性和应用	名称及代号	结构简图	承载方向	主要特性和应用
调心球轴承（1）			主要承受径向载荷，也可承受较小的轴向载荷，外圈滚道为球面，故能自动调心	深沟球轴承（6）		12	主要承受径向载荷，也可承受较小的轴向载荷，极限转速高，制造成本较低
调心滚子轴承（2）			径向承载能力比调心球轴承要大，也有自动调心功能	角接触球轴承（7）	α		能同时承受径向和轴向载荷，接触角越大，承受轴向载荷的能力越强，成对使用能承受双向轴向载荷
圆锥滚子轴承（3）			内、外圈可分离，可同时承受较大的轴向和径向载荷，游隙可调整，常成对使用	推力圆柱滚子轴承（8）			能承受较大的单向轴向载荷，极限转速较低
推力球轴承（5）			内、外圈、滚动体部件可分离，只能够承受轴向载荷，不允许有轴线角偏差和轴向位移	圆柱滚子轴承（N）			能承受较大的径向载荷，不能承受轴向载荷，内、外圈允许有少量的轴向偏移
双向推力球轴承（5）			能承受双向轴向载荷，其余功能与推力球轴承相同	滚针轴承（NA）			只能承受径向载荷，由于接触线较长，径向承载能力较高，径向尺寸小，一般无保持架

表 12-8　滚动轴承的代号构成

前置代号	基　本　代　号					后　置　代　号							
	五	四	三	二	一								
成套轴承部件	类型	宽度系列	直径系列	内径代号		内部结构	密封与防尘与外部形状	保持架及其材料	特殊轴承材料	公差等级	游隙	配置	振动及噪声	其他

注：表中数字表示代号自右向左的位置序数。

1. 基本代号

（1）内径代号　右起第一、第二位数字表示轴承内径，$d \geqslant 10\text{mm}$ 的表示方法见表 12-9。

表 12-9　轴承内径代号

内径代号	00	01	02	03	04～96
轴承内径/mm	10	12	15	17	数字×5

注：内径为 22、28、32 和大于 500 的轴承，代号直接用内径毫米数表示，但在组合代号用"/"分开。如深沟球轴承 62/22，表示轴 $d=22\text{mm}$。

（2）直径系列代号　右起第三位数字表示内径相同而外径不同的轴承尺寸系列，其常用代号见表 12-10。

表 12-10　直径系列代号

直径系列代号	0、1	2	3	4
系　　列	特轻系列	轻系列	中系列	重系列

（3）宽（高）系列代号　右起第四位数字表示轴承的宽（高）系列。对向心轴承（受径向载荷），指的是内、外径相同，宽度不同的尺寸系列；对推力轴承（受轴向力），指的是内、外径相同，高度不同的尺寸系列，常用代号见表 12-11。当宽度系列为 0 系列时，可不标注，但对调心或圆锥滚子轴承应标注。

表 12-11　轴承宽（高）度系列代号

向心轴承宽度代号	0	1	2	3
系　　列	窄系列	正常系列	宽系列	特宽系列
推力轴承高度代号	7	9	1	2
系　　列	特低系列	低系列	正常系列	正常系列

（4）轴承类型代号　右起第五位数字表示轴承类型代号。

2. 前置代号与后置代号

前置与后置代号是轴承在结构形状、尺寸、精度、技术要求与常规轴承有所不同时，为基本代号的补充代号。

（1）前置代号　代表轴承组件，用拉丁字母表示。代号及含义见表 12-12。

（2）后置代号　代号用字母或字母加数字表示。下面介绍常用的有关部分代号的含义。

1）内部结构代号。表示内部结构变化，见表 12-13。

表 12-12　滚动轴承的前置代号

代号	含　　义
L	可分离轴承内圈与外圈。如 LN207 表示轴承外圈可分离
R	无内圈或外圈的轴承。如 RNU207
K	表示滚子和保持架组件。如 K81107

表 12-13　滚动轴承内部结构代号

代号	接触角 α
B	角接触球轴承 α＝40°
C	角接触球轴承 α＝15°
AC	角接触球轴承 α＝25°

2）公差等级代号。公差等级代号分为 /PN、/P6、/P6X、/P5、/P4、P2、SP、VP 共 8 个级别，PN 级为普通级，在代号中省略不标。

3）常用轴承径向游隙。分 2 组、N 组、3 组、4 组、5 组等 9 个组别，依次由小到大。其中，PN 组为常用游隙组别，在代号中不标注，其余的游隙组别分别用 /C1、/C2、/C3、/C4、/C5、CA、/CM、/CN（后加 H、L、M、P）、C9 表示。

例 12-2　说明滚动轴承代号 20205 和 7314B/P6 的含义

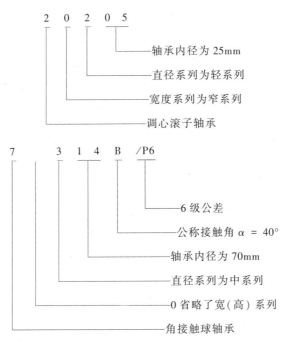

二、滚动轴承的选择

滚动轴承的选择包括类型选择、精度选择和尺寸选择。

1. 类型选择

1）当转速较高，载荷较小时选球轴承；转速较低，载荷较大或有冲击载荷，选择滚子轴承。

2）如以径向载荷为主选择深沟球轴承；以轴向载荷为主选推力轴承；径向、轴向载荷相差不多时，选择角接触轴承。

3）跨度较大，或难以保证轴承孔的同轴度要求时，选择调心轴承。

4）为便于安装或常拆卸时，选用内外圈可分离的圆锥滚子轴承。

2. 精度选择

型号相同的轴承，精度越高，价格也越高，一般机械传动应选用普通级（PN）精度。

3. 尺寸选择

1）类比法选择。轴承内径根据轴颈直径选取，轴承外廓系列根据空间位置用类比法选取。这种方法简便，适用于一般机械的轴承。

2）计算法选择。根据轴承的载荷、工作转速、失效形式，用计算方法选择轴承型号。适用于重要机械的轴承（详见《机械基础综合实训》）。

三、滚动轴承的组合设计

为了保证轴承的正常工作，除了合理地选择轴承类型、尺寸外，还应正确地解决轴承的固定、装拆、配合等问题，同时处理好轴承与相邻零件之间的关系。

（一）轴承的支承结构形式

1. 两端单向固定

如图 12-17 所示，每个轴承都靠轴肩和轴承盖做单向固定，两个轴承合起来限制了轴的轴向移动。考虑到轴工作时有少量热膨胀，在一端轴承的外圈端面与轴承盖之间留有 $c = 0.25 \sim 0.4$mm 间隙，间隙大小通过调整垫片组的厚度来实现。这种支承结构简单，便于安装，适用于温差不大,跨距较小的场合。

2. 一端固定、一端游动

如图 12-18 所示,一端轴承的内、外圈双向固定(图 12-18a 右端,图 12-18b 左端),限制了轴的双向移动,另一端外圈两侧均不固定(游动)。游动支承与轴承盖之间应留有足够大的间隙,一般 $c=3\sim8$mm。对于角接触轴承和圆锥滚子轴承,不可能留有很大的内部间隙,应将两个角接触轴承装在一端做双向固定,另一端采用深沟球轴承或圆柱滚子轴承做滚动支承(图 12-18b)。这种结构比较复杂,但工作稳定性好,适用于轴较长或温度变化较大的场合。

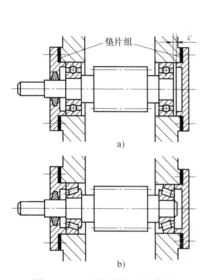

图 12-17   两端单向固定支承

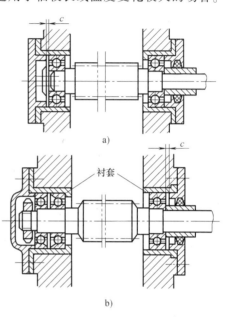

图 12-18   一端固定,一端游动支承

(二)滚动轴承组合结构的调整

1. 轴承间隙的调整

1)调整垫片。靠加减轴承端盖与箱体间垫片厚度进行调整,如图 12-19a 所示。

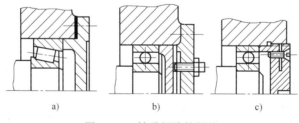

图 12-19   轴承间隙的调整

2)调整螺钉。利用调整螺钉移动压盖进行调整,如图 12-19b 所示。

3)调整端盖。利用调整端盖与座孔内的螺纹联接进行调整,如图 12-19c 所示。

2. 轴的轴向位置调整

为了保证机器能正常工作,装配时轴上零件必须有准确的位置。如图 12-20a 所示的主、从动锥齿轮轴承组合应能按图示方向调整位置,使之两轮分度圆锥顶点重合,才能正确啮合。

蜗杆蜗轮传动的轴承组合应按图 12-20b 图示方向调整位置。

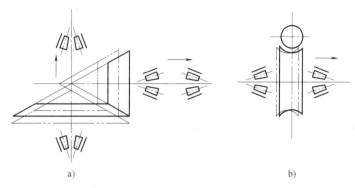

a)　　　　　　　　　　　　　　　　b)

图 12-20　轴上零件轴向位置的调整

第三节　滑　动　轴　承

阅读问题：

1. 径向滑动轴承的结构形式有哪些？各自的特点和用途是什么？

2. 止推（推力）轴承的结构形式有哪些？轴承工作面采用环形端面有什么目的？

滑动轴承用于高速、精密机械（如汽轮发电机、内燃机和高精密机床等）和低速、重载或冲击载荷较大的一般机械（如铁路机车、冲压机械、农业机械和起重设备等）中。

按受载方向，滑动轴承分为受径向载荷的径向滑动轴承和受轴向载荷的止推轴承。

一、径向滑动轴承

1. 整体式滑动轴承

图 12-21 所示为典型整体式滑动轴承。它由轴承座 1 和轴瓦 2 组成，结构简单，成本低。但轴颈和轴承孔间的间隙无法调整，当轴承磨损到一定程度必须更换轴瓦。此外，在装拆时必须做轴向移动，很不方便，故多用于轻载，低速而不经常拆装的场合。

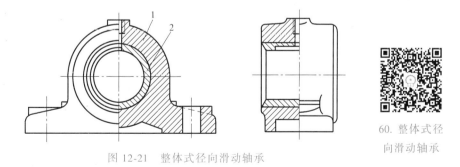

图 12-21　整体式径向滑动轴承

60. 整体式径向滑动轴承

2. 剖分式滑动轴承

图 12-22 所示为剖分式滑动轴承。它由轴承座 3、轴承盖 2、剖分的上下轴瓦 4 和 5、螺栓 1 等组成。轴承盖上部开有螺纹孔，用以安装油杯或油管。剖分式轴瓦通常是下轴瓦承受载荷，上轴瓦不承受载荷。为了节省贵重金属通常在轴瓦内表面贴附一层轴承衬。为了使润

滑油能均匀分布在整个工作表面上，一般在轴瓦不承受载荷的表面上开出油沟和油孔，油沟的形式很多，如图 12-23 所示。轴承盖和轴承座的剖分面做成阶梯形定位止口，这样在安装时容易对中，并可承受剖分面方向的径向分力，保证螺栓不受横向载荷。

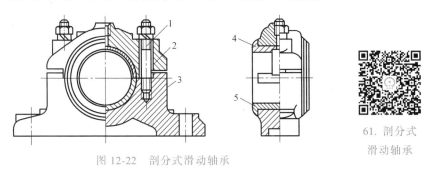

61. 剖分式
滑动轴承

图 12-22　剖分式滑动轴承

当载荷垂直向下或略有偏斜时，轴承的剖分面平常为水平面。若载荷方向有较大偏斜时，则轴承的剖分面可倾斜布置，使剖分面垂直或接近垂直于载荷（图 12-24）。

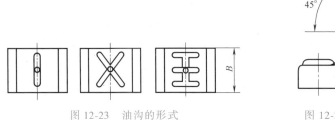

图 12-23　油沟的形式　　　　　　图 12-24　斜开式径向滑动轴承

3. 自动调心式径向滑动轴承

当轴承宽度 B 较大时（$B/d>1.5\sim2$），由于轴的变形、装配或工艺原因，会引起轴颈轴线与轴承轴线偏斜，使轴承两端边缘与轴颈局部接触（图 12-25a），这将导致轴承两端边缘急剧磨损。因此，应采用自动调心式滑动轴承。常见调心滑动轴承结构为轴承外支承表面呈球面，球面的中心恰好在轴线上（图 12-25b），轴承可绕球形配合面自动调整位置。

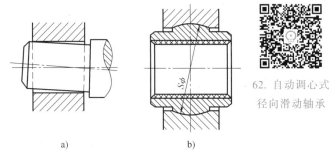

62. 自动调心式
径向滑动轴承

图 12-25　自动调心式径向滑动轴承

二、止推轴承

图 12-26 所示为止推轴承。它由轴承座 1、衬套 2、轴瓦 3 和推力轴瓦 4 组成。为了使轴瓦工作表面受力均匀，止推轴承底部做成球面，用销钉 5 来防止轴瓦随轴转动。润滑油从下面油管注入，从上面油管导出。这种轴承主要承受轴向载荷，也可承受较小的径向载荷。

图 12-27 所示为常见的止推轴承轴颈的结构形式，有实心、空心、环形和多环形等几种。由图可见，止推轴承的工作表面可以是轴的端面或轴上的环形平面。由于支承面上离中

心越远处，其相对滑动速度越大，因而磨损也越严重。实心端面上的压力分布极不均匀，靠近中心处的压力极高。因此，一般止推轴承大多采用环状支承面。多环轴颈不仅能承受双向的轴向载荷，且承载能力较大。

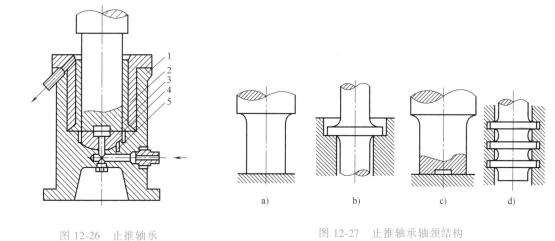

图 12-26　止推轴承
　　　　　　　　　　　　　　　　图 12-27　止推轴承轴颈结构
　　　　　　　　　　　　　　　a) 实心　b) 空心　c) 环形　d) 多环形

自测题与习题

一、自测题

1. 自行车的前、后轴，按承受载荷情况分类应属于_____。

A. 心轴　　　　　　B. 转轴　　　　　　C. 传动轴　　　　　D. 光轴

2. 同一轴上有两个以上键槽时，它们应尽可能_____。

A. 相互错开 90°　　　　　　　　　B. 相互错开 180°

C. 相互垂直　　　　　　　　　　　D. 处于同一母线上

3. 轴环的作用是_____。

A. 加工时的定位　　　　　　　　　B. 提高轴的强度

C. 使轴上零件轴向定位　　　　　　D. 有利于轴的散热

4. 按 $d \geqslant C^3 \sqrt{P/n}$ 算出的轴直径，通常作为阶梯轴_____处的尺寸。

A. 最大直径　　　B. 最小直径　　　C. 中间直径　　　D. 轴承直径

5. 下列滚动轴承中，_____适合于高速场合。

A. 圆柱滚子轴承　　　　　　　　　B. 圆锥滚子轴承

C. 推力球轴承　　　　　　　　　　D. 深沟球轴承

6. 只能承受径向载荷而不能承受轴向载荷的滚动轴承是_____。

A. 深沟球轴承　　　　　　　　　　B. 圆柱滚子轴承

C. 圆锥滚子轴承　　　　　　　　　D. 角接触球轴承

7. 对于跨距不大，工作温度不高的轴宜选用_____的支承结构形式。

A. 一端固定一端游动　　　　　　　B. 两端游动

C. 两端单向固定　　　　　　　　　D. 两端双向固定

8. 下列滑动轴承中，_____滑动轴承的结构简单，但轴的安装和轴承的间隙调整较困难。

  A. 整体式　　　　　　B. 剖分式　　　　　　C. 调心式　　　　　　D. 斜剖式

二、习题

1. 轴上最常用的轴向定位结构是什么？轴环与轴肩有什么不同？

2. 轴上回转零件常用的周向定位方式有_____。

3. 减速器高速轴直径比低速轴直径_____。

4. 按受载方向不同，滚动轴承分为_____。

5. 说明下列滚动轴承代号的含义：

  60310/P6x　62/22　N2312　70214AC　71320C

6. 选择滚动轴承类型时所考虑的因素是_____。

7. 滚动轴承间隙常用的调整方法有_____。

8. 轴瓦与轴承衬有何区别？

9. 轴瓦上的油沟应设在什么位置？油沟可否与轴瓦端面连通？

10. 滑动轴承适宜于什么场合？

11. 指出图 12-28 中轴的结构错误。

12. 如图 12-29 所示的单级斜齿圆柱齿轮减速器。已知电动机额定功率 $P = 5.5\text{kW}$，转速 $n_1 = 960\text{r/min}$，低速轴转速 $n_2 = 130\text{r/min}$；大齿轮分度圆直径 $d_2 = 280\text{mm}$，轮毂宽 $b_2 = 80\text{mm}$，斜齿轮螺旋角 $\beta = 12°$，法向压力角 $\alpha_n = 20°$，设支承处选用 6 类型轴承（角接触轴承）。要求：

1）完成低速轴的结构设计。

2）按弯扭组合强度校核低速轴的强度。

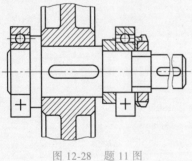

图 12-28　题 11 图

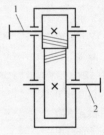

图 12-29　题 12 图

第十三章　机械的润滑和密封

第一节　摩擦、磨损和润滑

阅读问题：

1. 机械摩擦的类型有哪几种？干摩擦是在什么条件下出现的？

2. 液体摩擦条件下可能会出现哪些磨损？

3. 润滑的作用有哪些？

在机械传动过程中，零部件的相对运动会在接触表面产生摩擦，造成传动的能量损耗和机械磨损，影响机械运动精度和使用寿命。润滑则是减少摩擦和磨损的有效措施。当然，对一些靠摩擦原理工作的零部件如带传动、摩擦离合器、制动器等，设计时应设法加大摩擦，减少磨损。

一、摩擦的类型

按相对运动表面润滑情况，摩擦可分为干摩擦、边界摩擦、液体摩擦和混合摩擦，其摩擦状态示意图如图 13-1 所示。

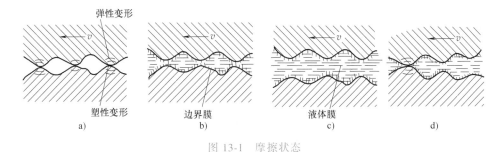

图 13-1　摩擦状态

a) 干摩擦　b) 边界摩擦　c) 液体摩擦　d) 混合摩擦

（1）干摩擦　两摩擦表面微观凸峰直接接触，中间不存在任何润滑剂的摩擦，称为干摩擦（图 13-1a），其摩擦性质取决于摩擦表面的材料。干摩擦的摩擦功损耗大，磨损严重，温升很高，零件使用寿命短。在机械传动零件接触中不允许出现干摩擦。

（2）边界摩擦　润滑剂在摩擦表面由吸附作用或化学反应（例如金属氧化物、硫化物）生成一层边界膜。当两摩擦表面的边界膜直接接触传递载荷时，就处于边界摩擦状态（图 13-1b）。边界膜厚度很薄，约为几个分子到 $10^{-2}\mu m$ 的数量级，厚度小于摩擦表面的不平度，因此摩擦表面仍会有一定的摩擦功耗和磨损。

（3）液体摩擦　如果油膜厚度较大，两摩擦表面被液体层完全隔开，表面微观凸峰不直接接触，形成液体摩擦（图 13-1c）。此时可避免发生磨损，摩擦也只发生在油层液体内部，摩擦因数很小。

（4）混合摩擦　当摩擦表面间有润滑油，但不足以保证液体摩擦时，就可能有部分接触处是边界摩擦，其余部分是液体摩擦；也可能在局部粗糙凸峰接触处是干摩擦，其余部分则为边界摩擦与液体摩擦（图 13-1d）。这两种状态，统称为混合摩擦。混合摩擦在机器中是很常见的。

二、磨损

摩擦表面在相对运动过程中，表层材料不断损失或转移的观象称为磨损。通常应当设法避免或减少磨损，以能较长时期保持机器的精度，延长使用寿命。按照失效机理，可将磨损分为以下四种基本类型：

（1）粘着磨损　当摩擦副表面的边界油膜被微凸体的峰尖刺破时，微凸体的峰尖便会发生粘着形成冷焊结点。当摩擦副相对滑动时，冷焊点遭到剪断。如果被剪断面不是原来的界面，则发生材料从一个表面转移到另一个表面的磨损现象。粘着磨损是金属摩擦副间较为普遍的一种磨损类型。特别在高温、重载容易使接触表面润滑不良时，粘着磨损的程度比较严重。

（2）磨料磨损　摩擦面间落入游离的硬颗粒（如尘土或磨损的金属碎屑）或表面上具有硬质的突出物，由此而在摩擦面上造成不断的微切削而产生的磨损称为磨料磨损。

（3）疲劳磨损　反复作用的接触应力会使金属表面产生疲劳点蚀，点蚀使表层金属材料剥落导致疲劳磨损。

（4）腐蚀磨损　大多数金属表层材料会与周围介质发生化学反应而在摩擦面上生成化学反应物，该化学反应物在摩擦表面相对运动中发生破碎导致脱落的过程称为腐蚀磨损。

磨损类型可随工作条件的改变而转化。实际上，大多数的磨损是上述几种磨损类型的复合形式出现的。粘着磨损与疲劳磨损产生的磨屑若不及时从润滑剂中清除出去，将使摩擦表面产生磨料磨损。

三、润滑的作用

润滑的主要作用大致可归纳为以下几点：

（1）减少摩擦，减轻磨损　加入润滑剂后，在摩擦表面形成一层薄膜，可防止金属直接接触，从而大大减少摩擦磨损和机械功率的损耗。

（2）降温冷却　摩擦表面经润滑后其摩擦因数大为降低，使摩擦发热量减少；对于液体润滑剂，润滑油流过摩擦表面带走部分摩擦热量，起散热降温作用，保证运动副的温度不会升温得过高。

（3）清洗作用　润滑油流过摩擦表面时，带走磨损落下的金属磨屑和污物。

（4）防止腐蚀　润滑剂中都含有防腐、防锈添加剂，吸附于零件表面的油膜，可避免或减少由腐蚀引起的损坏。

（5）缓冲减振作用　润滑剂都有在金属表面附着的能力，且本身的剪切阻力小，所以在运动副表面受到冲击载荷时，具有吸振的能力。

（6）密封作用　半固体润滑剂具有自封作用，一方面可以防止润滑剂流失，另一面可以防止水分和杂质的侵入。

第二节　常用润滑剂的选择

阅读问题：

1. 润滑油的哪项性能指标对润滑性影响较大？润滑油黏度选择的原则是什么？

2. 与润滑油相比，润滑脂有什么特点？常用于何种场合？

3. 固体润滑剂的主要用途是什么？

生产中常用的润滑剂包括润滑油、润滑脂、固体润滑剂和气体润滑剂等几大类。其中矿物油和皂基润滑脂性能稳定，成本低，应用广。

一、润滑油

1. 润滑油的性能指标

（1）黏度　黏度是润滑油最重要的物理性能指标。它反映了液体内部产生相对运动时分子间内摩擦阻力的大小。润滑油黏度越大，承载能力也越大。润滑油的黏度并不是固定不变的，而是随着温度和压强而变化的。当温度升高时，黏度降低；压力增大时，黏度增高。润滑油的黏度分为动力黏度、运动黏度和相对黏度，各黏度的具体含义及换算关系可参看有关的标准。

（2）油性　又称润滑性，是指润滑油润湿或吸附于摩擦表面构成边界油膜的能力。这层油膜如果对摩擦表面的吸附力大，不易破裂，则润滑油的油性就好。油性受温度的影响较大，温度越高，油的吸附能力越低，油性越差。

（3）闪点　润滑油在火焰下闪烁时的最低温度称为闪点。它是衡量润滑油易燃性的一项指标，另一方面闪点也是表示润滑油蒸发性的指标。油蒸发性越大，其闪点越低。润滑油的使用温度低于闪点 20～30℃。

（4）凝点、倾点　凝点是指在规定的冷却条件下，润滑油冷却到不能流动时的最高温度，润滑油的使用温度应比凝点高 5～7℃。倾点是润滑油在规定的条件下，冷却到能继续流动的最低温度，润滑油的使用应高于倾点 3℃ 以上。

2. 常用润滑油

常用润滑油主要分为矿物润滑油、合成润滑油和动植物润滑油三类。矿物润滑油主要是石油制品，具有规格品种多、稳定性好、防腐蚀性强、来源充足且价格较低等特点，因而应用广泛。主要有全损耗系统用油、齿轮油、汽轮机油、机床专用油等。合成润滑油具有独特的使用性能，主要用于特殊条件下，如高温、低温、防燃以及需要与橡胶、塑料接触的场合。动植物油产量有限，且易变质，故只用于有特殊要求的设备或用作润滑添加剂。

润滑油的选用原则：载荷大或变载、冲击场合、加工粗糙或未经跑合的表面，选黏度较高的润滑油；转速高时，为减少润滑油内部的摩擦功耗，或采用循环润滑、芯捻润滑等场合，宜选用黏度低的润滑油；工作温度高时，宜选用黏度高的润滑油。

常用润滑油的主要质量指标及用途见表 13-1。

表 13-1　常用润滑油的主要质量指标及用途

名　　称	牌　号	主要质量指标					简要说明及主要用途
		运动黏度/ （mm²/s） 40℃	凝点/ ℃ （不高于）	倾点/ ℃ （不高于）	闪点/ ℃ （不低于）	黏度指数	
全损耗系统用油 （GB 443）	L-AN15	13.5～16.5	-15		65		适用于对润滑油无特殊要求的锭子、轴承、齿轮和其他低负荷机械等部件的润滑，不适用于循环系统
	L-AN22	19.8～24.2	-15		170		
	L-AN32	28.8～35.2	-15		170		
	L-AN46	41.4～50.6	-10		180		
	L-AN68	61.2～74.8	-10		190		
L-HL 液压油 （GB 11118.1）	L-HL 32	28.8～35.2		-6	180	90	抗氧化、防锈、抗浮化等性能优于普通机油。适用于一般机床主轴箱、液压齿轮箱以及类似的机械设备的润滑
	L-HL 46	41.4～50.6		-6	180	90	
	L-HL 68	61.2～74.8		-6	200	90	
	L-HL 100	90.0～110		-6	200	90	

（续）

名　　称	牌　号	主要质量指标					简要说明及主要用途
		运动黏度/（mm²/s）40℃	凝点/℃（不高于）	倾点/℃（不高于）	闪点/℃（不低于）	黏度指数	
工业闭式齿轮油（GB 5903）	L-CKB100 L-CKB150 L-CKB220	90.0~110 135~165 198~242		-8 -8 -8		90 90 90	一种抗氧防锈型润滑油。适用于正常油温下运转的轻载荷工业闭式齿轮润滑
普通开式齿轮油（SH/T 0363）	150 220 320	135~165 198~242 288~352			200 210 210		适用于正常油温下轻载荷普通开式齿轮润滑
蜗轮蜗杆油（SH/T 0094）	L-CKE220 L-CKE320 L-CKE460	198~242 288~352 414~506		-12 -12 -12	200 200 200		适用于正常油温下轻载荷蜗杆传动的润滑
主轴、轴承和有关离合器用油（SH/T 0017）	L-FC22 L-FC32 L-FC46	19.8~24.2 28.8~35.2 41.4~50.6					适用于主轴、轴承和有关离合器油的压力油浴和油雾润滑

二、润滑脂

润滑脂也称为黄油，是一种稠化的润滑油。其油膜强度高，粘附性好，不易流失，易密封，使用时间长，但散热性差，摩擦损失大。它常用于不易加油、重载低速的场合。

1. 润滑脂的性能指标

（1）锥入度　锥入度是衡量润滑脂粘稠程度的指标。它是指用一个标准的锥形体，在其自重作用下，置于25℃的润滑脂表面，经5s后，该锥形体沉入脂内的深度（以0.1mm为单位）。国产润滑脂都是按锥入度的大小编号的，一般使用2，3，4号。锥入度越大的润滑脂，其稠度越小，编号的顺序数字也越小。

（2）滴点　滴点是指在规定的条件下，将润滑脂加热至从标准的测量杯孔滴下第一滴时的温度。它反映润滑脂的耐高温能力。选择润滑脂时，工作温度应低于滴点15~20℃。

2. 常用润滑脂

润滑脂的选择：根据稠化剂皂基的不同，润滑脂主要有：钙基润滑脂、钠基润滑脂、锂基润滑脂、铝基润滑脂等类型。润滑脂类型的选用主要根据润滑零件的工作温度、工作速度和工作环境条件。常用润滑脂的主要质量指标及用途见表13-2。

表 13-2　常用润滑脂的主要质量指标及用途

名　　称	代　号	滴点/℃（不低于）	工作锥入度/10⁻¹mm（25℃,1.5N）	主　　要　　用　　途
钙基润滑脂（GB/T 491）	1 号 2 号 3 号	80 85 90	310~340 265~295 220~250	有耐水性能。用于工作温度低于55~60℃的各种工农业、交通运输设备的轴承润滑，特别是水、潮湿处
钠基润滑脂（GB/T 492）	2 号 3 号	160 160	265~295 220~250	不耐水（潮湿）。用于工作温度在-10~10℃的一般中等载荷机械设备轴承的润滑

（续）

名　　称	代号	滴点/℃ （不低于）	工作锥入度/10⁻¹mm （25℃,1.5N）	主　要　用　途
通用锂基润滑脂 （GB 7324）	1 号 2 号 3 号	170 175 180	310~340 265~295 220~250	多效通用润滑脂。适用于各种机械设备的滚动轴承和滑动轴承及其他摩擦部位的润滑。使用温度为－20~120℃
钙钠基润滑脂 （SH/T 0368）	1 号 2 号	120 135	310~340 265~295	用于有水、较潮湿环境中工作的机械润滑,多用于铁路机车、列车、发电机滚动轴承的润滑。不适用于低温工作。使用温度为 80~100℃
7407 号齿轮润滑脂 （SH/T 0469）		160	75~90	用于各种低速、中、高载荷齿轮、链和联轴器的润滑。使用温度小于 120℃
7014-1 高温润滑脂 （GB 11124）	7014-1	55~75		用于高温下工作的各种滚动轴承的润滑,也用于一般滑动轴承和齿轮的润滑。使用温度为－40~200℃

三、固体润滑剂

用固体粉末代替润滑油膜的润滑，称为固体润滑。最常见的固体润滑剂有石墨、二硫化钼、二硫化钨、聚四氟乙烯等。固体润滑剂耐高温、高压，因此适用于速度很低、载荷特重或温度很高、很低的特殊条件及不允许有油、脂污染的场合。此外，还可以作为润滑油或润滑脂的添加剂使用。

第三节　常用传动装置的润滑

阅读问题：

1. 轴承的润滑方式有哪些？怎么选择？

2. 齿轮的润滑方式是怎么选择的？怎么确定润滑油的黏度？

一、滑动轴承的润滑

大部分的滑动轴承都采用油润滑。可根据轴颈速度和工况，参照表 13-3 选取。

表 13-3　滑动轴承润滑油的选择

轴颈速度 v/(m/s)	轻载（$P<3$MPa） 工作温度（10~60℃）		中载（$P=3$~7.5MPa） 工作温度（10~60℃）		重载（$P>7.5$~30MPa） 工作温度（20~80℃）	
	常选牌号	运动黏度/ （mm²/s）	常选牌号	运动黏度/ （mm²/s）	常选牌号	运动黏度/ （mm²/s）
<0.1	L-AN100 L-AN150	85~150	L-AN150	140~220	L-CKD460	470~600
0.1~0.3	L-AN68 L-AN100	65~125	L-AN100 L-AN150	120~170	L-CKC320 L-CKC460	250~600
0.3~1.0	L-AN46 L-AN68	45~70	L-AN68 L-AN100	100~125	L-CKC100 L-CKC150 L-CKC220 L-CKC320	90~350
1.0~2.5	L-AN68	40~70	L-AN68	60~90		—

（续）

轴颈速度 $v/(\text{m/s})$	轻载（$P<3\text{MPa}$）工作温度（$10\sim60℃$）		中载（$P=3\sim7.5\text{MPa}$）工作温度（$10\sim60℃$）		重载（$P>7.5\sim30\text{MPa}$）工作温度（$20\sim80℃$）	
	常选牌号	运动黏度/（mm^2/s）	常选牌号	运动黏度/（mm^2/s）	常选牌号	运动黏度/（mm^2/s）
$2.5\sim5.0$	L-AN32 L-AN46	$40\sim55$	—		—	
$5.0\sim9.0$	L-AN15 L-AN22 L-AN32	$15\sim45$	—		—	
>9.0	L-AN7 L-AN10 L-AN15	$5\sim22$				

对于要求不高，速度 $v<5\text{m/s}$，不便经常加油的非液体摩擦滑动轴承，可用脂润滑。脂润滑的选择可参照表 13-4。

表 13-4 滑动轴承润滑脂的选用

压 强 $p/(\text{N/mm}^2)$	轴颈圆周速度 $v/(\text{m/s})$	最高工作温度 $t/℃$	润滑脂牌号
$\leqslant1.0$	$\leqslant1$	75	3 号钙基脂
$1.0\sim6.5$	$0.5\sim5$	55	2 号钙基脂
$1.0\sim6.5$	$\leqslant1$	$50\sim100$	2 号锂基脂
$\leqslant6.5$	$0.5\sim5$	120	2 号钠基脂
>6.5	$\leqslant0.5$	75	3 号钙基脂
>6.5	$\leqslant0.5$	110	1 号钙钠基脂
>6.5	0.5	60	2 号压延机脂

二、滚动轴承的润滑

滚动轴承可采用油润滑或脂润滑。润滑方式可按轴承类型与 dn 值由表 13-5 中选取。

表 13-5 滚动轴承润滑方式的选择

轴承类型	$dn(\times10^4\text{mm}\cdot\text{r/min})$（脂润滑）	$dn/(\times10^4\text{mm}\cdot\text{r/min})$（油润滑）			
		浸 油	滴 油	压力循环	油 雾
深沟球轴承	16	25	40	60	>60
调心球轴承	16	25	40		
角接触球轴承	16	25	40	60	
圆柱滚子轴承	12	25	40	60	>60
圆锥滚子轴承	10	16	23	30	>60
推力球轴承	4	6	12	15	

在 dn 值较高或具备润滑油源的装置（如变速器、减速器等），可采用油润滑。润滑油黏度按 dn 值及工作温度，由图 13-2 中选出，然后从润滑油产品目录中选取相应的润滑油牌号。

在 dn 值较小时，采用脂润滑。它具有不易流失，密封性好，使用周期长等优点。在使用时，润滑脂的填充量不得超过轴承空隙的 $1/3 \sim 1/2$，过多会引起轴承发热。

滚动轴承润滑脂选择：首先根据速度、工作温度、工作环境选择润滑脂的类型，比如工作温度 70℃ 以下可以选用钙基脂，$100 \sim 120$℃ 可选钠基脂或钙钠基脂，150℃ 以上高温或 $dn > 400000$mm·r/min 时可选二硫化钼锂基脂，潮湿环境选钙基脂等等；然后根据载荷及供油方式选择润滑脂牌号，比如中载、中速球轴承常选 2 号润滑脂，滚子轴承摩擦大，可选 0 号或 1 号润滑脂，重载或有强烈振动的轴承可选 3 号及 3 号以上的润滑脂，集中润滑要求流动性好，常选 0 号或 1 号润滑脂等。

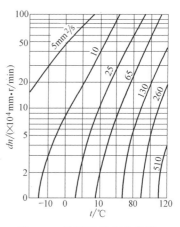

图 13-2　润滑油黏度的选择

三、齿轮传动润滑

（1）闭式齿轮传动的润滑　大部分的闭式齿轮传动靠边界油膜润滑，因此要求润滑油有较高的黏度和较好的油性。润滑油的黏度可根据齿轮的材料和圆周速度，在表 13-6 中查取，然后由机械设计手册选定润滑油的牌号。

齿轮润滑方式包括浸油润滑、飞溅润滑、压力润滑等，润滑方式选择及注意事项见表 13-7。

表 13-6　齿轮润滑油的黏度推荐值　　　　　　　　（单位：mm^2/s）

齿轮材料	抗拉强度 σ_b/MPa	齿轮圆周速度 v/(m/s)						
		<0.5	0.5~1	1~2.5	2.5~5	5~12.5	12.5~25	>25
塑料、铸铁、青铜		320	220	150	100	68	46	--
钢	470~1000	460	320	220	150	100	68	46
	1000~1250	460	460	320	220	150	100	68
	1250~1580	1000	460	460	320	220	150	100
渗碳或表面淬火的钢		1000	460	460	320	220	150	100

表 13-7　齿轮润滑方式选择及注意事项

齿轮速度 v/(m/s)	润滑方式	注意事项
<0.8	涂抹或充填润滑脂	润滑脂中加油性或极压添加剂
<12	浸油润滑 浸油润滑	1. 齿轮圆周速度 $v<12$m/s 时，一般采用浸油润滑 2. 润滑油中加抗氧化、抗泡沫添加剂 3. 图中齿轮浸油深度　$h_1 = 1 \sim 2$ 个齿高（≥10mm） 4. 齿顶线到箱底内壁距离 $h_2 > 30 \sim 50$mm 5. 每 kW 功率的油池体积>0.35~0.7L 6. 锥齿轮浸油深度要保证全齿宽接触油
3~12	飞溅润滑	润滑油中加抗氧化、抗泡沫添加剂

（续）

齿轮速度 v/(m/s)	润滑方式	注 意 事 项
>12~15	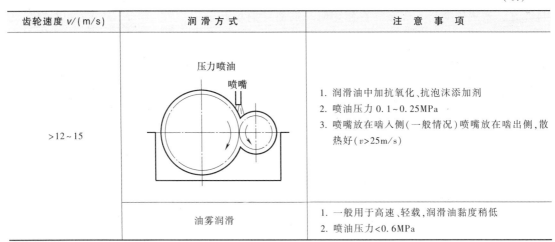 压力喷油　喷嘴	1. 润滑油中加抗氧化、抗泡沫添加剂 2. 喷油压力 0.1~0.25MPa 3. 喷嘴放在啮入侧（一般情况）喷嘴放在啮出侧，散热好（v>25m/s）
	油雾润滑	1. 一般用于高速、轻载，润滑油黏度稍低 2. 喷油压力<0.6MPa

（2）开式、半开式齿轮传动的润滑　开式齿轮传动一般速度较低、载荷较大、接触灰尘和水分、工作条件差且油膜易流失。为维持润滑油膜，应采用黏度很高、防锈性好的开式齿轮油。速度不高的开式齿轮也可采用脂润滑。开式齿轮传动的润滑可用手动、滴油、油池浸油等方式供油。

第四节　机械装置的密封

阅读问题：
1. 机械装置的密封有什么作用？分哪些情况？
2. 毡圈密封、封油环密封各有什么特点？分别用于何种场合？

机械装置密封有两个主要作用：
1）阻止液体、气体工作介质、润滑剂泄漏。
2）防止灰尘、水分进入润滑部位。

密封装置的类型很多，两个具有相对运动的结合面必然有间隙（比如减速器外伸轴与轴承端盖之间），它们之间的密封称为动密封。两个相对静止不动的结合面之间的密封称为静密封，比如减速器箱体与轴承端盖、减速器箱体与减速器箱盖等。所有的静密封和大部分的动密封都是靠密封面互相靠近或嵌入以减少或消除间隙，达到密封的目的。这类密封方式称为接触式密封。密封面间有间隙，依靠各种方法减少密封间隙两侧的压力差而阻漏的密封方式，称为非接触式密封。

一、静密封

（1）研磨面密封　如图 13-3a 所示，要求结合面研磨加工，间隙小于 5μm，在螺栓预紧力的作用下贴紧密封。

（2）垫片密封　如图 13-3b 所示，在结合面间加垫片，螺栓压紧使垫片产生弹塑性变形填满密封面上的不平，从而消除间隙，达到密封的目的。在常温、低压、普通介质工作时可用纸、橡胶等垫片；在高压及特殊高温和低温场合可用聚四氟乙烯垫片；一般高温、高压下可用金属垫片。

（3）密封胶密封　如图 13-3c 所示，密封胶有一定的流动性，容易充满结合面的间隙，粘附在金属面上能大大减少泄漏，即使在较粗糙的表面上密封效果也很好。密封胶型号很多（如铁锚 602），使用时可查机械设计手册。

（4）O 形圈密封　如图 13-3d 所示，在结合面上开密封圈槽，装入 O 形密封圈，利用其在结合面间形成严密的压力区来达到密封的目的。

二、动密封

两个具有相对运动的结合面之间的密封称为动密封。在回转轴的动密封中，有接触式、非接触式和组合式三种类型。

1. 接触式密封

（1）毡圈密封　如图 13-4 所示，矩形断面的毡圈，安装在梯形的槽中，受变形压缩而对轴产生一定的压力，消除间隙，达到密封的目的。毡圈密封结构简单，便于安装、加工，一般用于轴的圆周速度 $v < 4 \sim 5\text{m/s}$，工作温度 $t < 90\text{℃}$ 的脂润滑处，主要起防尘作用。

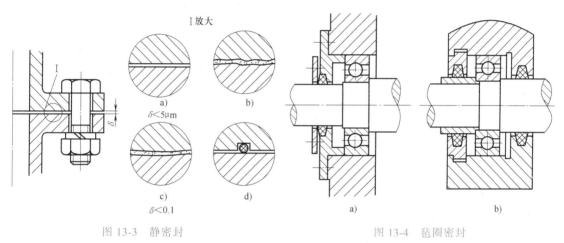

图 13-3　静密封
a）研磨面密封　b）垫片密封
c）密封胶密封　d）O 形圈密封

图 13-4　毡圈密封

（2）密封圈密封　密封圈用耐油橡胶、塑料或皮革等弹性材料制成，靠材料本身的弹力及弹簧的作用，以一定压力紧套在轴上起密封作用。唇形密封应用较多。图 13-5 所示密封圈唇口朝内，目的是防漏油；唇口朝外，主要目的是防灰尘、杂质侵入。这种密封广泛用于油密封，也可用于脂密封和防尘。一般用于轴的圆周速度 $v < 7\text{m/s}$，工作温度为 $-40 \sim 100\text{℃}$ 的场合。

（3）机械密封　机械密封又称端面密封。图 13-6 所示的是一种简单的机械密封，动环 1 与轴一起转动；静环 2 固定在机座端盖上，动环与静环端面在弹簧 3 的弹簧力作用下互相贴紧，起到很好的密封作用。

机械密封的优点是动、静环端面相对滑动，摩擦及磨损集中在密封元件上，对轴没有损伤；密封环若有磨损，在弹簧力的作用下仍能保持密封，密封性能可靠，使用寿命长。缺点是零件多，加工质量要求高，装配较复杂。这种密封方式适用于轴的圆周速度 $v \leqslant 18 \sim 30\text{m/s}$，温度为 $-196 \sim 400\text{℃}$，工作环境恶劣的场合，如用于与灰尘、沙泥、污水等接触的工程机械、

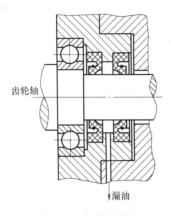

图 13-5   密封圈密封

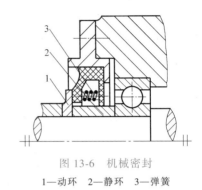

图 13-6   机械密封
1—动环   2—静环   3—弹簧

拖拉机、汽车的轮毂轴承处。

2. 非接触式密封

（1）间隙密封   如图 13-7 所示，在静止件（轴承端盖通孔）与转动件（轴）之间有很小间隙（0.1~0.3mm）。它可用于脂润滑轴承密封，若在端盖上车出环槽，在槽中填密封润滑脂，密封效果会更好。用于油润滑时，须在盖上车出螺旋槽，以便把欲向外流失的润滑油借螺旋的输送作用，送回到轴承腔内。螺旋槽的左右旋向由轴的转向而定。

（2）封油环密封   如图 13-8 所示，工作时挡油环随轴一同转动，利用离心力甩去落在封油环上的油和杂物，起密封作用。挡油环常用于减速器内的齿轮用油润滑，轴承用脂润滑时轴承的密封。

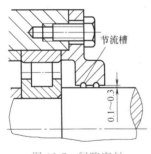

图 13-7   间隙密封

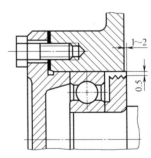

图 13-8   封油环密封

（3）迷宫式密封   如图 13-9 所示，将旋转的零件与固定的密封零件之间做成迷宫（曲路）。若间隙中充满密封润滑脂，密封效果会更好。根据部件结构分为径向、轴向两种。图 13-9a 为径向曲路，径向间隙不大于 0.1~0.2mm；图 13-9b 为轴向曲路，考虑轴的伸长，间隙大些，取 1.5~2mm。这种密封方式可用于脂润滑和油润滑，密封效果好，但结构复杂，加工要求高。常用于多尘、潮湿和轴表面圆周速度 $v<30$m/s 的场合。

3. 组合密封

前面介绍的各种密封，各有其优、缺点，在一些较重要的密封部位常同时采用几种密封组合使用的形式。图 13-10 是毡圈密封加迷宫式密封组合方式，可充分发挥各自的优点，提高密封效果。

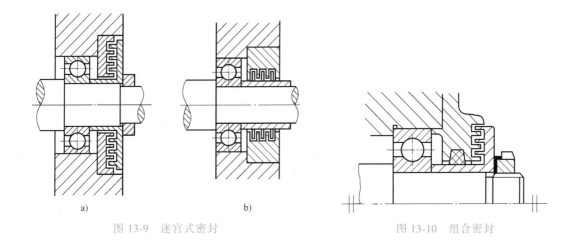

图 13-9　迷宫式密封　　　　　　　　　　图 13-10　组合密封

自测题与习题

一、自测题

1. 两相对滑动的接触表面，依靠边界膜进行润滑的状态称为_____。

  A. 干摩擦　　　　　　B. 边界摩擦　　　　　C. 液体摩擦　　　　　D. 混合摩擦

2. 齿轮齿面的点蚀现象属于_____。

  A. 磨粒磨损　　　　　B. 粘着磨损　　　　　C. 疲劳磨损　　　　　D. 腐蚀磨损

3. 温度升高时，润滑油的黏度_____。

  A. 保持不变　　　　　B. 先高后低　　　　　C. 随之升高　　　　　D. 随之降低

4. 在_____的场合，应选用黏度低的润滑油。

  A. 速度高、载荷低　　　　　　　　　　　B. 速度低、载荷高

  C. 变载变速经常正反转　　　　　　　　　D. 压力循环润滑

5. 机床、减速器等闭式齿轮传动，齿轮圆周速度小于 12m/s 时，常用的润滑方式为_____润滑。

  A. 润滑脂　　　　　　B. 喷油　　　　　　　C. 浸油　　　　　　　D. 油雾

6. 端盖密封常用下面 4 种：（1）毡圈密封；（2）橡胶圈密封；（3）间隙密封；（4）迷宫式密封。其中属于接触性密封的是_____。

  A.（1）和（2）　　　B.（1）和（3）　　　C.（2）和（3）　　　D.（3）和（4）

二、习题

1. 按摩擦表面间的润滑情况，滑动摩擦可分哪几种？

2. 按照磨损失效机理分，磨损有哪几种基本类型？它们各有什么主要特点？

3. 润滑剂的主要作用是什么？常用润滑剂有哪几种？

4. 润滑油的主要性能指标有哪些？润滑脂的主要性能指标有哪些？

5. 滚动轴承的润滑方式是如何确定的？dn 值的大小对润滑剂的选用有何影响？

6. 机械密封的主要作用是什么？在回转轴的动密封中常用结构形式有哪几种？各有何特点？

第十四章　机械基础综合训练

综合训练是学习机械基础课程的一个十分重要的实践性环节。其基本目的是：

1）综合运用机械基础课程的理论和实际知识，开展实践训练。巩固、加深所学知识，培养分析和解决实际问题的能力。

2）通过对通用机械零件和机械传动装置的设计训练，学习、掌握机械设计的一般方法与步骤，培养学生工程设计的能力。

3）通过选材、计算、绘图、公差确定、运用资料、熟悉规范等实践，培养机械设计的基本技能。

第一节　机械的基本要求和一般设计程序

一、机械应满足的基本要求

1. 使用方面的要求

1）满足机械预定的功能要求。包括运动性能、动力性能、基本技术指标及外形结构等方面。

2）具有足够的寿命。在规定的工作期限内保持精度，可靠地工作而不发生各种损坏和失效。

3）具有良好的保安措施和劳动条件。要便于操作，对环境的污染和公害尽可能小，外形美观。

2. 经济性要求

在满足使用要求的前题下尽可能做到经济合理，力求投入的费用少工作效率高且维修简便等。

机械的经济性是一项综合指标，它与设计、制造和使用等各方面有关。在适合市场需要的前提下提高机械的功能，并降低总费用。为此，机械结构应力求简单、紧凑，具有良好的工艺性，高效和节能；尽量采用标准化、系列化、通用化的参数和零部件；注意采用新技术、新材料、新工艺以及新的设计理论和方法。

二、机械设计的一般程序

机械设计是根据人们的某种需要，创建一种机械结构，合理地选择材料并确定其尺寸，使之能满足预期功能要求的一种活动。机械设计是一个创造过程，设计中要提出各种不同的构思和设想，反复进行协调、折中和优化，以最好地实现需求。

机械设计常用的方法可归纳为三种：

（1）内插式设计　借鉴现有的设计方案和成功的经验通过少量的试验研究，进行技术改进设计出新的产品。内插式设计是设计一般机械的常用方法。

（2）外推式设计　设计时虽有部分经验可以借鉴，但外推部分尚为未知领域，一旦某些设计参数超出通用设计的许用范围，有可能出现意想不到的后果。因此，对外推式设计要进行必要的技术研究、理论探索和科学实验。

（3）开发性设计　用新原理、新技术或开发新功能设计新的机械为开发性设计。

机械设计是一项复杂、细致和科学的工作。要想提供功能好、质量高、成本低、竞争力强、市场广的新机械，就应逐步深化机械设计方法的综合研究。

机械设计的基本程序如图 14-1 所示。

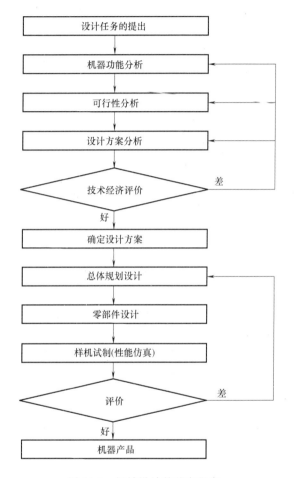

图 14-1　机械设计的基本程序

第二节　典型机械传动装置设计实例

下面通过对图 14-2 所示带式运输机传动装置的设计介绍，说明简单机械传动装置设计的主要内容、步骤及基本过程。

原始条件和数据：

运输机为两班制连续单向运转，空载起动，载荷变化不大；室内工作，有粉尘，环境温度 30℃左右；使用期限 8 年，4 年一次大修；动力来源为三相交流电；传动装置由中等规模机械厂小批量生产。

工作拉力 $F = 3000\text{N}$，输送带速度 $v = 1.4\text{m/s}$，滚筒直径 $D = 400\text{mm}$。

运输机效率 $\eta_w = 0.94$，输送带速度容许误差 ±5% 。

一、传动装置的总体设计

传动装置总体设计主要包括分析和拟订传动方案、选定电动机类型和型号、确定总传动比和各级传动比、计算各轴转速和转矩等。

1. 分析和拟订传动方案

本例传动装置可以有多种传动方案。由于工作载荷不大，室内环境，布局尺寸没有严格限制，所以采用图 14-3 所示的 V 带传动与一级减速器的组合传动方案。将带传动放在高速级，既可缓冲吸振又能减小传动的尺寸。

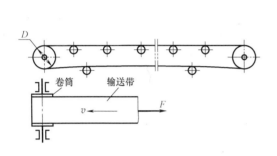

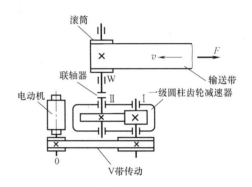

图 14-2　带式运输机工作装置　　　　　　图 14-3　带式运输机传动方案简图

2. 选择电动机

（1）确定电动机类型　按照工作要求和条件，选用 Y 系列一般用途的全封闭自扇冷笼型三相异步电动机。

（2）确定电动机功率　工作机所需功率 $P_W(kW)$ 按下式计算

$$P_W = \frac{Fv}{1000\eta_w}$$

代入设计数据得

$$P_W = \frac{3000 \times 1.4}{1000 \times 0.94} kW = 4.47 kW$$

电动机的输出功率按下式计算

$$P_0 = \frac{P_W}{\eta}$$

式中，η 为电动机至滚筒主动轴传动装置的总效率，其值按下式计算

$$\eta = \eta_b \eta_g \eta_r^2 \eta_c$$

查机械设计手册可得：带传动效率 $\eta_b = 0.95$，一对齿轮传动（8 级精度、油润滑）效率 $\eta_g = 0.97$，一对滚动轴承效率 $\eta_r = 0.99$，联轴器（滑块）效率 $\eta_c = 0.98$，因此

$$\eta = 0.95 \times 0.97 \times 0.99^2 \times 0.98 = 0.885$$

$$P_0 = \frac{P_W}{\eta} = \frac{4.47}{0.885} kW = 5.05 kW$$

选取电动机的额定功率，使 $P_m = (1 \sim 1.3)P_0$，并查电动机技术数据表，取电动机额定

功率为 $P_m = 5.5 \text{kW}$。

（3）确定电动机的转速　滚筒轴的转速为

$$n_w = \frac{60v}{\pi D} = \frac{60 \times 10^3 \times 1.4}{400\pi} \text{r/min} = 66.85 \text{r/min}$$

按推荐的各种传动机构传动比范围，取 V 带传动比 $i_b = 2 \sim 4$，单级圆柱齿轮传动比 $i_g = 3 \sim 5$，则总传动比范围为

$$i = (2 \times 3) \sim (4 \times 5) = 6 \sim 20$$

电动机可选择的转速范围相应为

$$n' = i n_w = (6 \sim 20) \times 66.85 \text{r/min} = 401 \sim 1337 \text{r/min}$$

电动机同步转速符合这一范围的有 750r/min，1000r/min 两种。为了降低电动机的重量和价格，由电动机技术数据表选取同步转速为 1000r/min 的 Y 系列电动机 Y132M2-6，其满载转速为 $n_m = 960 \text{r/min}$。此外，电动机的安装和外形尺寸均可从该技术数据表中查得。

3. 计算传动装置总传动比并分配各级传动比

（1）传动装置总传动比

$$i = \frac{n_m}{n_w} = \frac{960}{66.85} = 14.36$$

（2）分配各级传动比　　由式 $i = i_b i_g$，为使 V 带传动的外廓尺寸不致过大，取传动比 $i_b = 3$，则齿轮传动的传动比为

$$i_g = \frac{i}{i_b} = \frac{14.36}{3} = 4.79$$

4. 计算传动装置的运动参数和动力参数

各轴的转速

0 轴（电动机轴）：$P_0 = 5.05 \text{kW}$

$$n_0 = n_m = 960 \text{r/min}$$

$$T_0 = 9550 \frac{P_0}{n_0} = 9550 \times \frac{5.05}{960} \text{N} \cdot \text{m} = 50.24 \text{N} \cdot \text{m}$$

I 轴：$P_I = P_0 \eta_b = 5.05 \times 0.95 \text{kW} = 4.80 \text{kW}$

$$n_I = \frac{n_m}{i_b} = \frac{960}{3} \text{r/min} = 320 \text{r/min}$$

$$T_I = 9550 \frac{P_I}{n_I} = 9550 \times \frac{4.80}{320} \text{N} \cdot \text{m} = 143.3 \text{N} \cdot \text{m}$$

II 轴：$P_{II} = P_I \eta_r \eta_g = 4.80 \times 0.99 \times 0.97 \text{kW} = 4.61 \text{kW}$

$$n_{II} = \frac{n_I}{i_g} = \frac{320}{4.79} \text{r/min} = 66.8 \text{r/min}$$

$$T_{II} = 9550 \frac{P_{II}}{n_{II}} = 9550 \times \frac{4.61}{66.8} \text{N} \cdot \text{m} = 659.1 \text{N} \cdot \text{m}$$

W 轴（滚筒轴）：$P_W = P_{II} \eta_r \eta_c = 4.61 \times 0.99 \times 0.98 \text{kW} = 4.47 \text{kW}$

$$n_w = n_\text{II} = 66.8 \text{r/min}$$

$$T_w = 9550\frac{P_W}{n_w} = 9550 \times \frac{4.47}{66.8} \text{N} \cdot \text{m} = 639.0 \text{N} \cdot \text{m}$$

为了便于下一阶段的设计计算，将以上结果列表如下：

参　数	轴　号			
	电机(0)轴	Ⅰ轴	Ⅱ轴	滚筒(W)轴
功率 P/kW	5.05	4.80	4.61	4.47
转速 n/(r/min)	960	320	66.8	66.8
转矩 T/N·m	50.24	143.3	659.1	639.0
传动比 i	3		4.79	1
效　率	0.95		0.96	0.97

二、传动件的设计计算

包括设计计算各级传动件的参数和主要尺寸，以及选择联轴器的类型和型号等。

（1）带传动的设计计算　为了使减速器设计的原始条件比较准确，首先进行减速器箱体外传动零件的设计。

根据前面设计获得的数据：P_0、n_0、$i_{0\text{I}}$，参照 V 带传动设计方法，可得如下设计结果：（设计具体过程略）

传动带：B 型 V 带，$Z = 3$，基准长度 $L_d = 2800\text{mm}$（B-2800 GB/T 11544—1997）。

带轮：小带轮采用实心式结构，$d_{d1} = 140\text{mm}$，大带轮腹板式结构，$d_{d2} = 400\text{mm}$，两轮材料均用铸铁 HT200，轮槽尺寸按 GB/T 13575.1—2008 确定。

两轮中心距 $a \approx 985\text{mm}$，轴上压力 $Q = 1516\text{N}$。

（2）减速器齿轮传动设计计算　由于该传动载荷不大，结构尺寸没有特殊要求，为了方便加工，采用软齿面齿轮传动。根据已有设计数据，参照直齿圆柱齿轮传动的设计方法，获得设计结果如下：（设计具体过程略）

小轮：45 钢调质 220HBW，$z_1 = 27$，$m = 2.5\text{mm}$，$b_1 = 85\text{mm}$，采用齿轮轴结构，其余几何尺寸略。

大轮：45 钢正火 190HBW，$z_2 = 133$，$m = 2.5\text{mm}$，$b_2 = 80\text{mm}$，采用腹板式结构，其余几何尺寸略。

齿轮传动精度等级取为 8 级，采用浸油润滑。

（3）输出轴联轴器选择　由于输出轴转速较低，为便于安装，选择滑块联轴器。根据轴上计算载荷的大小，由设计手册确定选用 KL7 型号，额定转矩 900N·m，轴孔直径为 40~55mm。

三、装配图设计

包括绘制装配草图（轴系零部件设计、支承结构设计）；轴系承载能力计算（轴的强度计算、轴承寿命计算、键联校核等）；进行零件的三维建模与造型设计；完成装配图的工程图及其他要求（标注尺寸、配合，技术要求，零件明细表和标题栏等）。本例该阶段获得的减速器装配图如图 14-4 所示。

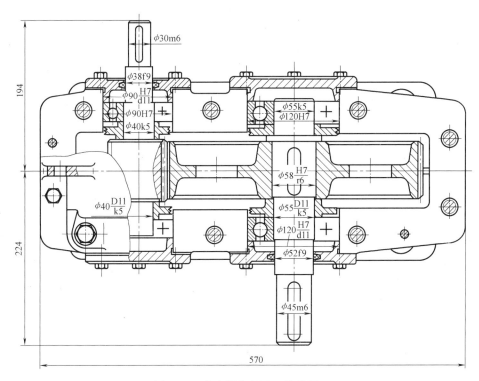

图 14-4 减速器装配图（俯视图）

四、零件工作图设计

包括传动零件工作图、箱体、轴承盖等非标准零件的工作图。（略）

五、编写设计说明书

设计说明书是设计计算的整理和总结，是图样设计的理论依据，也是审核设计的重要技术文件。设计说明书应围绕力学计算、材料选择、机械设计、公差选择等内容展开，包括设计课题说明、有关分析、计算、结构确定的说明、小结、参考资料等内容。（略）

第三节　机械基础综合训练课题

根据机械基础课程的教学内容、教学要求，机械基础综合训练可以选择简易机械传动装置作为训练题目，采用一级减速器与其他传动相组合的传动方案进行设计训练，也可根据实际需要，选择其他传动方案作为训练作业。下面是图 14-1 带式运输机的设计题目，可供教学选用。

1. 原始数据

已 知 条 件	题　　号							
	1	2	3	4	5	6	7	8
输送带工作拉力 F/kN	7	6.5	6	5.5	5	4.5	4	3
输送带速度 v/（m/s）	1	1.1	1.2	1.3	1.4	1.8	2.0	1.5
卷筒直径 D/mm	400	400	400	450	450	400	450	400

2. 工作条件

1）工作情况：两班制工作（每班按 8h 计算），连续单向运转，载荷变化不大，空载起动；输送带速度容许误差±5%；运输机工作效率 $\eta = 0.96$。

2）工作环境：室内，灰尘较大，环境温度 30℃左右。

3）使用期限：折旧期 8 年，4 年一次大修。

4）制造条件及批量：普通中、小制造厂，小批量。

3. 参考传动方案（见图 14-5）

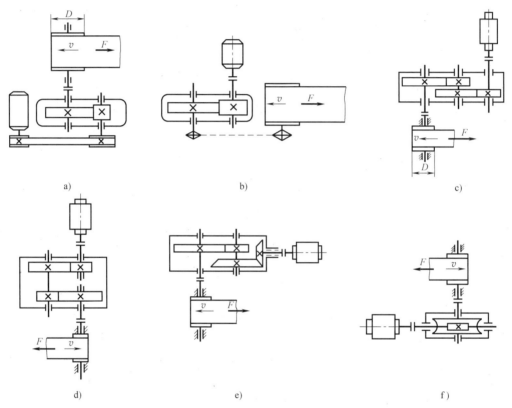

a)   b)   c)

d)   e)   f)

图 14-5 带式运输机参考传动方案

4. 设计工作量

1）减速器装配建模造型及工程图一张。

2）减速器主要零件的工作图 1~3 张。

3）设计说明书一份。

参 考 文 献

[1] 教育部高等学校工科基础课教学指导委员会. 高等学校工程基础课程教学基本要求（1996 年修订）[S]. 北京：高等教育出版社，2019.

[2] 全国机械职业教育教学指导委员会基础课指导委员会. 机械设计基础课程标准（2004 年）[S]. 福州：福建工程学院，2004.

[3] 皮连生. 教育心理学 [M]. 4 版. 上海：上海教育出版社，2011.

[4] 胡家秀. 机械设计基础 [M]. 3 版. 北京：机械工业出版社，2017.

[5] 邓昭铭，张莹. 机械设计基础 [M]. 3 版. 北京：高等教育出版社，2013.

[6] 胡家秀. 简明机械零件设计实用手册 [M]. 北京：机械工业出版社，2012.

[7] 范顺成，等. 机械设计基础 [M]. 5 版. 北京：机械工业出版社，2017.

[8] 杨柯桢，程光蕴，李仲生，等. 机械设计基础 [M]. 5 版. 北京：高等教育出版社，2013.

[9] 陈位宫. 工程力学 [M]. 3 版. 北京：高等教育出版社，2012.

[10] 王运炎，等. 机械工程材料 [M]. 3 版. 北京：机械工业出版社，2011.

[11] 孙学强. 机械制造基础 [M]. 2 版. 北京：机械工业出版社，2008.

[12] 黄云清. 公差配合与测量技术 [M]. 2 版. 北京：机械工业出版社，2007.

[13] 王宇平. 公差配合与几何精度测量 [M]. 北京：人民邮电出版社，2007.